■ 实用临床心理学书系

树木—人格
投射测试
·第4版·

吉沅洪 著

重庆出版集团 重庆出版社

图书在版编目(CIP)数据

树木—人格投射测试 / 吉沅洪著 . —4版 . —重庆: 重庆出版社,
2024.3
ISBN 978-7-229-18331-8

Ⅰ.①树… Ⅱ.①吉… Ⅲ.①人格心理学—心理测验 Ⅳ.①B848

中国国家版本馆CIP数据核字(2024)第033375号

树木—人格投射测试(第4版)
SHUMU-RENGE TOUSHE CESHI(DI SI BAN)
吉沅洪 著

责任编辑:刘 喆
责任校对:郑 葱
装帧设计:刘沂鑫

重庆出版集团 出版
重庆出版社

重庆市南岸区南滨路162号1幢 邮编:400061 http://www.cqph.com
重庆出版社艺术设计有限公司制版
重庆升光电力印务有限公司印刷
重庆出版集团图书发行有限公司发行

开本:787mm×1092mm 1/16 印张:27.5 字数:360千
2007年4月第1版 2024年3月第4版
ISBN 978-7-229-18331-8
定价:68.00元

如有印装质量问题,请向本集团图书发行有限公司调换:023-61520678

版权所有 侵权必究

| 第 4 版序 |

成功的投射测试
一定是有效的治疗

1948 年，瑞士心理学家科赫（K. Koch）与美国心理学巴克（J. Buck）分别提出以树木为主题或主题之一的投射测试。以树木为主题的这一方法，最后以树木画测试（Baum test，英译为 Tree Test）为名，作为临床心理学实践中相当成熟且便捷易使用的投射测试和治疗方法之一，已为我国心理咨询与心理治疗界所知并得到了一定的应用。《树木—人格投射测试（第 1 版）》自 2007 年付梓至今，笔者一直致力于将这一投射测试技术的理论发展和应用实务与各位读者共享，与各位读者及应用这一测试技术的咨询师们持续交流。随着树木—人格投射测试的持续发展，笔者在积累"量"的同时，对"质"的一些思考与探索也在持续实践中慢慢有所得。如果说树木—人格投射测试的分析系统可以用"量化"的方法进行评估与比较；那么，树木画的发展道路与新进展，或许可以用"质变"与"质化"的思路来稍加概述。

一方面，借由树木—人格投射测试后对话的重要性来理解绘画治疗理论发展的"质变"。荣格（C. Jung）在《哲学树》中述及，"如果说曼陀罗（Mandala）象征着自我的截面的话，那么树就表现了自我的侧面。

树是作为成长过程而被描绘的自我"。结合树木—人格投射测试的理论分析体系，我们得以从画面呈现的侧面，"看见"树木画之下人格成长的脉络。为了更好地理解画作，巴克（J. Buck）曾在1948年设计了一系列的问题以进行树木画的画后问询（Post Drawing Interrogation, PDI）；高桥雅治（1974）则在巴克（J. Buck）的基础上进行了树木画日本本土化的适应性调整，以更实用的形式提出了树木画的画后20问。典型的提问如："这棵树是什么树？""这棵树长在哪里？""只有这一棵树吗？还是森林中的一棵树？""在这个树木画里，是什么天气？"等等。这些问题在现在的树木—人格投射测试中依然得到广泛应用，也成为了团体评估或是人事测评应用中必不可少的部分。

随着心理治疗实务的发展，绘画治疗理论中对其评估/诊断模式与治疗模式实质关系的探索，逐步与心理治疗的实务需求结合到了一起。中井久夫（1985）提出，"绘画法是作为测试被发展起来的，但同时具有治疗的意义"。通过整合沙利文（Sullivan）"参与性观察"（Participant observation）的观点，来访者积极而慎重的参与，使得绘画从注重评估/诊断模式进而转变为治疗模式——咨询师的觉察和咨访双方相互参与，促成了绘画治疗理论发展的又一次重要转折。绘画后交谈的过程具有情绪宣泄、顿悟、自我实现等心理治疗的效果，这一过程即是绘画后对话（Post Drawing Dialogue, PDD）。

不同于画后问询（Post Drawing Interrogation, PDI）中咨询师对画作的单方面提问、绘画者只是回答的模式，绘画后对话（PDD）更注重咨询师与绘画者的共同在场，一起欣赏，相互参与的过程。那么，如何与绘画者开展对话呢？最为有效且简单的技巧是进行"现象型的描述"，也就是将我们所看到的用语言描绘出来，并向绘画者认真地请教："在我们的眼里看到的是什么样的树？""这棵树给你什么样的感觉？""是这样吗？""我可以这样理解吗？"——以这样的形式，将我们看到的画作以描述的话语以及对画作积极且慎重的关切传递给绘画者，由此开启绘画者围绕画作的心声流露。

从咨询师或是治疗师的角度来说，能"看见"的毕竟有限；在"看见"树木画的同时，我们更需要"听见"绘画者的叙事，进一步理解绘画者流露的感情——并非咨询师单方面的"审视"，而是共同在场的"共视"——这可能才是绘画的评估功能与治疗功能契合到一起的关键。

另一方面，结合投射测试与叙事取向的连接以展开对树木意象的"质化"。在第一版序中曾提到，在投射测试进行的那个短短的时间段中，来访者的症状在测试的设置中短暂地暴露出来，这样咨询师才能通过心理测试测量到来访者人格的构成及其可能的变化。然而，向他人讲述自己从来都不是一件简单的事情——在投射测试中，更是如此。那么，如何看待投射测试中的自我叙述呢？又及，树木画这样的测试，能够起到治疗功能的深层原因可能会是什么呢？

在以树木—人格投射测试为主题的咨询技法分享与教学中，时常会遇到各式各样关于树木画的特征与各种指标分析体系的提问。随着这一技法学习者与使用者的增加，笔者逐渐也听到了这样的回应："朋友反馈通过这次画画沟通对自己有了更多的了解，她觉得是'这棵树和你现在有什么关系和连接？'这个问题，让她更了解自己了"。同时，"你觉得这棵树，它有什么需要？"这样的提问，也可以让来访者展开很多联想和话题。诚然，绘画这一行为作为表达的一种，本身就具有一定的治疗作用，但融合了叙事治疗取向的绘画后对话（PDD），不仅有助于我们更好地理解绘画者的人格特征，更能够帮助绘画者在讲述故事的同时回望自我。虽然树木画作为投射测试的一种，并非绘画者对自身生命故事的直接表述，但通过咨询师与绘画者的共同工作与对话，它仍然告诉了我们那些在日常生活中可能匆匆而过的一瞥，流露出那些在无意识中遗失的部分。

就树木画的意象而言，哈默（1958）认为：树木画能反映对于自我较深层次的无意识感情，作为更加根本而自然的植物，树木是适于投射人格深层感情的象征；这样的感情较之人们学到的东西，存在于人格中更加原始的层次上。由此，在树木画的基础上，由来访者讲述的"树的故事"，就有可能不仅限于当前画作的最初的、仅呈现在画面上的故事，也有可能是画面之外的故事。通过讲述"树的故事"，来访者的自我体验得以表达，隐藏于记忆角落中的片段得以展现。那些平时很可能不会被关注到的表达通过树的意象联结到一起，传达出体验的意义，被绘画者重新认识到并赋予情节，借由"树的故事"而表达的自我最终能够得以在意识与现实的双重层面上进行梳理与重构。

就叙事治疗的视角而言，所谓"叙事"（narrative），是将发生事件进行选择和排列，进而传达出体验的意义的一种语言的形式、内容、行为。河合隼雄（1998）曾在《物语与现代》中总结道："在开展实际工作的时候，我就像一个故事家一样。一直以来，我总是协助人去发现自己的物语，进而帮助他们重归内心的平静。"在此处，"物语"即是关于自我的叙事与讲述，一般包括回忆往昔、赋予情节、重新讲述这三个关键词。随着叙事治疗的发展，"叙事取向"与投射测试的整合尝试正在逐渐开展，以期关于自我的故事得以被更好地表达，能够被重新认识并被理解与接纳。

在对树木—人格投射测试后对话的重要性及投射测试与叙事取向疗法的结合进行思考的同时，对树木—人格投射测试技法的全面理解及其本土化研究的积累也是必不可少的。在附录部分，特别收录了以树木—人格投射测试技法及其分析体系为基准开展的系列应用研究：从文化差异的角度出发，《文化和神经症症状关系的日中比较研究》，分析了同为东方文化背景下，中国人与日本人的神经症症状关系的差异；《木景疗法》介绍了以树成景的树木画拓展技法。何雯静的《树木—人格测试问题特征指标在新生心理普查中的应用》与汪为的《树木—人格测试及其变法在心理咨询过程中的运用》分别以中国大学生和中国留学生为研究对象，对树木—人格投射测试在具体领域的实务与应用拓展进行了初步的探索；刘妮的《从树木—人格测试来理解老年人心理》对老年人的树木画展开了具体的研究，探讨了老年人的树木画特征及其表达的心理状态。

此外，基于对亲子关系与叙事治疗的思考，本版在附录部分新增了田芷和张帆的《"大树鸟巢画"绘画亲子关系评估技术》。"大树鸟巢画"

在树木人格投射测试理论基础上延伸发展而来，是一项将表达艺术疗法与叙事疗法相结合的原创亲子关系评估技术。在"大树鸟巢画"中，通过父母和孩子共同绘画的方法，以大树、鸟、鸟巢的互动方式外化出绘画者家庭的关系模式；通过亲子之间的拟人化对话关系，呈现家庭存在的困境、探索家庭成长资源。同时，"大树鸟巢画"的画面和故事互动也有助于建立家长与孩子之间新的连接方式，协助家长和孩子重新审视并梳理亲子关系，进而启动新的对话空间。

考虑到本书是一本工具书，为了便于读者做笔记，新版在编排上也有许多巧思，预留了做笔记、写心得的位置。同时，本次优化了一些图表的呈现方式，加入了思维导图，对图画的布局也做了一定的调整。

树木—人格投射测试作为一项创建至今已有七十五年的投射测试技术，其系统的理论研究、实用的应用价值与创新发展的鲜活生命力仍在不断得到彰显。在第四版序言的尾声，笔者依然想要重申："一个成功的投射测试一定是有效的治疗"。如何将投射测试更好地应用在心理咨询和心理治疗的实务中，是我们仍需不断探索、持续努力的。真诚地希望本书能为从事心理咨询和心理治疗工作的专业人士带来一些帮助，同时也为心理临床技术的中国本土化道路提供一些参考。

吉沅洪
于日本大阪2023年山茶花季节

| 第 3 版序 |

十年回首，
重新认识"一棵树"

2007 年 4 月，《树木—人格投射测试（第 1 版）》作为黄希庭先生主编的"实用临床心理学书系"系列之一正式付梓。第 1 版的编辑推荐这样写道："系统而前沿地介绍用树木投射法进行人格测试的理论基础"——树木—人格投射测试初次引入的时候的确是一个相当新颖的技法。虽然投射测试的研究和应用已有相当长的历史了，经典如罗夏墨迹测试和主题统觉测试，直到今天依然在临床和实践领域得到广泛的应用。不过这些传统经典测试往往内容丰富、体系庞杂，学习起来需要相当的理论基础和大量的临床实践，对于非临床心理学的学习者们来说实在很难触及。对比有着诸多图版和繁复分析指标的两大经典，"请画一棵树"这样的投射测试，不仅形式新颖，更因其简单朴实的施测材料和相对简明的分析方法，易为学习者们所接受。在当时这种很有点"小清新"风格的投射测试在介绍中往往被冠以"新技术"之名；不过每位看过这本书的读者都知道，这种方法其实已经有相当长的历史了。瑞士心理学家科赫（K. Koch）于 1948 年提出了树木画测试（Baum test，英译为 Tree Test）；巴克（J. Buck）于同年提出了房树人测试（House-Tree-Person Test，简称 HTP），以树木为主题或主题之一的投射测试，开始渐渐受到临床及相关研究的瞩目。20世纪70年代，树木—人格测试引入日本，并在临床和研究领域得到广泛的应用和探索。时至今日，树木—人格投射测试作为临床心理学实践中非常流行且相当成熟的一种测试和治疗方法，也逐渐为我国心理咨询与心理治疗界所知。2011年2月，《树木—人格投射测试（第2版）》付梓，在简介中同样也提到了三个字"新技法"。值得高兴的是，这一技法在国内也真正受到了临床和学界的逐渐关注。从2011年起，慢慢有了相关的研究和应用的探索，相应的理论基础和相关技法也逐步进入了人们的视野之中。在第1版发行十年之际，第3版得以付梓，希望书中的内容有助于大家更好地理解这一技法，并在助人工作中有效地加以应用，以充分发挥投射测试的特性和魅力。

诚然随着这十年间的发展与应用，树木—人格投射测试已经不再是"新技术"和"新技法"了，但在这里，笔者还是想说一说关于树木—人格投射测试的"新"：

<u>首先，希望能够带给大家新的理解视角，从系统性的、整体的角度来欣赏并理解"一棵树"。</u>表达性心理治疗非常强调的是"表达"本身。每一棵树、每一幅画，都是画者的"表达"。除了那些共同的、理论性的分析体系之外，画者和表达本身，更是我们应该深切关注的。心理测试作为临床心理士（心理咨询师）必须学习的内容，其目的并不单单是为了学会做测试，而是通过测试更好地了解我们关注的对象。正所谓"一个成功的投射测试一定是有效的治疗"，发挥治愈效果的并不是测试本身，而是投注于测试中的"表达的"来访者和"接纳的"咨询师。每一棵表达的"树"，都与绘画者的内心世界紧密联接；对每一棵树的"表达"，都需要与绘画者本身相联系，整体地、系统地来看待。也即是说，我们不仅要看到"表达"的树，也要看到抒发这个"表达"的人，任何对树木—人格测试的分析、解读，都不应该脱离绘画者本身的表达，绘画者本身的世界才是他表达的根源。也正因为这样，我们在理解任何一幅作品的时候，都不能单纯地按照操作手册上列举的条目——对照，更应该试着在积累和思考的前提下，以整体且系统的角度来理解每一幅作

品，理解每一幅作品独有的表达，理解每一个独特的绘画者。

其次，希望能够给大家传递新的应用视角，从发展性的、积极的角度来欣赏并植育"一棵树"。作为一种相对比较容易学习的投射测试技术，树木—人格投射测试应用的范围相当广阔，从一开始引介的心理临床的视角之外，该项技术也逐渐被引入招聘选拔等应用性的领域，并往往以半结构式面试的形式出现。就目前的应用情况而言，一般在已有的采用投射测试的招聘选拔中，投射测试的结果往往作为参考性的信息而非决策的核心依据。一方面是由于测试方法本身的原因，经典投射测试由于分析方法过于庞杂难以普及，而且在实际应用中也需要施测者具备相当的专业素质才能进行，因此这些方法目前的应用范围还是十分有限的。不过随着临床实践对投射测试研究的开展，其信度（测验结果的一致性、稳定性及可靠性）和效度（测试的有效性和准确性）也在不断提高，人格测试或将成为招聘选拔中的一个有效方法；另一方面，投射测试是与受测者当前的状态紧密结合的，不能单凭一次、两次的测试就单纯地推定绘画者的人格。正如前文所说，树木其实是绘画者的"表达"，我们需要关注更多的是表达者本身。诚如加藤清先生所言，"要充分把握来访者的'此时此刻'，不要为了实施测试而测试，这是很重要的"。（见附录《木景疗法》）因此，非常希望大家无论在何种领域应用树木—人格投射测试，都应抱持发展性的、积极的视角来看，更多地去发现"一棵树"的成长点和希望所在，更好地帮助绘画者来植育"这棵树"。

再次，希望能够与大家分享新的研究视角，从本土化的、延展的角度来推进并探究"一棵树"。树木—人格投射测试最早在1961年由京都大学医学部精神医学教研组的学者们引入日本，随后开展了众多的研究与应用实践，并不断结合本国的文化进行探究，至今已有相当丰硕的成果。相对于此，我们的本土化研究和应用其实还处于起步阶段，依然有很多工作值得去做。虽然同为东方文化背景，中国人和日本人依然有着很大的差异（参见附录《文化和神经症症状关系的日中比较研究》）。坚实的理论研究才能为应用提供更为牢固的基石，本土化的研究方可为实践奠成丰厚的沃土。有鉴于此，本版附录特别收录了部分树木—人格投射测试的基础性研究和应用性研究：孟凡的《大学生树木—人格投射测试的信度效度分析》[①]，提出树木—人格测试本身具有浓厚的文化色彩，并伴有显著的时空差异，在应用时需要结合具体对象开发本土化的分析指标；而在何雯静的《树木—人格测试问题特征指标在新生心理普查中的应用》这一同样参考 Denise de Castilla（1994）[②]指标体系对大学生进行的研究中，也发现本土化分析指标探索的必要性。孙红日、邓龙霖和陈韵思在《Jung 空间象征图式在中国大学生群体中的验证研究》中提出，Jung 空间象征图式理论在中国大学生群体中得到部分验证，父亲空间位置与理论假设相一致，而母亲、过去和未来的空间位置与理论假设存在不一致。

对树木—人格投射测试略有了解的人都知道，解析的理论基础之一是荣格（C. Jung）的空间象征理论，为什么这一理论在中国大学生群体中没有得到验证呢？张力、朱滢等人[③]（2005）曾做了一个相当有名的研究。他们发现在神经水平上，母亲也是中国人集体主义自我的一个组成部分。在西方文化中，自我参照的回忆成绩优于其他形式的语义加工，这一记忆优势可能缘起于自我在内侧前额叶（medial prefrontal cortex，MPFC）的定位；然而中国人的母亲参照与自我参照无论在记忆成绩上，还是在自我觉知的程度上都非常类似。也即是说在中国人的自我观中，自我不仅是指自身，也包括母亲等重要他人；但在西方文化中并没有这样的效应。这或许是孙红日等人的研究中发现母亲、过去和未来的空间位置与理论假设存在不一致的原因之一。鉴于中西方文化的差异，本土化的探究实在是十分必要的。

除对中国大学生展开的研究外，汪为以留学生为对象，探讨了《树木—人格测试及其变法在心理咨询过程中的运用》，介绍树木—人格测试

[①] 考虑到研究的时效及图书篇幅，第4版附录删除了《大学生树木—人格投射测试的信度效度分析》和《Jung空间象征图式理论在中国大学生群体中的验证研究》两篇文章。

[②] Denise de Castilla(1994). *Le test de l'arbre—Relation humaines et problemes actuels*. France: Editions Masson.

[③] 张力,周天罡,张剑,等.寻找中国人的自我:一项fMRI研究.中国科学:生命科学,2005,35(5):472-478.

在日本以及欧美产生的相关变法，与其他测试相结合施测的可能性；并进一步介绍了树木—人格测试及其变法与心理测评组合，在司法领域、医疗临床以及学校临床领域的应用可能性。此外，刘妮的《从树木—人格测试来理解老年人心理》，探讨了老年人绘画的树木画特征以及通过这些特征表现出来的心理状态，对老年人的树木画进行了十分具体的探究，强调在进行心理援助时要走进他们的世界，用他们的语言进行交流，倾听老年人的诉说，用共情的立场、纯粹的心态去倾听并理解老年人。有鉴于老龄化形势日趋严峻，这一研究对如何有效地开展老年人的心理咨询和心理援助是很有意义的。

最后还是想重申一下："一个成功的投射测试一定是一个有效的治疗。"真挚地希望本书给从事心理临床的专业人士带来一些帮助，同时也给心理学爱好者带来一些启示。

吉沅洪

于日本京都 2017 年紫阳花季节

| 第 2 版序 |

树木—人格测试的
便捷与高效

应用心理学的魅力就在于它把给人神秘感的心理学灵活运用于生活实际,从而对人们的生活产生了直接的影响和干预。

有一次,一位就任某高职院校校长的朋友要我用心理学的方法为他选拔合适的教师。他们学校要招聘 10 名新教师,应聘者有 60 多名,经过第一轮筛选后有 20 名应聘者进入了面试。这位朋友请我为他选拔合适的人才,淘汰不合适的人才,但是只能给我很有限的时间,而且我也没有能够到面试的第一现场。可是我觉得这是一个证明心理学作用的机会,于是积极参与了。我告诉这位校长让这 20 名参加面试的应聘者每人都画一棵树,我就可以判断谁适合到他们学校当老师,谁不适合了。他虽然饶有兴趣地同意了,但是表情中透露着疑问。我派了一名学生拿着纸笔去了现场,做了树木—人格测试,很快每个人画好的一棵树就被拿回来了。我仔细为他们作了分类和挑选,最终选出了 12 幅作品。我告诉校长说这 12 个人可以选择,而其他 8 个人最好不要选择。很惊异的是我挑选的结果与他们的面试结果有很大的相似性。究其原因,主要是我从这 8 个人的树木画的作品中看到了其表现出来的幼稚、好表现、比较轻浮的方面,还有的应聘者表现出比较强烈的自卑感,都会影响他们的发展和成长；而我们共同选中的应聘者，我通过树木画所看到的人格特征有许多与面试组的考官感觉很一致。这个结果使得我的那位担任校长的朋友不得不佩服地说："心理学还真的有用啊，很神奇的！"

现在许多公司在选拔人才的时候，常常会使用一些问卷测试来了解应聘者的人格特征和心理特点，但是由于问卷测试自身的特点，比较容易受被试"装好""装乖"的影响，而不能了解到他们的真实情况。因此我们常常推荐在做问卷测试的同时再做树木—人格测试，这样，如果发现了问卷的测试结果与投射测试的结果存在较大差异的话，那么这些出现较大差异的结果肯定是需要多多关注和分析的。现在越来越多的人开始在企业中运用这样的测试方法了，这也是本书在后面提到的成套测试的实际运用。我们在做企业 EAP（全程）的时候，就把树木—人格测试的方法作为了解人们心理特征的一个途径和方法教授给人事管理者，增加了一个管理者与员工交流的有趣通道，提供给管理者一个有效沟通的重要工具，并且接受过树木—人格测试训练的人员，很快就可以通过树木画的作品作出比较准确的判断和选择。

也许大家都很好奇，怎么通过画树就能够知道人的那么多心理特征呢？这就是树木—人格测试神奇的地方，其实当我们掌握了这个投射测试之后就会明白其中的奥妙。在进行个别咨询的时候树木—人格测试也是一个很好的工具，我们大多可以在开始咨询的时候运用，便于增加初次访谈的信息；也可以在咨询过程中使用，便于了解来访者的状态；或者在结束咨询时使用，便于确认咨询的效果；或者在成套测试中作前后对比。比如在咨询开始阶段，咨询师为了更好地进行评估和诊断，可以在几次咨询中作如下的成套测验组合：树木—人格测试——MMPI（或者 UPI 等问卷测试）——罗夏墨迹测试——树木—人格测试，这样就可以增加心理咨询师对来访者的了解和认识，并补充言语沟通的不足。同时还可能会有一些意外的发现，比如发现来访者早年经历中的创伤记忆等等，这些都是投射测试所具有的无可比拟的优势，而树木—人格测试更是便捷和高效。

我在读心理学硕士的时候就听张卿华教授和王文英教授给我们讲授

过树木—人格测试，之后也参加过吉沅洪博士的工作坊。尤其在读了吉沅洪博士的《树木—人格投射测试》之后，让我对树木—人格测试有了相当多的理解，并掌握了树木—人格测试的基本方法，在咨询工作中发挥了很大作用。树木—人格测试是投射测试中的入门级的测试，之后还有主题统觉投射测试（TAT）和罗夏墨迹测试。这几种测试法吉沅洪博士都曾经在国内著书介绍过，2010年在华东师范大学出版社出版的《图片物语——心理分析的世界》一书，对TAT测试作了相当详细的介绍；2005年吉沅洪博士与大连大学的张美容老师，以及日本酒木保教授合作在当代中国出版社出版了《罗夏心理测试法》；2008年又与西南大学心理学院的杨东老师合作在重庆出版社出版了《实用罗夏墨迹测验》。后两者的学习比较难，而树木—人格测试的学习和掌握则相对比较容易。当然，树木—人格测试在中国的发展还很年轻，这方面的研究还比较缺乏，本书中的许多研究成果都来自国外，以日本本土化研究成果为主，参考了美国和欧洲的一些解释系统。其中介绍的案例也是以日本的为主，这与作者作为一名旅居日本的中国学者的学习、研究和心理临床经历有关，同时也与我们国内在这方面参与学习、研究和咨询的人比较少有关。不过这本书既然能够再版，说明现在已经有很多人开始了解、接受和掌握树木—人格测试了，投射测试确实魅力无限。

著者在第一版自序中这样写道：根据这些年来对国内临床心理诊断方面的一些不成熟体验，总体感觉国内在临床心理诊断方面主要存在如下几个问题。

(1) 在临床心理诊断的实际过程中，往往偏重对来访者的异常性进行测试，而忽略对来访者的整体把握和理解。实际上，日本以前的临床心理诊断也有这样的偏向，但随着专业化的发展，日本的临床心理诊断现在不仅包括对来访者的心理缺陷和障碍水平、不适应状况等进行确认，还包括对来访者的健康心理、优秀素质、发展潜力等积极一面进行科学而客观的评价和发现。

(2) 在心理诊断中，比较注重心理测试的使用，忽略其他的心理诊断方法和技巧。心理测试是心理诊断中的重要工具，但心理测试并不是心理诊断的全部。临床心理诊断不应该只是对心理测试的使用和解说，还应该包括在心理临床现场对来访者的理解和支持。而且，心理诊断不应该看成一个孤立的过程，实际上，心理诊断也是一个心理治疗的过程。

<u>（3）在临床心理诊断的方法上，比较忽略投射测试等诊断方法的应用，认为其主观性比较强而不给予重视。</u>实际上，在日本，诸如罗夏墨迹测试、TAT主题统觉测试、树木—人格测试等投射测试方法在临床实际中被大量使用，而且，这些方法的有效性已经被证实。日本临床心理学家还进一步发展了这些测试方法，并认为这些测试方法的综合应用是提高临床心理诊断科学性、有效性的重要手段。

前两者是观念问题，后者是技术和技巧问题。国内的临床心理诊断研究者针对这些问题，特别是第二个问题，在直接借鉴外国临床心理诊断方法、技术和技巧的基础上，结合国内的具体实践进行进一步的深入探索和研究。这样，可以加快国内在该领域的专业化发展速度。

当然，这样的研究也需要一个发展和消化的过程，还必须完成自己的本土化工作，这是一项工程巨大的艰难的工作，需要很多同行共同努力研究和实践才能完成。

本书参考和引用了美国心理临床专家卡伦·博兰德（Karen Bolander）1977年著作的《树木—人格测试的人格理解》（*Assessing Personality Though Tree Drawing*），博兰德的树木画解释虽然非常明快，但有的部分让人觉得有些独断。因此著者认为在分析来访者的树木画时，可以首先借用博兰德的理论建立一个大致的框架，然后基于咨询者或者测试者的临床经验进行详细的解释。本书就是著者依据自己的心理学研究和临床实践的体会给予了读者具体的指导，具有很强的操作性和工具性。书中将树木—人格测试的发展历程和理论体系介绍得非常的翔实，同时又具有丰富的资料，列举了大量树木—人格测试绘画的事例，使得读者能够详细地了解树木—人格测试在具体心理咨询中运用的意义和方法，又仿佛是一部词典，树木画的每个部分都有详细的解释。既可以支持读者在心理实践工作中运用，也可以帮助咨询师掌握一个有效的投射测试工具，还可以成为心理学研究者的一个可供参考的研究蓝本。然而，本书的遗憾就是除了最后介绍的中日比较研究之外，还缺乏介绍关于中国本土的树木—人格测试的研究成果。在查阅近十年来的关于投射测试研究的文献发现，只有十多篇相关的研究论文，而树木—人格测试方面的研究还相当的少，所以，我们临床心理工作者在这方面还有很多事情需要去完成。我们一起加油努力吧，让国内的心理投射测试水平和咨询技能更上一层楼。

陶新华 博士

2011 年 2 月 14 日于苏州大学

| 第 1 版序 |

"树木—人格测试"
开启中国化

作为从大学本科开始就一直在日本接受临床心理学培训,并在日本从事了 10 多年临床心理学研究和实践的心理学工作者,笔者以前对国内临床心理学的发展状况不是很清楚,随着近年和国内临床心理学界的接触,才逐渐有了一个初步的了解。客观来说,目前国内的临床心理学和日本的临床心理学确实存在一些差距,特别是在专业化的人才培养、临床心理学的专业出版物出版发行以及临床心理学的具体实践方面。在这些方面,日本的临床心理学显得比较专业、深入细致和有本土化特色。不过,值得庆幸的是,国内的临床心理咨询与治疗这几年得到了比较快速的发展,特别是高级心理咨询师资格考试实施的近 5 年来,在临床心理学专业人才的培养上出现了方兴未艾的局面。根据对日本"临床心理士"资格考试的一些不成熟的体验,笔者认为,今后国内心理学专业人才的培养应该向更专业的方向发展,高级心理咨询师应该系统而深入地掌握专业化的临床心理学知识和技能。而这些,都与临床心理学各个分领域的进一步深入而细致的发展密切相关。换句话说,临床心理学领域分化得更细微、更深入是专业化发展比较明显的标志之一。

在临床心理学的专业领域化分中,临床心理诊断是非常重要的研究分领域。临床心理诊断和临床心理治疗一样，是临床心理学实践中极其重要的技能之一，是一个高水平的心理咨询和治疗师的必备技巧。但目前，国内在该分领域的研究还不够深入。根据这些年来对国内临床心理诊断方面的一些不成熟体验，总体感觉国内在临床心理诊断方面主要存在如下几个问题：

(1) <u>在临床心理诊断的实际过程中，往往偏重对来访者的异常性进行测试，而忽略整体把握和理解来访者的人格。</u>实际上，日本以前的临床心理诊断也有这样的偏向，但随着专业化的发展，日本的临床心理诊断现在不仅包括对来访者的心理缺陷和障碍水平、不适应状况等进行确认，还包括对来访者的健康心理、优秀素质、发展潜力等积极的方面进行科学而客观的评价和发现。

(2) <u>在心理诊断中，比较注重心理测试的使用，忽略其他的心理诊断方法和技巧。</u>心理测试是心理诊断中的重要工具，但心理测试并不是心理诊断的全部。临床心理诊断不应该只是对心理测试的使用和解说，还应该包括在心理临床现场对来访者的理解和支持。而且，心理诊断不应该看成一个孤立的过程，实际上，心理诊断也是一个心理治疗的过程。

(3) <u>在临床心理诊断的方法上，比较忽略投射测试等诊断方法的应用，认为其主观性比较强而不给予重视。</u>实际上，在日本，诸如罗夏墨迹测试、TAT主题统觉测试、树木—人格测试等投射测试方法在临床实际中被大量使用，而且，这些方法的有效性已经被证实。日本临床心理学家还进一步发展了这些测试方法，并认为这些测试方法的综合应用是提高临床心理诊断科学性、有效性的重要手段。

(4) <u>不太重视在心理测试之后，与来访者进行必要谈话。</u>在进行心理测试的那个短短的时间段，实质上我们是让来访者的阴性症状变成了阳性症状。也就是说只有让症状阳性化了，咨询师才能通过心理测试测量到人格的构成和扭曲。所以说我们认为心理测试，尤其是投射法存在着一定的危险性。这个在测试和咨询中，我们希望咨询师能够充分认识到并慎重对待。因此，在进行了心理测试以后，有时需要通过一些谈话让来访者顺利回到他的日常生活中去。

前两者是观念问题，后两者是技术和技巧问题。国内的临床心理诊断研究者应该针对这些问题，特别是第二个问题，在直接借鉴日本临床心理诊断方法、技术和技巧的基础上，结合国内的具体实践，进一步的深入探索和研究。这样，可以加快国内在该领域的专业化发展速度。针对这个情况，目前要做的工作很多，出版临床心理诊断这个分领域的专业著作是一个重要的途径。但目前，除翻译的国外著作之外，国内关于临床心理诊断的专业书籍还比较少。本书比较系统地阐述了树木—人格测试的起源与发展、材料、指导语和实施，以及树木—人格测试的解释系统。其中用了很大篇幅具体和详细地说明了空间与树、树的类型、笔画和线条的性质、树的部分、阴影特殊标记与外部因素，最后阐述了成套测试的使用，并列举了大量的具体实例。

本书参考和引用了美国心理临床专家卡伦·博兰德（Karen Bolander）1977 年著作的《树木人格测试的人格理解》（*Assessing Personality Through Tree Drawing*）。博兰德的树木画解释虽然非常明快，但有的部分让人觉得有些独断。因此，笔者认为在分析来访者的树木画时，可以首先借用博兰德的理论树立一个大致的框架，然后基于咨询者或者测试者的临床经验进行详细的解释。也就是说我们可以把这本书作为漫步于森林中的一张地图。从笔者的临床经验来看，博兰德的解释系统是非常有趣而实用的。当然，由于美国和中国之间存在着文化差异，在欧洲诞生，并在欧洲和北美得到广泛应用的树木—人格测试在中国必然需要一个本土化的过程。笔者坚信，在不久的将来，这个树木—人格测试一定会在中国得到越来越多的心理临床专家的认识、接受和使用。

衷心希望本书的出版使树木—人格测试在中国心理咨询和治疗领域中扎根，也希望国内更多的临床心理学研究者与实践家积极参与心理测试这一领域的研究和对话，在消化国外相关知识和技能的基础上，进一步丰富和发展心理诊断的理论和技术，以加快促进心理测试和诊断在国内的进一步专业化。

最后，衷心感谢在本书的写作过程中，给予了极大帮助的筑波大学研究生院艺术研究科的学生漆麟，还有大连外国语大学的段雪飞。

是为序。

吉沅洪

2006 年 9 月 24 日

| 目录 |

第 4 版序——成功的投射测试一定是有效的治疗 / 1
第 3 版序——十年回首，重新认识"一棵树" / 6
第 2 版序——树木—人格测试的便捷与高效 / 11
第 1 版序——"树木—人格测试"开启中国化 / 16

第一章　方法的起源与发展　1

第一节　本书采用的方法　4
第二节　投射法的展望　6
第三节　整体统合　9
第四节　绘画法的优点　15
第五节　作为理想绘画主题的"树"　16
第六节　树木画测试　19
第七节　HTP 测试　28
第八节　变　法　35

第二章　测试的整体设计及其解释系统　43

第一节　材料、指导语　45
第二节　树木—人格测试的解释系统　50

第三章　空间与树　53

第一节　画纸的空间区分　55
第二节　画纸上的位置和树木的尺寸　68
第三节　倾斜的方向　83
第四节　树木三个部分的均衡　88

第四章　树的类型　91

第一节　树木的整体构造和基调的性质　94
第二节　种类所决定的树木形态　99

第五章　笔画和线条的性质　127

第六章　树的部分　135

第一节　树冠、树枝　137
第二节　树　干　171
第三节　树　根　189
第四节　地　面　197

第七章　特殊标记及其他　207

第一节　阴　影　209

第二节　特殊标记　219
第三节　附加性记号　253
第四节　风　景　262
第五节　两棵以上的树　265

第八章　成套测试和实例　271

第一节　成套测试　273
第二节　成套测试的实例　277

附　录　297

"大树鸟巢画"绘画亲子关系评估技术　297
文化和神经症症状关系的日中比较研究　345
木景疗法　355
从树木—人格测试来理解老年人心理　366
树木—人格测试问题特征指标在新生心理普查中的应用　383
树木—人格测试及其变法在心理咨询过程中的运用　394

参考文献　409

PART

第一章
方法的起源与发展

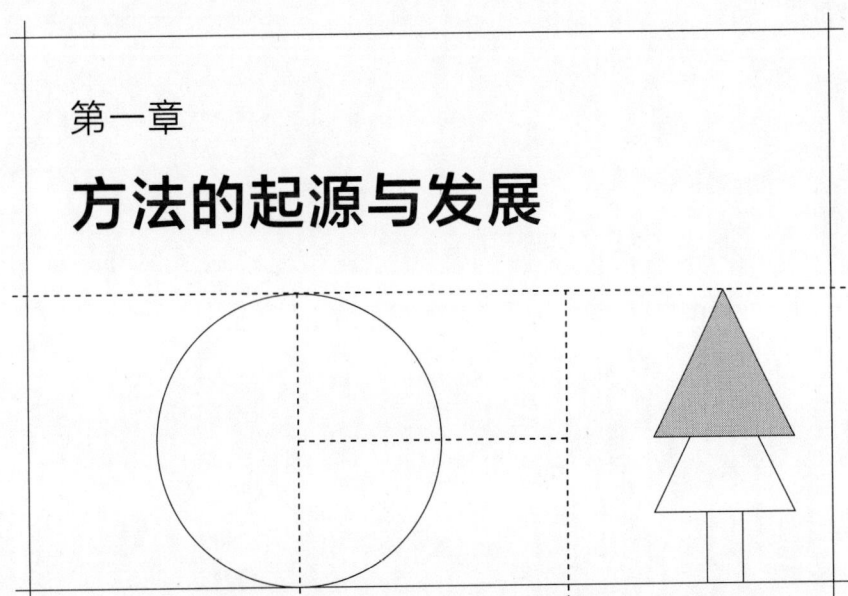

> 树木是反映我们状态的一面镜子。
>
> ——《象征》安德烈亚斯·阿尔恰特斯

树木—人格测试是由瑞士心理学家科赫（K. Koch）开发的投射心理测试。在 A4 的画纸上用 4B 的软芯铅笔"画一棵树"，并对这幅树木画进行评定。和其他的绘画测试一样，树木—人格测试能够对各种年龄和不善于用语言表达的来访者的智能和身心发展情况给予比较准确的诊断。可以运用到测试职业适应性，精神障碍和智能障碍的早期发现，以及确认心理治疗的效果等方面。

树木画本来被认为是适用于理解身心比较健康的成年人的方法。本书将阐述由此发展起来的、利用树木画进行的投射人格测试。全书既没有提供将绘画要素数量化的体系，也没有将构成绘画重要部分的基准明确化，也许会使一些将要学习投射测试解释方法的人感到困惑。笔者有意在此将其省略的原因在于，树木画的特定部分以及构造所表示的意义并非一对一的关系，而是相互综合关联起来的，所以完整的解释只有依据作为整体的树木描写才能得出。

笔者没有将评分的体系标准化，而是试图将可能在应用树木画中遇到的大部分信息收集起来，再整理为类似于所谓"心理学符号分类"的体系。关于标准化的欠缺，笔者想强调的是，在心理临床中我们并没有将树木画看做是一种严格意义上的测试。在这里，对树木画所显示的结果进行尝试性讨论，是基于其他测试的结果或综合生活史资料的解释、检验是否相互吻合，而并非通过其他方法来进行确认。这方面的问题以及绘画测试，不适用于通常对测试适当性的检验的见解，将一同在"投射法的展望"和"整体统合"等章节中详细讲述。

另外，也希望明确的一点是，树木画分析以及个别的"符号"分析也无法断定那些基于传统疾病分类的特定精神障碍。笔者赞同绘画自身并非临床诊断工具的见解，只是认为从树木画中能洞察到许多与诊断相关的信息。例如，不安的特殊表现、特殊的防御机制、情绪发展的一般水平、紧张或心理冲突的指标以及关于来访者过去经历的线索，还有其他的不适应症状都常常会在树木画中表现出来。特别是如果能将树木画和其他测试评价方法综合起来，将会对精神病理的诊断和治疗大有裨益。

与众多运用绘画测试的人不同的是，笔者不认为绘画测试对于智力的判断有效。与其他学者对此的见解之差异将在本书的其他部分举例论述。

第一节 本书采用的方法

树木画的分析分为巴克（John Buck，1948b，1948c，1996）的HTP（房·树·人）测试（House-Tree-Person Test）与科赫（K. Koch，1949，1952，1957）的树木画测试（Baum-Test）两个体系，可能也有人想知道这两个体系与本书所提的技法之间的关系。作为比较，本书将会对这些体系作一定程度的叙述，但简单地说，本书与此两体系没有太大的关联。

然而，本书中的方法并非是笔者的原创，因此，严格地说不是笔者自己的方法。此方法的主要部分是由匈牙利皮亚里斯特会（Piarist：1957年于罗马设立的从事罗马天主教学校教育的修会）牧师卡洛礼·阿贝尔（Karoly Abel）神父在20世纪40年代后期提出的。曾是外交官、心理学者、教育家的阿贝尔神父从20世纪30年代中期开始发展这一方法，以从自己的学生和教师同事那里收集绘画和病例资料积累的长期经验为基础，逐渐将关于树木画的思想梳理成型。就笔者所知，无论在东欧还是西欧，他都未能正式发表自己的见解。笔者希望，本书关于阿贝尔神父所开创的技法的阐释，能够尽量接近于他的本意。

将阿贝尔神父的方法传到西欧的匈牙利同行（本人不愿透露姓名），是兼具才能与热忱的弟子，他在学习了此技法之后的20年间，搜集并分析了数千例树木画。

本书中绝大部分的被试是身心较为健康的成人，在测试中利用后述方法而得到的绘画和病例资料成为本书的基础。也即是说，被试为拥有普通程度以上的智力、日常生活较为顺利的成年学生或工作者，其中也有遭遇危机性的人生转机而寻求短期心理咨询或治疗的人。当然，这个"健康正常"的群体当中，也包含那些有着各种各样心理上的郁结、社会或家庭生活不太适应、夫妻或人际关系紧张等问题的人。但是，除极少数的例外，并没有可被分类为患精神疾病、呈现显著的不适应状态、出现精神障碍等的被试。可以认为，笔者对树木画的本质解释及伴随的人格记述与科赫和巴克的显著差异，来自于作为最初研究对象的群体的明显不同。科赫利用儿童的树木画进行绝大部分的基准研究，随后对成人的绘画援用了对青年后期"基准"的研究结果；巴克最初对患有精神迟滞、器质性乃至机能性病状的入院患者进行了研究，之后他与他的后继者们对小学生、大学生以及部分成年人群进行了树木画研究。

第二节　投射法的展望

> 失去了敏锐心灵的我们几乎完全无法理解过去的事物。
> ——《法拉克史》格列高里·德·都尔

美国临床心理学中的投射法运动之始，通常可追溯到 20 世纪 30 年代后期，以 40 年代到 50 年代为最盛期。与此运动相关的评定方法大多始于 19 世纪后半叶。例如，词语联想实验是由高尔顿（Galton，1879）、克雷佩林（Kraepelin，1892）、冯特（Wundt，1908—1911）最早进行的；荣格（Jung）命名为"联想实验"的重要贡献则是他早期的研究（1906，1907）；罗夏测试最早见于 1921 年（此测试是欧美投射法中应用最为广泛的测试，其原型并非始于 1921 年）。赫曼·罗夏（Hermann Rorscharch）于 1921 年出版《精神诊断学》，明确提出了在今天已经相当有名的测试的基础理论与技法。但必须注意的是，罗夏于此书出版前的 10 年间已经实际进行了此测试。

欧洲其他著名测试，例如四图测试（van Lennep，1948）、斯丛狄测试（Szondi，1943，1947，1956）、瓦泰格测试（Wartegg，1939）等虽然都在 20 世纪 30 年代后期到 40 年代前期才正式发表，但在 1920—1930 年初便已开发并发展起来。与笔者的研究主题有着特别关系的科赫的树木画研究明确地始于 20 世纪 30 年代，而他关于树木画的《手册》出版于 1943 年。意大利的洛文费尔德（Lowenfeld）关于马赛克测试（1931，1949）的论文发表于相当早的时期，最初她将此测试应用于儿童，后来有学者将之应用到成人的诊断中（Diamond &

Schmale，1944；Wertham，1952）。

20世纪30年代，美国心理测试的主要焦点在于智力、态度、职业兴趣、判断力等各种标准化测试。研究人格特性、一般适应性等的测试虽也有所发展，但仍然以自我评定尺度对目录式的问题作书面问答的标准化产物为主。到了30年代中期，人们开始关注关于人格评价是否有更具可塑性的定性方法。默瑞与摩尔根（Murray & Morgan）最初作为"假想的研究方法"设计了TAT（主题统觉测试）（Morgan & Murray，1935；Murray，1943）。之后罗莱塔·本德尔（Lauretta Bender）于1938年设计了本达视觉运动格式塔测试（Bender Visual Motor Gestalt Test）。个人智力测试方法的专家们逐渐意识到这些测试，特别是古迪纳夫（Goodenough）的画人测试（Draw-A-Man）（1926）不仅定量地测定精神能力，而且常常揭示出人格适应性的定性侧面。古迪纳夫的画人测试由卡伦·马可福（Karen Machover）发展为人物画测试（Draw-A-Person，DAP），已成为包括绘画在内的各种投射法在美国最为广泛进行的测试。

另外，也应考虑于30年代后半期移居美国的欧洲精神分析学家、接受过罗夏测试训练的欧洲专家等的影响。到1939年末，更多关于TAT的研究开展起来，罗夏测试理论研究者与临床医师的团体成立了，更多观察、研究、测试个体人格的方法被介绍，其中包括黏土手工、手指画、自由画、戏剧游戏或心理剧、对特定主题的绘画、身体语·步态·特征性运动、笔迹学、故事完成或编写一定主题的故事等各式各样的方法。"投射法"这一一般性概念正是在这一时期引入的。一般认为，在弗兰克（Frank）题为《用于人格研究的投射法》的论文（1939）中最早使用了这一概念。但默瑞（1938）在早一年的概论《对于人格的研究》的题目中使用了"投射法"一词。就是说，早期的美国投射法运动是集中性的，至少在表面上是统一一致的。

在思考上述这些差异明显的方法（虽未完全罗列）的多样性时，这些技法有何共通点这一问题便会自然而然产生。人们或许不禁会问，为何临床心理学家、许多精神病医生、各学派的精神分析学家们，对投射法抱有如此的热情呢？

即便是对投射法持批判态度的人也承认，对投射法的关注这一巨大潮流源自于对之前标准化测试所得信息的不满。因为测定人格的投射法被认为在理解作为个体的人时能够填补一些重要的空缺。

投射法利用模糊的（中立的）刺激来探究人格的深层，引发出能够反映被压抑为无意识的经验、欲望、情绪的反应；它是一种有效的工具，能将在明确的测试状况下的被试无法表现或不愿表现的态度、人生中的变故等清楚地表现出来。投射法所得的结果，无论是形式上还是内容上，都充分表现了被试的个性。与样式固定的测试不同，多数投射法反应的方式都采取自由作答的样式，因此可以使被试的反应丰富而富于独创性。最终投射法的解释以作为整体的人，即"统一为无法分割之格式塔的独特人格"为前提，这不同于用标准化人格量表得出的特性或倾向等特征的列表。

站在投射法立场上的人，否定由某些特性或者从行为与集团标准相偏离的程度来记叙"个体差别"这一概念。他们认为投射法是解析人格构造的X光，同时能够明确个人与环境之间的动力学关系。认为将投射法比喻为X光多少有些过分的其他人将之比喻为摄影机，也就是说，探求人格构造的过程中使用的方法就像透镜一样，通过这片透镜，被试的典型行为标本将被反映在屏幕（对应焦点的玻璃板）上而被记录下来。

由后来的经验和实验得知，早期有关投射法的基础假说多数是错误的。尽管如此，临床专家、精神科医生等仍然热心地运用投射法的理由也不难理解：与对通常情绪、冲动、反应的理解一样，为了理解表面精神病理行为的底层,更加有效的工具是必不可少的。

第三节　整体统合

> 如果说曼陀罗（Mandala）象征着自我的截面的话,那么树就表现了自我的侧面。树是作为成长过程而被描绘的自我。
> ——《哲学的树》卡尔·古斯塔夫·荣格

笔者曾提到,许多古典的投射法正在被至少是部分地定义为"能够信赖的测试"。像所有这样的尝试,要么是限定自由的反应,要么是明确刺激的结构,或者二者均进行。像这样改进后的方法,在其基础技法中,视觉刺激或者语言刺激成为其出发点。以此为根据,笔者将下面的若干技法分为两大类。首先在下页列出第一大类。列表本身大部分是自明的,只稍加说明。

MMPI（明尼苏达多项人格量表）（Harthaway U. McKinley, 1943）与修正后的投射法一起包括在第一类的开头,以此说明像这样高度结构化、可作为自我报告的量表测试,与"经过改进"可通过计算机进行测试并评分的投射法并无多大区别。MMPI测试中,所有的被试都接受相同数目的问题,须在"是""否"和"说不清楚"中择一回答。手工处理此测试是没必要的,由于其完全标准化,可利用计算机轻松地处理,且结果同样具有很高的可信性（被试的反应是否可信,与这个著名的测试是否对各种目的都适用一样,尚需讨论,但这在目前并不重要）。以一词补完文章的计算机化语句完成测试,虽略微留有自发反应的余地,但因计算机上限定可用词语以及显著结构化的文章可控制反应，极大地减少了测试中的自发性。至少，不管测试的名称和其操作原理，这样的语句完成测试比起第三类中原本的语句完成测试更加接近于客观性问卷。也就是说，原本的语句完成测试使用例如"我感到……"或"我的父亲……"这样开放性的文章，使得反应能够自由进行，令其成为让被试丰富反应内容的测试方法。

分类 I　人格测试，或具有此可能的测试（使用刺激）

第一类　结构化的刺激和/或限定的反应

- 人格量表
  - 高度结构化的刺激
  - 3种反应：是、否、说不清楚
  - 可以自己进行
  - 计算机评分：有可信性
- 计算机化语句完成测试
  - 高度结构化的刺激
  - 利用计算机进行并评分
  - 反应限定为1个词
- 计算机化墨迹测试
  - 对各图版作一个6个词以内的反应
  - 利用计算机进行并评分
- HIT墨迹测试
  - 对各图版作一个反应
  - 个别进行测试并评分
- 罗森茨维克挫折情景测试（Rosenzweig Picture-Frustration Test）
  - 高度结构化的刺激
  - 限制测试的目的

第二类　结构化的刺激，限定表面反应，关注反应的隐藏侧面

- 本达格式塔测试（Gestalt Test）
  - 高度结构化的刺激
  - 表面操作为刺激的临摹
  - 观察绘画过程
- 联想语测试
  - 高度结构化的刺激
  - 结构化的测试状况
  - 观察偏离状况

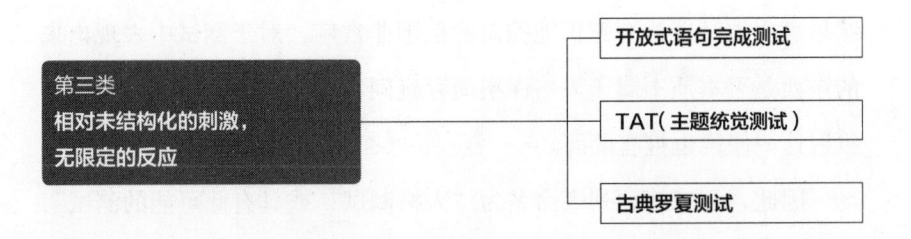

第三类 相对未结构化的刺激，无限定的反应	→	开放式语句完成测试
	→	TAT（主题统觉测试）
	→	古典罗夏测试

第一类的后 3 个例子是为了调查特殊明确的机能，通过使用显著结构化的刺激（罗森茨维克挫折情景测试），或虽未将刺激结构化，但限制反应的自由度（HIT 墨迹测试）来达到测试标准化的目的。

第二类中有两种刺激高度结构化、同时限定了反应的古典测试方法。至少从人格评价的目的来说，隐藏起来的反应比起表面的反应更加重要。因此，即使有测试经验的被试也会以为本达的格式塔测试是对脑病或神经损伤的检查，而不会注意到为准确地临摹图形而多次翻转测试用纸会让神经质倾向的得分偏高。笔者虽然不太赞成本达（Bender, 1938）或其他研究者对这样行为（不用于发现脑损伤）的解释，但使用本达格式塔测试时，的确几乎没有人注意到其真正的目的。

联想语测试使用了与之相反的原理。大部分的被试虽然都知道此测试检查"特殊的情结"，但作为投射法中最古老的形式，联想语测试被包括在 MMPI 等第一类测试中是最难以"造假"的。就算是经过训练的心理学家在遇到非惯用的词汇时，要想完全控制自己反应的性质和速度，事实上也是不可能的。

第三类中列出使用相对未结构化的视觉或语言刺激的 3 种古典技法。早期的投射法使用者认为 TAT 和罗夏测试的图版不仅解明人格深层，还显现独特的个性化反应，是完全中立的刺激。现在知道这两个测试使用的各式图版有比较"容易引发某种反应的刺激"，比过去所以为的要更倾向于得出共通的反应，此假说并不正确。另外，实验结果表明被试能够有意识地控制的范围非常广，对于测试中表现出来的东西是否本质上属于人格深层尚存疑问，对于反应是来自无意识的投射这一假说也抱有疑问。

因此，笔者将此列表命名为"人格测试，或具有此可能的测试"，是因为像 TAT 或罗夏测试这样的方法在演变中提高了刺激的结构化程度，并限定了反应的自发性与自由性。利用这样的方法，这些技法可作为心理测试参考使用，最后能够变成评价可信性与适当性的"测试"。像这样，古典罗夏测试虽不算严格的"测试"，但"这片墨迹看上去像什么"这样的实施方法，被改编为反应数限定的 HIT。

以下属于第Ⅱ大类技法的方法。

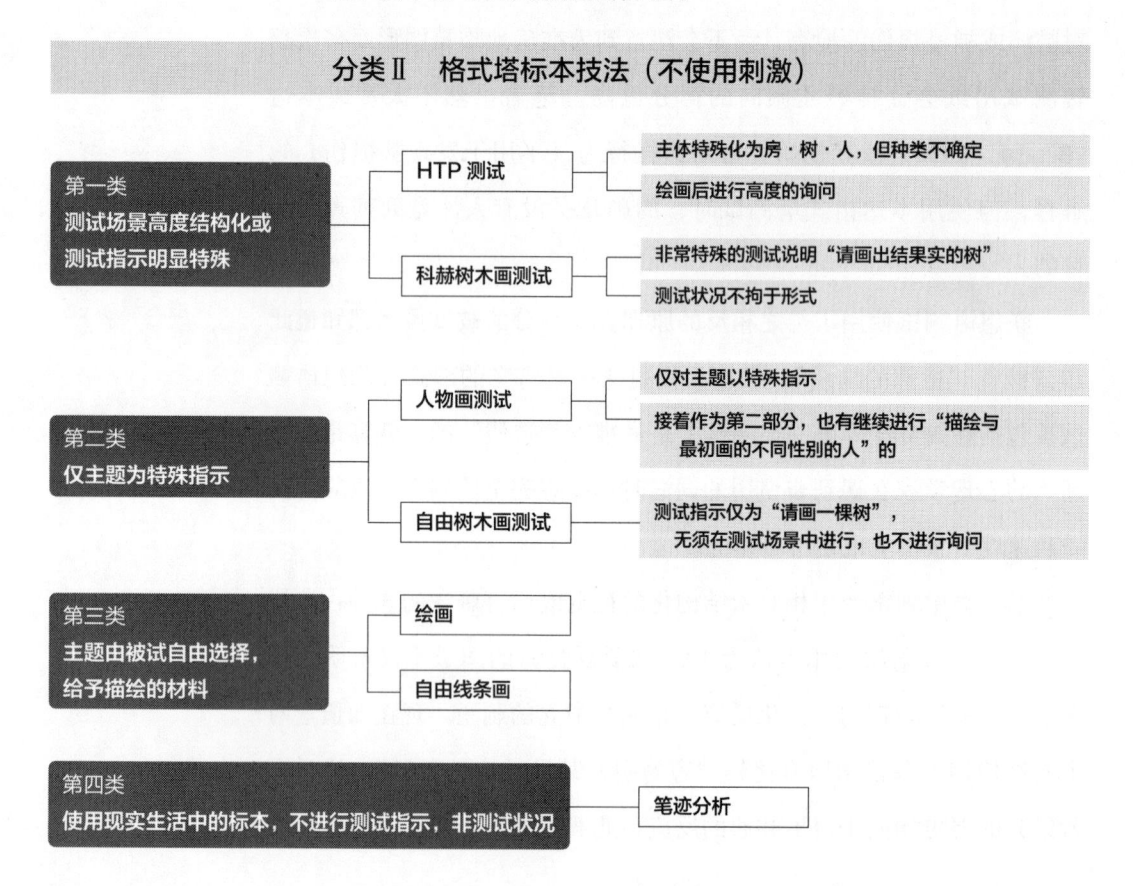

分类Ⅱ　格式塔标本技法（不使用刺激）

第一类
测试场景高度结构化或测试指示明显特殊

- HTP 测试
  - 主体特殊化为房·树·人，但种类不确定
  - 绘画后进行高度的询问
- 科赫树木画测试
  - 非常特殊的测试说明"请画出结果实的树"
  - 测试状况不拘于形式

第二类
仅主题为特殊指示

- 人物画测试
  - 仅对主题以特殊指示
  - 接着作为第二部分，也有继续进行"描绘与最初画的不同性别的人"的
- 自由树木画测试
  - 测试指示仅为"请画一棵树"，无须在测试场景中进行，也不进行询问

第三类
主题由被试自由选择，给予描绘的材料

- 绘画
- 自由线条画

第四类
使用现实生活中的标本，不进行测试指示，非测试状况

- 笔迹分析

笔者称之为"格式塔标本技法"（Gestalt Test）的方法（以描绘某种对象的画留下永久记录的方法），不使用任何结构化的刺激，因此，全部产生个性化的反应。属于第二类的技法，其结果或作品通常是整体，即格式塔（Gestalt）的形式。它们虽然不一定表露出（表现）深层的个人人格，但都是各自独特的表现。也就是说，两幅绘画或是两个人的笔迹是不会完全相同的。

这些技法的方案带有格式塔的性质，因而，比起古典罗夏测试或TAT来很少有依照标准评分的。以"向测试发展"的观点来看，恐怕是难以成为标准测试的。将这些方法当做狭隘测试使用的尝试，绝大部分是试图将征兆或征兆群与作为外在基准的病名（妄想性精神分裂症等）或特殊的症群（轻度精神障碍、学业不振等）联系起来。作为格式塔整体的评价线索，重要的症状（不常见）或症群有利用的价值。事实上，若不满足完全"印象性解释"的话，不注意细微的部分及其表达的意义是无法理解整体的。但是，作为定义病态精神状态或发展状态的指标，寻求描述个别的征兆或整体中的"部分"的努力将不可避免地失败。这是因为即便是"部分"也是记叙个人独特个性的表现。例如，健康异常者的绘画中经常出现的"征兆"在正常被试的绘画或笔迹中也同样地出现，被一眼看做病态征兆的正常表现与非正常人的征兆遵循着不同的格式塔脉络而产生。

作为得到格式塔作品的方法，这些技法共分为四类。对此需要简单说明的是，这四类并不一定反映对人格评价有用性的顺序，而是基于"特殊的测试指示"这一具有人为性的标准所进行的分类。

HTP与科赫树木画因不同的理由归入第一类。HTP中被试虽被指示画出"任何东西均可，随心所欲地画房、树和人"，但也是在显著结构化的测试状况下实施的。另一方面，科赫的方法指示被试画出果树，因而特别地限制了自由的反应。如果没有指明"画出果实"的话可能没多少人会画出来。

DAP（人物画）和笔者所关注的自由描绘的树木画中，对被试要求的结构化程度相同，只是绘画的主题特殊。解读者解读自由树木画不拘泥于特定的形式，较之 DAP 专家对于标准化资料的使用关注更少。这两种方法测试指示的性质非常接近，均归入第二类中。

最后，以自发书写的资料为标本的笔迹学完全不需要指示或测试状况。笔迹标本在无数图示表现中，与表现个人特征的"指纹"最接近。但是笔迹学的研究很不幸地容易让人联想到骗子；而且仅有极少数人接受了心理学专业训练，同时又熟练掌握笔迹分析，因此作为人格研究法的笔迹学至少在美国没有多大的发展。

利用绘画对人格的特征、发展状况、混乱的精神状态进行解析的研究拥有很长的历史，已出现在非常多的文献中。一个多世纪以来，治疗精神病患者的医生们一直感受到病患的艺术作品中的魅力，现在许多专家改进了对精神病患者作品的研究，开始采用更多较之内容更强调形式要素的新研究途径。各学派的精神分析学者，特别是荣格及其后继者们，让障碍较为轻微的患者认识到，绘画过程本身就有着治疗上的价值，同时在这些艺术作品中追寻象征的意义。对于儿童绘画的研究，则无论是在正常的场合还是有问题的时期，长期以来都是发展心理学专家关注的对象。

的确，自由画为对个人表现的研究提供了丰富的材料。较之要求以特定主题绘画，仅给予绘画的材料更能够获得患者、来访者、小学生自发描绘的作品。

但 20 世纪后半叶的研究者们提出，特别对于人格侧面或结构的研究，无论正常的还是病态的，系统地研究绘画表现方法时，给予主题要求绘画的方法明显更为有益。之后这种观点被广泛接受，而产生出 HTP、DAP、科赫树木画测试以及其他许多给定主题的绘画测试。

但这绝大部分与笔者研究的主题相去甚远，故在本书中仅记叙而不加以讨论。

第四节　绘画法的优点

哈默（Hammer，1958）在《投射绘画的临床应用》一书中，以"绘画测试的价值"为一章标题。关于绘画法在人格评价时的效用，在此引用他的结论——

简言之，投射描绘有以下优点：①简单易行；②进行时间较短，以较少时间与精力消耗，获得丰富的信息；③能够迅速进行对来访者的检测；④较少有成套试题对来访者构成威胁，成为能够引发其浓厚兴趣的测试；⑤由于简单易行、可操作性好，可用于个人和集体的检查；⑥非语言性的投射，对学历较低的人、精神障碍患者、不善于用语言表达的人、非常内向的人、不擅长抽象思考的人都有明显的可用性；⑦对选择逃避防卫的人、持戒备心理的被试、矫正设施的被收容者可用；⑧经验显示，绘画法较之罗夏测试更易发现器质性疾病；⑨已有实证显示绘画是能够解明人格更深层部分的临床工具；⑩能够获得作为研究目的的"纯粹性"标本；⑪因为绘画可迅速进行，受记忆影响较小，易于再测试，检验心理疗法的进展，且来访者的心理冲突在心理疗法的场景中明确展现之前，治疗者已可察觉到来访者的心理冲突；⑫以图示表现作为格式塔的人格整体，因而有经验的临床专家很容易解释人格各成分之间的关系（也就是说，没有必要像罗夏测试的解释那样评分或同时留意多个比值及各种内容的主体等，集中注意观察画，一眼就能够看出人格要素及其相互关系）；⑬即使是没有接受过投射法训练的精神科医生也能容易地说明绘画的资料，让人轻松理解掌握。

　　这些来源于经验观察的假设，有些还没有通过科学的严密证实。为检验关于绘画提出的经验性假设，希望这些临床观察能够刺激并推进在各地工作的心理学家的研究与资料收集工作。（哈默，1958）

　　关于绘画的价值，以上的列举已十分充分，甚至不乏夸张之处。但更轻松地说，绘画法不但简单易行、容易评分，基于测试者的解释，还具有相对其他的大部分测试更加有趣的优点。

第五节　作为理想绘画主题的"树"

　　论述使用树木画的 HTP 或科赫树木画测试的人都认为，树作为绘画主题时有着独特的价值。与美国的哈默（1955，1958）一样，科赫（1949，1952，1957）、马特穆勒·弗里克（Mattmüller Frick，1968）及其他欧洲的研究者，都对自古以来树作为神话主题出现在各种文化中的象征意义作了详细阐述。荣格及其后继者们同比较神话学、视觉象征史、文化人类学的研究者一样，广泛地研究树的主题。笔者并不反对认为树蕴涵着许多深奥的神秘意味这一观点，但这超出了本书的讨论范围。当然，对于树的原型研究是非常有价值的。关注树木画的运用的人若要尽早得到与分析相关的信息，参考已经完成此类研究的专家的著作将大有裨益。

　　这里不论及树木原型的普遍意义，仅简单地阐述一下树木画之所以为理想绘画主题的理由。作为绘画主题，也有被要求描绘"最令你不愉快的东西"（Harrower，1958）之类（例如"浮现在你心中最令你不愉快的东西是什么"，等等），以获得有关特定的恐惧、态度等的"图示性描述"的主题。像 HTP、DAP、科赫树木画这样的绘画测试，主题范围广泛而特殊性较小，因而来访者或患者难以明白测试的目的。马可福的人物画（DAP）和巴克所引入的 HTP 的 3 个主题在美国的临床专家中使用极为普遍，大概与科赫树木画在欧洲的广泛使用基于同样的理由。

运用范围广泛的主题的研究者大多假定，画能表现、投射出被试人格的各个侧面，例如对自己的看法、对别人的态度、对环境的感情、自己意识到的倾向、无意识的冲突等。房屋、树木、人物 3 个主题中，人物画与树木画似乎最容易表现出被试的反应。哈默曾阐述道："树与人物都表露了被理论家们、特别是保罗·希尔达（Paul Schilder）命名为'身体形象'或'自我概念'的人格核心。"马可福认为人物画表现了人格的广泛维度和被试的临床状态，巴克则提出透过房屋、树木、人物三者能够了解被试的经验及人格的不同层次与维度。即如他所说的，"可以认为，不同的画能引起意识和无意识的联想。房屋画引起被试关于其家庭和同居者的联想；树木画一般使人联想起关于生活中角色和从周围环境中获得自我满足的能力；而人物画则引发关于特殊的和一般的人际关系的联想。就这样每一幅画都包含了过去、现在、未来的全部或部分之组合"。（巴克，1953）

巴克试图区分 3 个主题的效用，而提出了由树木画获得信息的详细分类，并强调树木容易表现出从自身与环境的关系中感受到的自我印象。笔者虽并非不赞同树木画表现了人与环境发生联系的方式这一见解，但却怀疑"树木画所表现的人格基本形象就是自我与环境间的关系"这一观点。关于人物画与树木画所表现之物的差异，笔者与下面哈默的见解相近：

树木画能反映对于自我较深层次的无意识感情，人物画表达对于自身或是自身与环境间关系有意识的看法。由这一点可以清楚看到人格结构中层次化的冲突与防卫状态等。

更加根本而自然的植物——树，是适于投射人格深层感情的象征。这样的感情较之人们学到的东西，存在于人格中更加原始的层次上。（哈默，1958）

哈默与巴克都主张，树木的主题优点在于适合表现成为严重心理创伤的过去经验，或者否定性的、引起混乱的特征。例如哈默（1985）阐述道："在树木画中较少有暴露自我的担心、少有自我防卫的必要，因此较之人物画，树木画更容易投射出封存在深层的感情。"另外对于被试而言，树木画感觉是更加中立而无威胁的主题，能够自发地、不落窠臼、不受束缚地表现自我。

还需要强调的是，描绘出来的树木代表着包含绘画者的出身、迄今为止的经验、未来期望和计划的整个生活史。在与人物画相对照的树木画中，仅从某一特定时期描绘的一棵树中，就能够得知被试的人格经年累月发展的概貌。树木的主题能潜在地表露出传记性往事的理由也就在于此。

树木作为理想主题的另一个理由，是较之人物描绘它可能遭遇的抵触较小。就算是知性的正常成人，若不习惯绘画就很容易拒绝描绘人物；即便是美术专业的学生，描绘人物也可能成为一项困难的挑战。普通的被试很可能认为自己能力不足而拒绝绘画。就算此人愿意描绘人物，若不将其绘画技能考虑进去，能否从作品中判断其心理成熟度、精神健康状态及人格特性也值得怀疑。维纳（Waehner，1946）认为，接受绘画训练与否不妨碍利用绘画了解人格特征。但惠特米尔（Whitmyre，1946）的实验显示，判断人物画的心理学家常常将美术专业学生的人物画评价为比起未接受过绘画训练的学生的画显示出"更好的适应性"，表明判断受到了画的审美性质的影响。他使用巧妙的双盲实验，显示有 DAP 使用经验的心理学家在评价 50 名被试（25 名为住院的精神病患者，25 名为健康者）的画时，其结果表明评价的确受审美因素的影响。此外，智力较高且适应性良好，但绘画技能拙劣的人会画出稍显幼稚、歪歪扭扭的人物画，这一现象似乎至今没有引起足够的重视。与此相反，画树远比画人简单，就算不喜欢绘画或没有绘画才能的人通常也不会拒绝绘画树木。

树木作为绘画的主题还有其他许多优点，但并非绝对优于其他主题。只是就笔者的经验而言，分析功能相对正常的成人人格时，树木被认为是最适合的主题。

第六节　树木画测试

科赫所著《树木画测试》的第一版，在 1949 年以 88 页的薄册出版于瑞士，1952 年出版修订后的第二版。但第一版被当作第二版译为英语，并且不幸的是，英译者明显地并不精通德语。也主要由于这个原因，读过科赫著作的美国心理学家中极少有人通晓科赫的研究。1957 年经过修订扩充到 258 页的第三版，到 1967 年总共印刷了 5 次。可是，这一版在美国实际上并未被广泛利用。

树木画测试并不是科赫自己开发的。据他自述，此测试是在瑞士苏黎世州任职业顾问的埃米尔·尤克（Emil Jucker）的构想，尤克从 1928 年最初进行的私人实验开始发展树木画测试。当时在瑞士卢塞恩任职业顾问的科赫注意到前辈使用的树木画测试，并利用自己笔迹学研究的解释法为基础建立了树木画的分析法。在数次用手抄本印刷的册子进行初步调查，将其分发给其他的顾问、教育工作者、心理学家之后，他考虑整理出版第一版的著作。

第一版的绪论部分探讨树木的神话象征、树木画分析与笔迹学的类似性、利用他称为"发展性统计"的方法使测试标准化。剩下的部分阐述了他搜集的资料中一例详细的病例以及数篇简短的分析案例。另外,"树木画测试用表"这一中心部分列出了89幅图及解释其意义的列表。

第一版的资料介绍因多重理由混乱了读者的思维(修订版在许多方面有突出的改善)。造成混乱的首要原因是科赫以为读者都熟悉笔迹学的文献及"特殊的专业词汇"。因此,科赫没有事先说明和注解,就写道:"立即能看出Puler的笔迹学中左右、上下、前后区域这样的空间象征。(科赫,1952)"他在序文中自称为"表现形式的科学研究",但直到读完第一部的一半才会明白这原来是笔迹学的研究。这之后仍然是序说的部分,他也详细叙述了与笔迹学的对比,试图明确其区别,但要理解必须要精通欧洲的笔迹学文献才行。例如,读了下面科赫的文章,读者会怎么想呢?

因为是不活动的主题,所以要与表现为特征的资料明确地区别开目前暂时是不可能的。对于表象中特征的意义,尽可能地为之加上了表现形式的科学分析所认可的形象名称。表面构成依照树结构的主要形态的顺序。因此,我们举出外观上的现象,如"树冠"这一主题时,其解释当然遵循表现形式科学分析的法则。(科赫,1952)

笔迹学中常识性的概念在此完全没有定义,不读完序说甚至难以明白这种评论的出发点是笔迹学的思想。就算欧洲大陆的心理学家较之英语圈的大多数心理学家更热心引入笔迹学,但也不可能所有使用人格分析测试的心理学家都了解这些相当特殊的专用词。笔者不反对笔迹学与树木画分析法之间有着重要关系这一观点。尽管如此,科赫在树木画测试的著作中引入笔迹学的方法过于简化,或许这便是他的研究没有被英语国家所重视的原因。

科赫的著作中另一难解之处是"树木画测试中的表象"。表象的提示方式毫无顺序，最初的几页讲树根，之后是所谓 T 形树干（结果实的松科树的树干）（译注：T 为德语 tanne 的首字母，指松科的枞。其英译的 pine 是包含枞、松等松科的总称。但与日本人印象中生长于海岸或庭院中的松树不同，而是枞类圣诞树形态），再次讲述了树干的基部。在 22 页后着笔于地面与地面上的线条，其间还夹杂了描述树枝的图释。同时，书中还存在对（如倾斜方向的）树木整体作了说明，中间还有关于树冠和树的一般样式的记述。

另外，书中有部分形态的详细要素，并在长列表中描述其与图相关联的意义。但由于此列表包含过多的内容，矛盾过多，对初学者进行解释没有帮助。树木画的特定特征或样式，很自然地拥有许多不同的意义。基本上，看起来强壮的、充分发展的、有创造性的树木的某些特征常拥有相当正面的意义，或者至少没有严重的负面意义。但即使是同一特征，看起来带有明显敌意的、未成熟而混乱的树木时就需要完全不同的解释。本书中，即使对于同一特征，笔者也常有必要依照其与整体的关系予以不同的解释。但科赫却倾向于以下观点：

笔画交叉（交叉的树枝）的判定是非常困难的。因为有远近感的画中暗示了距离的维度，不同的面投射在画的表面上。远近感本身构成了笔画交叉或树枝的交叉。

只有同一平面上的交叉应被看做是真正的交叉。纠缠的笔画中必须区别哪些是交叉而哪些不是。它包括下面一些意义：

情感与自我控制间的冲突；

矛盾心态（两价性）；

判断力；

批判力；

深思熟虑后判断；

优柔寡断；

提出复杂问题；

对抗性；

分裂性；

缺乏统一性；

两个方向；

无法明确思考、澄清情绪；

缺乏辨别力。（科赫，1952）

不能说树木画的某个要因通常表现出不变的明确的人格特征。因此，树枝的特殊绘画方式因整体的树与其他部分之间的关系而含有多重意义，对"正面的"树的解释与对"负面的"树的解释有所差异也很正常。科赫把他所研究的大多数表象的同样的特性，用于既可看做正面也可看做负面的相关词语描述（例如，独立/不受统治的狂野）。但上面所引用的表象则不同，同样的特征在某人所画的树中表现了批判力或者深思熟虑后判断的潜力；而在另外的被试所画的树中，则被认为无法明确思考与感情或缺乏辨别力之类难以接受的解释。这些与其说表现为正面和负面的同一特性之两个侧面，不如说是相互排他的特性。

对很多表象，科赫所附的图释即使词句没有矛盾也很模糊，不过有时也有解释得简短明确的图。但是对于强烈表现某种要因的意义的科赫的多数病例，很遗憾笔者无法赞同。例如科赫把由单线描绘、代表最初的树枝及其上的小枝的"笔画分枝"解释为"学龄期以后，通常会有智能与性格两方面的轻度迟滞，在神经症的情况下有退行的症状"等（科赫，1952）。

本书中联系某些特殊的病例，有许多阐述与科赫的"迟滞的征兆""退行的征兆"等见解完全相反。就笔者的资料而言，在诺贝尔奖得主、留下重要著述的哲学家、许多科学家以及数位才能非凡的画家的树木画中也能发现单线的树枝。此要因无疑是作为精神迟滞或智力的"轻度"迟缓的征兆来否定这些被试高度的智力。当然，也不排除这些被试在绘画时已患有"退行性"神经症的可能性，但倒不如说这一结论是值得推敲的。他们中的大部分人是自愿地进行绘画，能够正常地生活，圆满地完成工作。

对科赫的著作，特别是修订版仔细的研究显示，对于表象的注解中与笔者的解释较为接近的，似乎是基于笔迹学理论的注解。另一方面，与笔者差异较大的大部分注解是基于科赫的发展理论。科赫对于表象的注解是基于笔迹学还是发展性统计虽不明确，但还是有相当清楚的病例说明，对于有强调树或树冠左右的倾向的图，其大多的意义与笔迹学一致，科赫与笔者的解释也相吻合。同样地，对于各种笔画形态、树木画的一般样式等方面的注解在某种程度上也可以说是以笔迹的分析为根据的。

科赫在第一版的最后一页所提出的可作为发展迟滞或神经症性退行的明确指标的16个征兆中，能够获得公认的最多不过3个。那么为何会出现这样的情况呢？这也许是缘于测试标准化时科赫的基础假设之一，即他的标本以幼儿或患有明显迟滞的成年人为中心之故。第一版对样本群体与发展性统计的根据也未加说明。在进一步论述之前，先论述说明科赫的发现与笔者的发现的显著差异的要点。科赫研究了5—16岁儿童的画中50个特征的出现频度，以此进行测试的标准化。依照他的假说，在某一年龄（如6岁）普通的样式若在更后的年龄（如10岁）出现，则表示存在精神迟滞或神经症性退行。他尝试研究在两个年龄群体的树木画标本中某些特征发生的统计学频率，以证明此假说。因此在他的样本群体中有 44% 的 5 岁被试画中出现单线的树枝，到了 6 岁左右变为 21%，8 岁左右就减少到 2%，如此推论，绘画单线树枝的 10 岁儿童，恐怕其智能或情绪的状态只有 5 岁或 6 岁。这样的推论就算限定于其调查群体的年龄范围内（即 5—16 岁）也是略微有问题的。但可以确定的是，科赫的标本基本上是来自儿童与青年的绘画。由此资料而言，发展中的年龄所确定的一般标准，与完全成熟的成人的标准可能是没有关系的。他认为，对于 16 岁或青年后期的人"正常"的东西，就是高智力的、成熟的成年人的一般标准。因此，在 7 岁的人的画中很普遍，但到了 16 岁的画中就极其罕见，或完全不出现的特征如果在成年人的画中出现了，就暗示有显著的迟滞或向幼稚的阶段严重退行的情况。

笔者的标本由较安定的成人样本群体组成，约 90% 属于在一般人口中智力较高的 15% 的人群。笔者还获得了 14—18 岁的高中生的大量树木画标本，收集了幼儿的树木画。笔者最近募集的 144 名高中生中，2 人绘画了幻想的树，1 人绘画了抽象的树。34 名科研工作者与数学等自然科学专业的研究生中有 18 人绘画了抽象的树，4 人绘画了幻想的树。7 岁以下的儿童所绘画的树中，约一半是幻想或抽象的树。此结果并不能说这些科研者表现出显著的神经症性退行。从小学 3 年级到初中毕业，勤学的标准与顺应大多数人的行动以获得奖励，成为学生们的心理压力，因此作为个人的自我表现倾向变少。另一方面，一个人在身心完全成熟之后，其在 16 岁时尚不明确的生活方式、价值观、思维与反应的方式以至于个人独特的癖好也明确地建立起来。

这并非意味着儿童或青年的树木画无法以人格检查为目的进行分析，也不是说年龄较小人群的绘画大都相同。尽管在幼儿时期也能够明确显示出基本的人格差异，但就发展完全的个人而言在其完全成熟之前，其独特的自我表现形式无论是自己还是他人都无法清楚。在青少年时期，青少年认为被同龄人所接受非常重要，以对年长者的反抗态度作出顺应同伴的行动，其个性难以隐藏在顺从的假面具后面。另外较之成人，小学或初中生的社会经验与教育经验相当统一。一个将来成为创造性的艺术家或科研工作者的16岁青年，与另一个将来成为注册会计师在同一个公司工作40年的16岁青年之间没有显著的不同。但到了35岁左右，他们的个性则变得明显不同，表面上的行动与价值观也会出现明显的差异。因此，对于儿童、青年或智力低下的成人，其树木画中某些特征，或许能够以科赫的标准正确地解释为精神迟滞或神经症性退行的征兆，但同样的特征出现在理智、有独创性、较为安定的个人的树木画中时，则不宜将其解释为迟滞或退行的征兆。

顺带一提，科赫的修订版（1957）扩充为258页的厚书。大体而言，书的风格与资料的表示方法有很大改善，但附加于量表的图与注解的归纳方法也有相当多需要改善之处。此修订版的序说部分加长，对于笔迹学理论与树木画分析之间的关系也作了比初版清楚得多的说明，另外还增加了对树的原型的神话背景的论述。

解释用的量表仍然按照逻辑上的顺序排列，但对树的某些部分追加了15页"退行的征候"等一般主题索引。另外说明了绘画空间的象征性，决定树干与树冠、树冠的左侧与右侧的"正确"比率的方法也基于各年龄群体的正确标准作了说明。更进一步，作为计算树木画中特殊的象征符号所暗示的事件之发生时间的方法中，引入了所谓"维特根斯坦（Wittgenstein）指标"，即以毫米标示所画树木的高度与被试的年岁相比较的方法。此方法为德国神经学者格拉夫·冯·维特根斯坦（Graf von Wittgenstein）设计，引起了科赫的兴趣。

因这些追加或详述的内容，书的页数大增。比这些更重要的变化是增加了发展性统计的分析。在第二版中，与表示花、叶、果实等特殊的"特征"出现频率的统计图表一起，也增加了不同年龄段中树干与树冠的比率等一般项目的统计。标本也按被试的年龄与性别等分类为不同的特殊样本群体。

第二版中各个特征的统计学研究来自以下样本资料的树木画——

Ⅰ. 苏黎世的学龄儿童（从数个学区募集了在社会经济同一水准的被试）

  A. 255 名幼儿园儿童各 1 幅画

  B. 592 名小学 1—8 年级与中学 1—3 年级少年各 2 幅画

  C. 602 名小学 1—8 年级与中学 1—3 年级少女各 2 幅画

Ⅱ. 精神迟滞者

  A. 411 名 7—17 岁精神迟滞儿童的 822 幅画

  B. 福利收容所中 29 名各年龄段重度精神迟滞者的 56 幅画

Ⅲ. 来自罗得西亚的 22 名 14—18 岁黑人的画

Ⅳ. 非熟练劳动者——3 个不同年龄群体的 600 幅画

Ⅴ. 22 名 16—35 岁店内工作的男女售货员的画

通过分析这些资料，科赫对于在学龄期的某一年龄树木画的通常特征、表现方式、部分的比值等得出了明确的结论。根据统计图表，科赫能够断言某些特征不会出现在成人被试或高年龄学生的树木画中，这些特征显示了发展的迟滞或显著的退行。实际上只要一看表现了所谓"幼稚形态"的画或记叙迟滞与退行特征的量表中的几幅图，而不必看统计结果，便了解这些树木画的大部分暗示了幼稚的状态。不过，也有表示退行的各个特征统一为特定的树，以高度创造性的方式统一而不乏调和的描绘的例子。

因此，为支持年龄较大的青年的画中出现的在幼儿或重度精神迟滞者中普遍可见的绘画特征暗示了退行的患者的症状这一观点，科赫虽然展示了统计学的证据，但令人不满的是仍然保留了与初版同样将树木画作为发展程度的测量度数的使用方法。即残留了作为样本的总群体的性质问题，同时还有将十六七岁的学生自我表现方式或精神上的发展作为身心成熟的成人的标准问题。

作为对幼儿到青年的年龄范围内发展水平的评价手段，科赫对树木画的运用是合理的。但较之支持他结论的统计资料，更加令人印象深刻的是在修订版中所阐述的，利用催眠进行的有趣实验研究。受到克拉格斯（Klages）运用催眠的实验之启发，科赫与瑞士的精神科医生维德里希（Widrig）一起进行了两次让被试在催眠状态下绘画树的实验。第一次的实验中，让清醒时的树木画没有明显的病理特征、适应性较好的人受催眠，加以短暂的消极情绪状态的暗示后再让其进行绘画。进行暗示的例子有（稍简化而言）"极为愤怒""强烈的罪恶感""身体的一部分残疾"等。结果树木画的形态和表现等发生了显著变化，其变化正基于被暗示的特殊情绪或经验。

第二次催眠实验中，使被试的心理状态退行到2岁，之后令其逐渐恢复到实际的年龄阶段，在催眠状态下描绘树木画。2岁时画出的是凌乱的涂鸦；3岁时的画虽然能看出是树，但形态十分幼稚；到9岁时树基本上与3岁相同，但形态上控制得更好。

在催眠状态引发消极情绪是有危险的，需要相当的谨慎。不过，这些实验从研究树木画的形态表现与特定的情绪或生活经验之间的关系来说相当有趣。因为树木画分析有可能利用被试的自我表现探明人格的独特性质，也即自我的观点、目标、与他人的相互作用、特殊的烦恼、人生的经验等，催眠实验比起统计资料更具有说服力。研究被试绘画时自我表现的变化的实验手段是尤其有用的。因为临床观察会受到治疗者先入为主的期待影响，较之观察结果报告，应该说实验更为客观。同时，这种研究比起在总群体中所占的比例这样完全抽象的统计事实，更加注意个人自我表现的多样性。

第七节　HTP 测试

弗吉尼亚州州立疗养院的心理学家巴克（Buck）1948 年出版了关于 HTP（房·树·人）测试的最初著作。据巴克所述，当他与一位不回答任何问题的 9 岁少女面谈时，只有利用绘画的方式他才能与少女开始交流，由此他偶然地了解到了绘画的价值。也就是说当巴克要求她画些什么的时候，她高兴地画了画并轻松地回答了巴克关于画的问题。对另外的被试也进行了实验——被试中有能自发交谈的与不能自发交谈的——巴克选择了房屋、树木、人物 3 个对象，这是因为：

（1）这些主题即便是幼儿也很熟悉；

（2）较之其他对象，任何年龄的被试都能自发地描绘这些对象；

（3）较之其他对象更能刺激被试坦率自由地谈话。

在巴克对测试的解释中，被试的语言反应（自发的注解与对标准化问题的回答两方面）与绘画本身对于评价是同样关键的，因此，这一背景对要理解 HTP 测试的实施方法十分重要。

经过约 10 年间的实际试验后，巴克关于此测试的简短论文发表于《临床心理学学报》（*Journal of Clinical Psychology*，1948）。同年他在美国心理学会发表自己的方法，提出了数个病例，强调该测试对诊断及临床的作用。1948 年末，又有两篇长论文作为《临床心理学学报》特刊出版（1948），这几乎必然地成为了此技法的评分手册。增加了在 HTP 研讨会上记录的抄写资料之后，巴克最终得以在 1966 年出版修订后的《手册》，该书成为学习 HTP 测试主要的参考资料（巴克，1966）。

1966年的《手册》除了以蜡笔画所做的彩色画（第二幅画）作进一步测试以外，基本与原来的论文没有太大不同。不过，彩色画本来只在另一作者佩恩（Payne，1948）所写的附录中提到。1966年的著作中包括了许多病例（其中有来自其他作者的）。巴克对自己的测试作了以下阐述：

HTP为有效分析环境内存在的人格全体，应用了2个系列共4阶段的临床手段。

第一系列第一阶段是非语言的、创造性的、几乎完全未结构化的阶段。表现的媒体单纯，仅用铅笔描绘未被规定的房屋、树木、人物。

第二阶段是语言的、形式上更为结构化的阶段。此阶段被试对自己绘画的对象及与之关联的事物进行谈论、说明、解释并进一步进行联想。

第二系列第一阶段仍然无受限地绘画房屋、树木、人物，但使用蜡笔。

第二阶段被试对以彩色绘画的房屋、树木、人物（较之第一系列第二阶段更为受限的方式）进行谈论、说明、解释并进一步进行联想。（巴克，1966）

很明显，HTP测试较之树木画测试（Baum Test）更复杂而耗时。不仅包含3个绘画主题（同样的主题在第二系列中以彩色重复），而且以绘画后提问（PDI：Post Drawing Interrogation）对各幅画进行一定程度上结构化的面谈。

巴克相信HTP测试的各个阶段能够有效引发图示上、行动上、语言上的自我表现与投射上的反应，并作了如下说明：

（1）各幅画（房屋、树木、人物）是混合着特定事物的房屋、树木、人物的画，同时也可以看做是被试的自画像。这是因为可以认为被试描绘了自己认为最本质的特征，并且客观地看来，这些特征与被试试图再现的事物是几乎完全不相似的。

（2）画的某部分或其组合以整体平衡或测试用纸上的空间位置等个别或整体的形式为表现方法，表现方法的意义来自以下两种方法：

①积极的方法

·绘画某些部分或其组合之前、之中、之后，或是作为注解或PDI中的注解明确表达情绪。

·以异于通常的顺序绘画某些部分或其组合。

·过度地擦除（特别是未能通过擦除改善形态的时候），绘画中或绘画后常常对某些部分或其组合以至整幅画重画（尤其是最终形态越来越接近病态的时候），绘画某些部分或其组合非常费时等，都表明了不寻常的注意。

·以奇妙的画法绘画某些部分或其组合。

·执着于某些部分的表现。

·对画的整体或某些部分（自发唤起地）加以直率的注解。

②消极的方法

·某些部分或其组合绘画不完全。

·完全省略1个以上的所谓必需部分。

·对画的整体或某些部分作模糊的注解，或拒绝作注解。

（3）通过解释这些"重要的"部分、部分的组合及其表现方式，能够得到关于被试的欲望、恐怖、努力、冲突的信息。（巴克，1948）

如上所述，HTP 测试中的作品本身不过是得出解释的 3 个要素之一。观察被试的绘画活动或绘画中的自发注解，对绘画的作品详细地询问，对于得出解释是同样重要的。巴克确信，绘画过程即情绪唤起的经验，因为绘画能够缓和被试的防卫，在 PDI 时能够产生许多投射。

不幸的是，PDI 中的提问显然是难以回答的，不充分之处也很多。以对树木画的提问为例，有"这棵树在你看来是男还是女？""对这棵树印象如何？""这棵树让你想起谁？""这棵树中最重要的东西是什么？"等等。实际上，很多临床医师省略了 PDI 的部分，或是以规定以外的问题提问，但巴克仍然认为 PDI 是测试中的必需部分。

在仅对描绘对象作定性评价的章节中阐述了对画的部分、比例、线条的性质、远近感和视点、在测试用纸上的位置等一定程度的解释或者暗示的解释。但与科赫不同，巴克认为个别的特征在解释上没有很大价值。关于特征的定性解释，巴克的合作研究者 I. 乔尔斯（1971）编写了另外的《手册》。

与定性解释的不规则暗示相对的，巴克为通过绘画间接地测定智力而设计了明确的定量方法。他试图将 3 个主题作为智力能力的指标来使用。由此他将智力水平确立为①中度迟滞、②轻度迟滞、③临界范围、④一般以下、⑤一般、⑥一般以上、⑦优秀等 7 个群体的标准而进行了标准化。他所设计判定智力水平的绘画评分体系很复杂，此处不再赘述。有兴趣的读者请参阅巴克（1966）的 HTP 手册。此方法与 1948 年的论文依然没有本质区别。1984 年斯隆（Sloan）与古尔丁（Guertin）已针对巴克最初标准化的 7 个群体各仅就来自 20 名被试的样本提出了批评，之后还有其他学者的批评，巴克及其后继者增加了样本数，却没有进行新的讨论。

巴克明确了"20 人的群体"中最能够清楚区分智力水平的画的

详细程度、比例、远近感的表现方式。也就是说，给各个项目分配由文字和数字组成的要素符号：D_3（重度精神迟滞）、D_2（中度精神迟滞）、D_1（轻度精神迟滞）组成"迟滞"群体的大类；A_1（临界范围的智力）、A_2（智力一般以下）、A_3（智力一般）、S_1（智力一般以上）、S_2（智力优秀）组成"良好"群体的大分类。

在他的样本中，S_1 或 S_2 中大多数得分的项目是详细的描写或现实性的描写。这显然来源于这样一种假设，即随着智力水平从中度精神迟滞群体到优秀群体的逐步上升，在绘画中会使用更现实性的描绘方式，画中"适当的部分"数量会逐步增加。例如，房屋的画中没有画墙壁表示精神上存在重大的问题，基于此种部分省略的 D_3 会得到最低的分数，可以说是较低智力机能的征兆。可是，现实性的部分越多智力越高这一假说并不合逻辑。难道为了得到智力一般以上的得分，便必须在房屋画里画出屋顶材料、窗帘、门上小窗，在树木画里画出树皮或树根部的草（笔者认为这二者并非本质上的征兆，或仅是疑似的征兆），在人物画里画出手杖吗？又有哪种理论会将有门柱或扶手当做智力优秀的征兆？巴克是从在智力一般以上与智力优秀的被试群体的画中的出现率归纳出这些标准的观点，但这种观点是令人难以接受。这是因为这些项目并未在除 1~2 幅以外的画中出现。笔者更无法赞成对人物画中"触摸头颈的手"与树木画中"从画纸一端露出的树"作出同样的智力评价。

巴克也承认，自己并非试图将 HTP 作为优良的智力测定尺度使用，对智商 50 以下或 125 以上的人也几乎没有测定的意义。在他看来，HTP 的主要意义，在于探明因为某些理由难以进行结构化语言式测试的人的潜在智力，强调使潜在智力无法发挥的情绪上的原因。

巴克虽未强调 HTP 是测定智力本身的有效方法，但 HTP 得出的智商与其他测试所得出的智商之间的差异是重大的问题。将笔者所收集的资料中智力优秀的被试的画以巴克的方式来评判,虽然最终的平均值通常相当高,但多数是 D_2 与 D_1 的得分,较之标准化测试的智商至少会低 20 分。对此,巴克或许会以他们基于情绪性的原因存在精神机能的混乱来解释,但这却与事实相反。也许不得不说他在对定量评分的标准化中,要素的选择失之随意,将假说过度地扩大为一般法则了。

关于测试的定性得分,巴克认为要规定明确的病态要素是很困难的。他注意到,在某些绘画中被看做是病态的征兆,在其他的绘画中从与整体的关系来看是完全"正常"的。因此巴克提醒解释者,在对画的表现作定性评价时需要考虑整体。他还认为从绘画过程的观察或被试对 PDI 的反应中能够获取大量定性的信息。笔者并不采用这样的方法,因此与巴克方法的比较,必须仅仅来自他关于绘画本身的阐述,而非来自词汇构成的注解或测试场景的信息与关系。在比较的时候,要先限定在巴克关于树木画的见解内。

HTP 涉及 3 个主题,考虑了非常多的方面。但巴克对于树木画的解释很自然地有所局限。他作出了相当具有洞察力的说明,论述了就算对于同样的阴影也必须首先区分健康的用法(暗示树的立体感或茂盛等)和不健康的用法(强调阴影、强烈笔画组成的过暗线条、执着于表示特定部分的阴影)。他原来的著作中的多数说明相当武断,倾向于强调消极的特征。例如他将"匙孔"形的树归属为"强烈的敌意冲动",论述为"①通常以阴影绘成,如此描绘包含阴影的部分失败;②抗拒将树枝的结构(解释为表现对环境内目标的追求程度或相互关系)画明确,因而考虑有敌意的存在"(巴克,1948)。在笔者的资料中并未发现多少这种形态的树与敌意相关的例子。更进一步,被试没有画出本应画出的有适当枝条的树,测试者由于假定敌意的说明变得不满足,也可以说实际上感到了敌意。

巴克还对整体以及浅线条绘成的画赋予明显消极的解释，认为它显示了优柔寡断和伴随着对挫折的恐惧的漠然不适应感。他对较之测试用纸尺寸过大的树也主要作否定的说明："测试用纸的大小与树的尺寸间的关系可以假定为对自身才能的心理感觉的表现。树的尺寸太大时，一般可认为被试在与环境的关系上自我意识过剩，暗示攻击性或可预见的攻击性。另外树的尺寸过小则提示被试抱有劣等感与不适应感，倾向于郁闷的征兆。（巴克，1948）"修订版《手册》（巴克，1966）中，巴克这些解释中大多数稍微缓和了一些，但是依然有"地面仿佛透明一般画出的树根是病理性的，特别是被试智力较高时更是如此"这样强烈的记述。如果被试中所有画出"透明"地面下根的人真的都显示了其病理性的话，精神病院的床位显然要不足了。在笔者收集的资料中，智力上无问题的健康人的画中也经常出现这样的描绘。

将偏离测试者所认为的"正常"解释为情绪的病理，是评价情绪安定性的多数心理测试的典型倾向。为了这个目的而"找出问题"的倾向非常强烈，因而不太考虑天生的特征或来自于创造性的偏离。像这样的心理测试，在怀疑或知道有某种病理存在时，在查明特殊的情绪问题的性质上是很有用的方法；但是对学生或比较健康的成人进行这些测试时，人格的描述便变得令人吃惊的模糊。笔者认为巴克的测试不适用于自己的被试。科赫同样关于树木画的解释，仅应用于他通常研究的总群体中的儿童或青年的画时更为适合。此外，房屋、树木、人物的绘画中，将巴克作为"通常"或是"良好"阐述的部分应用于精神迟滞者或受困于显著人格障碍的人群时，应能得到更值得信赖的信息。

笔者的技法与巴克的技法在以下 5 点上有所不同：①房屋、树木、人物 3 个主题中，笔者仅使用"树"这一主题。②笔者不认为树木画适合测度智力，也不认为其有成为能够有效测定成人智力的评分体系之可能。③笔者不强调对绘画过程本身的观察，也不进行高度结构化的绘画后面谈。巴克进行 PDI 的意图，是以语言联想完成故事为契机，利用被试所完成的绘画使 HTP 更接近于古典式投射技法。在笔者的方法中，对绘画自身作简短分析之后，对被试作最初的提问，而对被试人格的理解是从绘画本身的表现与形式的定性研讨开始的，之后的面谈虽以绘画为中心，但提问内容是完全个人化的，以此对研讨绘画已经获得的理解作更深刻的修正。④笔者的方法与 HTP 之间一个稍显细小的区别的产生，来自巴克的样本群体的性质与其面对临床上有问题的被试的经验。巴克的资料偏向于精神迟滞或人格上有显著不适应的人群。⑤笔者尚对色彩的象征意义抱有疑问，还未确信巴克及其后继者所主张的，蜡笔画较之不使用色彩更能够接触到人格的深层这一观点，因此没有进行使用色彩的绘画。另外，使用色彩的画作为巴克与科赫等技法的变法，有可能如后所述地查明病前状态。

第八节　变　法

20 世纪 20—50 年代，在美国，对于绘画的强烈关注相对减弱，在临床的成套测试中仅有 DAP 较为引人注目。但欧洲的状况却有所不同，精神病人的绘画和关于画的专著继续定期出版，DAP 和科赫的树木画测试都仍在临床或咨询场景中广泛使用。

本书无法详细介绍描绘某一主题的绘画测试产生以来的全部发展，在此简单提一提欧美研究者进行的树木画研究、特殊的应用法和变法。现今科赫的树木画较之 HTP 使用更为广泛，因此主要论述欧洲的发展。不过，首先看一看 HTP 彩色系列对预后测定的价值。

彩色 HTP 绘画的分析并非由巴克所开创，而是佩恩提出，以补遗的形式追加在他 1948 年的论文之后。现在 HTP 的奉行者使用一系列的色彩，让被试使用一套 8 色蜡笔（红、绿、黄、蓝、茶、黑、紫、橙色），以此作为测试的通常的实施方法。其中也有研究者使用更多的颜色，有研究者使用水彩画工具让被试画第三系列的画。然后在解释彩色画时不明确指明，使用相当特殊的色彩象征（例如黄色的树干表示表面的敌意等）。增加第二系列的绘画并进行提问的巴克的方法，需要耗费被试与测试者很多时间。结果如果能得到相应的有价值的信息，这一方法或许能正式确立。

哈默（1958）的初步试验显示，无色彩的描绘与彩色的描绘的显著差异对于精神病理诊断与预后很有价值，他开发了色彩系统的特殊使用法。之后，他巧妙地设计了接近于盲试的实验，分析了他人介绍来的 20 名被试的彩色画与无色彩画并进行了追试（哈默，1969）。此实验中，首先作为成套测试实施了 HTP，在其他人格测试实施之前记录了分析结果。然后他才将被试分类为正常、神经症、性格障碍、潜在的精神病状态（可能入院就诊或属精神病初期）、反应性精神病、精神分裂症、器质性障碍等多个类别。6 个月后，他请求介绍这些被试的精神科医师以尽量近似于他所定义的概念给被试分类（为使该医师不受哈默分类的影响而间隔这段时间）。结果对 60 人中的 48 人，医师的诊断与哈默的诊断吻合，其中对处于精神病初期的被试的鉴别特别显著地一致。最初测试时，对于某些表面上日常生活自理良好的患者，哈默预测他们迟早会精神病发作，结果证明他所作的预测中有 80% 是正确的。

哈默指出，彩色画较之无色彩画更能显示这些患者丧失与现实的接触等异常"不均衡的因素"。哈默认为，最初的主题，也即无色彩画的系列及之后的 PDI，缓和了被试的自我防卫，结果在第二个（彩色）绘画主题中投射了新的经验。他进一步假设，色彩的使用本身就能够接触到人格深层，将关于被试的自我印象及对外界环境的态度的无意识经验带到表层。很难断言哈默的第二个假设是否正确。尽管如此，他展示了病前患者所画的彩色画中，能够发现铅笔画中无法发现的丧失与现实接触的明确征兆这样印象性的病例。可以认为，像这样连续地运用无色彩画与彩色画，是早期获知某些病前心理状态的有用辅助手段。但用于机能健全的成人时，是否能够比单独使用无色彩画更能深入理解人格还不明确。

另一方面，运用树木画的大多数欧洲学者以科赫的树木画测试为出发点，法国心理学家斯托勒（Stom）综述了巴克与科赫的方法，发展了她自己的树木画分析手段。

斯托勒仅采用树木画，主要关注儿童研究，她对树木画分析的态度，大部分比较倾向于科赫的方法。但她反对科赫对资料直观、象征性的处理方法，以及科赫的量表中关于特殊征兆的大多数不甚明确且过于概括的解释。接受了正规临床心理学训练的她，偏好巴克的确切而秩序井然的方法。她自己的分析手段可谓是科赫与巴克两大体系的折中。

斯托勒利用2416名4—15岁健康儿童的绘画，确定了以90条统计项目构成的成熟尺度。她又利用统计学手法研究了定量指标，试图阐明怎样的特征或特征的集合与特定的情绪状态，如恐惧的状态等最紧密地联系在一起。在斯托勒的说明中，作为定量分析基础的"特征簇"（sign cluster）这一概念的确立是她最重要的结论之一。

在斯托勒的实施方法中，不进行PDI形式的提问，因而与科赫的方法相近，但她让被试画以下4幅画（斯托勒，1963）。

（1）准备21cm×27cm的白色测试用纸与削好的2B铅笔（不使用橡皮、直尺、圆规）。然后指示"请按照你的想法描绘一棵树，松科的树（松树或枫树）除外"。

（2）最初的画完成后，收集画好的画，再发给同样大小的空白测试用纸,指示"请按照你的想法描绘一棵与之前不同的树,仍然是除松科的树(松树或枫树)以外"。

(3)收集画完的第2幅画,再发给同样大小的空白用纸,指示"这次画梦中的树,也就是想象中的、不存在于现实中的,请按照你的想法描绘"。

(4)收集画完的第3幅画,再发给同样大小的空白用纸,指示"这次请闭上眼睛,随意地画出一棵任意的树"。此时被试完全闭上眼睛是很重要的,眼睛不能丝毫睁开。

在斯托勒看来,第一幅画表现与环境或不认识的他人间的相互作用;第2幅画表现与身边的环境或熟悉的人之间的相互作用;梦中的树显示了被试未被满足的欲望和倾向;闭上眼睛描绘的第4幅画表现了未整合的过去经验。

在法国进行的另一项有趣的研究,是分析被认为没有精神病的成人的绘画。马修(Mathieu)与迪费利(Defayolle)(1964)用5年多的时间在科赫树木画测试中实验性地应用精神测定方法,得出利用树木画分析能够了解描绘者智商(IQ)这一结论(很显然,他们的研究是在不受古迪纳夫与巴克的研究制约下进行的)。

他们主张,绘画较之包含语言技能或动作的主题测试,能够更好地判断与生俱来的智力,为标准化选取了"树"作为主题。他们最初按照法军士兵一般智力水平(NG,Niveau Général)测试的得分,将群体分为一般以上、一般、一般以下,从成人的树木画中选出96个特征。除去与智力高下无相关性的特征后,他们论述了智力一般以上的8个特征和智力一般以下的8个特征。但是他们关于智力水平高低的量表与巴克总结的特征一样失之于武断,例如没有树叶的树(冬季的树)是智力水平低的特征,"树干的轮廓涂黑"是智力水平高的特征等等，使人无法理解其理由。

总而言之，马修与迪费利给这些特征的有无、绘画的和谐程度、线条的笔法、测试用纸上的位置等，描绘整体的美学性质上的若干要素分配了各自的数值。他们宣称将判定两者间的可靠性与被试在 NG 中的 IQ 得分进行比较后，得出两者间有非常高的相关系数。

其他研究树木画的欧洲学者们进行了让被试描绘几棵树或有特殊性质的树的实验。例如，在荷兰亨格罗的职业心理学研究所，进行了让被试画 3 幅画的实验。即让被试描绘①普通的树、②幻想的树、③梦中的树［据科赫（1957）与斯托勒（1963）报告，发表与否不明］。另外，荷兰阿纳姆的心理学家乌宾客（Ubbink）让被试讲述他所画的树及其至今的生活，将此方法命名为"说话的树"。更有甚者，瑞士的维德里希［来自科赫（1957）的报告］的指示也变得疯狂，要求被试"请画出疯狂的树（crazy tree）"。他从处于催眠状态的被试的实验中发现，只要简单地让被试描绘"疯狂的树"，就能够让清醒状态的被试如同催眠状态一样，表现出深层无意识中的经验。

匈牙利的哈桑尼（Harsányi）与多纳斯（Donáth）（1962）让被试画两幅树木画，两幅均无色彩，也不改变指示。之后根据两幅树木画的相似程度分为 1 阶段到 3 阶段。他们宣称，两幅画在尺寸、表现、树形等方面的差异最为显著（3 阶段）时，则表明了强烈的紧张情绪，只描绘一棵树是无法发现这一点的。

关于科赫树木画测试的大量论文，可见于意大利语、西班牙语、德语的研究期刊上。其中多数是对测试有效性的探讨，也有对特殊的应用方法，特别是对发现精神病诊断有效指标的尝试。也因为这么多的论文，科赫自然地被看做是树木画测试的权威。

以笔者的观点看来，弗里克的创新研究是非常令人感兴趣的。他称赞科赫的独创性与洞察力，同时试图对其缺乏规划的量表加以系统排序，追加了一些更好的解释。他在教育咨询师的工作中注意到树木画测试对于学生援助非常有效。与斯托勒以及后来的科赫不同，弗里克并不太关心统计标准，而毫不犹豫地认同对画进行定性解释而直观展现的重要功能。从他注重从树木画中得到的积极性说明可以看出，他较之大多数的研究者似乎更倾向于以身心健康、智力较高、情绪安定的人群为研究对象。无论在哪个病例中，他都把被试当做一个完整的个人进行全面的观察，虽然并不执着于现代科学的方法论，但其解释是极为通俗易懂的。

例如，科赫对于树的大小几乎是断言式地下结论，也即异常大的树显然是精神分裂症的症状，异常小的树常常是内因性抑郁症的表现。弗里克关于树的大小的立场却较之更为柔软灵活，引用古代德国格言"世界对多数人而言过于狭小，但对某些人而言又过于广阔"来加以说明。他认为，异常大的树与异常小的树都不必然是病理性的特征，不过是反映了被试人格的某个侧面而已。

弗里克的独创性贡献在于，他发现了笔画特征与视觉、听觉、运动感觉3种基本感觉型的高度相关。视觉型人的特征是分化的、大部分是柔和的、正确的、装饰性的笔画；听觉型的人倾向于运用不连续的、无力的、粗糙的笔画；而运动型的人其特征为有力的、轻快的、一笔画成的笔画。如果承认不同的类型应有不同的标准的话，那么，对于巴克、科赫、斯托勒等人统计资料的有效性便会产生很大的疑问。根据他们的观点，将以异常快速的动态笔画绘成的树木画解释为精神迟滞等显著的典型病理特征。但是，高智力的成人很多都像这样描绘树，实际上并没有什么需要担心之处；与其解释为存在问题或智力有限，不如解释为运动型人的树木画中的正常现象。同样地，对于黑色粗线条，科赫解释为抑郁，巴克认为是敌意的表现，而弗里克在赋予其病理性的意义之前，先考虑浓而粗糙的笔画是否是听觉型人的健康表现。在本书的第三章将举出能力极高的人所描绘的单纯的树，阐述基于来自样本群体统计标准的解释会产生重大的误解这一现象。

笔者最后想关注的著作是 R. 萨切沃斯（R. Suchenwirth，1965）详细探讨树木画的精神病理分析的论文。他的观点认为，为人格研究的目的描绘的画，表现了不依从通常精神测定性评价的格式塔，因此树木画不应被认为是测试；而且为查明必然暗示特定疾病的特征或特征集合的研究是否有效也尚有疑问。他的结论认为，树木画不是严格意义上的诊断工具。他认为树木画在精神医学中的应用价值在于长期性的研究，也即追踪治疗中患者的疾病过程（恶化或改善）。萨切沃斯指出，在精神病的状态中，随着患者的状态恶化，作为格式塔的树逐渐崩溃；反之在恢复的过程中会出现格式塔的再整合。

萨切沃斯的理论（如同他所提出的病例）清楚明白而具有说服力，但很不可思议的是，美国解释精神分裂症患者绘画的专家并不太接受他的理论。这大概反映了精神分裂症是向幼儿期的退行这一观点。这一观点的产生来自对弗洛伊德关于作为精神分裂症特征的、力比多的撤收与退行理论的误解。至少关注精神病患者的绘画的研究者大多将这些绘画用幼稚（退行后）的性质加以说明。另一方面，如果认为绘画能够表现经历了外界的格式塔形态逐渐崩溃或已经崩溃之后的内在状态，那么，精神分裂症式的描绘在某一层上便容易被理解了。格式塔的安定性是正常意识的特征之一。正如沃特曼（1952）所写的"虽然可能会有各种形式超出常规的发生，但格式塔形态崩溃、转换为新的布置则只有在精神病人中才出现"。

毫无疑问，催眠能够使人退行到幼年时期的生活阶段，如同维德里希所显示的一样（科赫，1957），催眠状态下的绘画方法与被试"被暗示"的年龄相对应。但将成人的绘画中（无论是神经症还是精神病）可见的"幼稚形态"与年龄的退行视为等同似乎缺少根据。向幼儿期退行与格式塔形态发生不整合的精神状态表现了两个不同的现象。萨切沃斯强调，精神分裂病人的绘画表现了格式塔的不整合。另外，还有一些论点值得研究：

（1）联想语测试尽管能够揭示较深层的心理，也难以作伪，但现在几乎不再使用的原因大概因为它是作为个人方法实施，也必须针对每个人进行解释。

（2）因为在我们的语言中没有与德语"格式塔"（Gestalt）相对应的同义词，于是直接使用了英语原词。格式塔的意义不仅是形态、样式、结构或布置，还意味着在部分的总和之上的整合全体。但较之德语的格式塔质（Gestalten），我们倾向于使用指代复数的"格式塔形"这一概念。

（3）成年人所描绘的抽象的树或幻想的树的一般印象当然与幼儿的画明显不同。成人被试的画呈现高度的组织化与整合性，描绘方式或局部形态的表现都比较有条理。儿童的绘画无意识地描绘出幻想的形态，描绘方式基本缺乏整合性，这反映了幼儿对"树"的概念抽象化时，通过绘画表现实际树的细部，在内心整理特定树木的能力不足。第六章的实例40的3岁男孩所描绘的幻想的树与第四章的实例18、19、20中成人描绘的幻想的树相比区别十分明显。另外，也可将实例41中6岁少女所描绘的抽象的树与第六章"抽象的树"部分所有的实例相比较。

（4）在我们的资料中，有相当多智力优秀的被试中出现了D_2中的项目。巴克因这些项目在50%以上中度精神迟滞者、不到50%轻度精神迟滞者的画中出现而将之评定为D_2。巴克评定中度精神迟滞者群体拥有小学2年级学生程度的学习能力；但通过对我们的被试进行评定后发现，D_2中项目的多数人拥有博士学位。（R.萨切沃斯，1965）

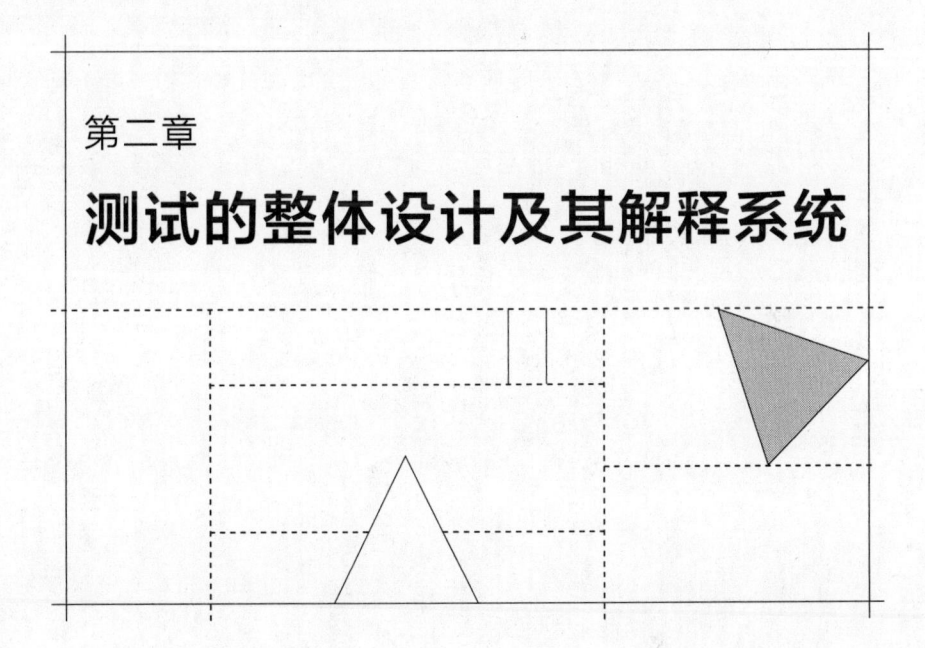

第二章
测试的整体设计及其解释系统

第一节　材料、指导语

> 人在进行复杂的事情时，为什么就不能做得更加简单一些呢？
>
> ——德国格言

几乎所有的描画投射法，即使它的解释是主观的、推测的，或者是从象征角度进行的，但至少它的材料和实施方法是需要得到标准化的。HTP 测试，亦是如此，有着专门的绘画手册。大多数的学者在黑白画中使用 4B 软芯铅笔，而色彩画中使用统一的蜡笔。也就是说，使用标准化工具，使所有的来访者在色彩、质感和基本的浓度上都是一致和平等的，而且还具体规定了绘画用纸的大小。在大多数的测试中，还需要详细记述绘画的过程，测定花费的时间，有没有使用橡皮，以及注意观察来访者的自发说明，表达情绪的行为，绘画中的犹豫和困难，绘画的次序等等。

在以前的章节中，笔者介绍了科赫最后使用的指导语是"请画一棵果树"。科赫其实是期待来访者画落叶树，但同时又担心来访者不能很好地理解"落叶树"，于是用了"果树"这个词语。后来科赫的弟子们注意到了这一点，有的人甚至把指导语改为"请画一棵不是针叶树（除了松树）的树"。在巴克的 HTP 测试中，他并不特意指定树木的种类，只是说"请尽力画好树木（房子、人物）"，虽然房树人测试与绘画能力没有关系，可是这个指导语很容易让来访者误解成尽量画得要逼真。笔者在这里叙述的指导语非常单纯，通常只是"请画一棵树"，当然也随着情况作些适当的调整。

  笔者对材料的要求是画纸的横竖比例要大体一致。比如说在欧洲使用的画纸大约是 21 cm×28.5 cm，在美国的是 21.59 cm×27.94 cm。虽然欧洲的画纸大小和美国的相比显得有些细长，但是笔者认为这对笔者分析空间的使用方法和画纸的领域分析没有特殊的影响。但是由于有些来访者觉得稍微小一些的画纸容易画，所以笔者有时还准备一些和上述横竖比例相同的小画纸。总而言之，无论是针对个人还是团体实施树木—人格测试时，在准备好标准尺寸画纸的同时，笔者也准备一些横竖同样比例的稍微大一些或者小一些的画纸。

  为了能够更加深入地理解绘画和人格之间的关联，笔者很注意收集测试以外的数据，有时还忽视画纸的尺寸问题。尤其在一些特殊人物或者一些专家的聚会上，笔者为了让对方感兴趣，甚至有时还使用古老的信封，或者画着线条的信纸。有些特殊的人物，特别是具有创造性思想的人，人们很难有机会在严谨的测试，或者试验中得到数据和资料。比如在和某个有名人士一起进餐时，如果对方对树木测试表现出兴趣时，这时甚至可以使用餐巾纸。有人也许认为这种非正式的做法缺乏科学性，但这就像一位生物学者在森林散步，偶然发现了一种新植物，因手头上没有"福尔马林收集瓶"，而暂时用"烟盒"代替了，也就是所谓的即兴收集法。

  统一使用特定浓度的铅笔，可以比较线条的特征。但是一般人都有自己喜欢的绘画工具，比如说圆珠笔、钢笔、签字笔，以及适合自己浓度的铅笔。绘画作品是自发的自我表现，如果能够让对方选择自由的绘画方法,他的作品将更能反映其特征。如果想比较用不同方法绘出来的画,只要积累了一定经验,也不是不可能的。

笔者认为绘画的过程和解释完全没有关系。在树木—人格测试的初期研究阶段,笔者曾经尝试着观察绘画过程。就像有的学者的观点,关于绘画中的修改和中断等记录,对分析是否有人格问题时还是有帮助的。但是,即使是有问题的案例,只要达到一定的熟练程度,不用观察绘画的具体行动,仅从树木作品中就能看到引人注目的问题领域。所以笔者针对个人、团体都省去了这个观察过程。甚至只要来访者要求,笔者会同意让来访者回家画。也有的学者认为有些来访者是"隐蔽型"的,他们会尽量不在绘画中表现自我,所以反对这种带回去绘画的方法。这些在空闲的时候喜欢绘画的人,其实他们不是所谓的"隐蔽型",相反是"暴露型"。笔者甚至认为空闲时候的绘画通常时间比较充分,以推敲为目的的修改即使有些"作弊"嫌疑,都不用在意。原因在于,即使对树木—人格测试的解释系统非常熟悉的这些专家,如果有意想在绘画中掩盖自己的特征,而画一些没有什么问题的树木,也只能在部分领域中实现。

笔者已经陈述了树木—人格测试中不使用颜色的原因。但是有的来访者从家里带了有色彩的树木绘画,甚至有的还是油画作品。笔者在本书中详细说明的解释系统,也不是说不能用到色彩树木的解释中,但是有几点需要除外,比如说树皮的推敲,在黑白画中是有问题的信号,可是在色彩画中就变成是很自然的表达了。

有的学者喜欢在测试的时候让来访者画不止一张,而是数张树木画。他们有的不改变指导语,只是请来访者再画一棵树;有的改变一下指导语,请来访者再画一张。这主要是为了尽量触及来访者的自我防卫状态,而且可以比较两张画的类似程度。笔者主张,为了不给来访者造成不必要的负担,通常在一次面谈中不实施两次测试。笔者还认为在来访者完成绘画以后，询问一些问题也不是很合适的方法。当然不是说排除来访者自发的言语表达和来访者自身对绘画的解释。

为了避免对测试进行解释时的"有色眼镜"，在最初的解释阶段，"半蒙眼分析"最好。所谓"半蒙眼分析"就是只根据来访者的年龄、性别、学历、是否已婚等情况来作分析。当然，如果是被同事委托的测试的话，那还需要清楚委托的目的。有的时候，当来访者画的树木过于抽象，分析者还需要了解来访者的智商指数。而且为了详细解释人格细小的地方，有时还需要了解来访者的生活史。但是要注意，一旦对来访者的其他测试结果，或者生活史了解得过于详细时，容易变得过分强调绘画中的某个局部，或者勉强寻找在绘画中并没有看到的一些"符合"结果。

分析者的有色眼镜在斯潘塞（1969）的著作中可以看得比较明显。斯潘塞在实施 HTP 时，首先请来访者用铅笔画，其次用水彩画，再次还用蜡笔画了彩色画。这个来访者是个有 15 年海洛因吸食经历，并被逮捕过两次的 35 岁的电工。这个电工拥有非常优秀的艺术才能，现在还常常练习瑜伽和冥想。下面先介绍一下斯潘塞对这 3 张树木画的分析，再加以别的说明。

"铅笔画和水彩画、蜡笔画的相同点是，这位来访者不仅常常尽量避开和周围人的接触，还非常以自我为中心，很过敏，并有些大男子主义。从地面到天空的流动，也就是说现实和空想之间的流动很显著。这也可以说他被情绪冲动的火焰所左右着。从 3 张绘画中共同反映出来的自我显得很僵硬，这是治疗的最终效果将不会太好的前兆。"

当然，语言的描述不能代替视觉的印象，我们可以用以下的描述来加以说明。3 张树木绘画都是优雅的白杨树，彩色的两张与铅笔画相比，火焰的形状显得很生动直白。3 棵树在各自的画纸中占着合适的位置，并且树干保持着平衡，描画得非常立体。从扩展开来的根部来看，由于来访者是长期服毒者，以前还曾经酗酒，可以推测他让自己安定下来的欲望非常强烈。另外，还可以观察到多个人生危机指标和希望拥有足够稳定的自我防卫系统来对抗母亲影响的欲望指标。但是从至今为止的 HTP 研究中人们可以发现，不存在支持自我中心、过敏、"被情绪冲动的火焰所左右着"的状态以及大男子主义的有关结论。也许在某个资料中曾经指出，画白杨树的人比较善于调整自己和周围环境的相互作用，但这和自我中心有着本质的不同。最奇妙的叙述就是，从地面到天空的流动意味着现实和空想之间的能量流动。这 3 张画，每一张都仔细描绘了根部和地面的部分，并且没有超出画纸，树木本身就是从地面伸向空中，这是很自然的事情。最后每棵树都显得很僵硬，"反映出自我很僵硬"，之所以得出治疗的最终效果将不会太好的结论，可能是由于这 3 棵树没有表现出什么变化的缘故吧。这和哈默（1969）的观点正好相反。哈默认为黑白和彩色画中间存在一定的一贯性，而且彩色画比黑白画显得良好，这恰好是治疗效果良好的前兆。

这个来访者不是精神病患者，如果换个角度来看他的问题，我们可以认为他是个能够很好地适应周围环境的海洛因的长期服用者，估计他没有打算把这个嗜好戒掉了。那么，他的问题在哪里呢？首先在于他长期地服用毒品，而服用海洛因是违法的，他所处的社会环境也认为这种不良嗜好和情绪不稳定有关。

如果只是根据"35 岁的电工"这个信息来分析绘画本身的话，是不会轻易得出斯潘塞（Spebcer）的结论和叙述的。这些结论来自斯潘塞对海洛因嗜好的认识和来访者不认为不良嗜好是精神疾患的表现（斯潘塞称之为"合理化"），以及斯潘塞注意观察到了来访者在空闲的时候喜欢绘画和冥想这种内向的习惯。

总之，我们要注意绘画测试在成套测试中的地位，充分发挥绘画测试的长处，尽量不要被事先的过多知识所左右，客观地建立起几个假设的分析。在观察、分析和综合了绘画以后，我们还应该讨论其结果和其他的资料是否相符。

第二节　树木—人格测试的解释系统

福楼拜（Flaubert）曾经说过，艺术家不仅通过作品来表达他的人格，同时也再现了他的历史。艺术家擅长首先通过观察整体，拥有一个强烈的印象，也就是说把所有的东西都混在一起观察；然后才是根据科学的调整，进入分析、提问、探求方法和部分的排列，最后达到统合的阶段。换言之，艺术家的最初印象，就好像原始人似的"进入感受"自己的知觉事物，第二阶段把事务分解成几个构成部分，然后像研究"原子论"科学家似的进行认真分析。而且艺术家必须把自己的见解超越分析阶段，达到明快地统合整体的第三阶段。

笔者不赞同把使用"不客观"方法进行研究的心理学者称之为"艺术家"，把不客观的方法引向成功的心理学家需要注意从整体到局部的顺序。树木—人格测试也同样遵循以上3个阶段。

分析者把树木画拿在手上的第一件事就是从整体来观察。在这个阶段分析者不能马上进入"领域"分析，也不能一头栽入"特殊记号"里。我们首先必须把握画的基调，也就是说试着进入思考来访者的精神状态。笔者把这个最初的阶段命名为"直观的凝视"阶段。如何把握绘画所表达的基调和整体性，不是通过分析过程或者教科书就能学到的，而主要根据经验。在这一个阶段中，把握树木的整体，强调不被知识所左右的第一印象，科赫以及其他的一些欧洲学者的观点和笔者都是一致的。也就是说在这个最初阶段形成关于树木的类型、形状、画纸中的位置、来访者的感情、对别人的态度、对周围影响的感受性等印象，并推测来访者情绪的成熟程度，以及内心是否平衡。

在完成了对整体的观察以后，再进入仔细分析绘画中特殊要素的阶段。有些学者喜欢遵循从根部到树冠的顺序，对树木的每一个部分都加以系统的分析。笔者的方法是，从不太寻常的、极具特征的部分和其他有关信息的相互关联开始着手分析。比如说发现在树冠的下面有一个不太寻常的一笔，或者在树干上找到一个很大的伤痕，甚至一个锯掉的树枝的痕迹，可以把这些作为详细观察分析的出发点。当然，每个分析者都有自己的习惯。另外，根据解释的目的不同，自然决定了开始时着重于哪个资料，什么才是最大的和最终的目的。

在这里还想重复一下，在树木—人格测试中出现的任何一个符号、信息，其具有的意义都不是绝对和单一的。但是和这个原则相矛盾，笔者将在以下几章中具体介绍每个部分形状所具有的意义。为什么呢？第一，如果笔者只是论述某个特定的形状由于和绘画整体的关系不同而拥有多种多样的意义的话，那么本书就会失去其实用意义，而让人觉得混乱；第二，只有对"构成因素的分析"进行单纯化，才可能探讨到细小的内容。

笔者花费了很大篇幅详细叙述了形状的分类，目的是使这本书变得易于使用。从树的位置、尺寸、树木的倾斜和内部的平衡以及树木的基调开始，到树木的细部都加以讨论。笔者的目的是通过绘画本身来描述个人。解释的第三阶段就是把整体观察和详细观察综合起来。综合不是把各个部分的结果进行简单的统合，而是把局部进行一体化、整体化。

让我们把以上这些意见放在心里，通过对模糊的"成分"和详细的"成分"进行分析，来观察这些成分对来访者的人格具有什么样的意义。

PART

第三章
空间与树

> 任何一个实在的体系，如果它成了研究对象，就必须具有空间或者变化的界线。
>
> ——《一般系统理论》路德维希·冯·贝塔朗菲

第一节　画纸的空间区分

　　首先，请考虑一下有关画纸空间的使用方法。假设有 50 个成人，发给他们横竖为一定比例的画纸，他们所描绘的树，每个人所表达的空间是不一样的。有人把树画在纸的上方，有人把树画在纸下方的边缘处。还有的人，画的树大得把纸的空间占得很满，有的人则画非常小的树，占据极少空间。很少有人恰好把树画在纸的正中央，大多数人都把树画在画纸的偏左侧或偏右侧。

　　笔者的看法是，把树画在画纸的位置和相对的尺寸，比起更多细小的部分来说，具有其明确的意义。也就是说表现了这个人在年幼时受父母影响的大小，切实感受到自身和环境的关系，另外，位置也表达出了绘画时的感情状态。在这里笔者将论述画纸上树木的特殊位置及其具有的意义。首先让我们先从两张图来说明一下画纸的空间分割。

一、领域和区域

画纸从下到上分为三部分，有 3 个领域。见图 3.1，下方的领域跟本能、无意识的经验有关；中间的领域表示了情绪、感情和感觉；上方的领域是被开发的意识和属于精神生活的所有内容。这个图一目了然，但是必须明确的是画纸的领域同描画的树木部分的关系。树木的 3 个部分树根、树干和树冠同画纸的 3 个领域所表达的意思大体相

精　神　领　域

心
知性
想象力
自我开发
认识

情　绪　领　域

被意识到的反应
社会的被接纳态度
情绪与感觉的经验
否定的态度
原始的反应
被隐藏的情感

本　能　领　域

性
幼年期的附带条件
被压抑的经验
个人无意识
集体无意识

图 3.1

同。树根代表本能，树干代表情绪，树冠则代表精神与智能。图 3.2 适用于无论描绘在画纸的哪个领域的任何一棵树。

在画纸上描画树木的时候，有时树木的 3 个部分和画纸的 3 个领域不相互对应。比如说实例 1（图 3.2），在画纸上方画了一棵非常小的树，这棵树包含有树根、树干和树冠 3 个部分。在看待此种树木的时候，首先应该根据树木描画在画纸上的 3 个领域的意义去进行解释。此例中树木的位置，首先反映的是来访者对其被开发的意识和为达目的而进行的顽强努力等指标，此人在大环境中能懂得野心和努力的作用。但是在探讨这棵树时，我们可以看到他不仅非常显著地强调了树根，而且对 3 个部分都描绘得非常充分。树木的现实性描绘，表现了来访者面向自身性质的内在经验。这种独特的绘画，如果仅限于画纸上位置的话，我们可以说他虽然忽略了情绪领域和本能领域，但是从树木的画法可以得知，这个人充分地觉察到了自身性与本能的基础，表示出他到自身存在的 3 个领域——本能、情绪和精神的内在流动是良好的。事实上，注意描绘出的较深的树根，表示出他充分认知到本能的冲动。另一方面，从画纸上树木的位置来看，他在心中对本能和情绪的认识，不允许他在整体的环境中和自己的角色相抵触。这张画，可以说是非常有意识地成功控制自己的人的画作。绘画在纸上的位置和有关接近现实与环境所感受到的经验有关，相对应的树木部分表示出了内在的构造和个人内部的平衡。

图 3.2 是将画纸纵向两等分，笔者称之为影响区域。画纸的左侧关系到母亲、女性原理、过去（意味着记忆以及过去的生活等）和经验中被动的一面。当人们表示出选择左侧区域的倾向时，可以推测出此人受到母亲比父亲更强的影响。母亲的支配程度与树木偏左的程度相关。既有将树木全体都画在左侧的人，也有只是把树木的根部或者树干的一部分画在中央偏左位置，而树冠则位于中央或者向右延伸的

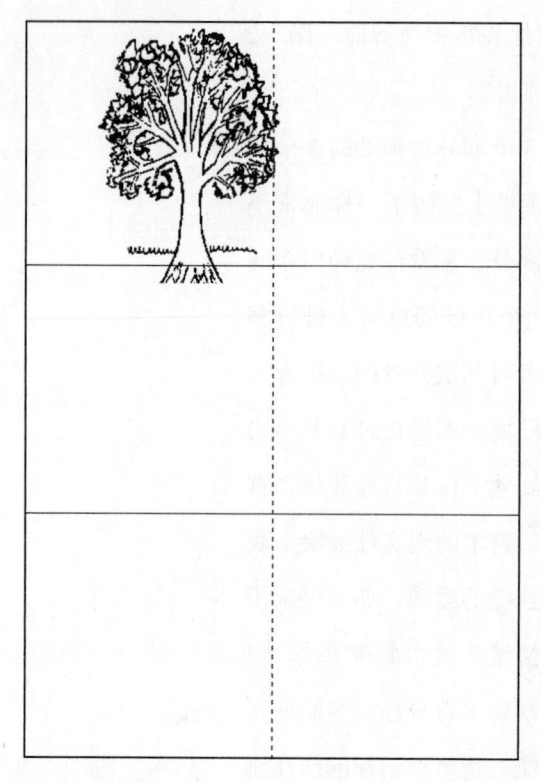

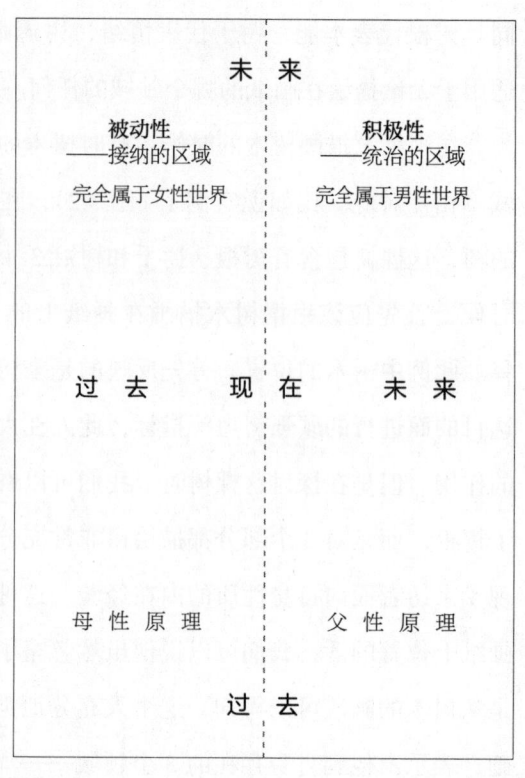

图 3.2　实例 1

图 3.3

人。决定来访者究竟受到母亲的支配与否,则必须探讨树木的其他指标(比如阴影、尖锐而防卫性的树枝构造、树冠的倾斜等)。但是母亲的支配对于自身来说是帮助性的经验还是破坏性的经验,这种来自母亲的影响表示为画在画纸中央偏左侧的部分上。强调左边区域而展开的树冠,正如图示表示出了女性广泛意义上的性象征。

画纸右侧关系到父亲、男性原理、未来(意味着期待),以及经验中积极的一个侧面。在这里,被看做积极的、具体的意志控制下的发展的同时,也表示了父亲的支配和以父亲为模范的部分。

图 3.2 中比较混乱的一点是在纵轴和横轴上时间的展开,这里必须区分两种时间。和树木向上生长几乎完全相同的,生活也是从下往上发展,最上部的枝条表示了未知的将来。由此系列上的时间,或者

根据发展的特定阶段来测定发生的事件的时间，这些都表现在纵轴上。画出的树木的高度是可以测定的，因为这个和描画时来访者的年龄相关。可以非常准确地沿着纵轴记录在树木画中过去的痕迹（比如外伤印记）来断定时期。描画中表现出来的另一种时间——被称为画纸左侧表示为过去和右侧表示为未来的心理时间。左边的区域表现了来访者对所有过去所持的态度。这包含和表现了过去的记忆，并且扩散开去。此记忆可以从描画的树木最高部分看出，过去的经验比最近的经验更容易体现在画中。另外，对未来的态度记录在右侧区域。对未来新鲜经验的期待（或者对未来的恐惧）都强调在右侧区域中。计划和通过对未来的思考，试图调整和控制时间，同样也表达在右侧区域，或者树木的右侧。

树木的3个领域的意义，适用于画出的树木的3个部分；几乎与此完全相同的是，树木的左右两侧，也赋予了和画纸两个区域的象征意义相关的信息。再复述一遍，画纸的位置一般来说能很好地表示出父母的影响、来自环境的条件反射以及来访者对现实的态度。树木左右两侧，对应于个人的内在发展、倾向、爱好和环境影响。与此类似，比之画纸的3个领域，树木的3个部分的对应关系更为复杂一些。如此说来经验的积极侧面和被动的侧面，和人类存在的所有领域相关联。为了更加详细理解表现在树木各个部分的信息，必须深入学习图3.3。

在分析树木究竟被画在画纸的左侧还是右侧，或者探讨树木两侧时，还必须考虑来访者的性别差异。

二、树的部分

图3.4比之画纸的空间象征，更集合了树木各个部分所拥有的意义，也明确了画纸的区划和树木的区划的类似性。

这个图示几乎不需要太多的说明，在这里只特别阐明一下几个必要的部分。树冠下方的右侧有两个较大的枝，都以"情感"命名。一般来访者无论男女，同异性的经验都在树木右侧有所记录。幼年期的经验可以从树干的记号和树冠下方的小枝上表现出来，而树冠下方的右枝则表示与成熟相关的最重要的以及情感的事件。最近的情感、现在的婚姻和来访者的生活计划、自我开发的努力密切相关的时候，从树冠的右侧上方都会得以表现。详细描画了枝条的树木，可以觉察出来访者本来的性质、发展的过程以及重要的亲密人际关系的结果。印记了"丧失"与"获得"的小枝，也是树木—人格测试的一个指标，其他更多的指标将在以后的章节中论述。面向下方低垂的小枝，表示基于自己经验的主观丧失感，尤其是当其没有树叶或者折断的时候更为显著。从大枝延伸向上的小枝，表示了其积极丰富的自我主观感觉。具有从大枝朝两个不同方向延伸过去的枝条时（如同图 3.4 右下方的大枝），二者之间有长而显眼的枝条则表达了来访者支配的态度。小枝的方向问题，也同样适用于其他所有的大枝上。因此不仅仅适用于情感，也同样适用于其他意义。枝条表示了一切能量的通道，表现了对人生事件的检讨和反应方式、精神能量表现方式以及自身的发展方式等。想要扩展自我的努力，最后终结于"获得"或者"丧失"的感觉。因此，如果在表示"文学的能力"的大枝上连着朝向下方的小枝，则表示了在文学努力的失望和失败感。

来访者在画没有枝的落叶树，或者如图所示冬天的"橡胶树"等非常奇异的树木时（又比如很多枝的针叶树），尽管对树木区分的解释会相当困难，但大体上还是可以适用于特定表现的构造区分。所有的树木画，包含不规则的印记、裂痕、树冠的凹陷和特殊印迹等，在其具有特别意义的同时，也可以根据树木中位置和相互关系来进行解释和分析。由于将所有类型的树木、人生经验的各个侧面都图示化几

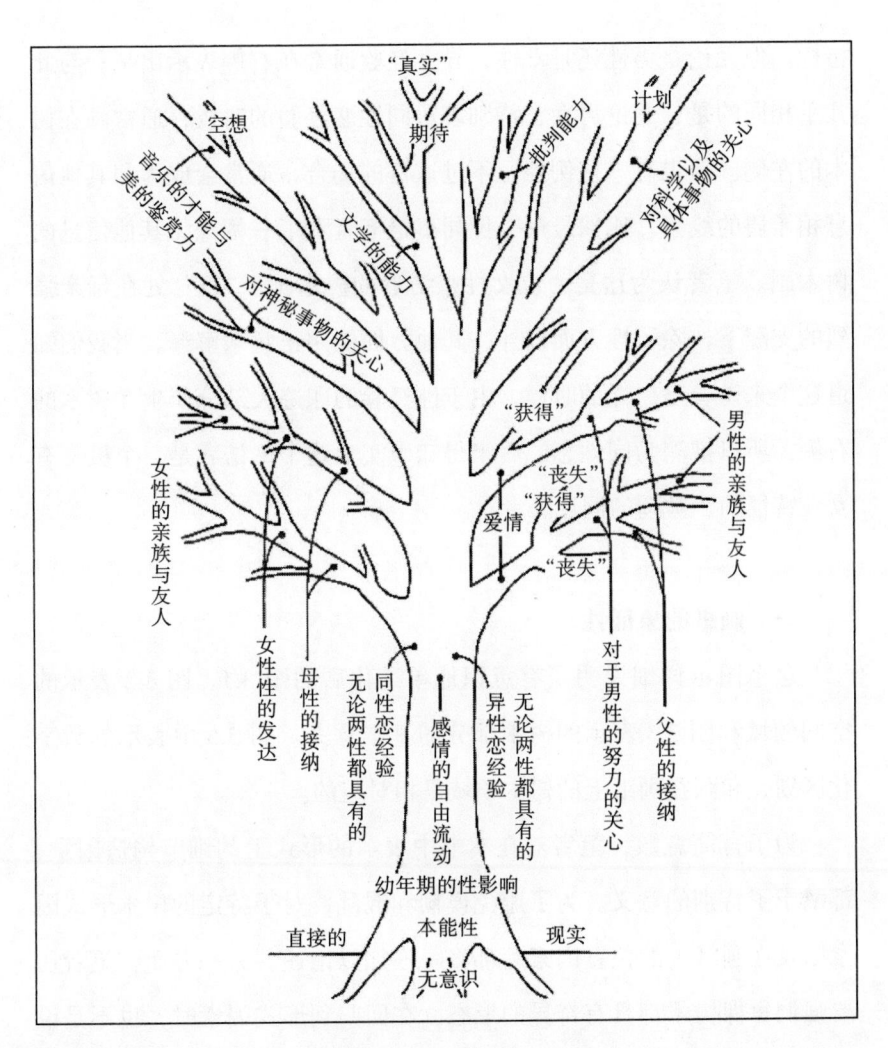

图 3.4

乎是不可能的，在这里想告诫一下初学者，如果来访者画了一个非常特殊的树木时，我们可以试着请来访者重新画一棵长有枝的落叶树。这样可以根据图示对第二棵有枝的树木进行分析，再反过来和第一棵树木的微妙表现进行比较。实际上通过多次这样的比较，在能熟练分析没有枝的树木和特殊类型的树木后，就没有让其再重新画一次的必要了。

关于图 3.4，还有一点需要说明。树木左侧记录有"双性和同性恋的经验"，并不是树木这个地方的印记，就一定意味着同性恋经验指标。但无论是男性还是女性，异性经验通常在右侧表示出来；与此几乎相同的是，无论男女，特别表示同性恋经验的时候，通常画在树木的左侧。但也有一些例外。不过这样的场合，通常会成为和其他信息相矛盾的线索。比如最近一位同事给笔者看了一幅毫无其他信息的树木画。笔者认为这是一位女性来访者的树木画。"她"处在母亲强烈的支配下，除了性方面以外，其他方面能用正常来解释。当我们知道这个来访者是男性的时候，由于性经验的印迹大部分产生在树木的右侧，所以推测为同性恋。后来得知事实上这个来访者是一个极富有女性特征的、被动的同性恋者。

三、画纸的象征性

这个图示详细说明了有意识地单纯化后的图 3.1、图 3.2 表示的空间领域和图 3.3 表示的树木部分的基本意义。图 3.5 中表示的数字化区划，和画在画纸上的树木领域是相对应的。

为了言简意赅，笔者对在本书中表示的形式上的细节构造因素，都赋予了特别的意义。为了避免模糊和混乱，对于特定的树木形式因素以及在画纸上的位置因素等都将一一加以论述。另一方面，笔者还要强调每棵树木都具有奇异的形态，在回归到形式因素时，也不是说所有包含这些因素的树木都可以加以相同的解释。比如有这样一位来访者，在区划 7 中画了很多复杂的枝。这是个被动的白日梦和逃避性的指标。但对于其他来访者来说，这些枝还可能表示着高度的心灵意识，或者超自然的能力；而对于另外一些人来说，在区划 7 中的枝可能还和音乐有关。熟知自古以来的象征解释体系的人们，也许能够对这个说法完全接受。在这样的体系中，相同指标表示了富有才华的音乐家的纤细听觉和对旋律的调节能力，还表示了直观的具有象征心灵能力的宇宙和接收来自无意识信号的潜在能力，以及白日梦那样漠然

7	8a	8b	9
神秘主义　艺术 音乐 直观　深思熟虑 灵感 （默想） 空想 憧憬 幻想 梦想 （被动的野心） 殉教情结 女同性恋	文学 宗教 神话 狂热性 理想主义 想象 意识的态度 信仰 博爱主义 奇迹	才智 哲学 历史 努力 目标 注意 理性 希望 业绩 一丝不苟	完成 思考 科学　数学 计划 名声 竞争 诡辩 妄想 足够的财力 独立 实验

4	5a	5b	6
感情的判断 情绪 记忆 默认 渴望 被动性 封闭 感情的执着	喜悦 平和 保护 献身 充足 照顾 同情 断念 悲哀 怨恨 耻辱 后悔 羡慕	决意 领导才能 责任 自尊心 自我控制 虚荣 自我牺牲 拒绝 抵抗 愤怒 贪欲 烦恼 憎恶	意志 经验 感觉的知觉 工作 实际的现实主义 常识 具体性 肯定的期待 活动性：稳重 传统 模仿 拒绝 忧虑

1	2a	2b	3
依存 对安全的欲求 睡眠 退化 停滞于口唇期 子宫 前意识 开始的原型 原始性	无意识的欲求 无意识的记忆 变压器状态 母性的本能 再生的性本能 女性的原型 神的崇拜 太母 鬼神 秘法	无意识的力量冲动 阈下知觉 催眠状态 自我本能 性器期的性本能 普遍的男性原型 阴茎崇拜 牺牲崇拜 超越的性 （宗教性质的）	不活泼 否定主义 自爱 恐怖　混乱 潜在的发展 停滞于肛门期 观念 死 地狱 复仇女神 黄泉之国 回归

图 3.5

的被动，并向非现实逃避的倾向。

经验丰富的梦分析者，会察觉到即使同样的象征，对不同的人具有的意义也不相同。而且一个梦的中间，象征具有多种意义。这和树木象征一样，比如区划 9 强调了思考的肯定倾向和诡辩的否定倾向。这个性质就恰好是一个硬币的两面，在同一个人两面同时存在。

大体上的解释，由于能带给来访者很多相关信息，因此某一个指标的解读方式决定起来也没有那么困难。如果能知道在区划 7 描画的来访者是否是音乐家，还是有音乐或艺术才能的人，就应该能明白在解释时选择何种意义。即使在蒙眼分析中，至少还是可以区分出树木的某些部分和画纸的某区划所表现出的基本方面是否定的要因还是肯定的要因。如果树木基本上较弱，而混乱指标比较高的话，那么，可以基本认定区划 7 强调的是被动的梦想，以及逃避，这种假定则相当安全。另外，如果出现在平衡的树根或相当成熟和发展完整的树木中的话，那么此区划强调表示的，则是创造地运用被动倾向的个人潜在力。

在图 3.5 中画纸的各种区划里，由于详细赋予了说明意义，树木位置的解释变得可能。但是因为仅仅如此是不能达到明确推论的目的，还需要在这个表中加入其他更多的词汇。这个图示，本质地指出与象征空间的各区分联结的意义是多样的。初学者一旦从这个图示中熟悉了与画纸上下左右的领域相关的基础思想，这个图示就能成为进行可塑性解释的指导方针。但是希望各个解释者对于各区划的意义发展自己自身的独到理解。

这个图示也适用于描画出的树木部分。比如实例 2（图 3.6）中，树木整体被明显地画在画纸中央偏左侧，如果适用到图 3.5 的话，大致上主要占据了空间区划的 2a、5a、7、8a 和 8b。但是这些同样的区分（如同实例中的附加线），根据画出的树木去对应它的使用空间，能够帮助我们丰富对树木各部分的理解。关于这个来访者的信息，大约能从画纸的区划和树木区划的区别中得到。画这棵树的是一名研究微生物学的 26 岁男性大学研究生。他和姐姐以及双胞胎的妹妹一起被丧夫的母亲抚养长大。画纸左边区域显著强调的是，他整个家族中都是女性的背景。这棵树左边的阴影（面对女性影响的对抗），一直延伸到树根左侧（到区划 1 为止，表现了他对和双胞胎妹妹从幼年时期起的共生关系的反抗）。

　　树冠描写中最大的特征是，向右侧强烈倾斜。说到和画纸的关系，中央最上部的枝画在了图示区划 8b 中，表示出他拥有对人生进行挑战的努力进取姿态。如果从图示 3.5 适用于树木顶部的比较饱满的空间部分解读，可以看到上部的枝进入了区划 9，这表示出他对科学的职业趣味。

　　树冠两侧下方的枝，是以图示方式表现人际关系的一个良好的例子。右侧最初的两根树枝，作为主观的失败（"丧失"的小枝）表示了他经历的最初两次恋爱事件。其中第二枝，和从下方左边的枝上分离开的具有阴影的小枝相关（请参照点线），这种关系的失败表示出部分被自己母亲过度影响、支配而引起的感情（在面谈中他曾经说过，虽然母亲对自己的女友表面上表示"中立"，但一直间接地否定

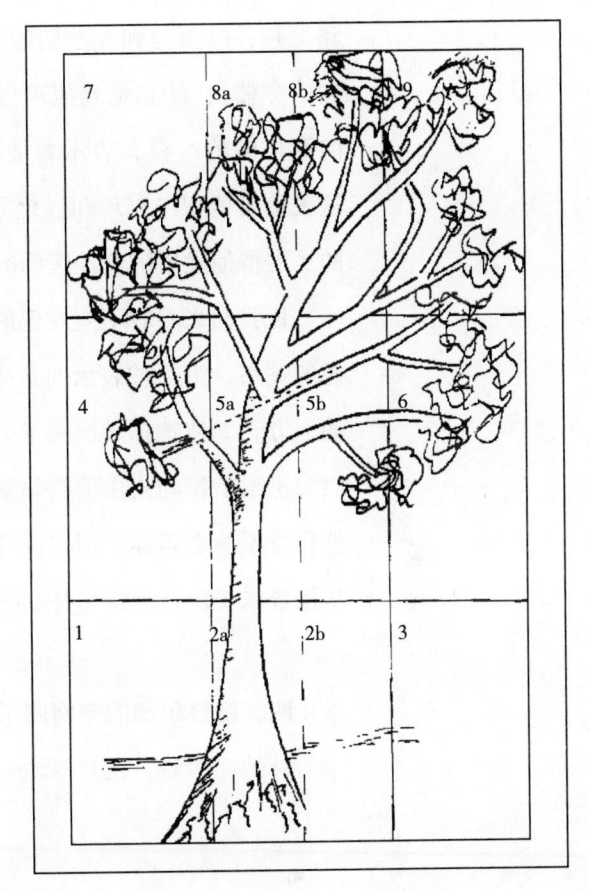

图 3.6　实例 2

和批判，以至他和女友们的关系遭到破坏）。第三件最近的事件（右侧第三枝），能感觉到他对自身的肯定和充实自我的姿态（向上延伸的两枝中的一枝，表示着他自身发展，在最上部的树枝中间结束）。这表示出他积极表现和强化男性情绪的同时，也体现出与比自己年长的、支持他发展的女性医师的恋爱关系。

让我们来看看下方左侧的树枝。最初的树枝表示了和母亲以及姐姐的关系，第二枝表示的是他和双胞胎妹妹的关系，在树干阴影部分的上方，立体地描画出来了。虽然这些关系中也存在一些问题，但仍然表示出信赖与自由的情绪交流。双胞胎的妹妹是一位音乐家，虽然他自身不演奏乐器，但高度评价了妹妹艺术上的努力，并且叙述了他从用音乐表现自己妹妹身上感觉到的自身的乐趣。

四、格鲁尔德的空间图示

科赫（1957）在其树木—人格测试的修订版中，详细叙述了笔迹学的空间象征。他对关于笔迹学的多数复杂图示进行了考证，其中引入了图3.7 的格鲁尔德（Grunwald）空间图示（根据科赫等人的翻译）。

很明显，笔迹学的分析是科赫关于树木画研究的重要出发点。他就这两者之间的关系，指出了在纸上书写文字的过程和树木画的描绘技法之间存在

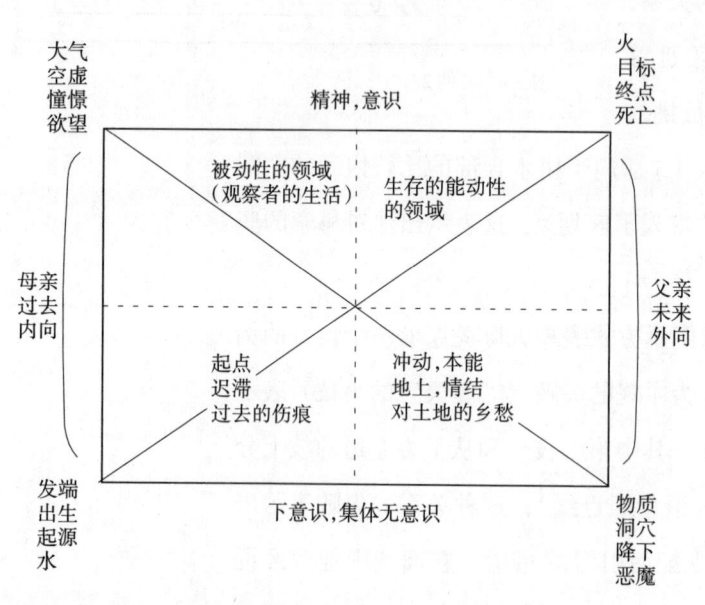

图 3.7 格鲁尔德空间图示

着巨大差异。书写文字，具有在画纸上从左到右进行的特征，而树木是从下向上成长起来。文字书写的出发点都开始于左下角，而树木画的起始是位于下方边缘的中央。在笔迹分析中，包括每一个文字以及线条周围的空间都被看做是明显的细长长方形。书写文字的人在空间中表现自己的方法，可以通过语言描述周围空间来进行分析。总之，O点是出发点，X点是终点（死亡）。从O到X的线条是个人展开和进行发展的"生命线"，时间表现为从左到右直线的流动。如同科赫正确指出的那样，树木画把这种发展通过垂直的画纸表现出来了。由于根部被认为表现了普遍无意识，所以树木的整体高度甚至能表现包括来访者出生之前的生活。树木带着期待和目的，向树冠顶部发展开来。但是在科赫的见解中，死亡并没有在树木画中被象征性地描绘出来。

因为通过描画的形式表现的树木测试，和纸上笔迹的流向存在着差异，科赫并不认为笔迹学中得到充分研究的空间象征就可以简单地直接适用于树木画的分析。笔者也考虑到直接从一个体系到另一个体系原封不动地照搬分析技法并非良法，但是由于笔者赋予关于画纸的空间象征的意义和科赫记录的格鲁尔德空间图示非常相似，在这里笔者将进一步加以说明。

笔者认为，画纸上的位置具有很重要的基本意义，而科赫对此几乎没有进行关注。科赫的论述中提到了对这个问题必须进行讨论，实际上他在除了树根以外的树木整体周围画上了矩形，限定在此中间进行空间分析。他在考虑画纸上的描画位置时，仅仅很一般地提到，需要慎重探讨位置的意义这个问题。

科赫在讨论笔迹学这一章时，就树木画运用空间象征意义给出了这样一个结论：

"'空间图示'这一章节中提到的论点，无疑对至今为止的讨论很有帮助。关于这些需要通过实验进行证明，这中间留下的问题仍然非常多。"

第二节　画纸上的位置和树木的尺寸

所有的图示都对树木画在画纸上的位置给予了某些解释。在本节中，为了明确这个问题，将很多位置都图示化了，并对每一幅画都进行了简单说明，希望能更加明确树木位置的含义。从图 3.8 至图 3.32 的树木设计，标准化地表示了树木的形状和细节。在解释树木的各种位置和大小时，有必要注意理解其包含的意义。

图 3.8：大体画在画纸中央的树

这样的人对男性的影响和女性的影响都能够接受，和男性、女性都能建立起适当的人际关系，能较好地掌握平衡。这种人的家庭背景状况通常比较健康正常，至少没有过多地受到父母的影响。他们立足于良好的过去根基，对未来抱着肯定的期待。同时，对性的反应健康，精神发展亦较良好。

图 3.8

图 3.9：在画纸左侧描画的树

这种树的位置，被明确地认为是在支配性母亲的强烈影响下成长起来的人的特征，情绪明显地不均衡。这表示出此人很难维持良好的夫妻关系。这样的人，对于自己的配偶选择会过度考虑母亲的意见，就算是结婚也会选择自己能够服从的配偶。

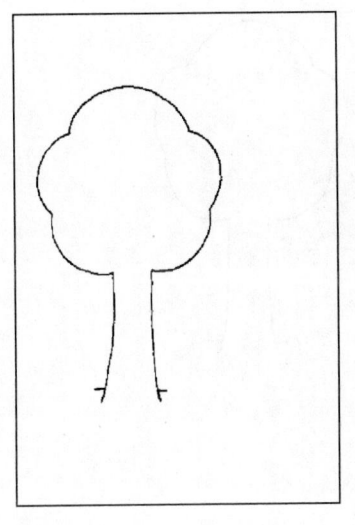

图 3.9 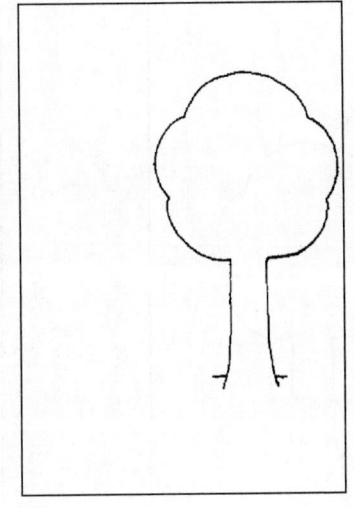　　　　　　　　　　图 3.10 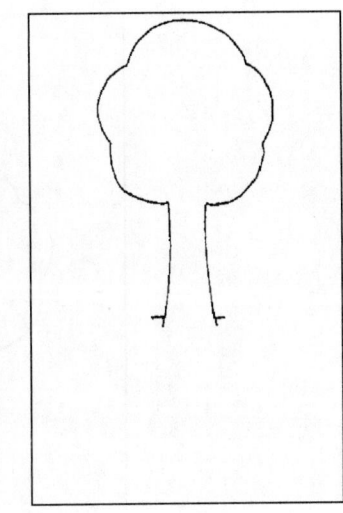　　　　　　　　　　图 3.11

图 3.10：在画纸右侧描画的树

　　这个位置表示了与父亲或者其他男性几乎完全的同一化，这也许和幼年时期缺乏母爱这个原因有关。无论原因如何，绘画者明显地对母亲的影响表示拒绝和愤怒。这个人结婚的时候，男性往往希望寻求自己能支配的温顺对象。（即使是女性）这种树的位置也一般表示出对女性的轻蔑态度。

图 3.11：在画纸上方描画的树

　　这个人完全不扎根于现实，觉得现实中所有的事物都无聊，在自我夸张、自我膨胀起来的空想世界中却十分自信。这种自信在现实中是否有什么根据，是否只是空想后自我膨胀的反映，大部分取决于自己实际的才能。如果是智力水平高的人画出这样的树，通过创造性的著作或者文学评论等类似工作，将有表现自己的可能性。解释过程中除了考虑描画人的才能以外，在对这棵树的位置作肯定或者否定评价之前，必须探讨树木画全体的详细表现。

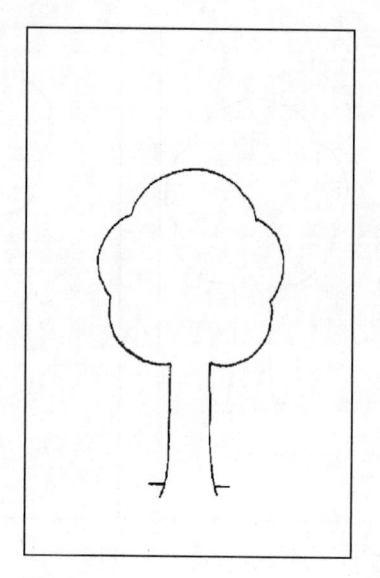

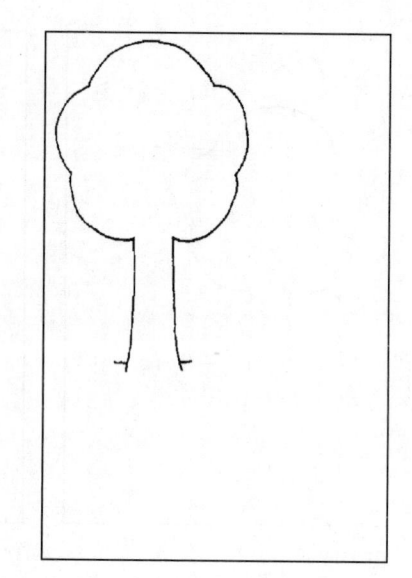

图 3.12   图 3.13

图 3.12：在画纸下方描画的树

　　这个位置通常表示了对自己有某种程度的不适应感。这个人的想象世界被有意识地缩小了。此人的情绪、经验和努力都是一时的，有时甚至仅仅局限于实际中的东西。

图 3.13：在画纸左上方描画的树

　　与图 3.9 同样，此图中树的位置表示母亲的影响对个体是有强烈支配性的。但是在这种情况下，个体为了克服母亲的支配，实现创造性的改变，而进行着精神上的努力。如果是实际具有才能的人，会具有在美术音乐等方面获得成功的健全的潜在能力；若与此相反，则表现出自己能够在艺术表现上大获成功的空想，表示出消极和被动的逃避。

图 3.14：在画纸左下方描画的树

至少在笔者的资料中，在这个位置上描画的树是很少的。这是抑郁和低调的自我形象的标志，明显地同过度支配和保护的母亲相关。这种不安全感，只有得到来自母亲或者母亲替代者的肯定和鼓励才能得到改善。这种人的情绪和创造性表现非常贫乏，他们几乎常常对未来感到恐惧，无法努力让自我得到发展。他们倾向于回到和自我要求相一致的过去，通过想象成功而提高自我。

图 3.15：在画纸右上方描画的树

父亲的支配起到很大作用，轻蔑所有女性事物（就像图 3.10），通常是这个位置的特征。由于自身的能量集中到独立性的发展方面了，因而对女性世界缺少关注。无论男性还是女性，这种野心通常与商业、政治、科学世界以及理性的知性职业相联结。通常野心成了人生的主要动机。成功的空想被强烈的自我冲动所支持，这个空想也就

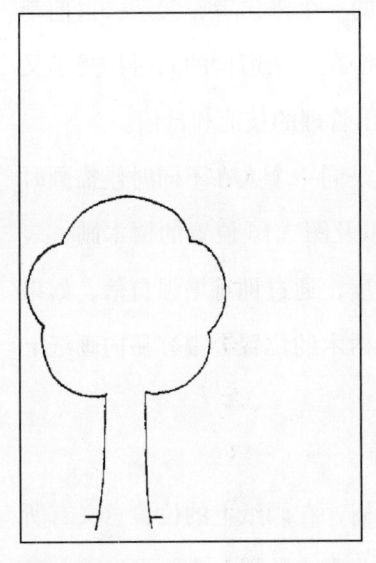

图 3.14 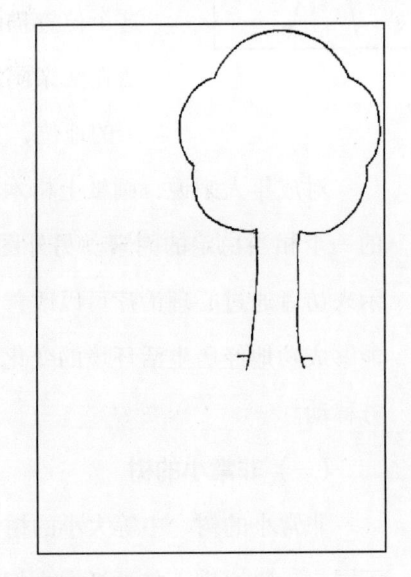　　　　　　　　　　图 3.15

成了为实现目标而前进的力量。笔者可以举出两个在这个位置描画树木的来访者作为例子，一位是独身的物理学教授，另一位则是学究型的僧侣，他们的知性活动延伸到历史、科学和哲学领域。

图 3.16：在画纸右下方描画的树

这和意识到自己的不适应感，将父亲作为英雄过度尊崇相关。这个空想世界几乎都反映了想要变得和父亲对等的欲望，但同时这个人感到自己永远也达不到这个目标。描画这种树的人保守传统，对新兴的激进论争的事物全盘否定，活力仅表现于直接而当前的。这种人由于害怕失败，通常逃避考虑未来。大多数情况下，这种人在父亲死后，才能达到世俗成功，或者某种程度的自我接受。特别是和父亲从事同一工作时，父亲给儿子准备好今后的发展计划的时候更是如此。在这个位置描画树木的一个来访者，父亲去世前都活在父亲阴影下，但在父亲逝世的同时接受了父亲的地位，并发挥出管理的技能和自信。

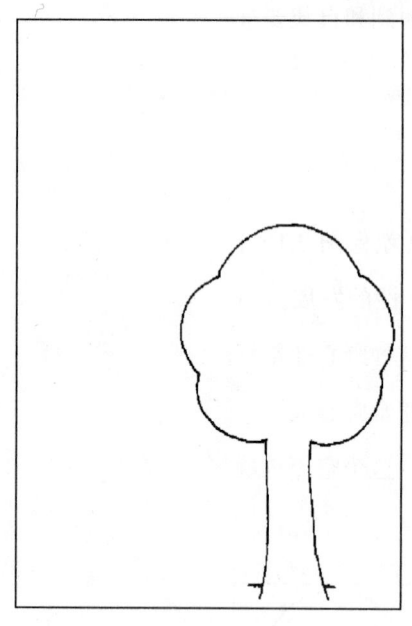

图 3.16

对成年人来说，画纸上树木的领域是同一个人在不同时候描画时的一个相当稳定的因素。另外图 3.12 以及图 3.16 位置的树木画，表示来访者通过心理治疗可以改善自我强度，通过训练增强自信，如果能够成功地经历生活环境的变化的话，树木的位置会很容易向画纸上方移动。

（一）非常小的树

非常小的树、中等大小的树以及大树，在画纸上的位置意义有所不同。一般说来，与画纸大小相比画得非常小的树，表示了以下一种或几种意义：觉得自己不重要的情绪，自我在广阔世界被压倒的感觉，对自己以及自己的成绩极端的不满足感、对自我力量的过度关心以及孤独感。很多描画小树的人（至少在画纸上方描画小树的人），又表现出非常自信的态度，有时就让人觉得很难理解，则应综合小树赋予的印象和描画者的外在行动。

图 3.17：在画纸中央描画的小树

画出这种树的人，虽然打算用正常的机能来维持心理平衡，但却感觉到被广阔的周围环境所压倒。这样的人觉得自己好似被社会全体所抛弃，拥有一种漠然的孤独感。在画出这种树的来访者中间，有一位颇具才能的电影制作人，至少他在评论家和同行的眼中是非常成功的。但尽管如此，他却感到一种强烈的个人不满，即无法将自己对广大宇宙的看法浓缩在 2 小时的影片中。他几乎把所有时间都用来制作电影，也给人一种有能力和自信的印象；但是他却越发感到创造力不足和不适应感，由于过于压抑，他有时不得不求助于精神科医生的帮助。

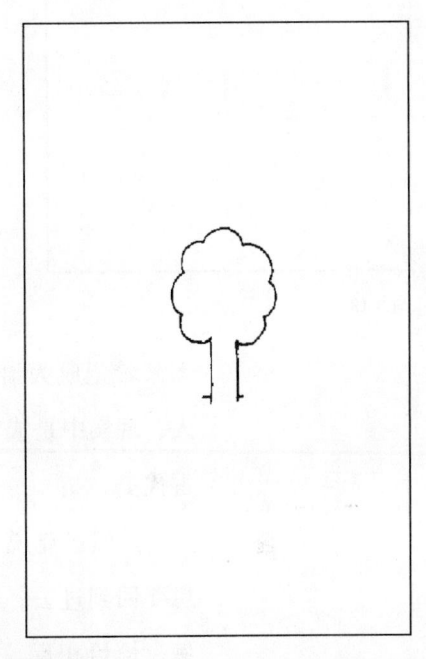

图 3.17

图 3.18 至图 3.20 是在画纸边缘处描画出的非常小的树。这 3 种位置表现出出于谋求发展和适应社会的强烈冲动，而努力克服自身孤立和无意义（通常都与不幸的生育经历相关）的情感。这 3 种位置都表示了自我能量的强烈集中，比如这样的来访者常常一天可以工作 16 个小时。客观地看，即使取得很好的成绩，他们也无法感到满足，也不能确信自己自身的价值。

图 3.18：在画纸左上方角落描画的小树

在这个位置画出的小树，表现出没有受到父亲的影响，或者缺乏父亲的支持。也许是父亲去世或者父母分居的结果，使得孩童时代就失去了父亲。在多数事例中，这样的人从幼年起就必须帮助母亲。由此，本来抱着追求神秘而不切实际的工作的倾向，但通常由于挣钱养家的现实压力，放弃了对自己梦想的追求而劳作于社会中有用的职业。这样的人虽然在强制下的职业中也屡屡获得成功，但仍不能满足于世俗业绩。这样生活状态持续太久的话，容易进入慢性的不满状态。这样的人似乎在暗中等待能够满足自己的兴趣和爱好的时机。在笔者的资料中，有两个现实中成为百万富翁的人，一个本来希望成为语言学家，另一个则希望成为东方学学者。还有一个人，现实中是成功的精神病学专家，而他本来的兴趣却是考古学以及古代史。

图 3.18

虽然巴克说"这些人抱着明显的不安，想要逃避新的经历，有的想要回到过去，有的则沉迷于空想"，笔者却没有能够发现这样的事例。恰恰相反，据观察，一些在画纸的左上角描画很小的树的成年人，好像表现得积极进取，以获得提升的人为榜样。他们也许幻想着从自己承担的义务中解脱出来，但他们明白这些空想不是从义务中简单地逃避，而显然是要付出代价的欲求，比如辞掉工作去追求怀抱的梦想（他们自己真正感兴趣的东西）。实际上，很少有人会为了这些缺乏现实性的东西而放弃自己的工作。

图 3.19：在画纸上方中央边缘描画的小树

　　这个位置画树的人，没有受到父母很大的影响。画出这种树的人中间，有的实际上是孤儿，也有虽然和双亲一起生活却从小自立、从家庭中独立出去的人。这种人中间有才能的人，拥有向人类示爱的努力，或者通过自己的著作而实现其丰富的想象才能的强烈冲动。他们即使在自己真正关心的领域获得成功，也仍然还是具有强烈不满的人格。他们大多数是理想主义者，抱着社会改革的热情，并且不管自己怎么出名，也因为觉得自己是孤立的、对于社会变化没有起到现实影响，而产生不满。笔者的来访者中有一位剧作家（幼年时期就成为了孤儿），他因作品不断成功而声名鹊起。但是尽管如此，他却认为自己的作品真正想要传达的东西并不为大众所理解，对成功的苦闷让他转而成为了一名批评家。虽然这样的情绪不会影响到他丰富的创造能力，但有时变得精神很抑郁。

图 3.19

图 3.20：在画纸右上角描画的小树

　　在画纸右上方画出非常小的树的来访者中相当少。有一位是年轻的数学家，他在 4 岁的时候丧母，从 6 岁起被父亲送至天主教男生学校寄宿，直至 18 岁。虽然父亲有时也去看望，但他不仅是在学期中间，即使放假了也不愿离开学校。他在几乎没有和女性，或者和少女接触的环境中成长起来。他的孤独感、被抛弃感、不适应感，在纯粹数学的抽象推

图 3.20

理过程中得到升华。他获得了很多奖项和奖学金等，持续造就了他作为成年人的精神上的成就感。但是尽管如此，在他的人格中仍然充满了幼年期被抛弃、被剥夺温暖的深深的恨意。当然，我们不能把这个案例一般化，但是这个来访者的生活史以及趣味等，和我们赋予画纸上方的一般意义非常吻合。

图 3.21 至图 3.23 表示的"画纸下方的小树"的 3 种位置，具有遭受了挫折的主观情感的共通点。这里环境的压力非常强，好像感觉到威胁了自身的存在。这里看出了深沉的压抑感、被害感和无法应对现实的状况。如前所述，笔者资料中的多数，都是健康的成人的树木画。但是在这里阐述的属于这 3 种类型的来访者，有着显著的精神混乱。虽然这样的树很少，但因为考虑到自杀的危险性，必须给予充分的注意。

图 3.21

图 3.21：在画纸左下角描画的小树

这里象征地表现出回归子宫的欲望。由于不适应感而导致的被动性，不想去应对现实，抑郁状态恶化，出现被害妄想症的状况。只有来自强大的母亲形象，才能起到适当的支持作用。只要稍微有一些害怕失去这种保护的恐惧，不安全感就会急剧增加，呈现持续的精神病性状态。

图 3.22：在画纸下方中央边缘描画的小树

这里虽然也表示出强烈的抑郁，但是这种人想不依靠父母或者其他代替者的支持，而要凭自己的力量来维持自我。因为非常骄傲，即使自己感到不适，也很少向专家求援。由此自己把自己封闭起来，也可以说是为了

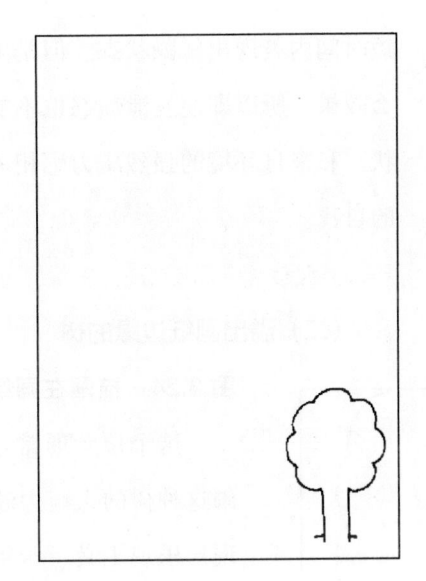

图 3.22　　　　　　　　　　图 3.23

摆脱孤立感而创造一种象征性的子宫。这种人也许时常后悔，或者在孤立的情况下仍然专注于表现自己的才能，或者由于感觉到自己被拒绝而烦恼。自杀倾向显著，但却常常意识不到。在这个位置画树的一个来访者，是著名管弦乐团才能卓著的低音管演奏者，他时常在家中非常小的房间里数日不间断地练习，虽然熟习这种乐器，却感到无法满足。尽管他取得了卓越的职业地位，获得很多友人的瞩目与支持，但仍然在长期的孤独生活后，以自杀结局。

图 3.23：在画纸右下角描画的小树

　　这也是一个明显有问题的位置，很可能是承受着巨大压力和精神病前兆的人格。和所有在画纸右边画树的来访者一样，这类人轻蔑女性。同时由于感到无力面对环境，和在图 3.21 和图 3.22 位置描画的人一样，需要一个象征性的子宫。与先前两种类型相比，其被动性和封闭的程度要轻一些，但是由于闭锁的能量不能保持在特定的方向上，因此容易以不规则的形式表现在行为中。比如突然地爆发愤怒、短时间内表现出暴躁状态。但是由于这种攻击性和无目的的活动没什么效果，所以即使发泄愤怒也不能消除抑郁和不满，仍然还是返回原状。和来自环境的强烈压力感相关的这种内在混乱，屡屡破坏着健康的自我。

（二）溢出画纸边缘的树

图 3.24：描画在画纸中央，树冠溢出画纸边缘的树

这个位置通常是年轻人或者心态年轻的人的特征。画这种树的人精力旺盛，抱着对未来的期待。这种树表现出乐观主义、希望、对自己潜在能力的无限信赖。这种自信与其说是错误地以自我为中心，不如说是有一种天真烂漫的气质。此人觉得自己可以征服世界，至少热心追求自己期待的目标。有时欠缺注意，甚至不顾及周围。这种乐天主义持续并可扩大开来。

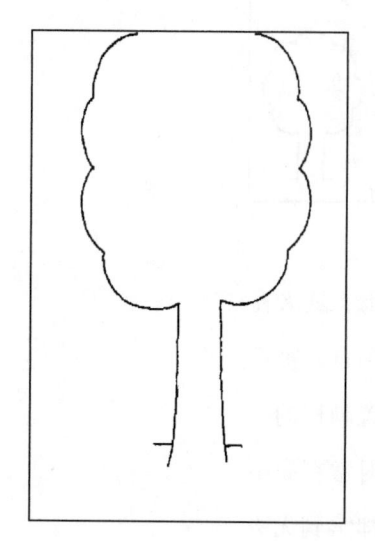

图 3.24

图 3.25：在画纸下方边缘并且下部消失的树

这是失去树根全体和树干的下方部分的树。树从树干的中部开始，不自然地、独断地进行知性化，有意拒绝本能领域和性领域。树根虽然"被否定"，但若树干在画纸下方边缘分开，则表示出微弱的对性的影响。另外，由于对所谓的心理或者精神方面表现出不均衡的关心，作为暗淡的无意识的影子，在其人格背后，甚至能感觉到压抑不住的性冲动和对自身的性别认识混乱。

图 3.26：树冠全体溢出画纸上方三处边缘的树

这种描画表示出病态的自我中心倾向，或者周期性

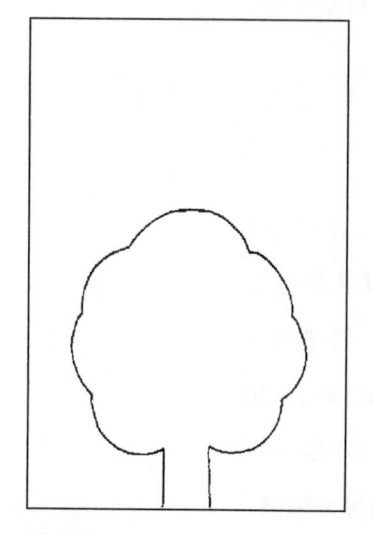

图 3.25

的暴躁状态。这种人生活在自己的幻想中,想象中的自我成就和现实之间好似不存在界限。同时容易受到来自各个方面的影响,特别容易接受奉承。非常容易受骗,不能很好地判断事物。无论是行动上还是思考上,都过分夸大自身。但是如果的确具有高智商和才能的话,那么,即使自己不是十分努力也会获得成功。这种树描画有力并且能够很好地统合起来,若是有才能的人,他们的思考常常具有独创性。

如果是青年期的人在这个位置画树的话,那么这个解释就应该缓和一些。容易上当受骗和耽于空想的确是这棵树的特征,但也是青年期比较普遍的现象。

实例 3(图 3.27)就是溢出画纸三处边缘的树。这是一名 30 岁的男性描画的树木,从某个意义来看可以说他是"永远的青年"。他是个多才的人,具有独创性的同时,也有病态的自我中心和夸大妄想的一面。

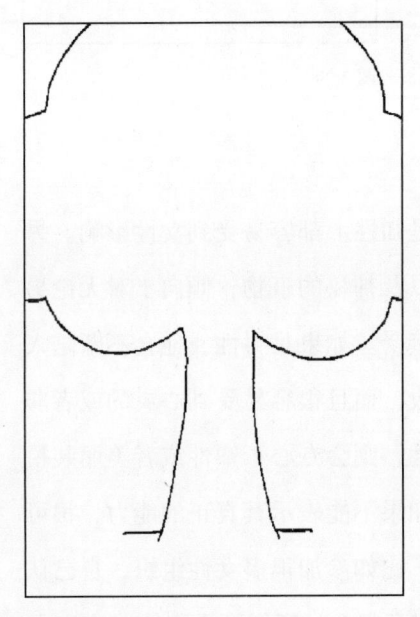

图 3.26

图 3.27 实例 3

图 3.28：溢出画纸右侧的树

　　这种树表示出这类人容易受到其他男性影响。这样的来访者借鉴某种想法，并将此同化于全部的自我存在之中。他们比较朴素，缺乏评论性判断。由于具有不管事实如何而接受权威性思想的倾向，所以不能说是个理性的人。

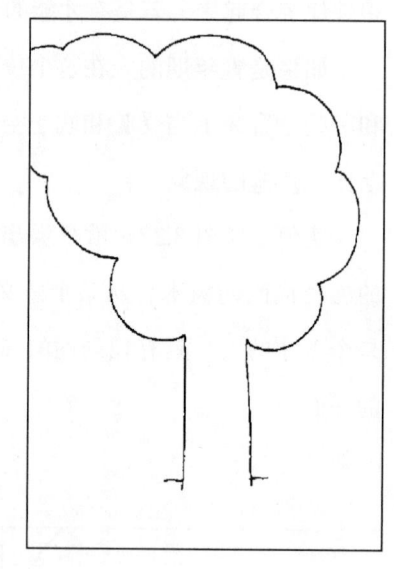

图 3.28

图 3.29

图 3.29：溢出画纸左侧的树

　　画这种树的人无论是情绪上还是知性上都容易受到女性影响。另一方面，他们特别向往音乐、艺术以及神秘的事物，倾向于对无论男性还是女性的权威言论都无条件地接受。如果是男性，他会不断陷入恋爱中，活力都被女性的魅力所吸收，而且很容易受到心灵的或者非合理性精神现象的影响；如果是女性，则会专心于知性或者美丽装扮的女性活动。但是树木的其他指标如果不能表示其真正的能力，很可能这些都会完全成为表面上的动作。比如参加很多女性组织，自己认为可以最大限度地受到文化熏陶，但事实上是庸俗而无聊的人。

（三）将画纸横放而描画的树

在笔者的经验中，将画纸横放而画树的人出现率非常低，不足 5%。把画纸旋转 90°横放以后再描画树木，表明了感觉不能满足于自己目前的环境。他们几乎都常常想象："周围应该给我提供更好的环境，因为我有这样的价值。我没有理由改变自己，而应该周围环境来适应我的要求。"用这种方式画树的人通常具有的特征是：利己主义和缺乏可塑性等。另外，绘画人是年轻人的话，也可能有向幻想世界逃避的倾向。

关于画纸的位置和树木的大小，在前面已多有阐述，这些说明也大体适用于把画纸横放以后描绘的树木，这里不再重复。因为关于在竖放的画纸上描绘的树木的解释，也同样适用于横放画纸。在这里，笔者只再添加关于图 3.30 至图 3.32 这 3 种特殊位置的树木解释。

图 3.30：横向画纸左侧描画的树

和在距离中央很远的左侧位置上描画的所有树木一样，表示出强烈的母亲支配。这种情况下，和父亲或者父亲的代替者完全没有任何

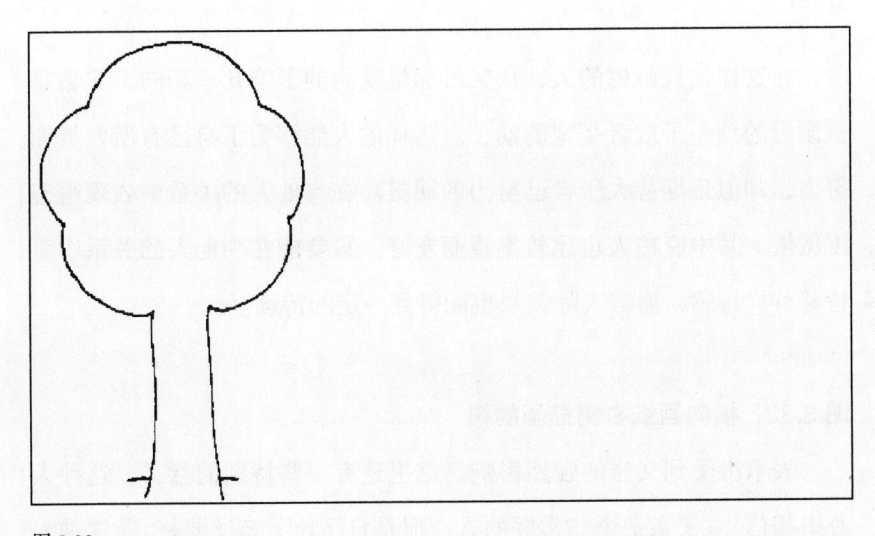

图 3.30

接触是其主要的心理纠葛。这种人大多认为自己很优越，他们一般不和异性建立太多的关系。和图 3.9 的树木描画者不同，他们并不寻求似乎能重复母亲支配似的配偶。这样的人在成长过程中显然得到了母亲过度的支持，一般对别人要求比较多。即使谦让他人或者给予他人，那都是为了期待别人感激回报自己。

图 3.31：横向画纸中央描画的树

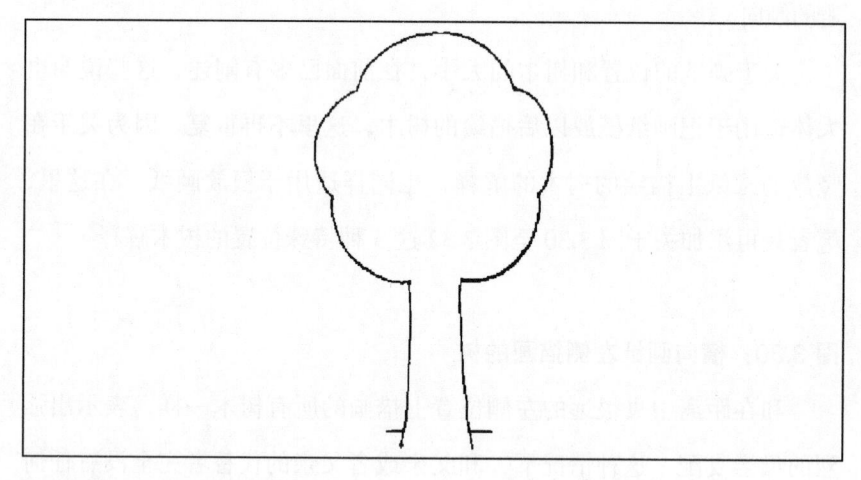

图 3.31

在这样位置画树的人，从父母那里受到的影响几乎相同，多数是被溺爱的独生子或者受宠的幼子。这样的人能够为了自己有所发展而努力，却似乎期待大于自己努力的回报。在与他人的关系中表现得态度傲慢。其中有些人也比较率直而友好，只要能在和他人的关系中维持某种优越感，通常人际关系也能得到一定的持续。

图 3.32：横向画纸右侧描画的树

表示出受到父亲的强烈影响，这里还有一些特别的意义。这种人心中相信："父亲是个非常好的人，但是自己比父亲还要好。"这种人要求非常严格，与成就的客观性相关，只是一味地强调自己的成就。如果来访者是男性的话，那么他希望女性崇拜自己；如果是女性的话，则期待别人不断追求和征服自己。这种类型无论男女，虽然很有竞争雄心，但缺乏实现这种野心和地位的努力。

在和来访者的直接接触中，若是没有感觉到以上所述的自我中心人格，那么横向画纸上的树木，表现的与其说是通常的态度，还不如说表现的是空想生活，因此必须修正对于树木的解释。

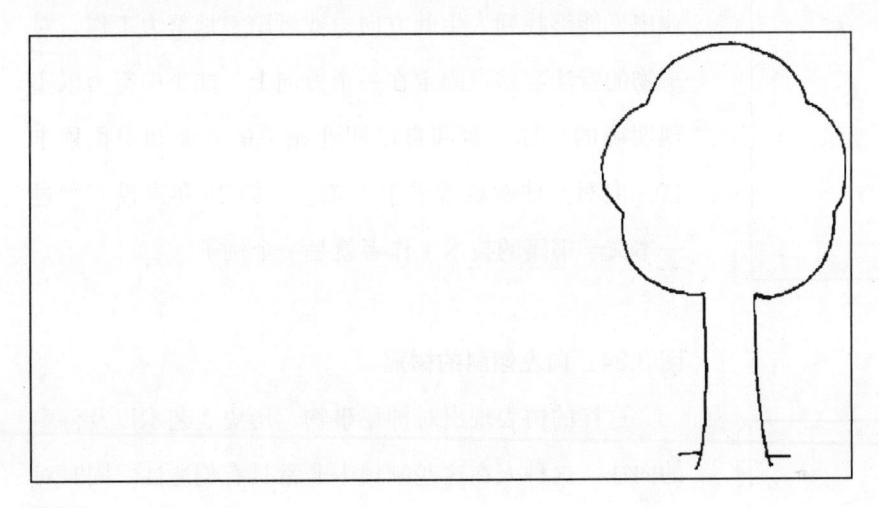

图 3.32

第三节　倾斜的方向

画纸上树的位置，不只是使用了画纸的哪个领域，而且和绘画的倾斜方向也有关系。图 3.33 至图 3.39 表现了主要的 7 种样式。倾斜仅限于树冠部分，同时也是树木整体的特征。只是树冠倾斜的时候，方向有时只和精神领域相关，有时也同时表现和精神领域、情绪领域的相关意义。向右的倾斜，一般表示父亲、男性、精神和理性的领域，积极倾向于父性原理；向左的倾斜，表示倾向于与母亲、女性、神秘以及艺术领域等相关事物。以下笔者想要稍微具体地探讨这 7 种倾斜。

图 3.33：向右倾斜的树冠

这和图 3.28 的树相似，但是树冠没有溢出画纸边缘。这个来访者相对于图 3.28 的人来说，具有批判精神，不容易上当受骗。这个人在科学性的高度理性的职业中，能够找到人生的方向，或者踏实地努力工作。对事物的看法容易被固定在一个方向上，能集中努力以实现明确的目标。对和自己职业相关的方面知识积累丰富，但对其他领域近乎于无知。比如 20 年来没有读过一本文学书籍的技术工作者就是一个例子。

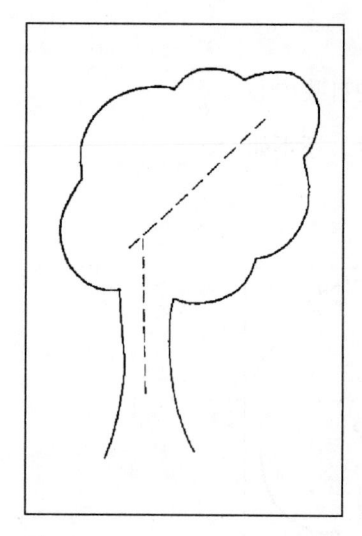

图 3.33

图 3.34：向左倾斜的树冠

这样的树表现出对神秘事物、历史、艺术以及侍奉的向往。这种人在这些领域中非常具有创造性，同时对所谓的严酷现实毫不关心。画出这种树的男性艺术家，认为自己是人道主义者，不关心大都市的暴动或者第三世界的战争等现代社会的混乱状态；如果是女性，在自己感兴趣的领域中可能发挥出领导才能，但是完全不能理解男性世界。比如有一个女医师，作为医学教授非常受尊敬，几乎所有的患者都认为她是热心人。由于她的优秀才能和技术，她认为自己在男性主宰的医学社会中也做得很出色。但是她在对男性同事的心理动机预测和评价方面总是失败，由此对各种不知原因的失败而感到非常烦恼。

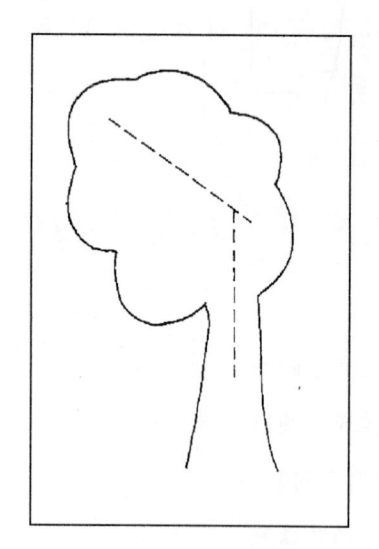

图 3.34

图 3.35：从左下方向右上方倾斜的树冠

画出树冠从左下方向右上方区域延伸的树的人受到过去的强烈影响，他们想努力明确自己的思考过程，属于感情型的人。女性的话，觉得常常被自己的情绪所支配，希望能通过知性训练而提高自己的控制能力。另外，也有一些人担心自己陷入传统女性的依赖状态，希望能提高实际或者有竞争力的技能，而从女性的束缚中摆脱出来获得自由。男性的话，他们经历了一些带有情绪色彩的神秘事件，并想把这些经历进行合理的秩序化和正当化。比如，既相信不寻常的"无法言说"的经验，又同样重视"合理的"技术，正如一些超心理学者希望赋予不可言说的经验以知性外表和预测的可能。

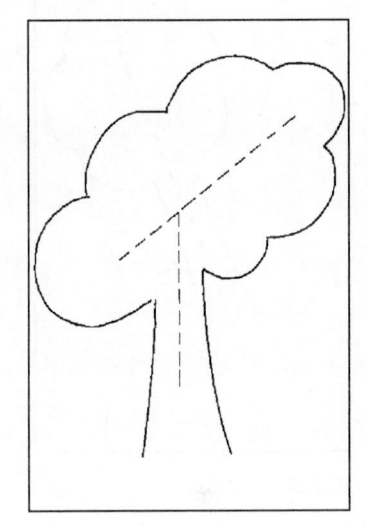

图 3.35

图 3.36：从右下方向左上方倾斜的树冠

这种树冠，幼年期的精神印象和情绪影响等重叠在画纸右侧，然后向左上方发展。这种人如果在男性世界里，虽然能稳定下来，但不时地感到沉重的工作压力。他们的心中一直抱有对神秘、艺术、女性世界的关心。这个位置表示出对梦想的消极逃避，或者希望摆脱实际世界的严酷制约，而积极地追求自由。一个很好的例子就是像高更这样既是艺术家又是金融业者，还有伊曼纽尔·斯威登博格（Emanuel Swedenborg）那样转向神秘事物研究的科学家等。

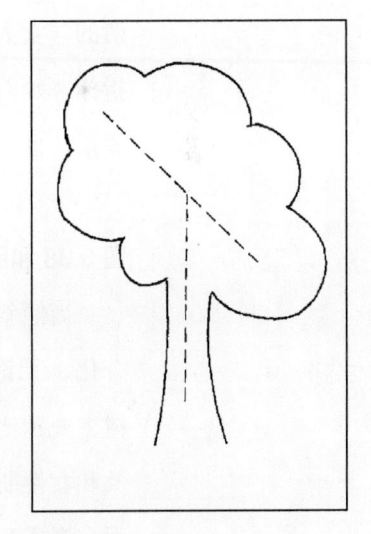

图 3.36

图 3.37：整体从左向右倾斜的树

如果树木的倾斜程度不是很明显的话，那还是比较

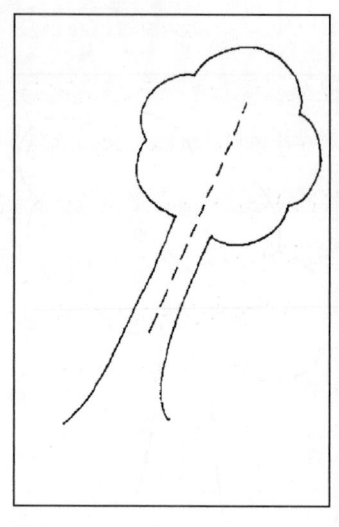

图 3.37

健康的树木画，表示个体在儿童时期受到母亲的影响，但随着情绪的成熟，父性原理渐渐地在其身上变得重要起来。这样的人虽然尊敬并模仿父亲或其他男性，但不会绝对拒绝女性事物。但是如果这种倾斜很极端的话，那么，他们可能回避和轻蔑女性。来访者是男性的话，对于女性的活动、思考方式和心理等，可以说是既爱护又看不起的态度。他们认为女性没有男性更适应进化，没有认真考虑其价值。根据树木测试的其他指标，有的男性甚至只把女性看做性快乐的对象，认为女性本质上是妓女或者仆人。也有的可能完全避免和异性的接触。这种情况下，描画出极端的从左向右倾斜的树木的男性来访者，由于不会表明自己的同性恋倾向，往往是独身主义者。

如果是女性画出显著从左向右倾斜的树时，她们将活力注入典型的男性活动中，常常表现出渴望权力的欲望。她们通常不能表示出所谓的"女人味"，如果需要了解其性冲动的处理法，则必须注意其他指标。她们本身具有一定的攻击性，并有可能和男性保持一定的密切关系，也可以把性的活力完全升华为知性冲动。

图 3.38 和图 3.39：整体从右向左倾斜的树

当倾斜角度不明显时（图 3.38），表示出和女性世界逐渐实现同一化，无论男女都是很正常的绘画。如果是成年女性，这种倾斜的树，表示比之男性更能接受女性，容易实现和女性同一性的认同，以及和女性朋友交往很快乐。如果是男性，通常是感受性的人，关心艺术、音乐和神秘主义等。根在右边而树冠向左上角倾斜，倾斜角度明显时（图 3.39），表示可能从小被父亲舍弃，或者可能拥有"酗酒，不负责任的人"等极其不愉快的父亲概念。无论如何，至少在无意识的水平上,他们拒绝所有的男性影响。如果是女性,她们对男性完全不抱任何希望和幻想。她们虽然也感到自己的欲望不能得到满足的痛苦,但由于可能完全在缺乏男性关心的环境中成长起来的缘故,她们对男性明显地不信任。她们渴望完全沉浸在女性世界中。这样的女性结婚后即使有了孩子,无论是公开的还是秘密的,可能同时抱着明显的同性恋倾向。请注意,这和蔑视女性但完全没有同性恋倾向的图3.37 的男性不同。

在笔者的资料中,几乎没有绘画从右向左明显倾斜树木的男性来访者。绘画从右向左倾斜树木的人都在幼年时期就对父亲持有否定印象。如果是女性来访者,则表现出对男性影响的愤怒和拒绝,而沉浸在女性世界中。她们中间有被动的同性恋者,也有表面上不是同性恋者,但有穿着上的倒错的梦想和空想。

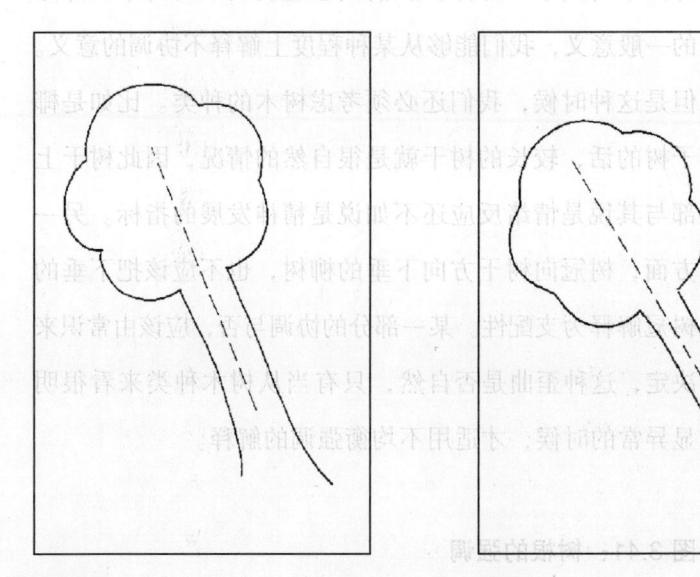

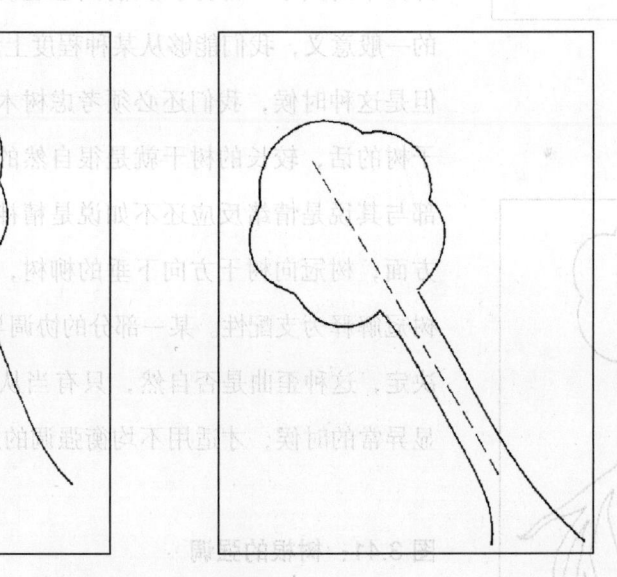

图 3.38

图 3.39

第四节　树木三个部分的均衡

图 3.40：树根、树干和树冠普通的均衡

最理想的是树根、树干和树冠 3 个部分都相互很协调，没有某个部分被特意强调。正如图 3.40 所表示的落叶树。看起来很正常的树，自然不能缺少树根的描绘。大多数人，就算画出没有根部的树，只要树干和树冠表现得很协调平衡，那么就不能说特意强调了树干和树冠。关于完全欠缺根部的树木的意义，请参照后面的"树根"与"地面"的解释。

接下来从图 3.41 至图 3.43 的图示夸张地强调了三个部分中的其中一部分。从前面已经说明了的树木三部分的一般意义，我们能够从某种程度上解释不协调的意义。但是这种时候，我们还必须考虑树木的种类。比如是椰子树的话，较长的树干就是很自然的情况，因此树干上部与其说是情绪反应还不如说是精神发展的指标。另一方面，树冠向树干方向下垂的柳树，也不应该把下垂的树冠解释为支配性。某一部分的协调与否，应该由常识来决定，这种歪曲是否自然，只有当从树木种类来看很明显异常的时候，才适用不均衡强调的解释。

图 3.41：树根的强调

画出这种树的来访者，确实在现实中"有根"。如果其他的指标是肯定的，那么基本上还是比较健康的，只是有些过于关心本能和性的问题，或者只关注具体问题。

图 3.40

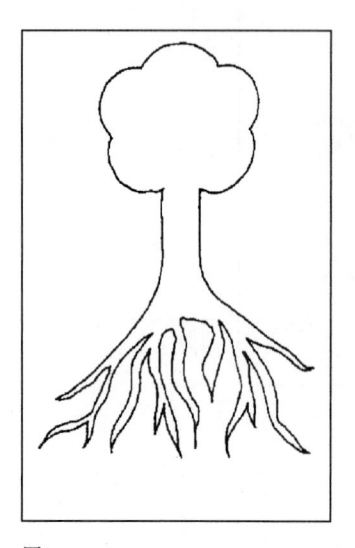

图 3.41

如果从别的指标中看出其否定意义的话，可以理解成被本能的冲动（可能是被歪曲的、倒错的性冲动）过度支配，或者被无意识完全压倒了。当根部的强调太明显时，感情反映通常比较肤浅，理性的思维能力也被局限住了，并且向理想或者将来的目标前进的能力也通常得不到很好的发展。针对此处，笔者建议可以和图 6.71 的解释进行一下比较。

图 3.42：树干的强调

正如科赫所说，几乎所有六七岁以前的儿童都似乎过分强调树干。如果说树干表现了情绪领域，那么幼小的儿童，由于他们的性能力和理性技能都还没有得到充分的发展，或者说孩子们从本质上是很情绪性的，所以画出了这样的树。但是也不能因此就赞成科赫所说的，如果成年人过分强调树干，就是精神迟滞的一个标志。因为在实际的心理咨询临床中，我们可以看到很多健康的成年人都画出了这样的树木。根据笔者的经验，这样的树解释为情绪的不成熟更为准确，并局限于树干较长而同时树冠较小的时候。若上部是较小而封闭的树冠，中间是夸张的树干的话，通常可

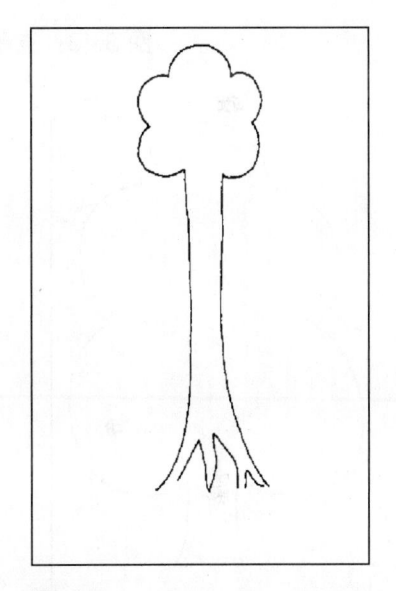

图 3.42

以解释为欠缺自我控制能力，容易被情绪所左右。如果是男性，会表现为粗鲁蛮横而性急；而女性则容易对一些微不足道的小事兴奋，充满孩子气并且不善于控制自己。这和迟滞完全不同，不如说是知识水平偏低、或者精神发展不够成熟。

在绘画中过度强调树干长度的智能较高的人，他们画的不是图 3.42 这样封闭的小树冠，而几乎所有的树冠都溢出画纸上方边缘。一般笔者不认为树木溢出画纸上方是一种否定指标。相反，这样的树表

现的是具有丰富想象力、较高期待以及活跃的思维。画这种树的人，大多比较感情用事，情感丰富温暖，具有较深的同情心，能与他人产生强烈的共鸣。向上延伸展开的形状比较舒展的树冠，如果强调了树干，那么意味着丰富的情绪包裹着环境整体，虽然有时比较情绪化，但有时会顺着自己的感情做好事，比如看见弱者马上施与援助。和在被强调的树干上方描画封闭性小树冠的人完全不同，这种比较情绪化，不装腔作势的乐观的人通常非常讨人喜欢。

图 3.43：支配性树冠的树

画这种树的人通常表现出对自己的关心，总是过度评价自身的精神力量。这种人的情绪表达能力被压缩，被分析、理性的思维所左右。由于树干和树冠的过渡部分是情绪表达是否合适的基本指标，因此必须注意这个部分。树干在树冠中间展开并自由进入树冠部分的时候，虽然理性起着支配作用，但有可能情感反应同化于认知过程中间。也就是说，在某种程度上，情绪反应仍然是在意识的控制下表达出来的。与此相反，如果用横切线阻断了从树干到树冠的过渡，完全封闭的时候，是极其不好的状态。这种人完全蔑视情感，不能表现自己的情绪，容易用冷淡的理性判断他人。他们比较算计人际关系，也很少真正关心配偶和家人。

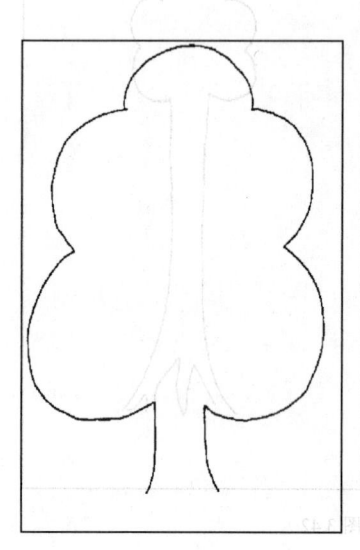

图 3.43

PART

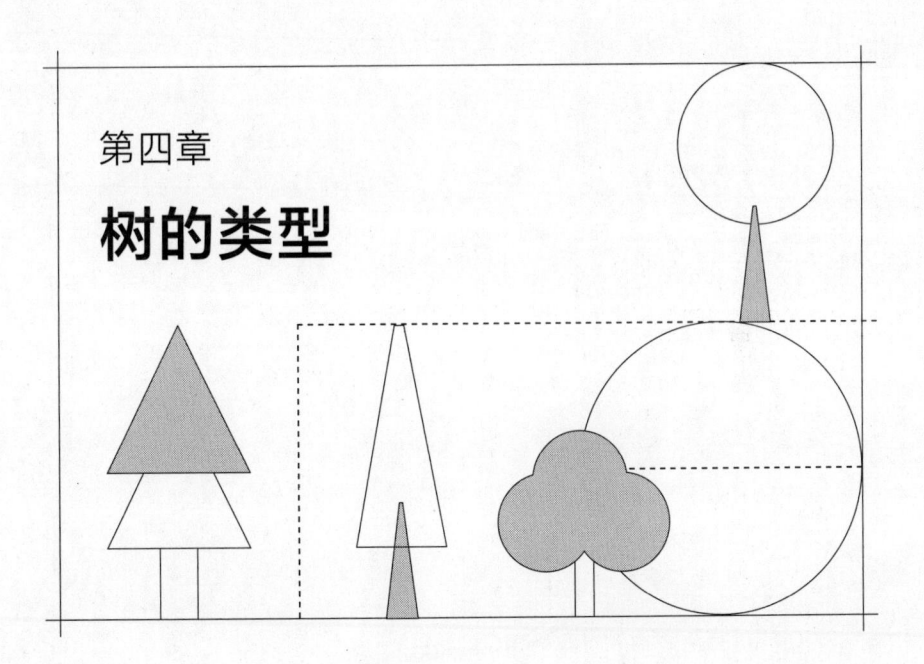

第四章

树的类型

第四章 树的类型

> 正如玫瑰与百合都很美一样，多样性并不一定意味着歪曲。
>
> ——《关于莱努尔兹》威廉姆·布莱克

　　通过前面几章的介绍，我们已经大略了解了如何理解来访者的树木画时的第一印象了。下面应当考虑的重要一点是树木的类型（type）。此前提到的树木的位置、大小、对称性的所有的图示都是树冠茂密的落叶树。当然，实际上笔者从来没有遇到过像这样形态完美、中规中矩的树木画。在这些图示中，例如图3.24（树冠超出画纸上缘的树）和图3.26（树冠超出画纸三面边缘的树），都难以看做是树冠封闭的树种。这两幅图示一般都被看做是冬季落叶或者夏季繁茂季节树冠开放的树种。不仅如此，为了表现位置、大小、倾斜度，并注意这些问题及特征，作画者都会尽可能地表现出一些明显的形态。

　　接下来我们要考虑树木的种类问题，在这里必须通过树木的分类、构造、基调来决定树木的种类。鉴于构造、基调对几乎所有种类的树都是适用的，下面将从这一点开始分析。

第一节　树木的整体构造和基调的性质

图 4.1（a~i）：树的构造和基调

图 4.1（a~i）表示了只要总观全体，就能够直接把握树木的构造和基调。前 3 种树［图 4.1（a~c）］都是基本开放型树冠的冬季枯树，也就是说树冠的树枝之间什么都没有，空空的。接下来的 3 幅图［图 4.1（d~f）］是半封闭状的树冠。图 4.1（d）与图 4.1（a~c）有着同样开放型的构造，树枝间留有空白。但不同的是图 4.1（d）的树枝被细小的树叶所覆盖。图 4.1（e）的来访者开始时画了开放型树枝，但后来又画上了繁盛的树叶，使得树冠最终给人以封闭型的印象。图 4.1（f）基本上没有树枝的构造，乍一看好像属于最下面一栏里的封闭型树冠，但构成树冠的线条明显呈断断续续状，因此，笔者最终还是将它归入半封闭型树冠一类。最后 3 幅图［图 4.1（g~i）］的树冠是完全封闭的轮廓。

此外，这些树木中不但有一些树根、树干、树冠相互相连形成一体的树，也有由一条横断线将某部分封闭起来的树。比如图 4.1（a）虽然是开放型树冠，但树根与树干间被地面的横断线隔开了。图 4.1（c）的树冠也是下方相通，但右下方的树枝被小枝的横断线条封闭了。图 4.1（e）虽下方封闭，但封闭的线条与其说将树根与树干分离，不如说是将树根的部分包括进来了。图 4.1（f）不仅画有将树根和树干部分区分开的斜线，并且画出了树皮，这样既区分了树干与树冠，又并未将二者截然分开，表现出来访者将情绪与理性相区别的性格。图 4.1（g）、图 4.1（h）都是封闭树冠，并且树干与树冠间、树根与树干间都分别被分开了。最后一幅图 4.1（i）以一条连续的线画出树冠，树根与树干间、树干与树冠间都是相通的，并呈开放构造。

第四章 树的类型　95

图 4.1

　　树整体的基调不像构造那样容易分辨，要恰当地评价树的基调所表现出的态度或特性，就需要仔细观察绘画的细部。尽管如此，在这里笔者仍要试图分析一下画中所表现出来的整体特征和基调差异。基调可以分为坚硬—可塑性、包容—防卫、友好—敌意 3 组对立的性质。根据这些基调性质，可以进一步讨论开放型、半开放型、封闭型树冠构造所包含的意味。

在一般意义上，画纸代表来访者的生活环境。"环境"指的并不是一般的社会状况或物理环境，而是自己经验以外的所有事物。大概（我们时常会用到）"他人（other）"这一概念更加准确，但通常英语中的"other"并不含有笔者所想要表达的"包括"。总之笔者认为，树木画的构造与性质不仅能够表现来访者关于自己与他人之间的相互作用的主观感情，而且还能表现出他对环境的压力和影响的态度。

如前所述，我们可以认为树根部分代表本能或无意识，树干代表情绪生活，树冠代表精神机能。健康人的精力能在这三部分间比较自由地流动，并且能与他人相互交流，从环境中直接获取支持，并相互作用和影响。在此基础上，能够在他人、社会中生活，表达自己的感情，作出情绪上的反应。到了成年，人们会追求自己在社会作用中的自我实现，通过自我表现来获得满足感。人格成熟的人的自我和环境之间的能量交流基本上是从树冠的描绘中表现出来的。这种交流的开放程度不但与心理健康状况相关，而且根据个性的不同也大相径庭。也就是说既有自制能力较强的人，也有完全依赖他人的人。不过大多数人都处于两者之间。埃立克·纽曼把这种类型称作"中间型"，他们心中既渴望开放的交流，又对此感到担心和害怕。此外，还有生来易受环境影响，但又害怕这种影响的人，他们为了保护自己，会对他人的强力冲击而采取人为的防卫态度。

通过树木，特别是树冠的基本构造可以知道一个人是上述哪种类型。一般而言，开放型树冠表示具有自由的自我表现和对影响的包容性，自我和他人可以进行开放式交流；完全封闭的树冠则表示与生俱来，或被后天强化的自制性格；半封闭型的树冠表示处于二者之间。但是多数场合中这里表现出来的并非天生的性格，而是自我塑造出来的形象，因此，我们必须十分注意对封闭或开放结构的分析。也正因如此，在分析树冠的构造的同时，也应该分析绘画时所表现出来的基调。

这里再回到图 4.1（a～i）所示的 9 幅树木画。图 4.1（a）有着开放型树冠的枯树，但画所表现出的基调有些僵硬、防卫。伸展到尽头的主枝表现出易受影响的自我，而尖利、近乎直线型的小枝与其说是包容性的，还不如说更倾向防卫性。同时，树木整体的坚硬性状，表现出当绘画的人面对外界影响和冲击时，感觉到必须自己保护自己。他通过这样伸展着主枝的开放型树冠，表现出与环境接触时容易受伤的自我和屈从外界影响的恐惧。同时，锐利坚硬的小枝表现出他对周围的接近所采取的防卫态度，遏制着通过树根摄取的内部能量，而且不能十分信任自己。

图 4.1（b）有着可塑性较强的发达树冠，开放型的树冠显得非常健康。而且虽然主枝也伸展到尽头，但小树枝比图 4.1（a）曲线优雅。这棵树从树根到树冠都是相通的，表现出能量在内部流动状况良好。画出这种树的来访者生来外向，和他人的相互作用基本上是肯定的。从基调上看，这棵树表现得可塑、包容而友好，但粗大的树干和主枝表示他过于坚持己见，不容易被他人影响。

图 4.1（c）是开放型树冠的明显的否定式表现，基调上带有明显的敌意。基本构造虽然是开放型的，但树枝的顶端却都是封闭的。实际上所有的树枝都像长有尖爪的钉撬，这表示来访者周围的人可能受到他的直接攻击。另外，树上画有很浓重的阴影，表示他感觉必须防御他人，保护自己。画出这种树的人大多外向，具有攻击性。这样的人自制能力不是很强，在和他人的相互作用中表现出来的既不是包容，也谈不上友好，基本上属于敌意和否定方式的自我表现。

图 4.1（d）和图 4.1（e）都有着伸展枝条的树冠，来访者在树枝上加了许多茂密的叶子。图 4.1（d）的树冠基本上是开放型的，而图 4.1（e）的树因为枝叶茂密而表现出封闭型树冠的效果。图 4.1（d）

的来访者以开放的构造表现出可塑性，基本上可以认为带着友好的情绪，并表现出外向型性格。不过，在伸展的树枝上画着树叶（特别是这么茂密的树叶），使人能明显感觉到他对易受伤害的自己的保护欲望。但这种保护自己的姿势并非具有攻击性，也不防卫，而是在自己和他人之间建立了自然的"缓冲地带"。虽然他能够比较自由地进行和外界的能量交换，但通过"树叶"过滤了向外流出的自己表现的能量，以及环境的影响所带来的能量流入。

图 4.1（e）树木的可塑性比较小，但也不像图 4.1（d）那么容易受伤。主枝基本上是伸展的，能够进行能量交流，但茂密的叶子表示慎重和对能量交流方式的控制。这种半封闭的树表现出有节制的友好，以及慎重和深思熟虑的包容性。

树冠呈半封闭状的图 4.1（f）表示来访者认为自己基本上是自我抑制的，但有时恐怕在不经意中也很容易受到环境的影响。树冠优雅而具有可塑性，但有阴影的树干和地面的相连线条表现出相当强的自我防卫。这样的来访者在心理上能够自我控制，但同时也具有可塑性。不过他害怕情绪上的接近，很注意自己的本能反应。

图 4.1（g~i）这 3 幅是全封闭的树冠。图 4.1（g）画的是松科树木，树冠不但完全封闭，而且树根与树干间、树干与树冠间的联结点缺乏可塑性，呈封闭状。很少在落叶树中看到这样的画法。这幅画是这 9 幅画中自我抑制最良好的树木画。另外，明显的是这棵树线条很硬，树冠和树干、树干和树根的联结部也完全封闭，表示他心里对自己的能量被强硬集中在内部的内向性格并不满意。这样的人通常希望别人主动靠近他，但别人看到他们的行为却会认为他们希望独处。他们没有敌意，也并不是所谓的积极防御态度，但激烈的基调则表现出某些抗议情绪。由于过度的自我控制，可以看出他对自身的本能、情绪和思考的相互作用的防御。

与此相反，虽然图 4.1（h）与图 4.1（g）相同，树冠和树干、树干和树根的两处联结部分都是封闭的，但同时给人可塑的、优雅的感觉。这种树表示来访者虽然并不特别反感与社会的交往，但为了集中创造能量以有所成就，他会希望埋头于自己的内心世界，是具有创造性的内向型人格。

最后的一张图 4.1（i）的树从树根到树冠都是相通的，只有树冠是封闭的。这是相当害羞但有着充分内在能量的交流，具有丰富的精神生活经验的人们的共同表现之一。画这种树的人（虽然很少和他人进行积极的交流）包容而友好，同时以内向型性格的典型做法将外部的印象与自己的世界同化。

更详细的关于树木各部分的分析方法将在后面的章节中述及，比如笔者将谈到树枝末端的样式所表现出来的情绪或感觉。但是在谈及树木画的第一印象的种种要因时，有关树木构造和基调问题是很重要的。

第二节 种类所决定的树木形态

正如笔者已经强调过的，来访者选择描画怎样的树是很有意义的，所以笔者并不特别地指示他们要画怎样的树。本章的剩余部分将简单地阐述特定的树木所能反映的意义。笔者所说的分类与植物学教科书中的种属分类不同，因为即使在森林中观察树木时，虽然能够清楚地区分不同的树种，但是画出来看上去也会十分相像。另外，树木画中也可能出现自然界中没有的树种。笔者将树木画大致分为两类，即：

（1）比较写实地表现自然界中能够见到的各种树木；

（2）抽象地表现特定形态的树木，或者表现幻想中与"树"的概念相关的树木。

一、写实的树

写实的树并不只是果树，或像山毛榉那样的有很多树叶的落叶树，也包括树枝向下伸展的垂柳、火焰形的白杨、树干修长的椰子树和一些比较少见的树。此外，还有像松杉或杉树那样的针叶树。科赫和斯托勒不认为以上这些以垂柳为代表的树种可以作为树木画的主题。

（一）写实的落叶树

落叶树中最常见的是山毛榉、枫树等树冠有许多树叶的树。由于我们从画中不可能得知来访者想画什么树，因此也无法区分这些树与别的树种。事实上，当画出茂密树冠的、夏天的树的来访者在被问到他们所画树木的种类时，不少人表示不知道。至少在很多人的概念中，"树"就是枝叶茂密的树，而并不觉得这些树之间有什么区别。所以，像图 4.1（e）那样枝叶繁茂的树木画并不特别具有种类区别上的意义。只有画着果实的果树或对枝叶的描画特别细致的树，作为无法清楚地区分种类的落叶树才具有特殊的含义。

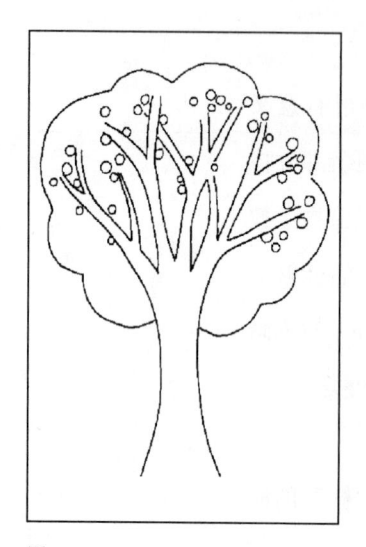

图 4.2

图 4.2：有叶子的果树

这是一棵在树冠中画着果实的、有叶子的果树。当然，根据果实的位置和描画的形态会有区别，一般这种画表现出自我肯定的感情。不管是男性还是女性，这种树木画都表示他目前达成了某种愿望，或者相信其创造性的活动可以有所收获。如果是女性，特殊位置的果实也可以代表孩子。特别是树冠内有着数目有限的、得到充分保护的果实时（常常是苹果），果实常常象征着孩子。在蒙眼分析这样的树木画时，如果树冠内常画有许多果实的话，那么，只有其中一部分果实是表示真正的孩子们，而其余的果实则表示幻想自己的其他孩子，或者表示孩子的朋友，而来访者作为所有这些孩子的"母亲"来感受自己的责任。小学教师或者从事儿童工作的人，不管他们是否是父亲或母亲，常常画出这样长着许多果实的树木。如果女性在树上画出若干小果实或看上去漫不经心地画出一些果实，则表示她对生育孩子比较漠然。果实的恰当分布与掉在地面上的果实的含义将在后面的章节中阐述。

图 4.3：树叶很多的开放型树木

　　落叶树有多种形态。逐一仔细画出树叶这一特征表示一种一丝不苟、追求完美秩序的精神状态。而且如前所述，半封闭的树冠有着树叶的缓冲功能，表示对多样而容易产生混乱的外界印象、思维方式等种种影响的侵入，来访者拥有进行自我防卫的意识。画这种树木的人很注意总结潜在的经验或他人的情况，希望吸收这些对自己的内心世界有益的内容。他们基本上属于开放类型，不过也很内省。他们相信可以通过自己的选择来控制与环境的相互作用（不管是否属实）。这种树木画通常会得到肯定评价。但像强迫症似的、细致地将主要树枝画满茂密树叶的做法，则不得不使人认为来访者有着强迫症式的思维模式，或过度追求完美的性格倾向。

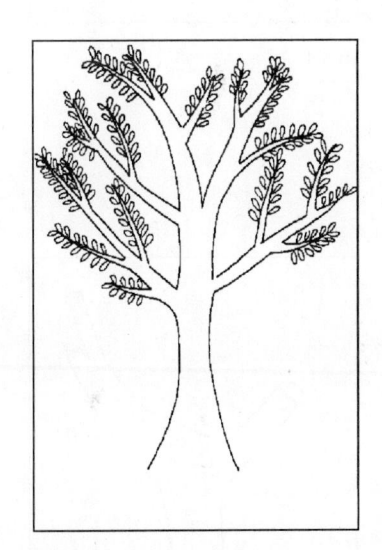

图 4.3

图 4.4：冬季的枯树

　　这幅图画的是普通落叶树的正常形态之一：冬季的枯树。这是典型的开放型树木，通常表示来访者具有对他人开放的社交型人格，易受他人影响，在与他人的交往中拥有自信。这些人"沐浴在环境中"，

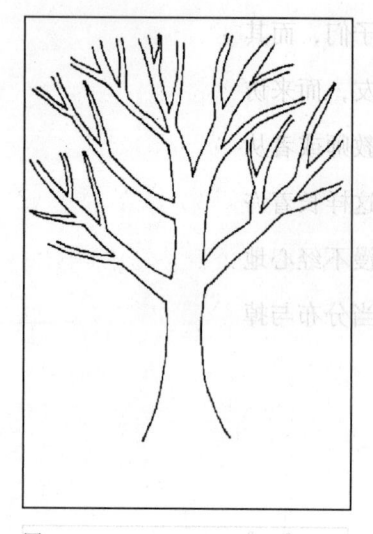

图 4.4

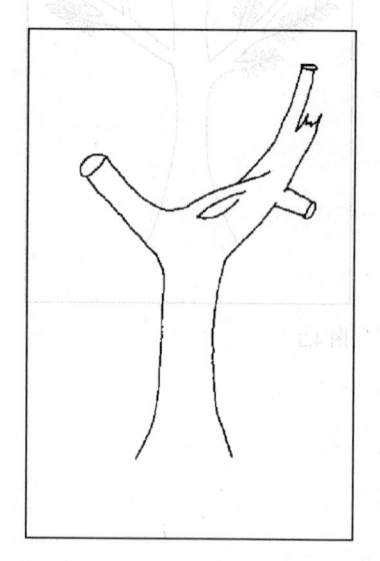

图 4.5

他们与外界的能量交流是威胁性的还是愉快的，则与树木的画法有关。图 4.1（a~c）是这种树的 3 个季节变形，它们之间的区别在于树枝的构造与细节。关于这些内容将在以后的章节中详细叙述。

图 4.5：枯树

这幅图可以看做是冬季落叶季节的枯树的极端表现——完全枯萎的树。画枯树的人常常感觉到他们由于外力而牺牲自己，这样的人会因为某种理由而放弃自我防卫。他们并不一定觉得自己已经"死掉了"，但他们会认为没有希望，觉得自己的发展受到了妨碍，并认为"命运"或他人应当受到责备。画枯树的人，他们无法想象未来，或者感到未来是压倒性的威胁，所以对于他们而言未来是不存在的。

这里有两个枯树的实例。实例 4（图 4.6）是一个其子被不治之症折磨、即将面对独子死亡的母亲的画。树枝虽没有被折断，很明显地也并非自然枯萎，而是被锯断的。右侧被切断的树枝表示她认为孩子的先天性疾病是遗传于自己的父亲或丈夫。另外，实例 5（图 4.7）的树给人以由于自然原因而遭到破坏的印象。这是一个从精神病院出院了的、能力很强的年轻男性的画。他在一定程度上有着平衡的心态，因此他发病的原因，至少一部分原因（从树干上明显的伤痕看来）很可能是由于激烈的外来伤害。这幅画表示他怀疑自己能否处理好外界的现实。另外，这幅画除了表现了使他患病的破坏性力量，还同时表现了出院以后，突然又生活在医院之外

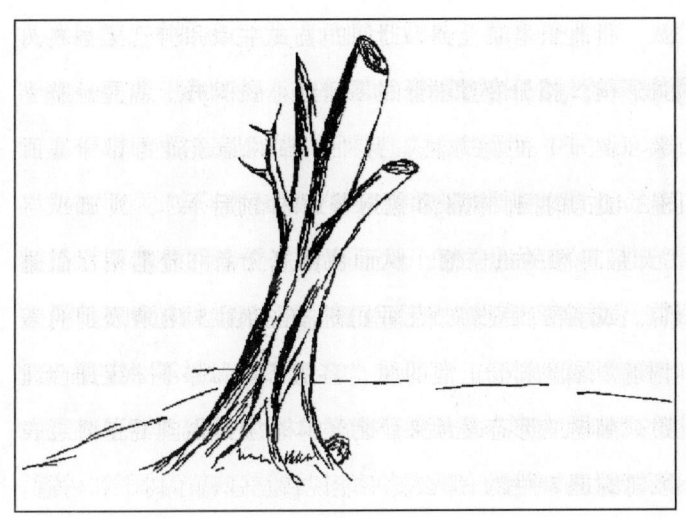

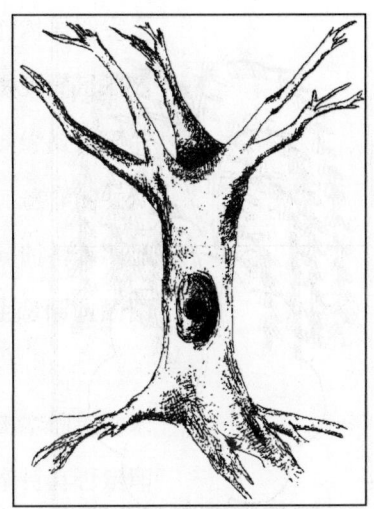

图 4.6 实例 4　　　　　　　　　　　　　　　图 4.7 实例 5

的日常世界中的临时性反应。这之后这位来访者没有再画树木画，但据说他恢复良好，所以笔者认为大概他此后画的会是更健康的树。

大部分人一提到落叶树就会想到山毛榉、枫树、果树或其他有很多树叶的树木，但落叶树类还包括柳树、白杨树、椰子树等形态极具特征的树。与各种针叶树一样，对于这些树木，要对画纸的空间使用或树干与树冠的相对均衡性的分析进行调整。这些树木所表现出来的精神领域与情绪领域的关系，需要根据各种不同的情况作特殊说明。但是，在分析树冠、树干和树根这三部分的均衡性时，应当注意这些树木的形态是否自然。

图 4.8：柳树

这幅图是写实的柳树。"垂柳"通常令人联想起悲伤或压抑的精神状态，因此巴克（1966）认为这种树是明显的压抑标志。但笔者认为，含有这种意义的情况其实并不多见。选择柳树作为主题，一般与努力切断过去不愉快的影响相关。通常我们会觉得很难接近画柳树的

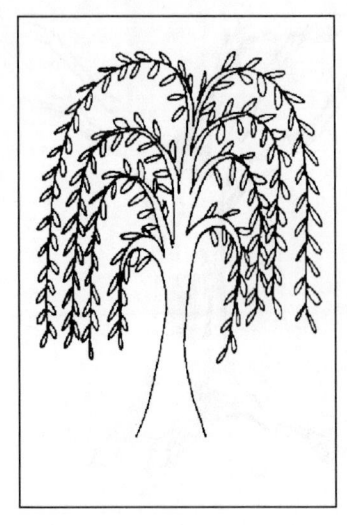

图 4.8

人，但他们容易受到以迂回的方式主动和自己接触的人的影响。拨开覆盖树干的零碎细小的树枝，就是触摸情绪（树干）的好方法。另外，柳树最开放的部分是顶端，这就使柳树常常意味着"神的启示"、预知或与"天启"相关的空想，从而说明来访者可能容易相信迷信，或者智商很高。下垂的树枝虽然使树冠伸展到代表情绪领域的部分，但即使"客观来看"并不一定是合理的，柳树的形态表示来访者的体验方式与其说是情绪的不如说是知性的。

图 4.9：白杨树

白杨树代表着与柳树相反的方向。树冠修长，一直覆盖到树干的下部，并且所有的树枝都朝上伸展，这些似乎都表明画白杨树的人也是注重知性多于情绪，并时常很乐观。即使是与柳树相同，我们也不能只根据这样的联想而简单判断。树冠明显地从树干下部伸展上去，表示在情绪上不会直接敞开心扉。画白杨树的人其实有着很强烈的感情，不过只是在述说知性的嗜好时，这种感情反应才最容易流露出来。他们的感情隐藏在冷静的理性之后，但与他们亲近的人可以感受到他们的冷静后面有着深深的、不易被理解的某种情感。根据白杨树的大小和位置的不同，来访者可能是乐观的，也可能不是。但延伸到顶端一点的、向上伸展的树枝，表明他们是或多或少勤勉努力的，并拥有远大目标。

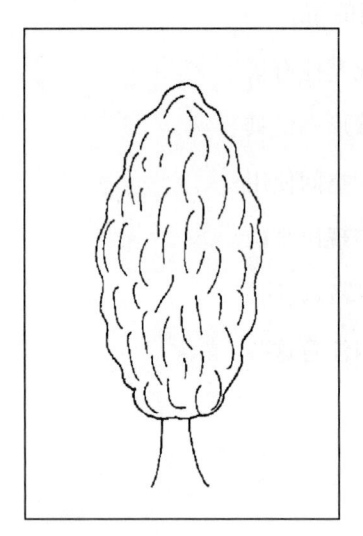

图 4.9

图 4.10：椰子树

通常椰子树都被画成有修长的树干和小小的树冠的样子。因为这是椰子树本来的自然形态，所以不能轻易就解释成这是情绪的支配性或者不成熟。从画纸的不同部分所表示的领域来看，树干上方常常代表精神领域，因此，画这种树的人有着情绪反应和精神反应相混合的倾向。他们经常徘徊于"接近—回避"的状态之间。他们喜欢冒险，追求刺激，但面对新情况或陌生人的时候会变为防卫姿态。他们很少被纯粹理性的东西所影响，但却很容易接受带有情绪或性的色彩的想法。不过他们自己并不承认这一点。与画柳树的人一样，画椰子树的人也觉得自己能够感知天启或神的信息。但不同的是，画柳树的人是被动地接受，而画椰子树的人会积极地寻求心灵与上天的接触，试图促使感知的发生。

图 4.10

（二）写实的针叶树

写实的第 2 组对象是针叶树，包括松科植物（松树、枞树）、栎树或丝杉等杉类植物。作为观赏树种，东方的银杏树虽然实际上也和针叶树同样属于裸子植物，但它们的外观看上去更像落叶树，所以笔者不把它归入这里的讨论范围。

通常所有的针叶树都有着树枝集中到顶端一点的特征，这代表野心或一般的上进心，是发展自我的标志。画白杨树的人也同样具有这样的特征。但画针叶树的人的努力并不像画白杨树的人那样轻松或有持续性，他们分阶段向自己的目标迈进，在过去的目标实现的基础上建筑未来。他们比画白杨树的人更倾向于情绪判断，但同时他们也不屈不挠，非常能够面对来自环境的压力。

这些树木的写实画，除了一些很细的封闭式小枝以外，基本上都是开放型的构造。但是一般画这种树的人倾向于隐藏自己的本来性格，他们画的树虽然给人以完全开放的印象，但这只是顺应现实的手段。即使他们表现出言谈丰富、性格外向，通常也还有许多其他方面的性格特征，不会轻易地展示真正的自己。

图 4.11

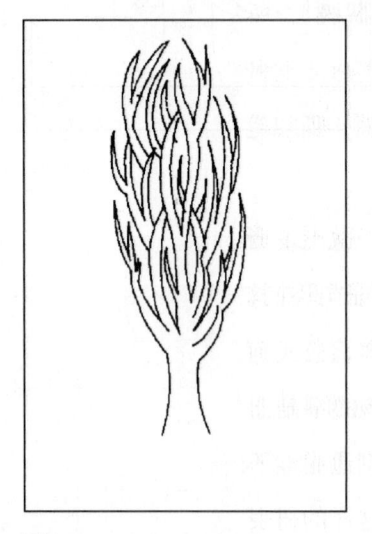

图 4.12

图 4.11：松科的形态（松树、枞树）

选画松科植物的人，拥有达到目的的强烈动机，相当顽固，自我中心而野心勃勃。他们一般都给人以自信的印象，但也因此会感觉到对社会的不适应或情绪上的不愉快。他们的感情反应很激烈，但不喜欢直率地表达自己，不愿向别人展示自己感情易受伤害的一面；或者不如说他们很害怕被别人伤害，有多疑的倾向，因此很难接近他们情绪的内核。与画柳树的人一样，他们的思维方式受到情绪化的影响，知性也常常带有强烈的情绪色彩。这种类型的树木如果接近顶端的部分变宽，那就是自信的表现。而顶端稍显开放状时，通常表示对宗教或神秘事物的兴趣，以及对最终目的的漠然。

图 4.12：栎树的形态（栎树、丝杉、西洋杜松）

虽然对于松科树木，笔者的很多分析仍是适用的，但情绪领域与精神领域的关系正好相反。画栎树的人会从知性、宗教这样的"上方原理"来接触感情。这一点与画白杨树的人有些相似，但画白杨树的人在心理上最容易接受有一定理论性的想法，而画栎树的人对非合理的想法也同样表现出能够接受。画栎树的人具有喜爱形式上的、仪式性的特征。

　　画松树或枞树的人性格坚韧，面对困难表现出很强的忍耐力；而画栎树的人比画松树、枞树的人更积极地表现自己，但面对挫折则显得比较脆弱。两者都是目标指向型，但画松树或枞树的人的努力是踏实、积累型的，通过像金字塔形的阶段性努力去实现目标；而画栎树的人的努力是狂热而没有计划性的，有浪费精力的倾向。在遇到障碍时，画栎树的人并不能像画松树、枞树的人那样执着地坚持自己的最终目标；为了前进，可以绕开阻碍去寻求其他道路。有时这种做法实际上可以使他们在坚持自己的大方向的同时，保持很高的可塑性，"根据情况改变方向"。

　　实例6（图4.13）和实例7（图4.14）是画松科植物与栎树的实际例子。实例6画的是松科的枞树，作者是一位性格积极向上，具有决断力的28岁的男性。他身强体壮，精力充沛，能够胜任工作。总体上来说他具有各方面良好的能力，并能准确地把握自己前进的方向。他为人友好，乐于助人，但至少在他确信人际关系的"安全性"之前，他对表达自己深层的感情都持慎重的态度。他是个很有男子气

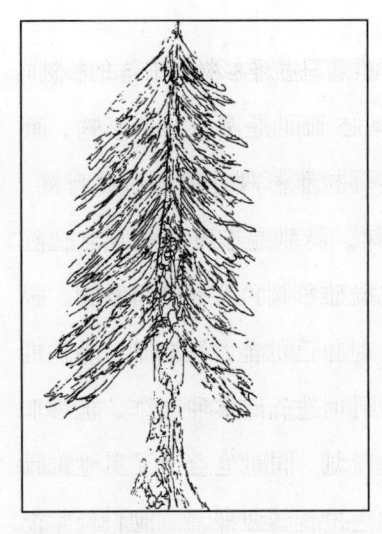

图4.13　实例6 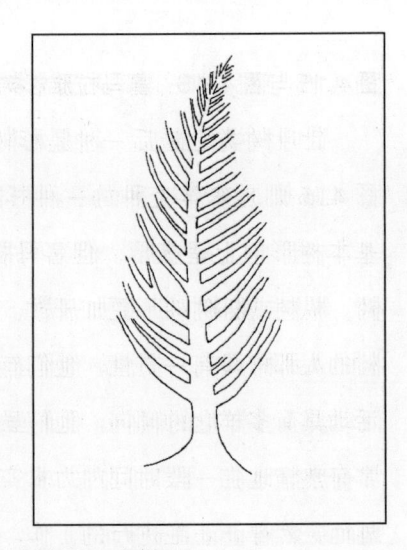　　　　　　　　　　　图4.14　实例7

的人，但十分注意与女性的关系。比起暧昧的泛泛之交，他更情愿选择孤独。他会因为担心受伤害或偏离自己目标而选择孤独。由于希望与朋友或异性间能够保持长期持续深厚的关系，在无法建立这种关系的时候他是孤独的。一旦与对方形成了亲密关系，他会表现得非常忠实，但即使在这种亲密关系中他还是不会主动积极地表达自己的感情。在思维领域中，他会极其理性而客观地思考，但有时也会在感情的强烈影响下选择某一种主张。

实例 7 画的是一棵栎树，作者是一名 33 岁的女性。她有着很高的目标，但与实例 6 的男性相比缺乏忍耐力，也更无法忍受愿望得不到满足的情况。她比实例 6 的男性在精神上更为宽容，即使一种想法被证明是错的，她也能尊重这个想法本身。当她感到这种想法是一种特殊的刺激，即使它是一种抽象的想法，也能够触动情感。她在恋爱时会选择能够与她分享爱好，喜欢同样的音乐或诗的异性。她虽然拥有广泛的兴趣，但都属于一个类型。与实例 6 的男性相比更加容易情绪不安定的她，在自己的目标受到阻碍时，会感到暂时的挫折。她也着迷于仪式，对神话、神秘体验和古代宗教表现出强烈的兴趣。

图 4.15 与图 4.16：喜马拉雅杉树（西洋的喜马拉雅杉树与东洋的杉树）

针叶树类的最后一种是杉树。图 4.15 画的是喜马拉雅杉树，而图 4.16 则是东洋变种的一种杉树。喜马拉雅杉树是常绿的针叶树，基本树形向上呈楔形。但喜马拉雅杉树，特别是东洋杉树通常比松树、枞树或栎树树形更加开放。画喜马拉雅杉树的人不像画松树、枞树的人那样具有一贯性。他们有野心，对自己的能力很自信，他们的活动具有多样化的倾向。他们虽然可以同时进行许多种工作，能够非常有热情地在一段时间内力求实现某些计划，同时也会为了其他的计划而突然停止正在进行的工作。作为出色的出谋划策者，他们经常能

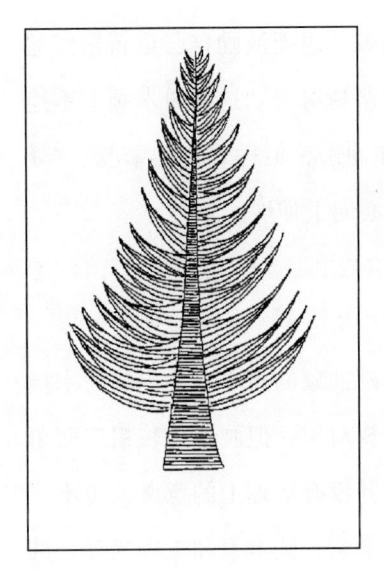

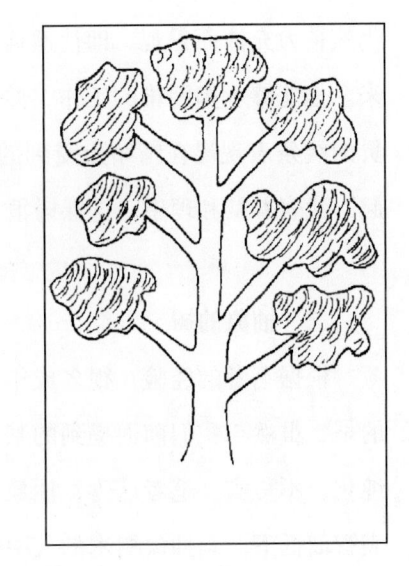

图 4.15

图 4.16

够成为某些计划的创始人。但如果最初的想法需要踏踏实实地去实现，他们很快就会厌烦。他们的情绪领域并不像精神领域那样不安定，但有时会同时介入好几件事情。而且根据情况，他们会很容易地给自己换一个面具或是保守秘密，在不引起纠纷的情况下处理好自己的麻烦。这样的人有着惊人的恢复力，特别是自己的目标还不明确的时候，他们会比画松树、枞树或者栎树的人更不容易有挫折感。即使在遇到障碍时，他们也能够寻找新的方式或目标。

实例 8（图 4.17）是非常典型的一棵东洋杉树，作者是一名 36 岁的男性。他是一名建筑师，并从事很多副业。其中既有与建筑相关的工作，也有完全属于其他领域的工作。他性格看起来外向，实际上却比较内向。他为人亲切，行为保守，十分稳重沉着。在工作上，虽然他设计了一些艺术上很成功的建筑，但在经济上往往得不到相应的报酬。但他

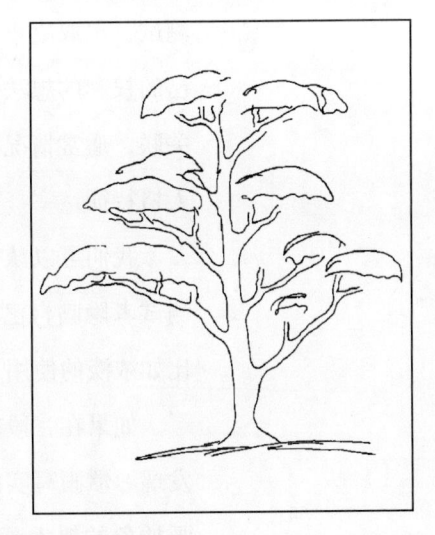

图 4.17 实例 8

仍然精力充沛而乐观，即使遭遇重大失败，也能鼓励自己重新振作起来。他能够承担困难的工作，并长时间坚持努力。这幅树木画上不连贯的线条表现出在情绪上受到的挫折和冲击，但样式化的繁茂、"隆起"代表着梦和理想。这棵树很大，中心向上伸展。

二、抽象的树

根据笔者的经验，很多成年人都会画抽象的树木。抽象的树木指的是，虽然与我们前面提到的某种树木相对应，但画得比较粗略而单纯化，不写实。笔者认为，抽象化倾向并没有病理上的意义，也不代表智商低下。画抽象树木的人中间有科学家、艺术家和工程师等，其中有许多是智力水平很优秀的人。

在笔者的资料中，很多人都会被问到为什么画抽象的树木。在说明不同种类的树木画之前，我们要先作一些一般的说明。

和其他学者的意见相同，笔者也认为画抽象树木的来访者中有"抵触课题"或者尽可能地不愿意展示自己的人。来访者能否对测试表现出认真的态度，不但取决于测试者是否认为树木画是一个严肃的测试，也取决于测试者是否认可：决定合作还是不合作，是测试者自己的权利的想法的影响。笔者并不认为抽象的树木画就一定与抵触相关联，通常情况下，抽象的树木画和细致、写实的树木画同样表现出人格特征。

我们可以认为生来便倾向于抽象的人通常会抵制暴露自身，但对测试者隐瞒自己也有很多方法而这些方法多数和写实的描画相关联，比如浓淡的使用、画得很敷衍或用到后面将要提到的其他方法。

如果在一段较长的时间内收集同一作者的一系列树木画，就能够发现习惯画写实的人，在有些时候——特别是在压力状态下——也会画抽象的树木画。而习惯画抽象画的人在压力状态下就会画得更抽象，或者倾向于想象中的树木。习惯画抽象树木的人在没有特别要求的情况下，基本上是不会画写实的树木的。笔者无意将这个结论一般化，但可以认为，智力水平高的人在有压力的情况下会客观地看待和分析面临的问题，在一定程度上跨越距离，画出单纯化（抽象描画）或想象的自我表现（幻想描画）。基于同样的理由，处于压力下的人不会画出写实画的共同倾向，也可以说是幻想逃避合理化、逃避直接解决问题。

在可供分析的画只有一张的情况下，由于抽象画法可能就是这个来访者通常的表现方法，所以并不能据此就得出来访者正面对着很大的压力。在很多情况下，抽象树木画比写实树木画的指标要少，所以分析者比较难以作出清楚的解释。抽象的树木画缺乏细节，隐藏了现实生活领域的影子。尽管如此，只要积累起足够的经验，提高从比较细微的表现中发掘含义的能力，我们仍然还是可以正确地从抽象的树木画中发现来访者的许多信息。

抽象描画有许多可以和笔者前面提到过的现实中的树木类型相对应，写实描画的树木分类也可以适用于抽象描画。但是由于在抽象描画的场合中会有一些不同点或特殊的含义，下面笔者将以图 4.18 ~ 图 4.34 与图 4.35 ~ 图 4.37 为例进行简单的说明。

（一）抽象的落叶树

图 4.18：极端抽象的落叶树

这幅画是枝叶繁茂的抽象树木最极端的形态。树干的单线表示来访者的情绪机能不够发达，完全封闭的空白的树冠表示他将自己与环境完全隔离，被动地后退到个人的幻想世界里。笔者实际看到的与这幅画近似的画的来访者几乎都是潜伏性精神分裂症患者（妄想型），有的还曾多次表现出急性精神分裂症的症状。一般来说，我们要慎重

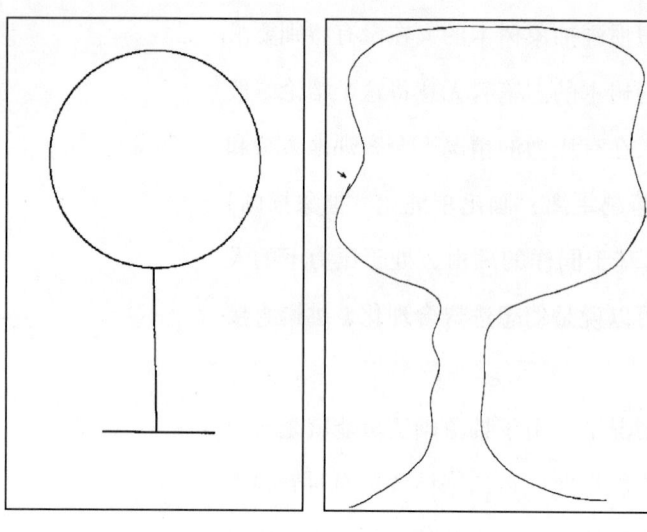

图 4.18　　　　　　　图 4.19　实例 9 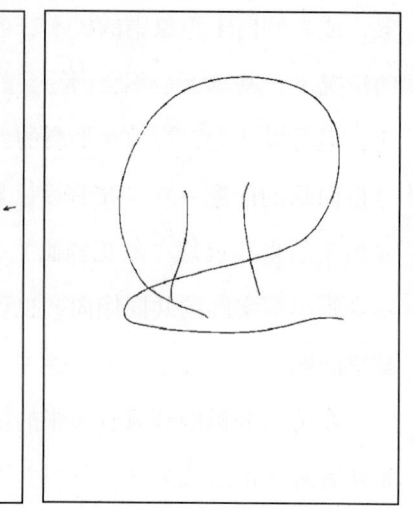　　　　　　图 4.20　实例 10

地分析和图 4.18 相似的树木画。

这里笔者可以举出两个虽然属于这种枝叶繁茂的抽象落叶树类型的，但并没有显示出病理状态的树木画例子。实例 9（图 4.19）是一个很单纯、典型的抽象树木画。但与图 4.18 不同，树干并非单线而是双线的，宽阔的树根领域也是开放的。树冠不是圆形，而是带有明显凹陷的多角形状，这表示来访者能够包容外界的影响。从两个箭头所指示的地方可以看出，树冠的线条有细微但很明显的断裂，这也表现出她能对更广阔的环境作出反应。这幅画的作者是一位 38 岁的女性，她是一名制作稀有手工艺品的艺术家，已婚，没有孩子，对于是否要维持婚姻时常抱有疑问。画这幅画时她处于相当的压力之下，为了事业而独立的念头使她感到苦恼。这幅画虽然并不是她健康处于最佳状态时的作品（树冠不仅呈封闭状，而且处于相对的支配地位，另外，树干的位置与树干的左侧也代表着明显的女性方面的问题），但把画纸画得很满是状态不错的表现，一般而言这幅画表现出与她内心的坚强相对应的自信。

实例 10（图 4.20）是一位出身贫寒但很早就取得了不朽成就的电影导演的树木画。树干的线条深入树冠领域，表示情绪对他的知性、创造性的努力有很大的影响。另外，横切树干，并联结着树根部分的线条表示他有意识地试图否定他自己的性、情绪、精神经验之间的相互作用。画出这种横断线的人通常会制止或隐藏自己的感情生活和性反应。但这幅画中连续横断线的最后形态，好似支配着绘画下部的巨大阴茎。事实上，虽然他是精神支配型的人，能够将创造性思考的领域和本能或情绪相分离，但他的才能明显地也有"粗暴"的一面。另外，他虽然相当慎重，但私人生活是极其富有热情的，看得出他与异性能大胆交往。

图 4.21 ~ 图 4.23：抽象的夏季落叶树

图 4.21 ~ 图 4.23 这 3 幅画是最常见的、有着茂盛树叶的抽象的夏季落叶树。图 4.21 的树冠轮廓呈波浪形，表示该来访者是多愁善感的。接受他人影响或受环境冲击的程度与进入内部线条的笔画深度

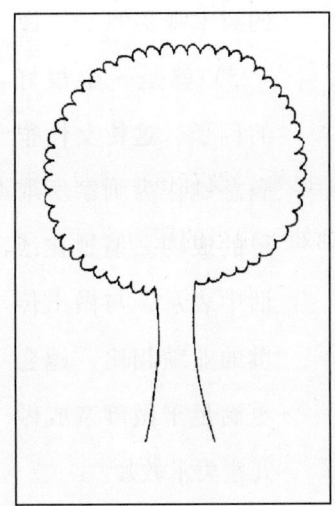

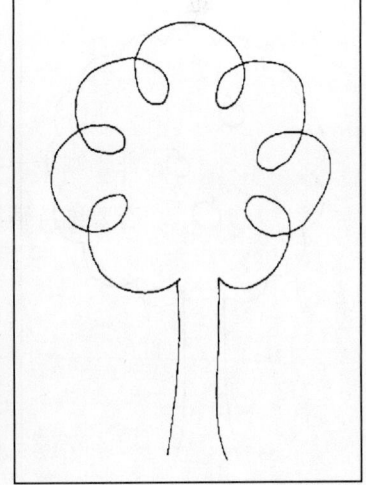

图 4.21　　　　　　　　图 4.22　　　　　　　　图 4.23

和形状有关。像图 4.21 和实例 11（图 4.25），如果树冠轮廓是平稳的波浪形，说明来访者虽然具有灵活性、能够包容周围的环境，但却不容易被环境所压倒。像图 4.22 那样尖锐地进入了内部的半圆形轮廓，则表示给来访者的人格留下深刻印象的某种特殊影响。画这类树木的人具有通融性，感受性非常强。他们在别人看来比较纤细，一些很小的事也可能影响到他们的灵魂。图 4.23 的树冠呈环状，表示来访者很容易受到影响，但在同化影响之前，会将它孤立化并"消化"掉。画这种树的人虽然会认为自己是冒冒失失的，但实际上他们与图 4.21 和图 4.22 的来访者一样，具有一种独特的纯真。

图 4.24：抽象的果树

落叶树主题中比较特别的是像图 4.24 那样树冠中简单地画着果实的、抽象的果树。像在说明图 4.2 时已经提到过的那样，在树上画果实与母性倾向或完成某种创造相关。抽象的果树并不着意描画枝叶等其他部分，而只是画出果实，这比有叶子的果树更强调实现目标。

34 岁的女性画家所画的树木画实例 11（图 4.25）就是一个很好的例子。这位女性很满意她作为画家所取得的成功。但她在谈话中表示，与做出传世的业绩相比，她会更满足于做母亲或做儿童美术教师。

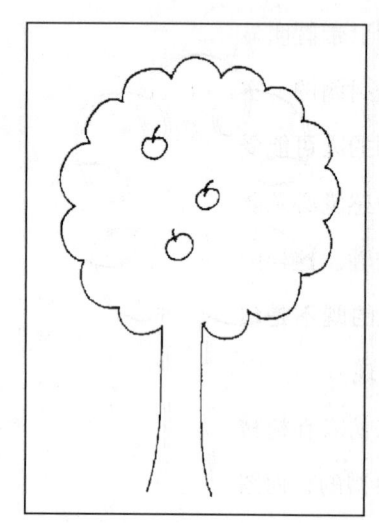

图 4.24

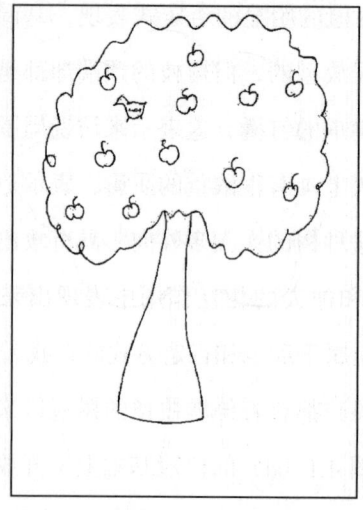

图 4.25　实例 11

图 4.26：抽象的"被修剪的树"

这幅画是"被修剪的树"。根据笔者的经验，画这种树的人非常少，但有些喜欢某种秩序的人喜欢画这样的树木。他们不一定会服从他人，在思维和感情两个方面都努力为自己建立严格的秩序。建立秩序的冲动表现出对环境压力的适应性，或带有审美的目的。这两种情况都可能表现为被周围要求过于严格，而为人格自我设定秩序。所有的能力表现都被规定了清楚的方向性，但和尖形的白杨树或松科植物不同，这种分配方法分叉为若干个方向，其作者往往是有着多方面的兴趣或才能的人。

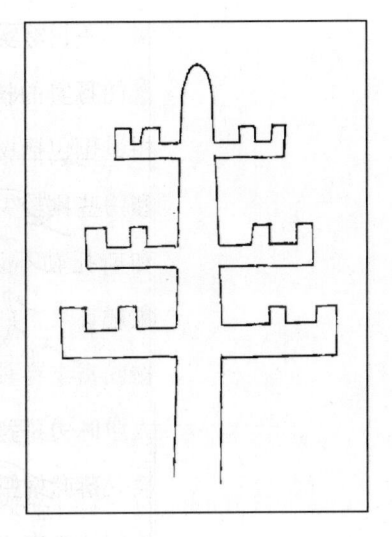

图 4.26

图 4.27：抽象的冬季枯树

图 4.27 是单线条的、抽象的冬季枯树。这个树的整体都是用单线画的，所以不应该对树干的线条作否定的评价。也就是说，和整体相对应而言，树干是健全的。画出这种极端开放的树木的人常常抱有强烈的、奉献社会的感情，并以此为动力。他们会与很多人组成集团一起行动，或为了某种社会目的而行动，从事公益性职业。画这种树的人，从积极意义上说，他们可以为了公众的利益欣然牺牲纯粹的个人目的。而如果他过于强调牺牲的意义（通常表现为树枝伸向内部或下方），就会成为殉教综合征。这里有两个实例。实例 12（图 4.28）的作者是一位 36 岁的男性心理学者，他为了给政治避难者的子女建立庇护所，而放弃了高收入的专业心理学者的工作。与从前的工作相比，新工作的收入和

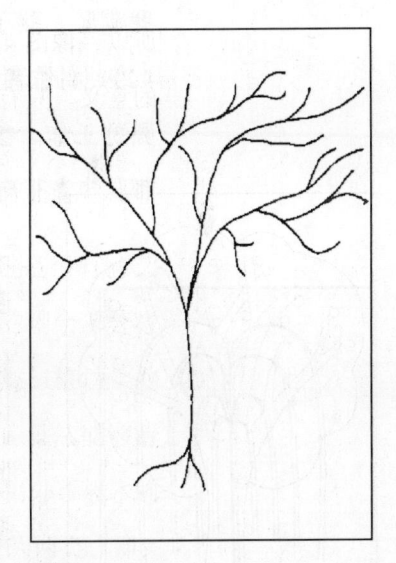

图 4.27

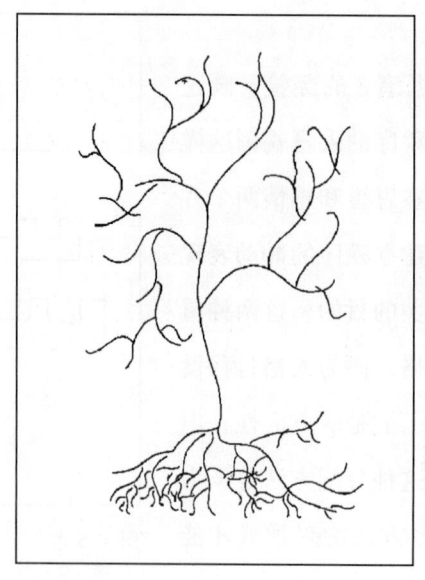

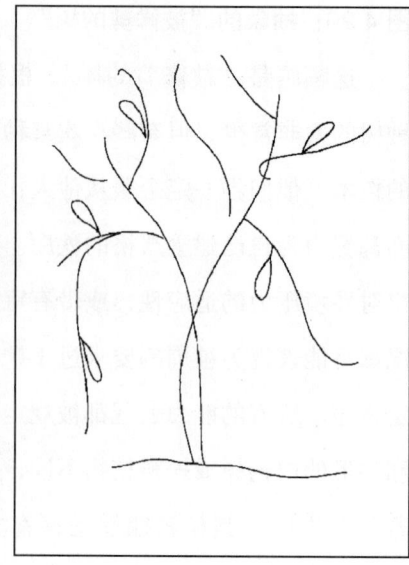

图 4.28 实例 12　　　　　　　图 4.29 实例 13

社会地位都比较低，但他通过这个以儿童为对象的工作充分实现了自我满足，孩子们也都对他抱有充满爱意的感激之情。实例 13（图 4.29）的作者是一位年轻美丽的女演员。她辞去了前途美好的电影演员的工作，参加了在文化贫乏地区推广艺术的巡回剧团。他们二人都从事着很有意义的工作，但在经济上却都得不到什么实惠。

图 4.30：抽象的柳树

抽象的柳树与写实的柳树基本上具有同样的含义，不过它还表示来访者很少对他人表示的情感的接近作出回应。下垂的树枝，特别是尖的树枝是用来应付从下方接近的事物。此外，画抽象柳树的人因为压抑或孤立的倾向，很难建立重要的人际关系。而且与画写实柳树的人一样，他们容易迷信，易接受从心灵领域而来的东西的影响。

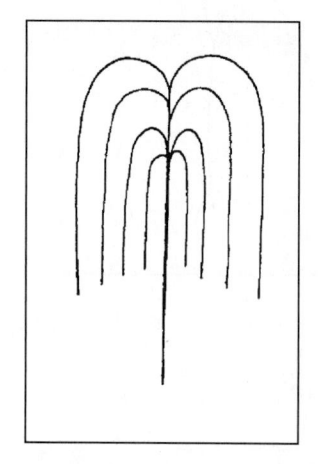

图 4.30

图 4.31：抽象的白杨树

抽象的白杨树与写实的白杨树有着几乎相同的含义，但抽象的白杨树的轮廓几乎完全封闭，这表示画抽象的白杨树的人比画写实的人更强硬，任何影响都很少对他起作用。他们很内向，埋头于自己的世界，常常夸大地评价自己的能力。如果别人能够顺利地进入他们的内心世界，他们也会表现出很深的感情和对亲密关系的包容力。但由于他们常给人以冷漠的印象，所以即使别人有意想接近他们，也不一定能在情绪上被他们吸引。

实例 14（图 4.32）的作者是一位 37 岁的科学研究者。他显然非常聪明，精通许多不同领域的高级专业知识。同时他不喜欢变化，在分析自己的心理时，即使发现自己的行为方式是自我毁灭的或是无意义的重复，他也不会试图去改变这种方式。他的思维与感情分开，并很努力地试图完全控制自己的性和本能的部分（注意树冠与树干之间的横断线、与坚固的地面相接的线条），但这种努力并没有完全成功（有一些垂直的线条稍微贯穿了横断线）。这种超然的姿态、强硬的行

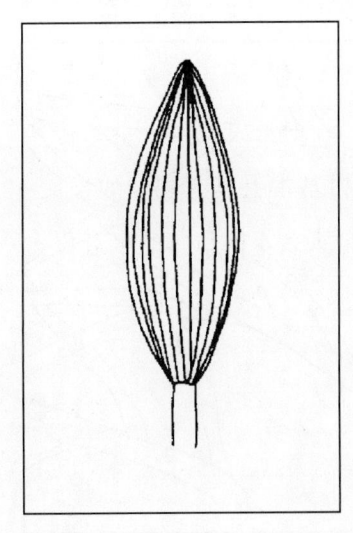

图 4.31

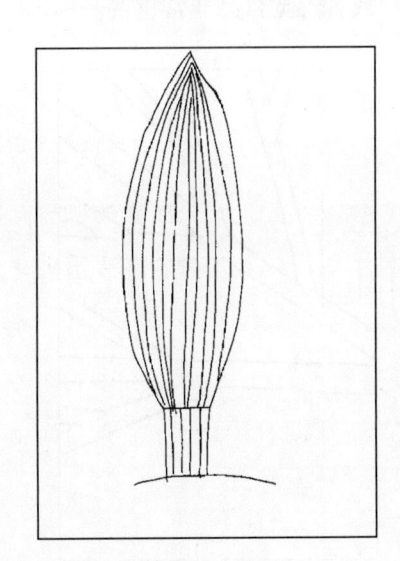

图 4.32　实例 14

为方式、追求精神胜利的冲动可能与失败的情绪生活有关系，总是完美地把事情合理化，从而过早地结束了这个主题。事实上他是很不错的人，虽然适应能力较差、内向、看上去很顽固，但他非常温和，感受性强，有亲切和蔼的一面。如果他能在一个更好的环境中成长的话，那么现在大概会是另一个样子。

图4.33：只画一部分的树木画

这幅树木画并没有画出整棵树，而只画出了几根树枝。这种树木画是极少见的。如果再次要求来访者画一棵完整的树，而他却还是画出这样的树木的话，恐怕就不是健康的表现了。这种画与相当良好的自我感觉或缺乏自我同一性相关。实例15（图4.34）是一位年轻女性在咨询室以外的地方画的，为了知道分析结果而拿到笔者这里来的树木画。虽然不能确定，但这很像是在吸了大麻的状态下所画的画。在笔者和她短时间的会面中，她显得贤淑而温柔。但画出在毒品作用下的特殊感觉，表示她基本回避现实，或者处于极其幸福的状态中，或者感觉自己非常重要。

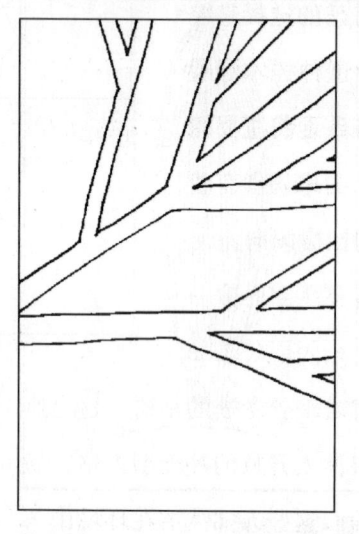

图4.33

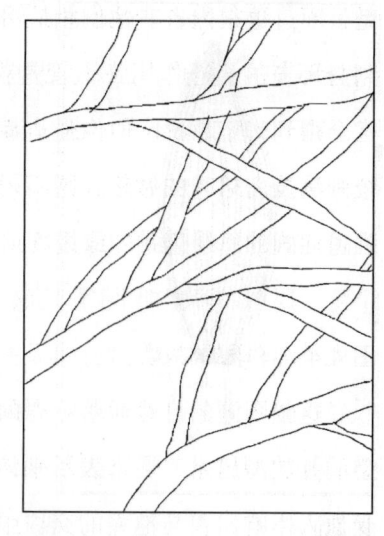

图4.34　实例15

（二）抽象的针叶树

最常见的针叶树的抽象画有：①非常图式化的上方尖锐的楔形树；②由若干金字塔形构成的抽象的树木；③介于抽象的树木与幻想的树木之间的圣诞树。

图 4.35：极端抽象的针叶树

图 4.35 表现的是极其抽象的针叶树，与图 4.18 的树有些类似。像图 4.35 那样用一条线连续地画出树干，表示来访者可能有夸大妄想的倾向。画这种树木画与画针叶树一样，都表示来访者追求成功的强烈愿望。但如果把松树或枞树结实坚硬的树干只画成抽象的单线，表示来访者缺乏追求实现目标的持久力。实例 16（图 4.36）乍一看上去似乎与图 4.35 没什么两样，但树干是双线画成的，左侧有表示根的细微描画，所以对它的评价应该比图 4.35 更加正面。这幅画的作者是没有什么背景而白手起家的实业家。他在金钱方面勇往直前、

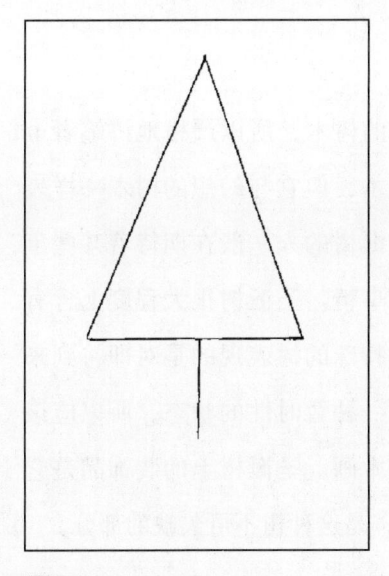

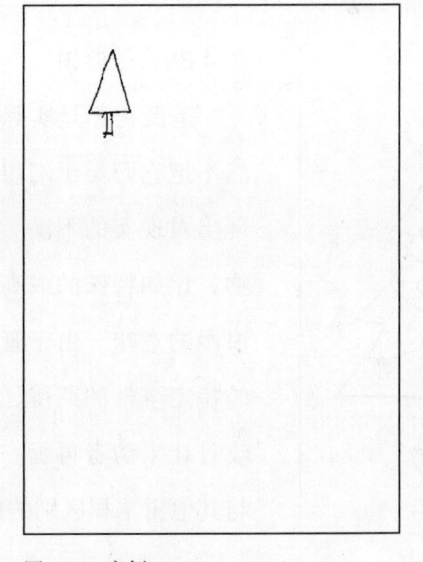

图 4.35　　　　　　　　　　图 4.36　实例 16

不讲情面，因此他达到了今日的成功。他缺乏感情的反应，对自己应该如何对别人采取什么样的行为反应很迟钝。他的严厉行为作风之上是个人的强烈不安全感，这从树的大小和从树冠向下伸展的特殊的一根小线上可以看得出来。

图 4.37：抽象的枞树或松树

这幅图上的针叶树比图 4.35 更加常见。画这种画的人对世俗活动几乎总是抱有难以置信的自信。事实上，这种自信也通常使他们获得成功。他们具有画枞树或松树的人的基本特征：顽固，会决断性地采取直接实现目标的行为。树的上方呈尖的楔形，表示精力集中，工作不知疲倦。他们与画写实的枞树或松树的人相比，对情感接近和情绪影响处理得更好。这种树通常有着封闭的轮廓，这代表一般的自制。如果这种树的树顶稍稍开放，则表明成功的愿望虽然很强，但大概还没有明确的目标。

图 4.37

图 4.38：圣诞树

圣诞树不是实际存在的树木，所以严格地讲笔者虽然不把它归类于幻想的树木，但它与幻想的树木一样表现出对现实的不满。画圣诞树的人一般在期待着某些事物，比如特殊的或高兴的事情。圣诞树很大程度上含有浪漫的意味。由于画这种特殊的树表现的是对即将到来的特定事件的期待，这是一种暂时性的状态，所以应该改日让来访者再画一次树木画。圣诞树上的装饰品是它与其他树木相区别的标志，是这种树不可欠缺的部分。

图 4.38

(三) 幻想的树

幻想的树有许多"树"的特殊表现，并常常和树的形态没有关系。虽然形态上的分类非常困难，但我们可以将它们分为由许多单线画成的树和在基本的轮廓构造上加上修饰部分的树两大类。前者只能根据树的位置、大小、形状、线条的类型等绘画的基本形式来分析，而后者因为画得比较详细，分析起来就变得相对容易些。笔者在这里无法详细地阐述所有的形态。

一般而言，关于幻想的树木可能有两种非常不同的解释：所有的幻想树木都是逃避现实的标志，或者说这种倾向代表以幽默来处理现实的才能或对人生讽刺的看法。

图 4.39 与图 4.40：空白部分被填满了的幻想树木

这两幅图都是树内部的空白领域画满了装饰的幻想树木。图 4.39 比图 4.40 更接近现实的树木，但不管是作为写实的树木画还是抽象的树木画，二者都是"虚构"的树。要想分析它们，就必须考虑树的

图 4.39　　　　　　　　　　　图 4.40

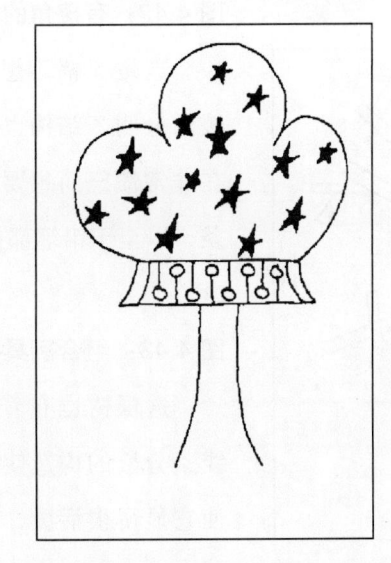

内容所传达的综合感觉。画满了花的图 4.39 具有浪漫的女性气质，而图 4.40 的上部像童话中的王冠，所表现出的气质比图 4.39 更有活力。从这些树中得到的信息和写实树木、抽象树木的分析相比更不确定，但位置或大小等形式上的指标是通用的。留意部分领域中的描画、对称性、内部的花纹的分布可以使我们得到有用的信息。

图 4.41：曲线的幻想树木

这棵幻想树木由单线的曲线画成。它与图 4.43 中的"组合玩具"树一样，都带有滑稽的意味。曲线的树比下面将提到的两幅由有棱角的直线画成的树看上去更有悦目柔和的效果。树枝带有开放性的感觉，整体上看这是 5 幅幻想树木画中最有活力的，而且大概它也是这些树木画中最缺乏方向性的。此外，后折或弯向内部的曲线表示画这幅画的人在自己的内心隐藏或保留了许多东西。

图 4.41

图 4.42：有棱角的幻想树木

这是 5 幅幻想树木画中最缺乏愉快色彩的。直线，棱角分明，结构也带有明显的敌意。笔者的一位来访者在非常愤怒而想要复仇时画了这幅画，他常画尖锐的线条，以至于铅笔都折断了。

图 4.43：组合玩具树

这棵树也有着棱角分明的构造，树枝上带有小球，线条分散的构造使它显得柔和。像组合玩具一样的构造使它显得很活泼，表现出孩子气的天真无邪，这一点与图 4.39 和图 4.40 相近。

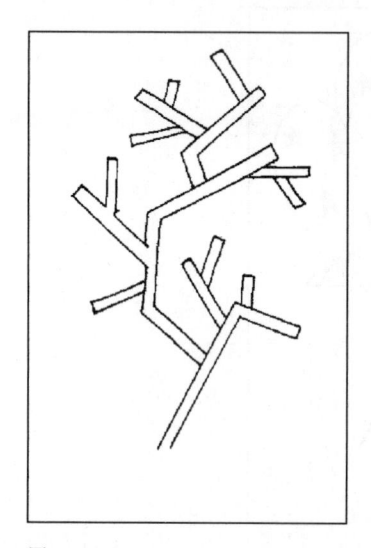

图 4.42

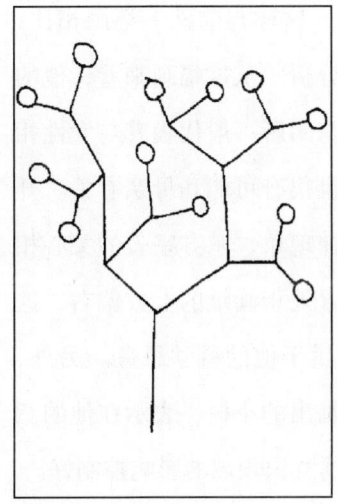

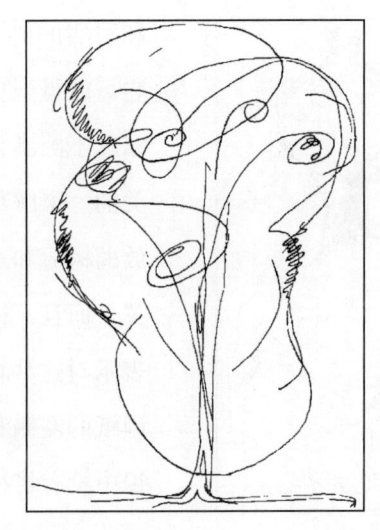

图 4.43　　　　　　　　　　　图 4.44　实例 17

　　为了表现幻想主题的树木画的多样性，下面笔者将举出 4 个幻想树木画的实际例子。这里笔者并不想详细讨论所画树木画的含义，而只是就来访者与其画树木画当时的生活状况进行简要说明。

　　实例 17（图 4.44）的作者是一位来自东欧的雕刻家。他的作品非常有名，在国际上也享有盛誉，但他的生活很悲惨。他与自己的女儿住在废弃的教堂里。他的女儿 9 岁，住在半露天的临时房子里，还要为他做家务事。这幅画带有讽刺的意味。仔细观察则可以发现，阴沉的树冠中现出猫头鹰的脸，但树的大部分都是优雅的曲线画成的，这表示他努力面对人生，在一定程度上表现开朗的自我。从这幅树木画笔者可以推测，对环境的超然和有些冷幽默的态度对于他的精神健康是必要的。

　　实例 18（图 4.45）是一位 34 岁的精神科医生送来的。他最近离婚了。他是一位精神科医学学者，但他也热衷于音乐和文学，并有较高的造诣。

　　这幅树木画浓密的阴影、开放的树冠和树木在画纸上的位置可以和写实的树木一样处理。这样与前面一幅画相比，它可能得到更加准确的分析。从这幅画来看，他的家庭不圆满，树的位置与阴影一般代表着与女性相关的、未解决的问题，也很有可能和母亲有关。开放的树冠和对瑜伽、精神现象、东方宗教的关心相关。而且，树整个的位置处于画纸的上方偏右，这表示对这些内容的关心属于他的科学思考。另外，画纸的左侧和中央部分画出的小树，表示在他的意识中没有将神秘的或超越意识领域的影响控制好。

图 4.45　实例 18

实例 19（图 4.46）其实是那位画实例 14 的抽象白杨树的科学研究者画的。这两个实例的区别在细微的修饰。在画实例 19 时，他处于非常压抑的状态，苦恼于自己的强迫症式的思考。白杨树的形态表示他为达到目标而自我控制的努力，但抽象的形状和以修饰的细节填满的树，代表他内心暂时的混乱和反复强迫性。画抽象树木的人通常处于强大压力之下，这幅画就可以证明笔者的这一

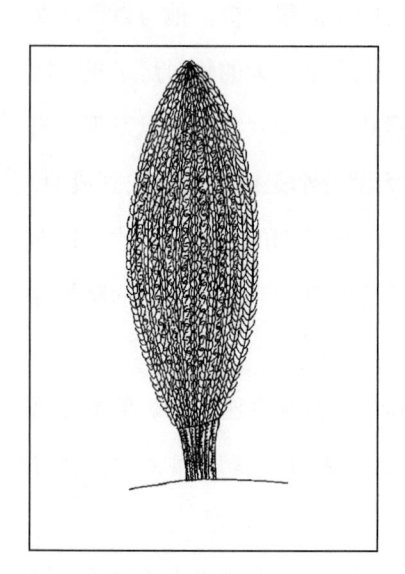

图 4.46　实例 19

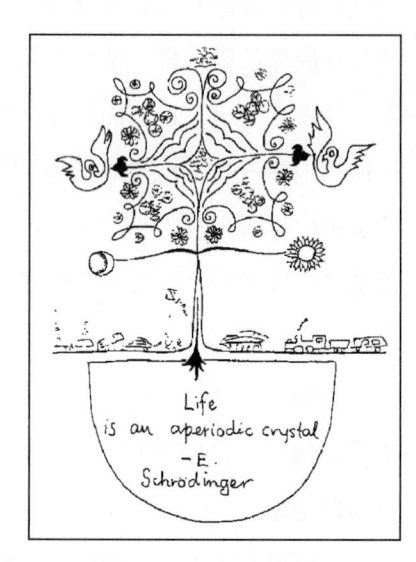

图 4.47　实例 20

观点。

实例 20（图 4.47）的作者被要求画一幅幻想的树木画。他是一位年轻的男性，是历史学家、数学学者和宇宙学者。他是个超脱而寡言的人，但这些的背后是温情和幽默感以及丰富的感受性。他独身，职业是教师，但他的精力集中在非常具有独创性的独立研究上。现在，请读者试着分析这幅画后面隐藏的含义吧。

关于位置、均衡性、树木的形态这些一般的问题笔者已经讲得很多了，因此下面将探讨一些更详细的问题。以下的几章中笔者将关于树木画的更多具体情况，包括树木画中所附加的风景、太阳或其他树木等树木以外的要素进行分析和说明。

PART

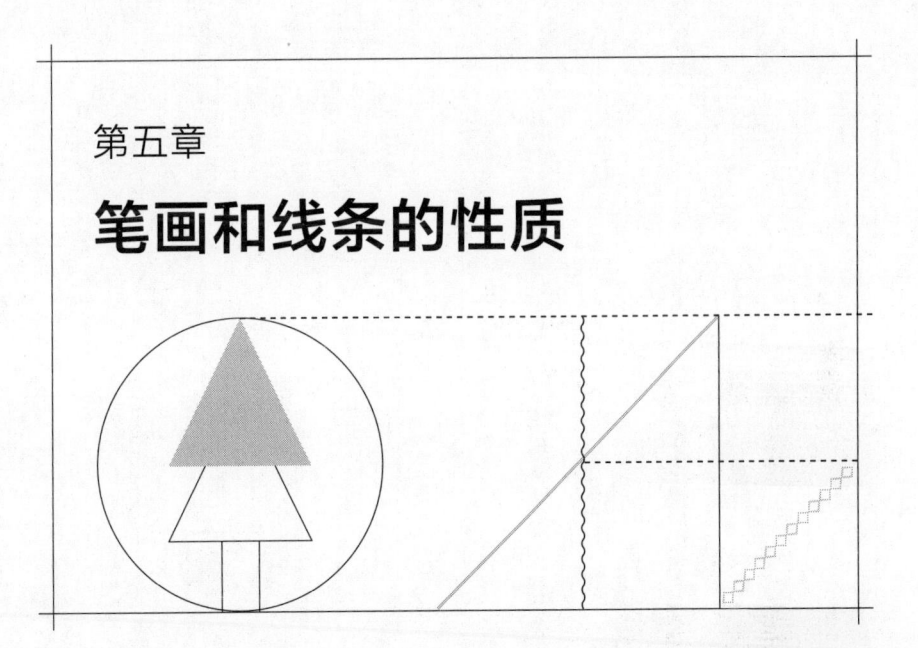

第五章

笔画和线条的性质

第五章　笔画和线条的性质

> 文如其人。
>
> ——中国人论格言

　　细致地从形式和本质上观察、研究绘画的笔画是非常重要的。但是在绘画的解释中，没有比笔画的性质和线条的形状更难用技术或图解的方式来说明的东西了。对心理咨询师来说，只有通过日常的经验积累和熟悉各种描画，才能更好地体会到那些不和谐的笔画性质和线条中表现出来的微妙意义。

　　弗里克在其1968年的论文中，从人类的基本知觉和学习的方式，对笔画的使用方法进行了分类。从他的研究中，我们得知笔画的使用方式和视觉型、听觉型、运动型的分类有着很高的相关。视觉型的人，他们通常使用纤细的、柔软的（有时甚至是比较弱的）、准确的笔画，画的时候认真并注意调和；听觉型的人，他们的笔画显得很犹豫、不连续、不强烈、小心，有的时候甚至比较粗劣；运动型的人，他们喜欢用连续的曲线（多数是单线条）来表达自己的活力。

　　通过线条表达自己的感情，这在人类最初的、古老的洞窟绘画中就可以看到。人们从画家的线条中常常可以体会到其独特的感情，比如说在丢勒（Dürer）的绘画中看到的忧郁线条、巴洛克（Baroque）

艺术家的强烈有力的线条、新拉法利特（Raphaelite）派的安静线条、表现主义的困惑线条等。但是，这些在美术史上记载的主观、记叙性的形容，它们有着具体的证据吗？

"有着"情绪性质的是线条本身，还是绘画的主题决定了艺术作品的感情基调，许多学者围绕这个问题进行了系统的调研。在这些研究中间，伦德霍姆（Lundholm, 1921）的研究显得很突出。她通过一连串的实验，根据线条表现的感情运动和线条的形状之间的联系，把感情的基调进行了分类。

笔者在这里简单地介绍一下她的结论：

在线条中，有我们共同可以体会到的感情。

这个感情，是通过线条的运动表达出来的。也就是说，线条的变化和情绪的表达有着相似之处。

悠长而起伏低的线条表示着缓慢而弱小的运动，小而有着锐角的波形则意味着快而剧烈的运动。

也就是说不伴随运动表现的情绪大多是前者的线条，而伴随着强烈的运动表现的情绪则是后者。

充满活力的线条上锐角一定很引人注目，在剧烈运动中表达了不愉快的感情基调。可以说在快乐的线条和愤怒的线条上可以看到不同角度的锐角。

强壮可以在高大的波形上得到充分的体现，有的时候甚至是直角。

粗线条也表现着强壮，纤细的线条则表现了微弱和无力。

美丽的线条在统一的方向、连续性、丰满的曲线、没有相异的角度、周期性地反复出现同一个要素、对称性上得到表现。相反则是丑陋的线条。（Lundholm, 1921）

让笔者在这里说明一下树木画中线条的类型和笔画的性质。

图 5.1（a~p）：笔画

这个图中集中了各种形状和性质的笔画。树木画的第一印象和笔画的性质有关，比如说笔画的浓淡、柔软还是尖锐、马虎还是细致、是否充满活力、有没有感觉到犹豫、绘画是迅速还是缓慢，等等。这些性质很难图示，但是在笔者研究树木画时，可以容易地感觉到笔画的性质差异是非常大的。在有的绘画中，我们可以看到几乎所有性质的笔画都混合在画中。当一个人的人格得到了充分发展时，通常会产生一种特定的笔画组合。

第一个组合比较常见，是准确的并得到了充分分化的线条的组合。大多是几个柔软笔画相互联结着。这是慎重、表现出（至少是表面上）对权威顺服、遵守纪律规范、不太恣意表现自我的特征。如果线条虽然准确但是比较浅淡，并且很尖锐的话，说明这种人虽然平时自我控制得很好，表现出慎重的人格，但背后可能隐藏着攻击性。另

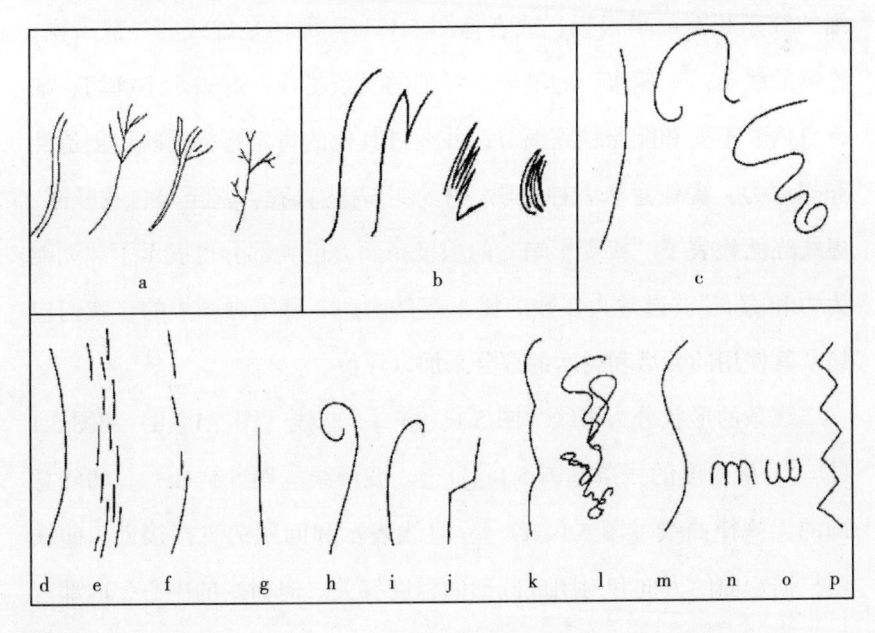

图 5.1

外，如果笔画很浅淡并显得比较犹豫，而且大多很柔软的话，那么，可以说这种人的自我控制伴随着自卑感。

第二个组合比较粗而且浓，这表示有强壮的自我。但如果线条粗野，特别是如果在同一个地方反复出现的话，就说明这种人有着明确的自我主张，与其说是自我强度的表现，还不如说是攻击性的自我防卫。

第三个组合属于流动性的，画得很潦草、不准确的线条。画这种线条的人通常比较容易冲动、急躁。他们喜欢自我表现，并表现得很有自信。

图 5.1（a）的笔画是第一组合，图 5.1（b）的笔画是第二组合，图 5.1（c）的笔画是第三组合。一张树木画，大多是由这 3 个组合的其中一种绘画的，中间当然有可能有一两点完全不同的笔画。这种不和谐的笔画领域，反映着特殊的人生课题，并不是缺乏一贯性的人格，严重的神经症倾向，或者是发展障碍的指标。

线条的描绘方式，像图 5.1（d）那样连续，像图 5.1（e）那样纤细的线条相互靠得很近，或者像图 5.1（f）那样是虚线。一般来说，连续的线条是"健康"的笔画，纤细的线条凑在一起表示不确切、缺乏自信、不安和能照顾到细节，并通过其他的肯定指标反映出创造性和想象力。虚线意味着神经质、不善于表达自我，甚至是自我暴露。虚线当然代表了"接受影响"的积极一面，但大部分也表示了"无能为力和脆弱"。通常大多数的树木都是由这 3 种笔画画成的，我们应该从其使用的领域和树木的部分来加以评价。

线条的形状分为直线［图 5.1（g）］、曲线［图 5.1（h）和图 5.1（i）］、呈角度的线条［图 5.1（j）］、波形线［图 5.1（k）］和随意画的无规律曲线［图 5.1（l）］。直线表示和问题的直接接近，曲线则根据弯曲的方向和封闭成圆形的程度有关。向树木的中心、内部弯曲的线条，和接受外界的影响相关联。如果线条全面弯向树干的方向，这表现不仅自欺欺人，还通过欺骗他人来自我防卫。如果线条向外弯曲，这个人把自己情绪和精神能量向他人、周围扩散。如果线条呈现出一定的角度，说明对周围表现出敌意。

不规则的波形线［图5.1（k）］和随意画的无规律曲线［图5.1（l）］常常充满树冠的内部，或者成为树冠的轮廓。有的时候，树木整体都由随意的曲线构成。这样的绘画容易让人觉得铅笔随意连续移动，线条相互之间没有区分开。这样的树木一般画得比较匆忙，具有冲动性质。这样的人大多不善于控制自己，会同时热衷于好几项活动。充满树冠的波形或者随意曲线，常常表示一些"信号""绘画"和"文字"。这种笔画不是为了正确描写树叶，而通常是为了表现树木的茂盛。

通常树冠的连续波形曲线，有几种形状。图5.1（m）是"S"波形，图5.1（n）是"M"波形，图5.1（o）是柔软的"W"波形，而图5.1（p）是有角度的波形。这些线条有的舒展成图5.1（m）或图5.1（p），有的压缩成图5.1（n）或图5.1（o）。"S"波形表示着可塑性和内部能量，能够适当地接受外面的影响并保持适当的交流。能够接受外部的影响，并不作过多的反应，而且不过度强调内部的冲动和表现。他们和别人及其周围保持适当的距离。

不能接受外部影响的人容易把树冠的轮廓画成"M"波形。虽然他们的自我表现并不是攻击性质的，但通常表现得很冲动，容易引起别人的误解。虽然用柔软的"W"波形线条覆盖着整个树冠的情况并不多见，但有时被画成不规则树冠的一部分。用柔软的"W"波形线条描绘树冠的人，他们受到周围环境的冲击，抑制着自我表现。被压缩的锯齿状线条象征着攻击性或者恐惧。

有时"M"波形和柔软的"W"波形充满了整个树冠的内部。

"M"波形常常被用作飞翔中的鸟的图示,如果被画在树冠的内部意味着突然的启示,或者想对外部表现自己的一瞬间的欲望。而柔软的"W"波形常常是人的臀部图示,表现出有意识或无意识的对肛门部分的关心。这是对肛门的执着,包括从便秘到同性恋的所有行为。

除了随意画的无规则曲线,其他所有的曲线,有的时候是一条,有的时候甚至是平行的两条。如果平行的线条用得很频繁,并且画得很好的时候,这意味着被试在努力保持平衡和协调。

PART 6

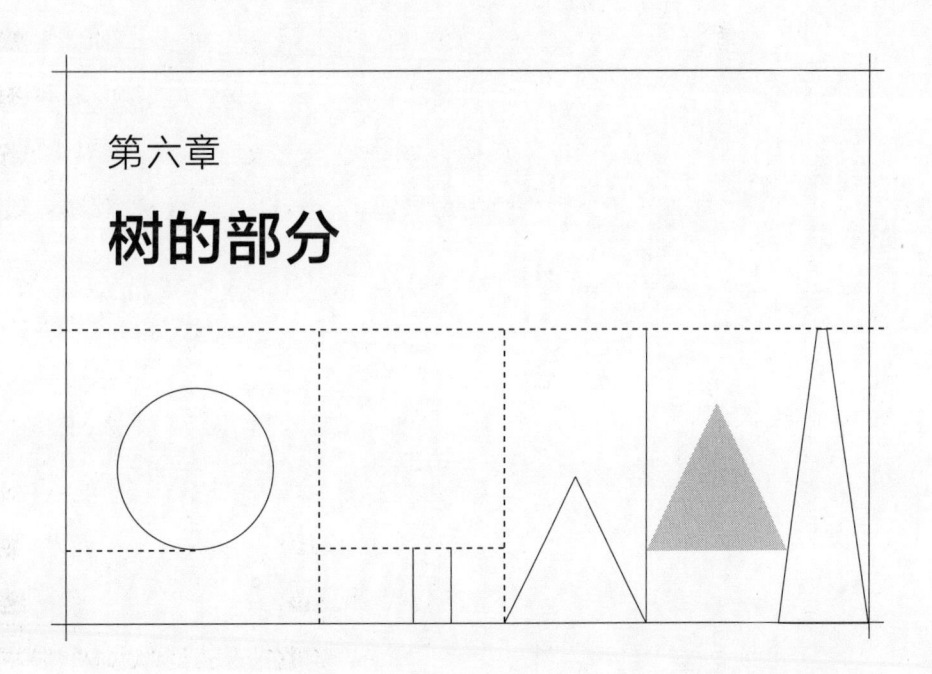

第六章
树的部分

> 小河还在流着,并且将永流不息。
>
> 形状残留,功绩将永远不死。
>
> ——《顿河》威廉·沃兹沃斯

第一节　树冠、树枝

前面就树的 3 个部分,树根、树干、树冠的意义进行了详细阐述。在此,笔者想具体从树冠的形状、树丛的描写、树枝的配置和样式等这些重要的方面来阐述。从生活史来看,树的下方部分表示人生的开始,在描绘树木的画中多从树根或树干开始。但就成年来访者而言,对于来访者个人的、独特的发展能给以最重要的信息的是树冠部分。树冠部分表现了对人际关系(家属、亲人、社会关系)的认识态度和与环境整体关系的构造。树冠部分描述着来访者的精神和智力的发展、兴趣的范围、目标的性质及满足的对象等。

当来访者被要求根据自己的喜好自由地画任何树木的时候,来访者有时会画树枝,有时不会。如果来访者画了树枝,就为解释提供了丰富的素材。一般来说,树枝象征能量流动,是将能量传送至树冠各个部分的通路。树枝还表示来访者与"其他人"的能量交流的性质和程度。并且,上方的树枝表示思想的流动、思考方式、创造力的表现、特殊才能、目标、倾向及自我表现的方式,下方的树枝表示生活史中的经历以及包含人际关系的人生态度。作为消极侧面,树枝还能作为表示与其他人的关系的逃避倾向、欲求不满及障碍的标志,或表示敌意及攻击性。

具体讨论树的 3 个部分的表现时,尤其是"描写的领域"问题时,请参考图 3.4 和图 3.5 及"空间与树"的章节。另外,还应该留意对树冠是开放的还是闭合的、中立的还是倾斜的描述。

一、树冠

图 6.1（a~h）：树冠的形状

这些图是大多数树木画中能见到的各种树冠的形状。既适用于具有闭合树冠轮廓的树,也适用于完全打开的冬季枯萎的树。在后者的

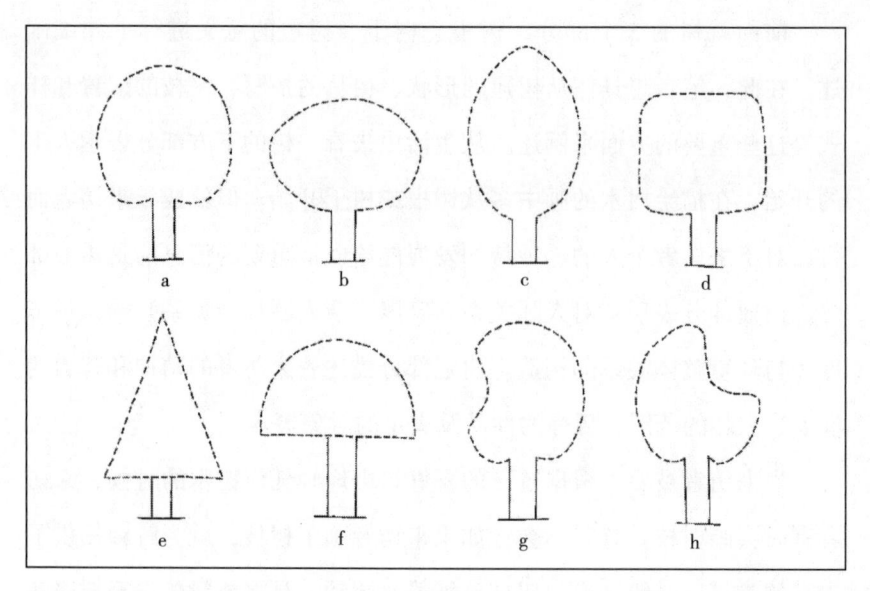

图 6.1

情况下，如果用眼看形状不明确时，就必须如实例 21（图 6.2）那样，在树枝构造的周围画出轮廓以得到树冠的形态。此时，为了不弄脏原来的画，可以使用半透明的纸张。

最典型的树冠的形状是球形［图 6.1（a）］，其次较多的是水平方向或竖直方向的椭圆形［图 6.1（b）和图 6.1（c）］。三角形也经常出现［图 6.1（e）］，是很多针叶树典型的树冠。树冠的罕见形状如图 6.1（f）那种"蘑菇"形或"伞"形，另外有时也出现四角形的树冠［图 6.1（d）］。

从某种意义上来说，球形是普通的形状，没有什么特别的意思。顶部尖的三角形的形状，与现实或抽象的针叶树相同。图 6.1（b）那种横向的椭圆形通常与处于压力下的情感有联系，该来访者或者认为自己被期待过多，或者认为生活环境的限制成为包袱，使自己不能发挥潜能；同时来访者心甘情愿受制于这种情感。如果树冠只有一侧突出则表示渴望帮助：右侧突出强调父亲或其他男性或男性的恋人，左侧突出则强调想要寻求来自宗教的支持或灵感。

纵向的椭圆形［图 6.1（c）］同三角形一样象征着野心，表示精神上很强的自信。其特征为致力于智力与理性方面，因此容易牺牲生活的情绪领域。或许也有其他标记表示此来访者的高度情绪化，但他都把这些情绪化的价值，放在智力或理性或艺术等与目标有关的活动中。像这样，既不认可自己感情生活的重要性，也不考虑努力探索解决自己情绪问题的根源。

通常，俗话说的"老顽固"易画出四角形的树冠［图 6.1（d）］。这些人的典型特征是有非常严重的保守倾向，以及有努力符合家庭及社会期待的强烈愿望。另一方面在笔者的资料当中，许多来访者都对保守倾向感到羞愧，为了掩饰，年轻人常采取极端的"嬉皮"生活方式。但在更深层，同一来访者表现了想要具有强大社会责任感的强烈

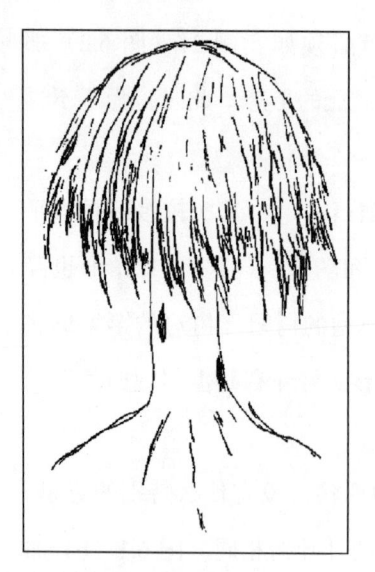

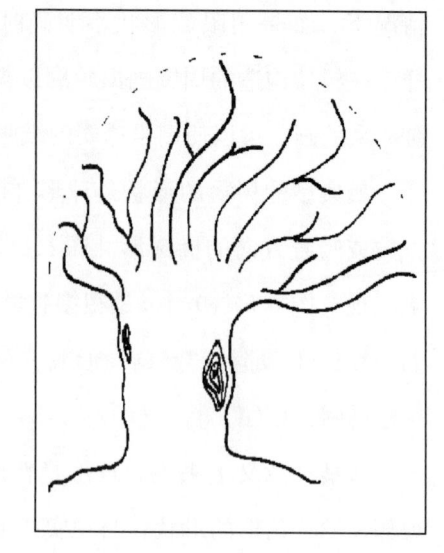

图 6.2 实例 21　　　　　　　　　　图 6.3 实例 22

愿望。多数的来访者对传统的价值都怀有某种依恋，即使不立即被认可，也期望得到同伴及长者的肯定。他们认为被动地无为地存在是无聊的，会引起他们的不满。如果年龄大的来访者画出这种形状的树冠，就表示对家庭的强烈依恋，以及想要满足双亲期待的愿望。

图 6.1（f）所示的"蘑菇"形的树冠，根据其是由下垂的树枝形成的还是由向外伸展的树枝形成的，可将其划分成差异很大的两类。不管怎样，这种形状让人感觉像要将自己从外部世界中保护起来，表现了很强烈的收敛。他通常有很强的羞耻心，但即使是因为很有能力办事并成功时，也有一种只注意自己缺点的倾向。因此他们需要很多的支持与称赞。下面的两个实例，显示了这种树冠的两种类型的差异。

年轻女性所画的实例 21（图 6.2）表现了很明显的腼腆和不适感。她总是重复能够带给自己暂时安慰感"坦白"的体验，同时，她也很确信自己的不适感，常常深陷于负罪感之中。实例 22（图 6.3）除了树冠的形状大致相似之外，所有其他的方面都有很大的差异。这是具有外向型人格的智商非常高的男性所画的树木画。他对自己的工作很有自信，有很强的自尊心，不会去寻求"坦白"一类的简单的解决方法，除了非常亲近的人以外，谁都不会想到他抱有不适感。开放伸展的树枝，显示出对造成负罪感的问题的根源自行进行克服的积极尝试的意愿。即使这样，在表面的自尊心之后，隐藏着的是与实例21的女性相同的对支持与称赞的强烈的渴望。

图6.1（g）、6.1（h）表现的是部分残缺不全、被切掉的变了形的树冠的两种形状。这种树冠的含义因丧失的部位而不同。一般地，他意识到表现的是自己得到发展的一面一直被否定。经常可以在这种形状中发现对他人的非难、心理创伤或者是悲剧性的丧失标记。

除了这些树冠的所有形状之外，还应该留意左右对称的问题。对树冠的某一侧的强调，则应当依照图3.4进行解释。

图6.4：被风吹歪了的树

前文已经论述了树的整体和只有树冠的方向倾斜的情况，因为风

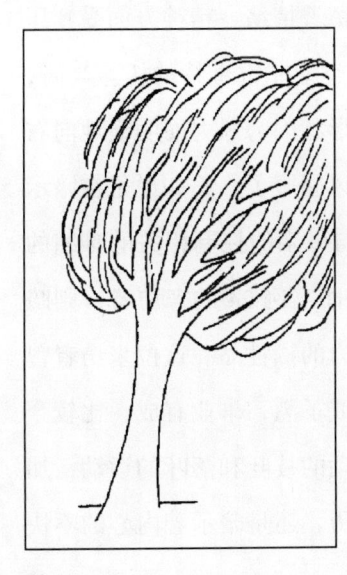

图6.4

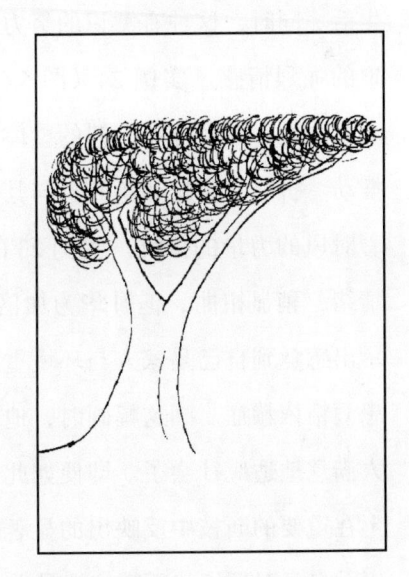

图6.5 实例23

图 6.6　实例 24

吹的原因而成倾斜形状的树，是树冠的形状与方向的特例。一般暗示与风吹来的方向一致的持续的压力情感。根据笔者的临床经验，尚未发现被风吹得从右向左歪的形状的树。这与其说是被风从右向左吹歪的树很罕见，标本数较少，还不如说是这类画的作者更多地经历了由纸张左侧所象征的母性的、女性的因素而导致的巨大压力。这里展示两张由男性来访者画出的被风吹歪了的树。实例 23（图 6.5）中的树，在连续吹过的风的作用下，树冠的形状仿佛是海岸边绝壁上的树一样。这是生物学专业研究生画的树木画。可以从这幅画中看出，意识到应当对母亲的强大影响进行肯定的、接收的慎重尝试，承认是在母亲的影响下将精神能量投入科学的、理论的研究而形成的生活。同时，这种有意识的努力背后，残留着情绪、精神方面受到压迫的强烈情感。实例 24（图 6.6）是一种类型非常奇特的树。当时，大风吹过，树冠伸展，树的整体和茂密的形状因为风力而明显地向右摆动。折断的树枝和落叶，与其说是树向风屈服了，不如说是在暗示着对风的力量的抵抗。实例 23 的来访者与母亲的控制相关的难缠的情绪，稍显扭曲，但升华为加倍的努力；而实例 24 的来访者，则暗示出感觉到自己是家人与环境重压下的无力的牺牲品。这位来访者曾患酒精依赖症。画这幅画时，他已经完全戒了酒，事业有成，比较令人满意地适应社会了。即便如此，被风吹动的枝叶和落叶的运动，加上在重要的断枝中反映出的显著的外伤经历，还是暗示着内心的不快以及自身对环境的不满依然是重大的问题。

二、茂密程度

无论开放或闭合的树冠，都有完全不画出茂密程度的情况。但即使是画出了茂密程度，形状也是多种多样的——有的只是用阴影或者潦草的笔画来表示茂密，有时茂密程度用几条曲线淡淡地勾勒。这种情况下，要么是想画出闭合的树冠，要么是基本上沿着开放树冠的树枝末梢画下去。也有的画出只有明显的几片叶子的树。还有的一片一片地把叶子画下去，直到占满整个树冠。统观本书所包含的所有的实例，读者也就会明了茂密程度描画的多样性了。

图 6.7（a～h）：用阴影与线条表示的茂密程度

这些图有的画出了树冠的轮廓，有的没有，都是将铅笔倾斜用较轻的笔画，以阴影或线条来描画茂密程度。这也有两种情况，一种像前面的 5 张图（a～e）那样，阴影使得整个树冠差不多完全变黑；另一种是多处留有空白，成块状的情形。如图 6.7（g）所示用线条勾勒的方法，用来画轮廓闭合的树的内部，也用来掩饰开放树木的内部构造。

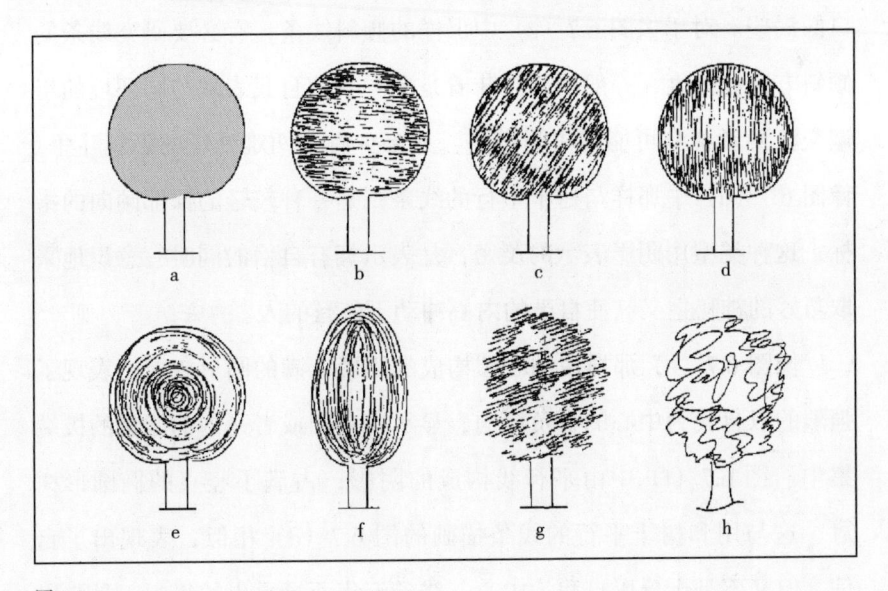

图 6.7

如图 6.7（a）所示，用较浅的均匀的阴影涂满轮廓闭合的树冠内部的情况，是精神生活的几乎所有的方面都不愿意展示给他人的人所画。基本上属于否定性的标记。这种阴影很浓重时，感觉自己在精神上已经"死亡"，认为无法直面挑战。这种通过将树冠全部涂上阴影来表示茂密程度的情况，并且经常画在纸张左下方的抱有对母亲的强烈依赖。树冠的均匀阴影有时也是抵触测试的表现。来访者其他方面相对来说都比较正常，从其他的测试中不能得到精神衰退状态的解释时，应当通过仔细的询问，确认来访者仅仅是对测试有误解还是想隐藏自己的真实想法而作的掩饰。

树冠充满了阴影，可以辨别出是由方向一致的线条构成时，在考虑树冠边界的线条的收笔方法的同时，还要考查线条的方向。如图 6.7（b）所示，用与树干垂直的线条来描画的情况，多多少少有离群索居的"隐士"的感觉，在左右两侧的影响与援助之间摇摆，在寻求对自身状况的解决方案或者能够释放能量的场所。线条的某个端点或转折点穿过了树冠的边界线的话，可以看做是从封闭的世界中探索出口的渴望。对于像图 6.7（c）中那样的倾斜线条，有必要研究线条的倾斜方向和角度，一般的，意味着是要寻找使自我表现与同环境的坦诚交流两者皆有可能的中间道路，并多少有些两难处境的思想斗争。像图 6.7（d）中那样与树干平行的线条则是一种较轻的抑郁倾向的指标，这种类型用阴影表示的茂密，是表示拥有自信的同时有意识地采取巧妙的神秘主义，使自己的内心冲动不外露的人。

像图 6.7（e）那样由同心圆构成的阴影充满的圆形树冠，表现了强烈的以自我为中心的自负倾向，显示出自闭或者是内部能量的极端集中。图 6.7（f）中由平行线构成的阴影，占满了竖直的椭圆形树冠。这与用和树干平行的线条描画的图 6.7（d）相似，表现出了自信，但又不是十分以自我为中心，线条汇集而显示出的集中，是与以自我为中心的集中不同的、积极的改变。

图 6.7（a）至图 6.7（f）的树冠都具有闭合的树冠轮廓，显示出稍微欠缺可塑性的、自我抑制型的人格。图 6.7（g）是一种没有明确的轮廓，只是被阴影充满了的树冠。阴影的方向也不一致。关于方向，与以上所述具有相同含义，但是缺少轮廓则体现出非常明显的可塑性，能够与环境互动。用没有轮廓的曲线勾勒的树冠图 6.7（h），在所有这些树中最缺少安定性，显示出稍微的混乱以及没有方向；但极具创造力的人有时也会描画出这种风格的树冠（通常，从整体的印象来判断，可以和仅仅处于混乱中的来访者相区别）。这种具体创造性类型的人，想象力高度发达、思维发散，但是在需要进行持之以恒的努力的情况下，有时会在自制和明确目标方面出现困难。

图 6.8 与图 6.9：未明确表现的茂密

这两幅图没有正确地描画树叶形状，只是表现出了稍许的茂密。像图 6.8 那样用闭合的树冠来显示茂密比起树冠完全空白的情况，表

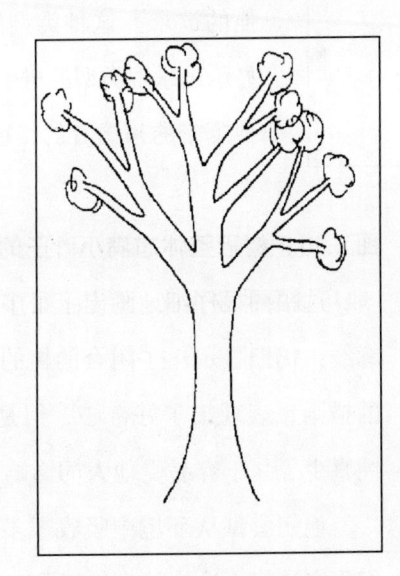

图 6.8

图 6.9

现出更加丰富而复杂的精神生活。用笔画勾勒出来的不甚清晰的茂密，形成特殊的标记时，可以发现肯定与否定的两方面的情况。像图 6.9 那样开放的树的茂密，就必须通过茂密所在区域、画法来解释。有时，这种茂密成为掩饰否定性人格特性的手段（例如，威胁或攻击性地描画出树枝的末端后，在稍微靠上的位置，用曲线的笔画来暗示茂密）。但是多数情况下，茂密是树冠的扩张，显示出自我表现或者与他人的接触范围的增加。如果围绕整个树冠的都是这种一致的茂密，就成为开放与闭合的树的中间状态，起到对自身与环境的缓冲作用。

图 6.10：清晰地描画出多片树叶的茂密

图 6.10 是清晰地描画出了多片树叶的茂密。这明显是中间类型的树，在自己与他人的能量交流过程中，叶子起到了过滤的作用。进一步地，叶子成为一种表面区域增加的替代，容易联想到强烈的好奇心、充分利用感觉的相当强的欲求。这种类型的茂密通常出现在树冠的位置或方向显示出乐观类型的树中。某种程度的年轻、纯真是描画出这种茂密的来访者的特征。

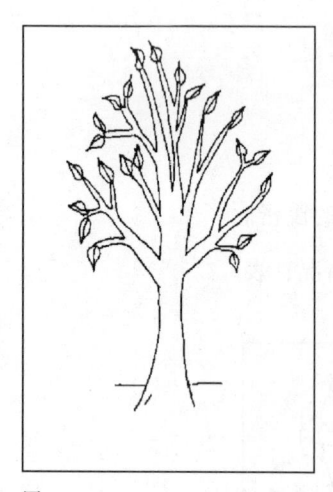

图 6.10

图 6.11：树冠整体布满小叶子的茂密

这幅图很仔细地画出了很多树叶，虽然没有包围树冠的通常的轮廓线，仍旧显示出了闭合的树的特征。这里也同样通过对真实的叶子的描画，表现出了好奇心，但是比起只零散地画出少数叶子的人来，纯真少了，不容易受他人的影响。

他们尝试从环境中吸收很多东西并同化成为自身的内部结构。他们很容易将不愉快的事物以及对自身造成冲击的影响进行过滤。

图 6.11

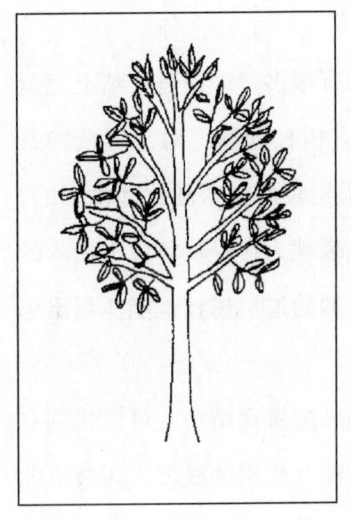

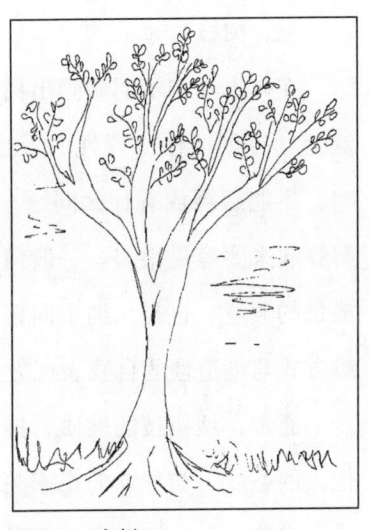

图 6.12 实例 25

与图 6.10 和图 6.11 相对应的实例 25（图 6.12）和实例 26（图 6.13）是两位少女描画的树木画，前者 16 岁，后者 14 岁。描画出实例 25 的开放型树木的少女，非常的外向。她对任何事情都很热心，多才多艺，兴趣广泛，特别是在语言方面很有才华。她最突出的问题在于不知如何确定自己精力的投入方向，对于她所处的年龄，这也实属自然。描画出实例 26 的少女也有同样的才能，极其热衷于对艺术领域的探索，和前者相比偏向于内向型人格，细致认真，稍微有点性情多变，有情绪混乱的倾向。同时她又具有统筹自身广泛的兴趣的出色能力，表现出很高的智力成熟性。

图 6.13 实例 26

各年龄段的人的树木画中都有对树叶的描画，但是在年轻的成人中最为常见。按照笔者的分析，只要不是和表现强迫倾向相关的，花特别长的时间专心致志地描画的情况，则从整体上看，树叶是肯定的标记。

三、树枝

在树木画中不明确画出树枝的来访者有很多。即使是情绪上完全健全，有创造性，理性的人也会画出没有树枝的树。对于树枝的省略，不能解释成有什么问题。但是画出了树枝的树木画比起没画的，解释起来要容易很多。一般情况下，树枝表现为接受从环境中流入的能量的通道，也是从树干向树冠分配能量的通道。树枝也能体现出思维方式与创造性的自我表现方式。

通常，从树枝的性质、描画的正确性、配置和结构上可以找到对他人的态度、与异性的亲密关系、与家人相互作用的线索。树枝也能描画出特殊的才能、野心或者目标、自身寻求满足的方向。

关于树枝的分析，应当参照图 3.4，对于不同寻常的树枝画法以及强调的区域必须仔细考虑。在一棵树中也可能出现多种类型的树枝，这时，应当依据归属于树的部位不同，而采用不同类型的树枝的意义进行解释。

一张图中出现不同类型的树枝时，还必须考虑整体的一般性印象。如果有不协调或者混乱的印象，类型的混合就成为否定性的标记。但是，在一棵树中，像树枝末端就可能有开放的部分，也有闭合的部分，还有半开半闭的部分一样，也经常能遇到平行的树枝与倒置的漏斗形状的树枝纵横交错在一起的情形。多数情况下，明显的不协调的矛盾是很容易分辨的。这也适用于某一个特定的树枝被不恰当地强调的情形。实例 27（图 6.14）的 6 根树枝中只有 1 根小树枝用阴影画出了树皮的情形就属于后者的例子。

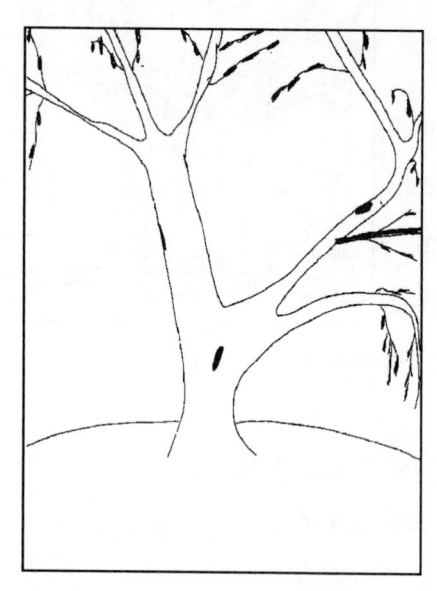

图 6.14　实例 27

图 6.15（a~j）：经常出现的树枝类型

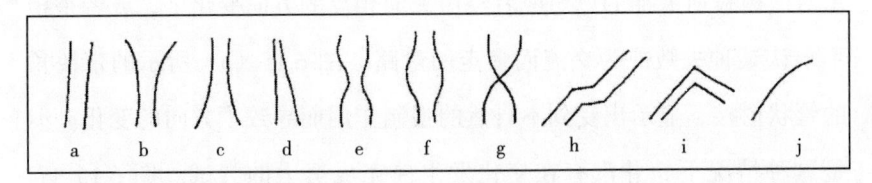

图 6.15

这里作为大、小树枝及其细枝杈的代表，列出了频繁出现的几种形状。图 6.15（a）的平行树枝，表现出无论是向外部还是向内部，能量都能够顺畅并且自由地流动。呈漏斗形的图 6.15（b），显示出对环境的大范围开放的关系，也就是说能量很充沛，以至于流向了外部，但也容易受到外界的影响。如果这种类型的树枝构成了树的整体特征，则该来访者很可能是狂热型人。这样的树枝只有一两根的话，可能是指示出欠考虑和脆弱性的区域。图 6.15（c）是倒置漏斗类型的树枝。能量源源不断地外流，从外部的流入却受到限制，该来访者一般认为自己待人坦诚，其交流方式固定，自身的习惯不会因为他人的影响而轻易改变。这种树枝鲜明的例子如实例 28（图 6.16）。图 6.15（d）也是末梢渐细的树枝，这种树枝的一侧的线条从出发点开始一直是直线，变细的过程是不对称的。这种树枝比起图 6.15（c）来表现出更固定的思维模式。

图 6.15（e）和图 6.15（f）都暗示出某种程度的优柔寡断（犹豫）或者冥思苦想（思索）。图 6.15（e）中能量被压缩到狭窄处，表现出跟能量的流动方向相关的在狭窄处上方或下方可能产生的停滞。图 6.15（f）的膨胀部分又会造成能量流动的放缓，比起图 6.15（e）中的树枝，连续流动的能量的交换受到的干扰较少。与实例 24（图 6.6）所示膨胀的树枝相对，实例 29（图 6.17）是描画出了这两种现象的有较多膨胀树枝的树木画。

图 6.15（g）为在中间闭合后，又产生出新枝的情形。这通常表示对应树枝所象征的思想或者经历，向相反的方向变化了，或者是拒不承认某种失败或为交流而多走的弯路。图 6.15（h）所示的带棱角的管状树枝，显示出受到不自然的强制作用而导致了方向的变化。但是这种情况下，并没有在变化发生前完成努力的尝试。图 6.15（i）所示带棱角的树枝转向下方时，通常树枝是折断了。在这里要么能量会往相反的方向流动，要么完全停止。这常常象征着放弃的计划、舍弃的想法、不得不忘却的痛苦经历。对该树枝区域内容的包容能力，几乎完全丧失了。

最后，图 6.15（j）是一维的也就是单线条的树枝。科赫和巴克都论述了以二维即用双线条来描画较大的树枝，而用单线条来描画附属于该大树枝的细小枝杈，仅限于此种情况对于理性的成年人来讲才是正常的。如前所述，笔者不赞成单线条的树枝是低智商的反映。甚至即使是用单线条画出的树干，也有可能与整体是完全协调的。在双线条的树干上画出的单线条的树枝，不一定非得向否定的方向解释。这种类型的树常出现在极快速描画出的树木画中。和抽象的树的实例

图 6.16　实例 28

图 6.17　实例 29

图 6.18　实例 30

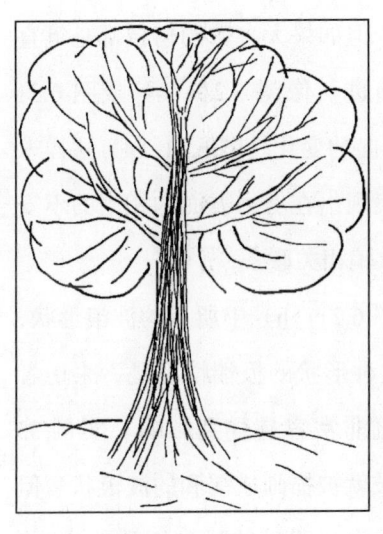

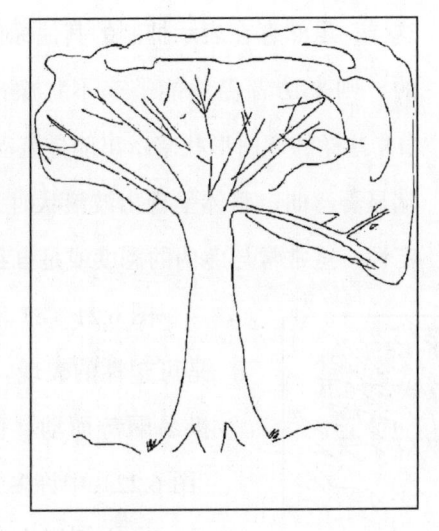

图 6.19　实例 31　　　　　　图 6.20　实例 32

12（图 4.28）、实例 13（图 4.29）相似的实例 22（图 6.3）、实例 30（图 6.18）中就是包括产生了单线条树枝的各式各样的例子。实例 31（图 6.19）和实例 32（图 6.20）就是在双线条的树枝上，分散着单线条树枝的例子。

图 6.21（a～j）：树枝的形狀

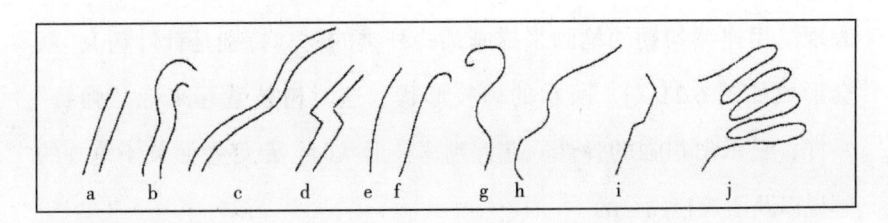

图 6.21

树枝的形状可以归结为画成笔直的、带棱角的、弯曲的、波浪形的。单线条的树枝，特别是在针叶树中，也有采用勾勒方式的。不论是像图 6.21（a）那样的双线条还是如图 6.21（e）所示的单线条，笔直的形状表现出对所包含活动的直接的接近。像实例 32（图 6.20）

这样，虽然存在表示抑制的其他标记，但如果大多数的树枝都是笔直的，则来访者仍然能够毫不犹豫地前进。像图 6.21（b）或图 6.21（f）这样的弯曲形状暗示出能量流动方向的变化。图 6.21（g）这样末端显著弯曲、整体呈现出波浪状时，表现出在努力方面的相当的不安定性。这常常与虚伪的态度或是自我欺骗相关联。

图 6.21（c）和图 6.21（h）中所示的波浪形状，是可塑性的表现。这种形状的极端情况是，来访者极易顺势而动，而且非常容易受到影响。实例 33（图 6.22）中许多树枝就被描画成缓和的波浪状。但是这个实例当中，因为很明显的经过细致的描画，不能称为是通常意义上的可塑性。此处的问题是，在树冠相当复杂的树枝分布的统筹兼顾过程中，需要注意其内在适应性。

图 6.22　实例 33

图 6.21（d）和图 6.21（i）所示的带棱角的形状，表现了能量流动的方向上发生了急剧的变化，与折断的树枝和角度朝下的树枝不同，显示出了要将活动继续下去的顽强的忍耐倾向。常常很难区分是胡乱勾勒的树枝还是对茂密程度的表现。用连续勾勒的笔画来描画某些种类的树（特别是针叶树），就会形成如图 6.21（j）所示的树枝形状。这时树枝看起来像"弹簧"一样，显示出很强的弹性。在评判树枝形状时，最好参照关于笔画的解说以及图 5.1（a～p）。

图 6.23（a～m）：通常的树枝末端

树枝的末端象征着自己与他人的接触点，树枝末端的画法也就在对他人态度的解释方面显得很重要。树枝的末端为显示的特定计划以及经历的完成与否提供了线索。图 6.23（a）是末端开放的平行树枝。

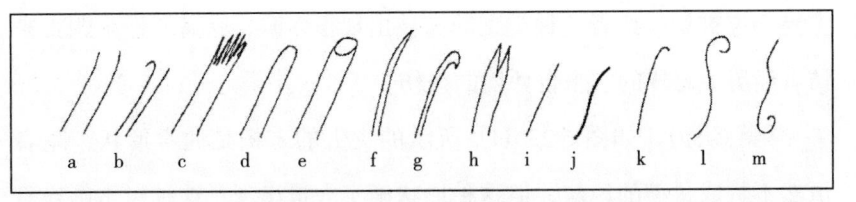

图 6.23

在这里能量可以自由流动，开放的末端又显示出成为问题的事项要么尚未完成，要么指出当前能量所流向的区域。像图 6.23（b）那样，开放的树枝的一侧被画成了钩子的形状时，自由流动的能量被集中于或者部分被引导向被画成钩子的线条一侧。实例 37（图 6.32）就是所有的树枝都被描画成开放的平行形状的树木画。实例 32（图 6.20）中有若干开放的树枝，其中之一向左侧形成了钩状。图 6.23（c）中树枝的末端用很多纤细的毛发状线条结束。在这里可以看出由开放末端向闭合末端的过渡。通常这象征着为控制能量的流失而进行的有意识的努力。同时也能看出对画中所述方向的能量消耗的犹豫不决。树枝末端的细线起到对流入影响的"筛子"或过滤装置的作用。

如图 6.23（d）所示，较粗的树枝的末端闭合，要么是表示有意识地切断该区域的能量流出的努力，要么是表示对于流入能量的抵抗，要么是两者兼而有之。这种类型的末端通常情况下只出现在孤立的树枝上。如果所有的树枝都有这种特征，则显示出受阻挡的能量已经积蓄到有潜在爆发可能性的程度。如图 6.23（e）所示的被锯掉或者折断的树枝，通常表示外部的人或力量的干涉，或者主观印象上认为发生了这种干涉。其结果可以归结为下述两种完全对立的过程之一：首先是流入与流出的能量交流完全停止；或者是原本被截断被控制的能量，彻底失去控制而流出，变成自由状态。哪一种过程都不能算是很健康，但是其他方面发育良好的树，即使存在一两根折断了的细小树枝，也不能认为很严重。与此相反，如果树的粗大树枝或者是主要部位被切断或者这种类型的树枝出现很多时，就需要仔细调查来访者经历了怎样的"来自环境的损伤"了。

科赫认为，如图 6.23（f）所示的尖尖的末梢是通常形状，笔者虽然不赞成科赫的说法，但这种形状确实大量出现。这种树木画通常是某些树枝完全呈尖端形状，而其他的树枝是稍微开放的。末梢为尖端的树枝，表示能量集中于与树枝接触的位置上。确定了焦点的能量会通过迸发出火花的方式而消除，或者因为处于白热状态而真正燃烧起来。如果树枝的末梢就像枪尖那样特别尖锐的话，就表明会将能量向怀有敌意的方式消除，以及显示其防御机制。这种解释通常可以通过对树的整体特征和感觉的把握来确认。

图 6.24　实例 34

像鱼钩和钳子一样的图 6.23（g）和图 6.23（h），则明确地表现出了攻击性。形如鱼钩的树枝，是将毫无疑虑之心的人诱敌深入的工具，在攻击性中潜藏着狡猾。而末端像钳子一样的树枝，则包含了一旦敌人进入射程就破坏性地"狂轰滥炸"的一类人的特征，是一种相当卑劣的攻击性。笔者的来访者基本上没有表现出具有破坏性的攻击性类型，这种形状的例子也并不多见，在实例 32（图 6.20）和实例 34（图 6.24）中可以找到几处钳子状的树枝。

除图 6.23（l）和图 6.23（m）以外，图 6.23（i~m）所示单线条的树枝与前述双线条的树枝基本对应。图 6.23（j）和图 6.23（i）的不同之处在于，图 6.23（j）用于描画树枝的粗线条笔画运笔到末梢时仍旧没有减弱。图 6.23（k）末端的细钩，比起图 6.23（g）所示的末端形如鱼钩的双线条树枝更多地出现在树木画中，其隐藏的攻击性没有双线条的树枝强烈。图 6.23（l）和图 6.23（m）的末端在双线条的描画中很少出现。通常这种弯曲的末端，显示出某种程度的敷衍。笔画自下而上，在顶端弯曲的末梢表示自我欺骗和虚伪。另一方面，向下行笔的笔画在末梢形成弯曲，则表示对他人的蒙骗。

图 6.25（a~h）：被覆盖的树枝末端

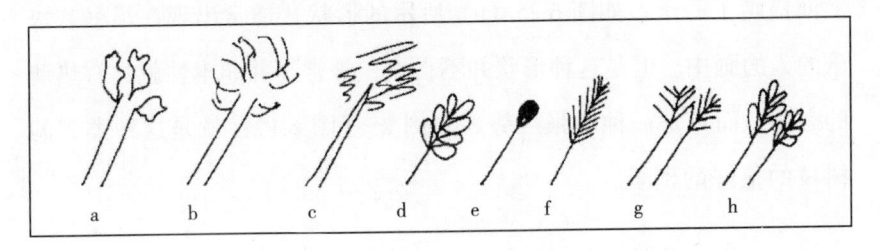

图 6.25

即使是基本上属于开放型结构的树，在某些或全部树枝的末端也会用茂密的枝叶或花蕾来结束，借此来改变末梢形态或是用分散的线条将其完全覆盖。图 6.25 介绍了几种利用茂密来改变树枝末端形状的方法。图 6.25（a）和图 6.25（b）都是开放的双线条的树枝，在末端画了几片叶子则表现了一种茂密。这种形态，能量的流动仍旧可以说是完全自由的，而茂密对于流入的影响，多多少少可以起到一些缓冲的作用，扩大了接触的区域。像图 6.25（c）这样的尖尖的树枝末梢的茂密，则减少了强烈的攻击性能量外露的可能性。图 6.25（d）也可以说有几分相似，如图所示，如果在单线条的树枝的末梢添加了多片叶子，则可以推测出纯真的态度。

像图 6.25（e）这样在树枝末梢描画花蕾的情况，则是表现了一种期待的态度，具有在成为问题的区域积蓄能量，将来可能会开出花来的含意。特别是在树的精神领域如果发现了这种树枝，则象征着某种程度的自我控制和对想象力的控制。像图 6.25（f）这样用一系列的细线来结束的单线条的树枝，则表明了能量的平缓的消耗或者分散，能量的流动比较自由，显示出较高的观察力与感受性。

图 6.25（g）所示为两根单线条的树枝或者是管状的树枝，在树枝末端的两侧用细小线条又进一步画出了小树枝的例子。在这里存在着有意识地引导能量流出的努力和保护自身免受流入影响的尝试，但是却不是很成功。双线条的树枝分化成两条单线条的树枝，又分别在上面描画了叶子，如图 6.25（h）所示的形状，通常出现在坦率、快乐的人的画中。但是这种形状并不自然，常常是并非本性就具有热情的态度，而只是一种虚张声势。实例 25（图 6.12）就是这种类型的树枝的很好的例子。

图 6.26（a~l）：树枝的根部

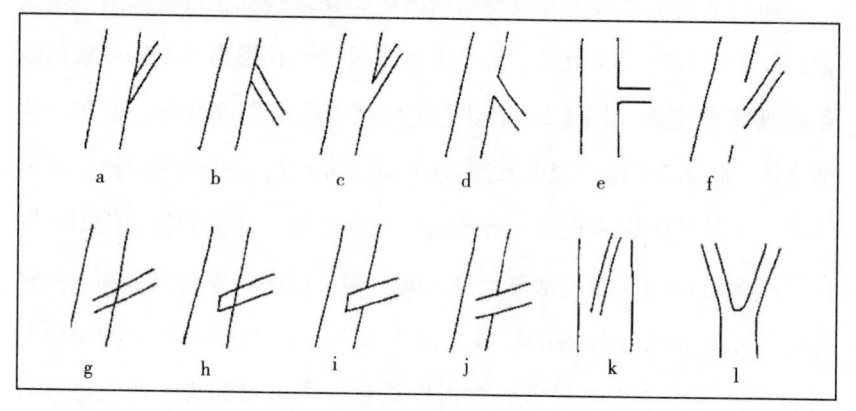

图 6.26

图 6.26 用图示表现了树枝的根部与较大的树枝结合的部位，或者是较大的树枝与树干结合的部位。笔者在这里描述的树枝与树枝的关系，在多数情况下，也适用于大树枝与树干相结合的情况。

图 6.26（a）与图 6.26（b）所示为根部闭合的树枝。图 6.26（a）中的树枝朝上，虽然是正常的方向，但与较大的树枝相分离的线条，显示出该处的特定行为脱离了主要的活动，也即这种行为与源头不统

一。个体若是描画了很多这种类型树枝的情况，暗示出内心类似马赛克的结构。个体所画树枝类型相同而方向朝下时［图 6.26（b）］，同样的某种特定行为脱离了主要的活动，而且进一步显示出内在的矛盾、思想斗争、丧失感。实例 35（图 6.27）和实例 32（图 6.20）中有一两根树枝的根部是闭合的，而大多数的树枝是开放的，那么这些闭合就不能只用绘画能力和树木画整体使用的一般绘画技法的优劣来说明了。

如图 6.26（c）所示根部开放的朝上的小树枝，是在所有的图示中最具肯定性的表现手法。它表明了努力或者思考方法与总体的有机联系。但如图 6.26（d）所示的结合部分向下开放的树枝，则显示出了更加活跃的思想斗争和丧失感。这表明了心烦的原因，但还必须持续下去。小树枝与大树枝相垂直，根部开放［图 6.26（e）］的情况，显示出不自然的扩张性；但也有可能显示受过训练的人集中注意力向特定领域进发的明显的推动力。

图 6.27　实例 35

如图 6.26（f）所示的不连续的小树枝，象征着还未统一进入主要的能量流动中的"目前尚不清楚"的行为。流入的能量进入本应该是树枝与树枝相结合的开放空间，也暗示出容易受伤的区域之所在。从内部来看，这种没有结合的地方表示尚未愈合的裂纹，还不能将能量引导至此，指示出易发生流失的处所。这种包括了很多不连续树枝的树可以在实例 34（图 6.24）中找到。事实上，这幅树木画中的一些树枝，实际上是浮在树冠以下的空中，根本没有和树的剩余部分相结合。

图 6.26（g～j）中所示都是表现树枝与树枝相结合的各种立体手法。一般的立体表现手法显示的是对于正确性、创造性、思维缜密、

完美的追求，但又不仅仅只限于表现这些性质。

图 6.26（g）所示为从大树枝的正面横向长出的开放树枝。但是这里可以透过小树枝看到后面的大树枝的轮廓，也就基本失去了立体的性质。这通常是有意识地将小树枝画在大树枝之上，想表现小树枝与大树枝的有机统一，而大树枝所象征的活动是处于支配地位的。另外如图 6.26（h）所示的在大树枝的内部画出了根部闭合的小树枝的情形，小树枝并未与大树枝相统一，之所以如此是因为来访者认为两种树枝具有同等的重要性，所象征的两件事之间也存在着纠葛。

如图 6.26（i）所示，立体的小树枝的根部画在了大树枝的内部，相交叉的大树枝的轮廓不可见的情形，是小树枝所象征的活动"嫁接"到了大树枝所象征的活动之上。其结果是大树枝的能量变动发生变形和方向的转换，而受"嫁接"的影响，双方树枝的活力都受到威胁。这样就造成两种行为或活动方向都相当脆弱的状况。让人感兴趣的是，让同一来访者再画一次时，这种描画方法经常就被改掉了。有时发展成如图 6.26（j）那样的，最受肯定的立体树枝接合部的表现。

实例 26（图 6.13）可以作为立体性的表现特别丰富的例子来研究。在这里不管是树干与树枝的结合，还是复杂的地面与树根的结构都画得很立体、很有层次感。

图 6.26（k）所示为被封闭在大树枝当中的小树枝。这个例子中的小树枝与其说是能量流动的独立通道，还不如说是起着类似槲寄生一样的作用。个体如画出类似树枝则说明常常发生的问题是意在削弱大树枝力量的想法或活动。比如，一切跟着兴趣走，使次要活动喧宾夺主，以至于吸收了流向专门对象的能量，重要性压过了对原来目标的冲动。实例 31（图 6.19）中，可以在大树枝中找到很多单线条的树枝。这虽然表现了广泛的兴趣，但相互之间存在矛盾关系，又没有一个明确规定的目标，结果陷入了困境。

如图 6.26（1）所示的大树枝分成两个小树枝的情形，在树木画中很常见。实例 36（图 6.28）中甚至将这种对小树枝的处理应用到了更细小的树枝上面。能量的通道被划分成两条路线分而治之，可以向非常肯定或非常否定的方向解释。肯定的方面，显示出对协调与平衡的追求，深思熟虑的才能；否定的方面，象征着双重性和优柔寡断的问题。像实例 36 这样分叉的树枝成为树木整体的特征时，重大的人生问题常常是通过妥协来解决，对"随遇而安"的追求有妨碍真正个性发展的危险。

图 6.28　实例 36

图 6.29（a～h）：单线条树枝的根部

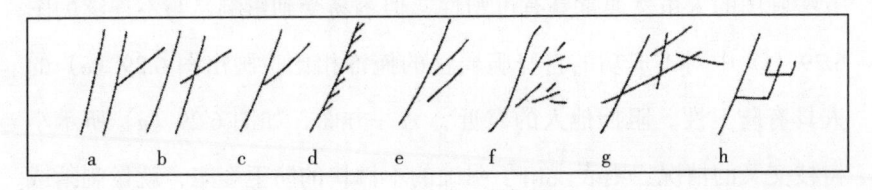

图 6.29

图 6.29（a）和图 6.29（b）两者都是在双线条的树枝上联结了单线条树枝的情况。在解释这些形状的含义时，必须考虑两根树枝的均衡状态。非常短的单线条树枝长在粗大的树干上时，两种形状的均衡就很明显是不恰当的。也就是说作为中心的思想或者行为变得极端重要，以至于丝毫没有注意其他的想法而全盘否定。如图 6.29（b）所描画的穿过了大树枝的小树枝，是用较小的想法来推敲原本的想法，在大小树枝的对比完全缺乏均衡感时，这种推敲也就变成空架子和虚有其表的博学了。另一方面，如果树的整体被描画得很具有肯定性，精神领域十分发达，如图 6.29（a）和图 6.29（b）所示的单线条树枝

就显示出在细节上也颇具魅力，体现了作画者为了支持心中所想，能够收集事实的能力。

树冠由单线条的树枝形成时，树枝与树枝结合的通常形状就如图6.29（c）所示。小树枝从大树枝上向下伸出，则显示出丧失感或者至少是部分的失败感。如图6.29（d）所示，在单线条的树枝上画出了许多细小的树枝时，表示的是防卫性的姿态。这种形状在松树、枞树、柳树中最为常见，而且常常是在树的所有树枝上都画了出来。如果在落叶树的一两根树枝上描画出了这种形状，则是表示出对特定的经验领域的防卫。

图6.29（e）与图6.29（f）画的是与大树枝并不发生接触的一旁的树枝。这种形状与图6.29（f）相同，都代表着没有完全统一进入能量主流的行为，在用单线条快速描画树枝时，更容易产生。用这种方法画图的人虽然通常具有可塑性，但容易受到影响。与不连续的图6.29（f）中对不成功的自身脆弱性的掩饰相比，画出图6.29（e）的人具有防卫性，阻挡他人的靠近。另一方面，如图6.29（g）所示小树枝交叉的情况，则表现出了明确的不愉快的防卫姿态，就像刺猬或者仙人掌一样，很难被靠近。

如图6.29（h）所示，人为的对单线条的树枝进行了安排，是一种不自然的形态，具有与"被修剪过"的树相同的含意。笔者从这种类型的树木画中通常可以发现个体接受了僵化的教育，无可塑性，妄自尊大的精神反应。另一方面，这种描画暗示出具有抽象思维和全局观思考能力。

图6.30（a～e）：树枝之间的模式

在综观树冠整体时，可以发现树枝的多种模式。比如树枝很多，占满整个树冠，或者是分散在茂密的枝叶中，或者是用若干的笔画来

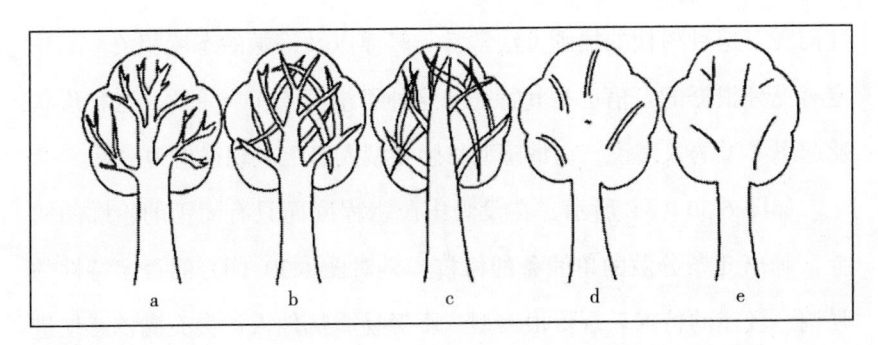

图 6.30

表示树枝的存在。

图 6.30（a）所示，是树枝较多的树最为常见的模式，即至少两根力量相当的树枝从树干上伸出，再进一步地伸展出互不交叉的小树枝或更细的树枝。这可以算做"健康"的树枝的配置了。小树枝相互交叉的情况，要么是如图 6.30（b）所示，某些树枝明显地画在了其他树枝之上的叠加；要么是如图 6.30（c）所示，相互之间交错在了一起。把叠加的树枝画在上面或下面都是为了表现立体感，相互叠加的树枝中如果只有几根的方向是朝下的，则可以作肯定性的解释。在实例 33（图 6.22）中可以发现这种模式很好的例子。另一方面，如果像图 6.30（c）那样过多交错的树枝都朝向相反的方向时，则可以推断出内在的混乱、紧张以及不安定的思维模式。像图 6.30（c）这样的十字交叉型的树枝，基本上可以断定这种人处于特定的紧张或者混乱的区域，也就是能量的自由流动受到妨碍，无法明确分辨过去的记忆、对未来的期待和现实活动。如果整体的效果表现得不协调，则易于爆发或采取妄自尊大的精神态度。在实例 29（图 6.17）的非常复杂的树冠中可以发现叠加在一起的树枝和呈十字交叉型的树枝的组合。

图 6.30（d）用很分散的成对线条来表示树枝。这种模式常出现于有很茂密的叶子的树冠，或者用闭合的轮廓来暗示茂密的情形。这里树枝"隐藏"在树叶背后。暗示着微妙的自我表现。特别是对于女

性而言，这种树枝的描画方法常常与轻浮以及谄媚的态度相关。不一定有充分根据的自信也是其特征。这种思维模式相当矛盾，这种形状比起思考型的人来说，在情感型与感觉型人身上表现得更为常见。

如图 6.30（e）所示，在没画出茂密程度而只有闭锁的轮廓的树上，画出几条分散的单线条的树枝，是对图 6.30（d）的否定特性的强调。轻浮的特点表现得很典型，不轻易服从他人，会充满诱惑地进行挑逗。可能会存在毫无目的的自我矛盾，非常固执的思维模式常常与冲动的行为或者急躁相关联。产生这种问题的背景的线索通常可以在树木画的其他位置找到。这种类型在女性，特别是年轻女性的描画中最为常见。

图 6.31（a~f）：树枝的结构性配置

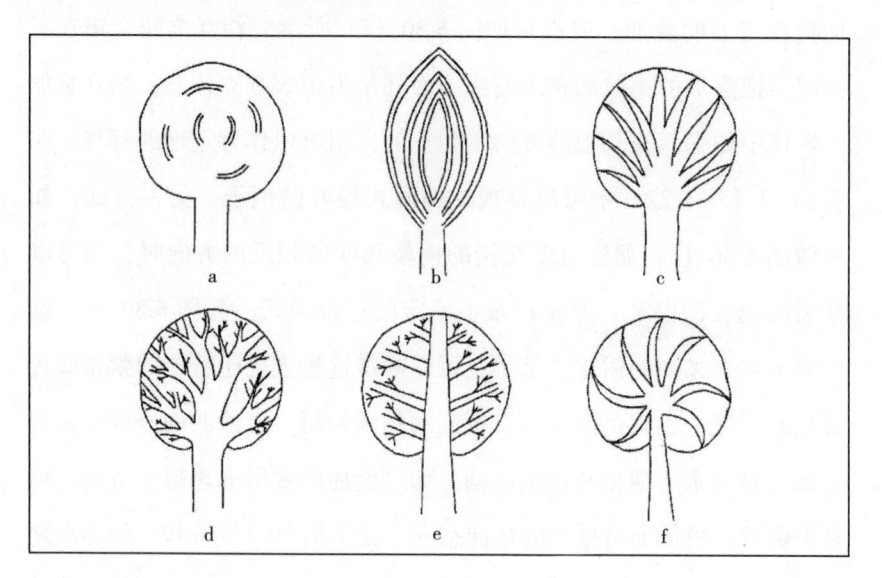

图 6.31

树枝的结构性配置的类型，必须通过人为的简化来进行区别，而实际上真正的树木画，有时与 6 种图式的配置都不一致。另外在对树冠整体进行观察的同时，对树冠两侧是否对称、均衡，倾斜情况以及其他的强调方式的考查也是很重要的。图 6.31 中，没有涉及树冠两侧不一致的情况，请参照"倾斜的方向"中的图示与叙述。

如图 6.31（a）所示，呈同心圆的管状树枝或者按照向心的方向画出的树枝是很罕见的，实例 37（图 6.32）是一个很好的例子。这种配置的树枝，与茂密程度一节所论述的构成同心圆阴影的线条有很大的相似性。现实性的树枝被配置成了同心圆的形状，有时是为了特意强调"向某一点的集中"，如图 6.31（a）和实例 37（图 6.32）所示，树枝的不连续，是因为被迫不得不将自己与他人的交流推向复杂的方向，但是

图 6.32　实例 37

又没有完全切断与环境的接触或环境的影响。虽具有很高的推理能力和注意力的集中程度，但需要很大的努力才能将自己的想法付诸实施或表达出来。向中心的集中，又有可能是一种以自我为中心和采取孤傲姿态的表现。有一位热衷于禅学的高智商的主妇画出了这样的画，对她而言，后者的解释就更显得贴切。

如图 6.31（b）所示的平行的树枝配置，主要有以下两种形状：如果像杨树那样，树冠基本上是火苗形状时，平行的树枝就会采用像子午线一样的较圆的曲线；但是这种配置如果出现在用完全不同的方法修剪过的树上，则会以水平方向的粗壮树枝为基础，作为与其垂直的树枝来描画。像子午线那样的配置，即使是抽象的描画，也常常是想表现出一种立体感。这种配置比起向心方向的树枝注重内心而言，表明在向着明确的目标积聚能量的同时，进行着自律与自我管制。修剪过的树，能量被严格管制，保持着严格的自律，但缺少个人的观点。两种类型的结构性配置都显示出优越的工作能力，像子午线一样的配置是由设计人员描画的，而修剪过的树的配置常由制图人员描

画。两者都有保守性的行为倾向，前者不一定总是因循守旧，而描画出了修剪过的树的人，则计划按照传统的模式度过一生。

图 6.31（c）中的树枝从树干上呈放射状向外伸展，这种结构与贝壳的结构类似。大树枝全都具有相等的力量。小树枝可能存在也可能不存在。这种结构象征着在多个层次上与环境积极的相互交流。从某种意义上讲，所有的一切对那个人来说都具有同等的重要性。这是一种在包容所有方向上传来影响的同时，不断探索如何分配使用自身能量的人；这种配置如果出现在开放的树中，毫无疑问的是外向型的，通常也是追求权力的人；这种配置如果出现在闭合的树中，则是一个稍显压抑而又谨慎的人，宁可把自己的能量分配在几个基本的方向，与贝壳结构相类似的例子出现在实例 20、实例 22、实例 30、实例 34 中。

图 6.31（d）为分层的结构，是在几个大树枝上长出小一些的树枝，再进一步地出现更细小的树枝的一种配置。这是在具有开放性树枝的某些落叶树中最为普遍的形状，就其自身而言没有特别的含意。但是，对于这种结构，存在着树木两侧的强调或者方向的差异，有必要进行仔细的研究。

图 6.31（e）为左右相称的树枝的结构。这种结构也出现在柳树和椰子树中，在对落叶树的描画中也经常会出现，但很自然的它是针叶树中的典型结构。科赫称这些案例为"丁字形树干，即能结果的树木中的松树科的树（松树或者枞树）的树干"，并称描画出这种形状的人的智力行为不易成功。在他对于这种形状的表述中可见："原始性质、退化倾向、未分化、不成熟、智力分化程度低、低智商、比起理论研究来更适合于实干和实际的动手操作能力、比起抽象能力来更擅长运用体力、从原始阶段开始的一种发展的失败"（科赫，1952）。科赫的解释非常不合逻辑，笔者在这里不作更多的说明。请参照某位

医生所描画的实例 31（图 6.19）。如果这个人就自己的能力向作为职业顾问的科赫进行咨询的话，可能会得到比起做外科医生来更应当选择去做汽车修理工的忠告吧。按照笔者的观点，具有左右相称的树枝、树干位于中心的这种结构，是有充裕能量和体力的人所画的，与低智商以及不成熟性丝毫没有关系。非常多的情绪能量直接用于对生活目标的追求。如果树木为针叶树，特别是松树科的类型时，这种目标可能会很狭隘。如果在描画夏天的落叶树时也采用这种形式，则比起松树科来说，具有更宽泛的兴趣爱好和多种多样的人生观，而且活跃的领域也很多。

如图 6.31（f）所示的离心式结构，是由从树干的顶端或者树干向树冠过渡点的中心区域，呈放射状出发的相等力量的树枝形成的。这种结构与图 6.31（c）的贝壳形配置相似，但属于更加模式化的人造类型。对此的解释根据树枝与树干的结合方式、向下方辐射出去的树枝是否有折断或损伤而有很大的差异。树枝画得很生硬，或者画得就像是"焊接"到闭合的树干上时，与对行动的漠不关心相关。与此相反，如果树枝的结构画得很优雅，则表现出对人生的所有方面都怀有友好的关心，愿意为之献身。这种结构的案例在笔者的资料中相对比较少，实例 38（图 6.33）中的椰子树画出了这种形状的某些方面，实例 32（图 6.20）的结构与贝壳的配置相仿，但具有离心式的性质。

图 6.33 实例 38

四、树冠与树干的结合

树干向树冠中伸展以及与树冠相结合的区域，体现了来访者的很多情绪反应和精神生活的内在相互作用，因而很重要。关于情绪机能与精神机能相互作用的理解,对于辨明人格的内在驱动力极为关键。与所描画的树木类型无关,过渡点的描画方式可以区分为3种主要的模式,即①树干自由地对树冠区域开放;②在过渡点,树干与树冠部分闭合;③树干与树冠的过渡点被分离的线条封闭。这些表现手法中的第一种,一般显示出人的情绪机能与精神机能,也即情感区域与理性区域的最为自由而且广泛的交流;第二种手法象征着有意识地缩小这种交流的尝试,或者必须要将其缩小的无意识的强迫倾向;第三种手法显示出要将这两种机能进行分离的明确的努力,大多数情况下与经常存在的某种恐惧或者强烈的控制欲望相关联。

图 6.34（a~f）：树干与树冠的开放性过渡

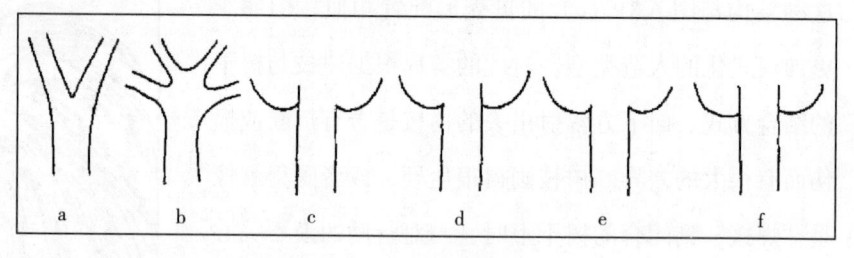

图 6.34

这些图示,有的是开放结构的树,有的是画出了轮廓线的有闭合树冠的树,但都显示出了树干与树冠的开放性过渡点的各种画法。开放性的过渡显示出来访者的情感机能或者情绪反应充分存在于精神性、理性的区域,也同时显示出思维过程对情感生活的影响。但是情绪能量与理性能量的相互交流过多,以至于来访者"用感情来思考"时,就不一定值得肯定了。所有的对局部的解释类似,常常需要考查图画的整体。

通常在落叶树中最为常见的对开放性过渡的描画是:树干向上伸展,在上方分叉,在树冠区域的开始部位,从树干的两侧长出粗大的树枝。这是最普遍的形状，这里就不再列出图示。图 6.34（a）是在树冠的开始部位，树干一分为二，变成两根大树枝的情况。这与树枝一分为二的含意十分相似。是均衡状态、二元性或者是调停的才能、犹豫不决的指标。但是当它出现在大树枝中，这种倾向就成为整个人格的核心。这种人多数倾心于两种不同的活动中。有位女性就描画出了这种树木，其指标显示出她一方面积极参与职业生活，另一方面也同等程度地强调自己作为一名女性得到了充分的发展，在这方面也分配了能量。而描画出这种树木的男性，就是有两种精神上的行为，其一为树木左侧通常所表现的事物（绘画以及音乐等），其二则是右侧所象征的事物。在考虑过渡点的这种二元性时尤为重要的是，关注指明向两个发展方向倾注了等量情绪能量的点。

图 6.34（b）所示，在过渡点从树干上呈扇形长出了几根大树枝，树干常常在这个位置变得粗壮，这是相当特殊的状况。科赫认为树干的这种变粗是瘀血（congestion）的表现，作出了否定性的评判。对于这种类型的过渡包含了能量流动的弱化的看法笔者是赞成的，但是与树干自身浮肿的象征具有不同的性质。在树枝分叉之前树干的变粗暗示了短暂休息或是内省的区域。这是情绪与理性的流动变得均衡的"场所"。在这里基本上经常能够发现来访者慎重的情感反应，而与混乱或受阻是不同的。

图 6.34（c~f）多多少少有些区别，但都表现的是树干向树冠的过渡是开放性的，而树冠是闭合的树木。图 6.34（c）和图 6.34（d）中，树干线条的一侧稍稍探入了树冠的区域。这说明理性能量和情绪能量的基本交流仍是自由的，而来访者阻挡了向右侧或向左侧的情感反应的直接流动，抑制了对自身情感影响的冲击。如图 6.34（c）所示，如果对情绪的阻挡出现在左侧，则有可能受到母亲或某些强势女性的影响，或者感觉受到与女性相关的经历的威胁。这种屏障（正如

浓重的阴影或者攻击性的笔画那样）虽然不能像积极的防卫机制那样发挥显著的作用，但是可以对树冠的下方左侧部分所表现的精神性的经历起到抑制、积蓄的"拦水坝"作用。带有从树干伸向闭合树冠的这种线条的树上，相应位置经常存在着肿块，这一点也能支持这种见解。比如实例 37（图 6.32）中，虽然不是很明显，但是可以发现左侧的肿块。此处没有给出图示，在同样的树木画中，右侧位置经常出现的现象，是树冠的轮廓与树干的右侧轮廓之间留有空隙的情形。这种开放的位置是来访者容易受到影响或容易受到伤害的区域。

如图 6.34（d）所示，树干的右侧探入树冠时，除了受抑制对象变为重要的、与男性之间曾经的恋爱事件，或者有时是与家庭中男性影响相关的经历以外，与图 6.34（c）的含意大致相同。

图 6.34（e）是最为普遍的开放树干向树冠过渡的形态，并无特别含意。但是如果画得比较快，可能会出现树冠的轮廓与树干的轮廓没有完全结合，或者树冠的较短笔画稍稍重叠在了树干上的情况，这种形状多多少少发生一些改变是很常见的。也可以对这些微妙的标志作一些解释，但还是认为过渡点是属于正常开放的。

如图 6.34（f）所示，对树干轮廓的两侧都探入树冠区域的解释，常常要根据树干的结束位置来确定。如果树干结束于情绪区域，则显示出过度的情绪。如果与此同时树冠也很硕大、充分生长，则应当是很热衷于理性活动，而其思维过程又明显受到情感支配的人。树干延伸到理性区域的深处时，就成为为了实现自己的野心和想法而灵活运用情绪能量的人的指标。树干深入闭合树冠明显的例子是实例 39（图 6.35），这是两方面的解释都部分适用女性的描画。她是执着地投入科学研究的研究生。她一旦关注了特定的目标，

图 6.35　实例 39

为了使其成功，会集中所有机能的能量（大概也包括表现得很旺盛的性能量）。她作为年轻的科学工作者相当有野心，在必要的时候又能进行冷静的分析和思考；另一方面，在哲学和政治理论等广阔的思维领域也经常会发表满怀激情的意见。更有甚者，她为了维持自己在工作方面的野心和能力，认为有必要保持对自己的同事和教授们很强的情绪上的依恋。

图 6.36（a～d）：从树干到树冠的半封闭过渡

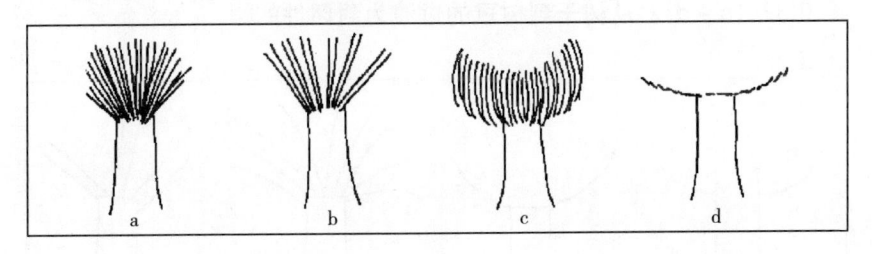

图 6.36

这些是树干与树冠之间的过渡处于部分封闭状态的几幅图，显示出理性在某种程度上对情绪控制的尝试。

图 6.36（a）中很多细小的单线条树枝汇集在树干的过渡点处，这显示出要将情绪进行"轻描淡写"的均等分配，意在隐藏情绪强度的努力。笔者在多位小说家的树木画中发现了这种形状，他们通常是将强烈的情绪向含有自传性内容的各种想象力丰富的作品中进行了升华。

图 6.36（b）所示的过渡易出现在树枝采用贝壳形结构的配置中。无论是肯定性情绪还是否定性情绪，都通过很多同等力量的树枝引导向范围广泛的各种活动中去了。在描画出了这种半封闭性过渡的实例34（图 6.24）中，情绪被划分成了几种流向，这一点通过树干外皮上平行的线条得到了强化。

如图 6.36（c）所示的树干向树冠的过渡，被从上方垂下的茂密枝叶覆盖，这是羞于自身的情绪反应，而对其进行隐藏的尝试（关于这一点，请参照本章开头所论述的伞形树冠）。

非常多见的是如图 6.36（d）所示的，用表示茂密程度的类似于虚线或细线的线条，对树冠与树干的过渡进行部分封闭的树。这种情形经常可以在感觉到应该更进一步控制自己的情绪，而又没能作出强有力的尝试或者尝试不成功的来访者的画中发现。

图 6.37（a~d）：从树干到树冠的过渡为封闭性的树

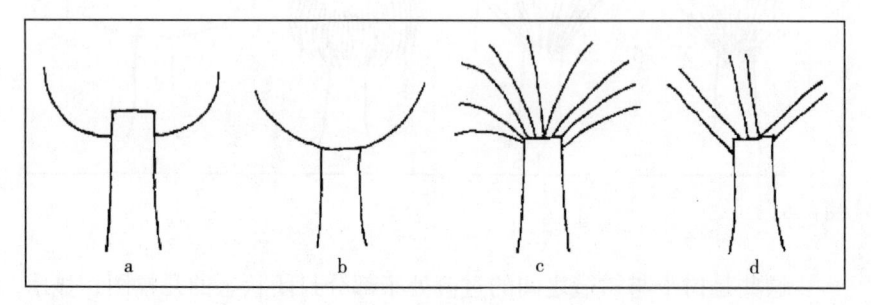

图 6.37

这里对树冠闭合和树冠为开放结构的树各列出了两种，每一种都可以发现明确的分离树干与树冠的线条。一般地，封闭性过渡象征着认知、精神生活与情绪机能的明确分离。画出这种图画的人，要么是受到自身情绪的威胁，要么是无法轻易接受或包容自身的情绪。多数情况下，是相信已经确立了对自身的控制，却没有注意到正在压抑、濒临爆发的情感。这与一直以来的教育和对控制的强调相关，有时有可能存在推翻自我意识格局的危险，埋藏着极端混乱反应的种子。图 6.37（c）和图 6.37（d）比起图 6.37（a）和图 6.37（b）来更加倾向于对病理性压抑的表现。

图 6.37（a）是探入树冠当中的树干，树干的顶端封闭；而图

6.37（b）中开放的树干被强硬的茂密的线条切断。这两种形状都很容易出现在"控制型"人的画中，比起图 6.36（a~d）中所论述的描画出半封闭的树的人来说，表现出了有意识地要隐藏情感的决心。另一方面，这两种形状与其说是在表现人格的基本特性，还不如说是重点在于对次要特征的展示。特别是图 6.37（a），易于出现在记忆中曾经经历过情绪上的伤痛，因而不愿显露自发性情感反应之人的笔下。图 6.37（b）是这里列出的所有 4 种形状中最为稳定的一种。因为虽然枝叶的底线将树冠切断，仍然可以推测出树干是处于开放状态，因而情绪内容向树冠的扩散也是自由的。

在图 6.37（c）和图 6.37（d）所示的过渡中，通过树干上端的闭锁而表现出的压抑倾向，一般情况下则是基本的人格特性。在实质上可以称为树桩子的树干上面，极不自然地安插上树枝，暗示精神生活实际上基本为一片空白，当这种压抑被破坏掉时，存在发生精神疾病的危险。原因在于树冠没有发达到能够解放受阻隔的情绪的程度。画出图 6.37（d）的人，只要是能够维持住控制状态，仍然可以正常运作；一旦失去控制，受压抑的能量存在以暴力方式或以混乱的姿态被消耗的可能性。

第二节　树　干

笔者关于树干的一般性象征的看法，与巴克和科赫认为的树干是自我强度的表现不同。树干只不过是树的一个组成部分，选择树干作为最能体现自我强度的区域的理由不充分。对于自我强度的考查，更为正确的方法是通过包括树与纸张的空间关系在内的图画的整体印象来判断。

正如前文所论述的那样，树干是与情绪机能有明确内在相关性的

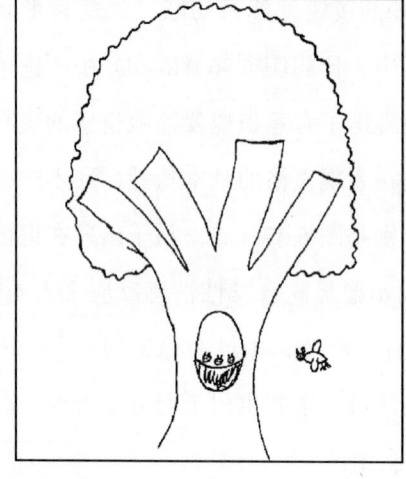

图 6.38　实例 40　　　　　　图 6.39　实例 41　　　　　　图 6.40　实例 42

部分。小孩子的画就验证了这种见解。儿童通常会画出具有很长的占主导地位的树干的树，这是由于儿童的能量很明显地向情绪方向倾斜的缘故。在列出的儿童所画的 3 个实例当中，可以看到强调树干的各种各样的形式。实例 40（图 6.38）是 3 岁男孩，实例 41（图 6.39）是 6 岁女孩，实例 42（图 6.40）是 11 岁女孩的画。通过观察这些画可以发现，随着年龄的增加，树干的主导地位明显地不再突出，而对树冠的表现却越发真切这样一个发展过程。当然，这些树的类型相互差异很大。如果从整体上看，成人的树木画出现了这种树干与树冠的配合关系，则会稍微向否定的方向评判。

　　树干还可以看做是生命能量流通的主要渠道。树干支撑维系着树冠，作为扎根大地、从土地中吸取营养的树根和吸收阳光的能量的树冠之间的桥梁与连接的通道而起作用。从心理学角度来看，树根象征着能够从尚未分化的集合性能量的深井中挖掘出来的一切，另外也象征着本能和一切的无意识；树冠象征着有意识的思考、有目的的活动、可以吸收"认知之光"的事物；继而树根与树冠之间，存在着代表部分有意识的情感反应、情绪和成长经历的树干。

树干的纵向可以划分为 3 个部分：

第一部分是位于最下方的树根到树干的过渡区域，这里可以看做是黑暗、原始、神秘的情绪所在的位置。这是原始的同化或者民族同化、对子宫的憧憬、大洋情结等的存在场所。这里也记录着在非常年幼时期发生的给成长发育带来冲击的经历。

第二部分，如果用特殊的标记作出了强调，则表现的是可能注意到也可能并没注意到的经历、一般而言与不被社会接受的情绪相关，即表现的是愤怒、享受、复仇、血亲间的嫉妒等。

第三部分是与树冠融为一体的部位，表现的是被社会包容的、虽然不一定是"肯定性"的，但一般情况下可以被接受的高水平的情绪或者情感反应，也即同情、高兴、好恶、不满、希望、爱情等。

在树木画中能够真正区分出这 3 个部分的情况很少，有时在树干的下方画上横线，表明虽然在树干的通道中情感可以相对自由地流动，但是在努力控制下方的情绪。对于在树干的纵向进行人为划分的情况，以下的原因有助于进行解释，即当树干上出现了或隐晦或清晰的被强调的印记时，对于其出现的位置有两种考虑方法：第一，为了明确问题经历出现的大体年龄，可以通过测定树干上的位置来了解与当前年龄之间的关系；第二，从树干的特殊标记或扭曲，可以知道来访者在多大程度上意识到了该印记所代表的情绪。另外，还可以推断出心理成长过程中的痕迹或者典型反应是否是有意识的。

这样，存在于树干左侧的裂纹或肿块如果明显地靠向下方，则表现出无意识地要求母亲向孩子气方向同化的渴望；相同的印记画在上方时，则表现出对母亲有意识的依恋以及对母亲强大影响的关注。不管在什么位置，这些标记都反映了当前内心的要求，一个是无意识的憧憬，另一个是有意识的被认知的情绪或者态度。

树木画的标记显示的是事件、心理状态或者态度。有时仅能从描画中读出心理状态或者态度的信息，但是清晰的情感反应或者情绪性的痕迹，至少是间接地和人所经历的对自身而言颇为重要的事件相关。因此，训练有素的解释者，可以正确地指出外在事件的性质或时期也就不足为怪了。

成为问题的事件，例如性暴力、意外事件、突如其来的疾病等，有受到惊吓或伤害的经历时，经常会通过伤痕或中间的树节或折断的树枝的形式来表达。这种情况下，应用树高相关的时期测定法，就可以知道对应事件的大致发生时期了。另一方面，如果引起了深刻的情感反应，却没有让人在主观上感觉到受到了突然的冲击，则表示这种经历或与经历相关的反应的标记位置，就不代表来访者经历该事件时的年龄，而是表示对该经历相关情感的意识程度了。有位 23 岁的来访者画出了在树干正中偏右、树冠下方有明显裂纹的树。经过询问，认为这与他 19 岁时的初恋有关。按照时期测定法，这种印记应当代表比 19 岁早许多的年龄，而那种经历的冲击很大一部分是无意识的，所以这个印记被记录在了树干的右侧而非下方偏右的树枝上。这位来访者很详细地记忆着初恋的细节，却没有注意到这种经历对自身的深层次情感反应的影响程度。树干右侧的异常标记代表父亲、兄弟以及其他男性。但是最初的轰轰烈烈的恋爱经历（不论是真实的还是虚构的，纯真的还是亲昵的）与来访者的年龄无关，以各种方式在内心留下深刻的烙印。因此对于树干右侧的异常标记，应当从异性的魅力出发进行摸索。如果来访者的反应说明这种解释是不妥当的，再从与其他男性的关系出发来对这种印记作出解释。

一般情况下，职业顾问或者教育顾问在对来访者进行检查时，通过对大树枝、树的位置、方向、类型的分析基本上可以得出充分的理解，而婚姻咨询顾问或者牵涉到来访者的深层次治疗时，就应当提高对树干的关注程度了。与树的表现形式的多样性一样，对树干的解释的熟练程度也很依赖于经验，对树干的纷繁复杂的表现形式进行分类也是很困难的。这里，笔者对①树干的形状、②树干的轮廓、③树干的均衡、④树干的根部给出图示，并进行讨论。

图 6.41（a～d）：平行的笔直的树干

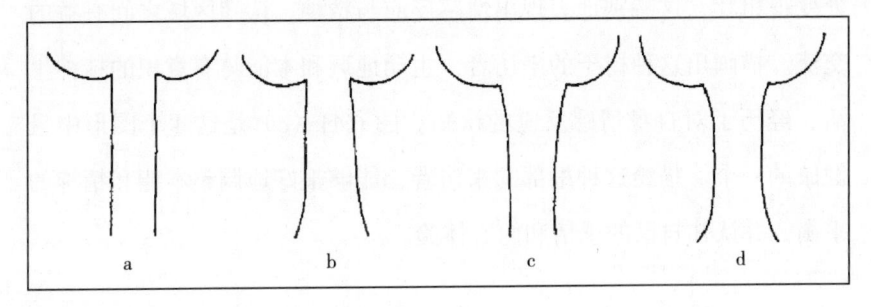

图 6.41

在这里列出的 4 种形状的树干，都是基本上笔直地画了出来，中央部分是平行的。所有的这些树干，只要没有其他相反指标的干扰，都显示出从树根到树冠能量非常顺畅流淌的可能性。性能量与本能能量不受妨碍，没有徘徊，流过情绪的中枢继而升上树冠时，来访者能够很健全地认知自身的本能，并在适当的时机会将本能能量通过和谐的姿态进行升华。性经历成为精神愉悦、情绪温存的表现，精神的接触或者刺激应当成为性关系的基石。能量由内心的某个区域向其他区域的流转也是很容易而且不属于单个人无意识的经验，也可以创造性地自由地接近心思细密的内心。在工作中经历的点滴喜悦、在性活动中表现出来的爱情与微妙的理解，无不说明情绪能上能下的顺畅流动。

如图 6.41（a）所示，笔直的完全平行的树干，通常出现在对抽象的树木的描画中，而且此时是一种自然的绘制方法，可以如上所述给出肯定性的解释。这种树干如果与写实的树冠相结合，则虽然仍旧存在肯定的流动，但是情感的表现难免有某种程度的生硬，或者在形式上有抑制情绪的倾向。如图 6.41（b）所示，画出了形状相同但是根部呈漏斗状变粗、平行的线条渐渐开放的树干的人，对于性可以健康、坦率地包容，接触了丰富的无意识的经验。另外，如图 6.41（c）所示呈反向的漏斗状，树干的根部是完全平行的，但是向树冠的过渡处变得粗壮，这特别地表现出情感反应与精神、认知区域之间有益的交流。描画出这种树干的来访者，主动地调和本能与有意识的精神生活，经历了对自身情感反应的认知。图 6.41（d）是这 4 个图形中最健康的一个。描绘这种根部的来访者，能够很好地调整本能和精神的平衡，并认知自己的感情和内心体验。

图 6.42（a～c）：夸张的漏斗状的树干

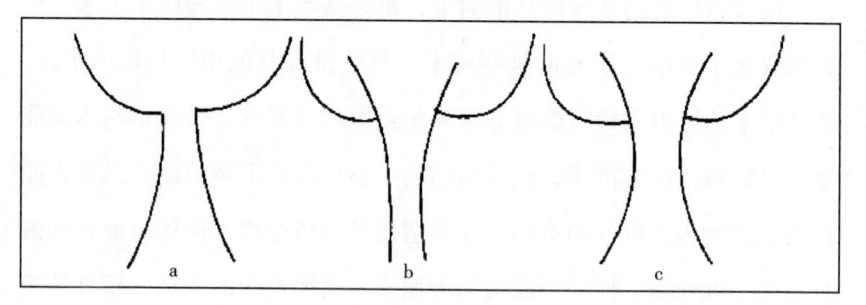

图 6.42

在图 6.41（b～d）中列出的后三种图示，有时会被戏剧性地夸张而成为图 6.42（a～c）的形状。这种平行加漏斗的形状，不能向肯定的方向解释。例如图 6.42（a）是对无意识的情绪不加区分的全盘接受；图 6.42（b）表现了向理性当中注入过多情感内容的倾向；图 6.42（c）中树干的中央部分实际上是收缩的，不能抑制或维持从上下两个方向较宽的漏斗状位置吸收的能量，恐怕树干正中间部分的桥梁作用也就不是很有效了。

图 6.43（a～e）：树干的突起与双生的树干

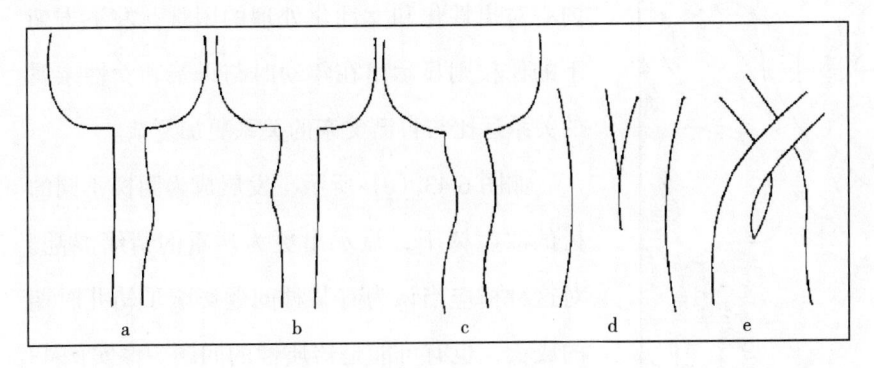

图 6.43

图 6.43（a～c）所示，为多多少少有笔直向上倾向的三种树干类型，只是有至少一处产生了突起。在图 6.43（a）和图 6.43（b）中的单侧突起，通常要么是表示没有得到满足的特殊的需求，要么是表示没有表现出来的过去的情绪经历。突起位于树干的右侧[图 6.43(a)]，特别是来访者为男性的情况，如果存在模仿父亲行为的其他指标，则表示出希望被父亲接受的强烈欲求。另外，这种类型的突起无论对男性还是女性来访者来讲都表示恋爱的经历。突起位于左侧时[图 6.43(b)]，则要么是表示爱情，要么经常是与寻求母亲的承认相关联。

如图 6.43（c）所示，树干整体呈波浪形弯曲时，则意味着人格的基本特性。这个人极其善变，在情绪上也容易受到影响。他有时容易因为乐观而反应过度。

图 6.43（d）与图 6.43（e）是在树干即将向树冠过渡之前，树干一分为二的树。这两种形状都和内心分裂的感觉以及情绪两者相关。图 6.43（d）显示的是父母关系疏远进而分居，与父母双方都有接触的来访者分裂的感觉。一位女研究生所画的实例 29（图 6.17），基本没有画出树干，这是有双生树干的很好的例子。这位女性在年幼时父母离异，由母亲抚养成人，但又很爱她的父亲，也一直保持着与父亲

图 6.44 实例 43

的接触。树的两侧树枝纵横交错，显示出自己内心对男性化和女性化处理的困难；左下方朝下的树枝则显示出在年幼时与母亲和女性亲属的关系远比与自己父亲的关系更加复杂。

如图 6.43（e）所示，发展成为两棵不同的树的双生树干，显示出更为严重的情绪混乱。对这种树应当认为有某种问题影响了幼儿时期的成长，也有可能是器质性的问题。像实例 43（图 6.44）这样在通常情况下难得一见的树。这是一位教师带来的出自一位 19 岁少女之手的图画，树木画中显示出的扭曲的、混乱的发育的根基上，存在着某种尚未确诊的内分泌异常。

图 6.45（a~b）：弯曲以及倾斜的树干

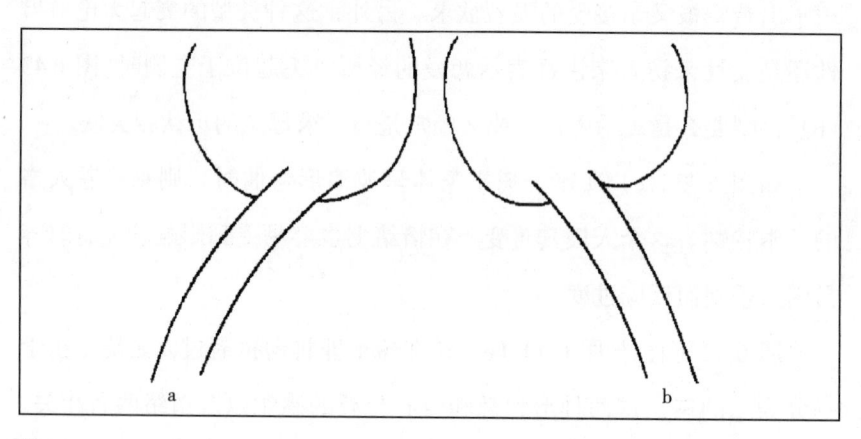

图 6.45

弯曲以及倾斜的树干会偏向树的左侧或右侧，还应当兼顾树木整体的倾斜。如图 6.45（a）或图 6.45（b）所示，树干不直、发生弯曲的时候，包含了树干倾斜的方向和来自相对方向上的外部压力。这种形状常出现在被风吹动的树或者是受到无法忽略的"来自环境的损伤"的树上。来访者从过度的影响中逃避,如果是有很强的可塑性人格的人,则是通过远离过度的影响来调节压力。

一、树干的轮廓

树干轮廓的线条,要么是某种形式一以贯之的描画,要么是几种形式的组合。如果我们对这些线条笔画进行仔细的研究,特别把它们跟幼儿期的绘画特征进行比较的话,会在情绪反应方面得到很多微妙的有价值的线索。

图 6.46(a~g):树干的轮廓

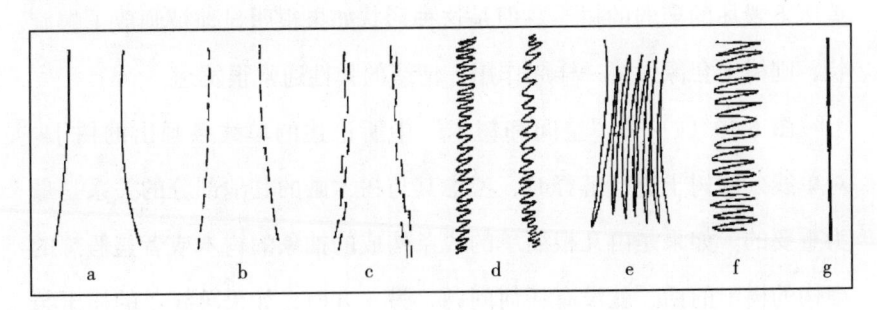

图 6.46

图 6.46(a~d)列出的是图 5.1(a~p)中论及的笔画线条轮廓的树干。笔画线条的基本含意,比起树的其他部分来,在树干的轮廓上更常见。例如像图 6.46(c)中的近似于细线的笔画,如果用于绘制树干的全部,则基本特性就是犹豫不决、丧失自信或者是具有显著的感受性。另一方面,如图 6.46(a)所示树干的轮廓用较重的连续实线描画,不连续线条只出现在一两根树枝上时,基本上是很有自信并且坦率,但是在接近某几个领域时,会很谨慎或者没有十足的把握。

如图 6.46(b)所示,虚线的笔画有两种。用很多短小虚线的笔画来描画树干两侧的,是很神经质的人,一般的总是感觉到自身的脆弱性和不安。另一方面,在树干的单侧某些位置用孤立的虚线进行描画时,则显示出对某个特定个人、情绪经验的脆弱性或者包容性。

图 6.46(d)是用带棱角的波浪形的线条画出的树干。这部分的指标与其说是外在的攻击性还不如看成是积极的防卫。与这种树干相伴而生的通常是"别碰我"的态度。

图 6.46(e)和图 6.46(f)是用没有形成实际的树干轮廓的线条画成的树干。这种树干是用阴影、很多细小的笔画或者曲线画成的。图 6.46(e)中的垂直的线条如果画成一束一束的(有时树的整体看起来只有一束),虽然情绪稍微有些分裂,但可以承受相当大的压力。另一方面,如图 6.46(f)所示的水平线条,则表现出容易在树冠的重压下毁坏的孱弱的树干。但是这种形状如果很明显地被画成了螺旋状,则树干会像弹簧一样起作用,情绪的弹性通常很发达。

图 6.46(g)是"空间和树木"中所论述的单线条画出的树干。对单线条的树干进行解释时,考虑其与树木画的其他部分的关系是最为重要的。如果是由几根简单的线条构成的抽象的树木或者是假想的虚构的树干的话,就没有任何问题。另一方面,如果单线条的树干与正常的树冠相结合,则情绪的通道过于狭窄,则来访者有否定(与其说是压抑,不如说是情感的偏向或深浅更为恰当)自身情感的嫌疑。

图 6.47(a~d):树干的均衡

如图 6.47(c)所示的细长的树干、图 6.47(d)所示的极端短小的树干,已经在树的三大部分的均衡关系中作了论述。但是有可能在与树木整体的对比关系中衬托出树干的不自然配比,比如像图 6.47(a)那样过于粗壮的树干、图 6.47(b)那样过于细长的树干。相对于树冠,树干的宽度可以当作来访者情绪深度的指标(与树干的长度

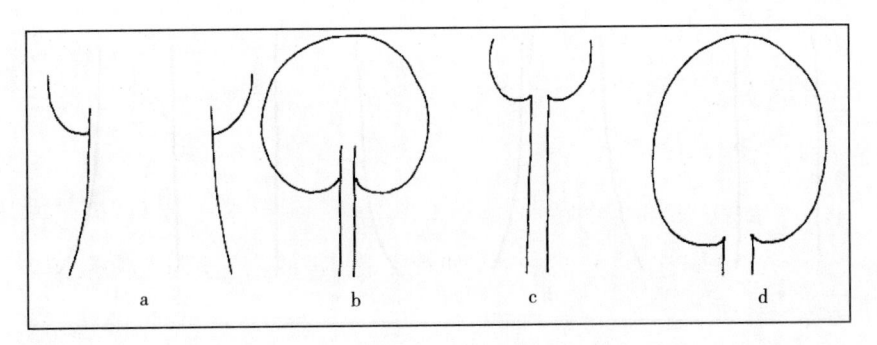

图 6.47

所代表的情绪机能的支配程度不同）。正常范围内的较粗的树干，显示出深沉的温暖的感情；而较细的树干则表现出更为微妙且纤细的感情或者是敏感的反应。但是像图 6.47（a）这样，与树的整体相比树干明显偏粗时，则显示出来的就不是深沉的感情，而是过剩的感情或者是放任自流了。另外像图 6.47（b）那样，与树冠相比树干明显偏细时，通常显示的是表面性的反应或者是情绪机能不相称的发展。

二、树干的根部

树干的根部以及从树根组织向树干的根部过渡位置的含意，与树干和树冠接合部的含意十分相似。两者最大的差别在于，树木画中对树冠的省略是很罕见的，而树根组织却经常被省略。树干的根部与表示地面的线条以及树根本身密不可分。要系统地对树干根部展开论述，就不能忽视表示地面的线条和树根的存在与否。树干根部的式样可以分为以下 4 类，即①地面线和树根都没有画出，②没画树根但画出了地面线，③画出了树根但是没画地面线，④树根和地面线都画了出来。

图 6.48（a~d）：地面线和树根都没有画出的树干根部

地面线和树根都没有画出时，树的下方是开放的。因为没有或基

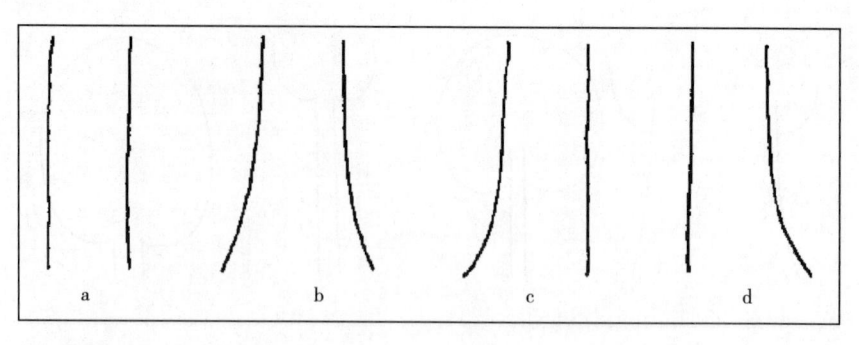

图 6.48

本上没有树根，所以有某种"浮在半空"的不安定性特征，开放的形状在这里就不一定是肯定性的了。这个人容易因为性经历或者无意识的经历而受到伤害，即使没有用特殊的描画树根的方式来表示这个区域的分化和特征，也有可能与这些区域有直接的平稳的接触。如图 6.48（a）所示，树干的根部笔直地开放时，那个人就是在有意识或无意识地否定自身的性冲动。如图 6.48（b）所示，树干的根部变得粗大时，则是在努力使这种不踏实的"浮在半空"的状况变得安定，也可能是要与本能的部分进行良好的调和。如图 6.48（c）所示，只把树干根部的左侧画得更为粗大的人，应当是在本能的水平上一直与母亲保持良好关系的人；但也很有可能是有着严厉的父亲，或者因为受到与父亲相关的妨害而在幼儿时期性的发育上受到某种限制的人。图 6.48（d）则恰恰与此相对，如果是男性来访者，则有可能是表示强势的（统治性的）母亲；同时树干根部向右侧扩张，则显示出在渴望模仿父亲的刺激之下幼儿期的性好奇心理。

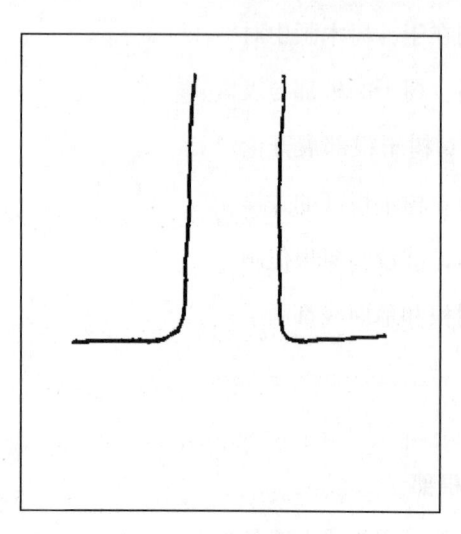

图 6.49

图 6.49：成为地面线的树干的根部

树干的根部向外侧弯曲进而变为地面线时，

比起没有地面的树根或没有树根的形状要安定一些，但仍然显示出在性方面的胆怯和对无意识的领域以及本能领域的惧怕。这个人注意到自己的不安定，并且尝试通过将自身的基础向水平方向延伸以获得平衡。这显示出注意到面对来自下方的冲动时的脆弱性，以及意在抵抗这种脆弱性有意识的努力。

图 6.50（a ~ b）：未画出树根，而是暗示出地面线的树干的根部

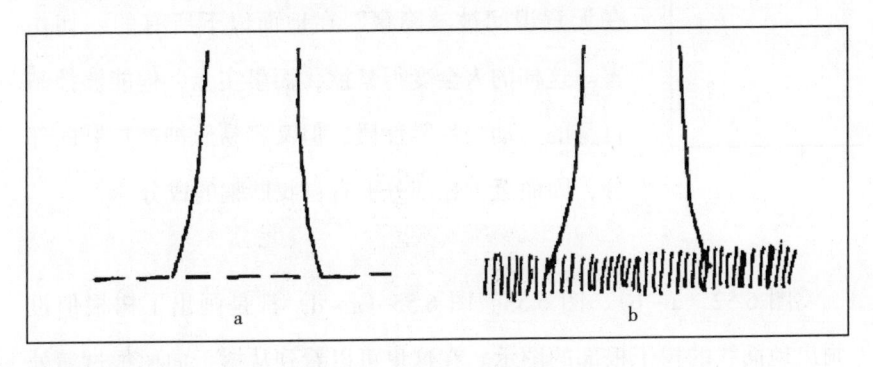

图 6.50

未画出树根，而是用虚线或草来表示地面。树干根部封闭时，比起树干根部开放的树来说有较少的脆弱性，但是这个人仍然是很腼腆的。草或者虚线起到在某种程度上分离性领域和精神领域的"筛子"或"过滤装置"的作用，体现出性能量与情绪能量自由的相互作用，至少是部分地缩小了，也加强了对无意识产生的内容的控制。如图 6.50（a）所示的虚线，是单纯的"过滤"机制；而图 6.50（b）则暗示出受控制的能量被引导向一定的方向。但是因为完全没有树根，则显示出对自身性冲动的相当程度的关注。这只限于对树木做了十分具体的描画，特别是画出了树枝的情况；如果像快速画出的树或者抽象的树那样，只是简单地表现"树"这一概念，则对树根的存在与否的解释就基本上没有意义了。

图 6.51：未画出树根，但画出了地面线的树干根部

未画出树根，而地面线将树干根部完全封闭时，可以推测出相当复杂的内在驱动力。感觉到安定，在对自身能量的控制方面具有自信的人容易画出这样的画。这个人在意识水平上没有感觉到自己容易受到伤害，但是因为彻底否定了本能能量的重要性和影响，却反而容易被本能冲动从背后偷袭，在无意识间被"隐藏"在地面以下所有的一切伤害。这样的人会变得禁欲，而事实上，他能够控制自身的"动物性"性质，但又容易压抑被控制的部分，因而至少在部分上有自我欺骗的成分。

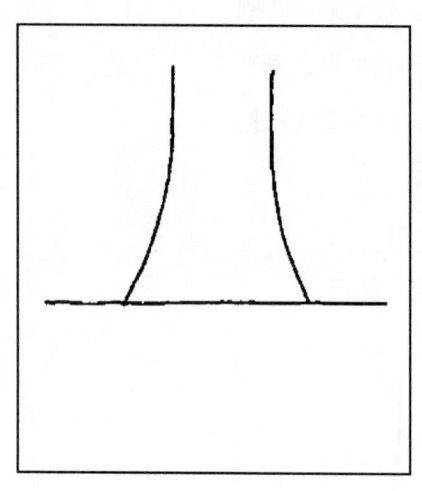

图 6.51

图 6.52（a~b）、图 6.53、图 6.55（a~d）都是画出了树根但没画出地面线的树干根部的图示。在这里可以看到从树干向树根过渡处的开放性过渡、半封闭过渡和封闭性过渡的 3 种描画方法。但是不管过渡处的开放程度如何，这些都包含了对自力更生的向往。来访者相信自己不用依赖于环境就可以获得适当的安定性体验。他感觉自己即使不"以现实为基础"，也可以"自我生根"。

图 6.52（a~b）：画出了树根，但是没画出地面线，开放性过渡

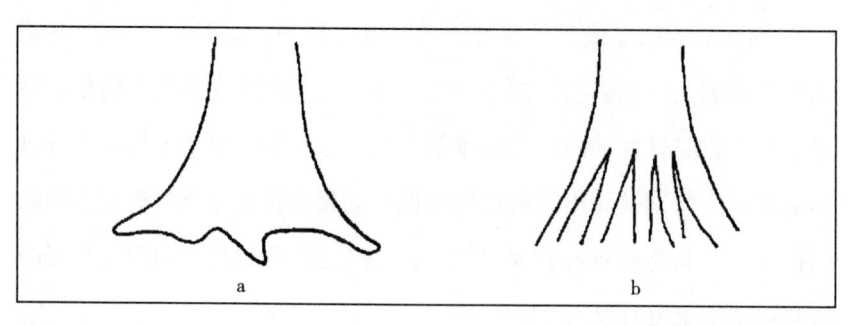

图 6.52

未画出地面线，树干向树根的开放性过渡显示出已经注意到性能量，并接受与无意识的流动。这通常是在不知不觉中享受了性体验。事实上，在细致地描画树根时，这个人对地面视而不见，可能是很陶醉于性事或是利己主义者。图 6.52（b）虽然没画出地面，但充分显示了扎入地下的树根的结构。实例 44（图 6.53）是值得注意的很有意思的例子，树不像是在某处扎根，而仿佛是会沿着地面"跑"起来，树根看起来就像是会动的脚一样。实例 45（图 6.64）则虽然没有地面但也能看出是真正地扎根大地的树根。图 6.52（a）的树根向两侧水平地伸展，从树根本身的形状上至少部分地暗示出地面。这种人比起那些画成没有地面的概念而长驱直入型的树根的人来说，更显得自我抑制，但不像他们那样对直接的环境漠不关心或不屑一顾。实例 35（图 6.27）是这种形状很好的例子。

图 6.53　实例 44

图 6.54：画出了树根，但是没画出地面线，半封闭过渡

在树干的根部画出了很多细小的树根时，即使没有地面线或者明确的分离树干与树根的线条，也是一种半封闭的过渡。和图 6.50（b）一样，这项指标表明与有意识的引导本能能量的努力相关。但是，如图 6.54 所示的形状，显示出来访者充分承认本能领域的重要性，也较少羞于面对自身的性，积极地享受着性。

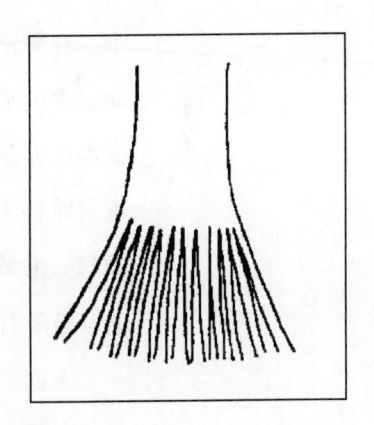

图 6.54

图 6.55（a~d）：画出了树根，但没画出地面线，封闭性过渡

这里论述没画出地面线，但画出了树根（至少是暗示出了），树干与树根的过渡是完全封闭时的树根部的 4 种描画方法。在所有图示

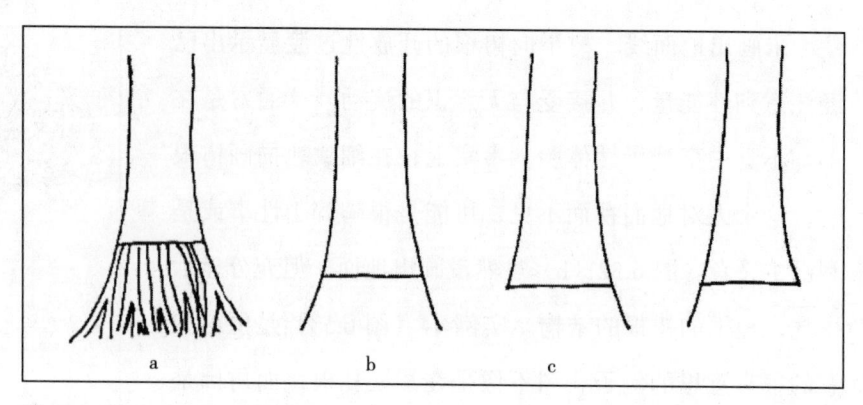

图 6.55

中出现的横线,可以看做是在某种程度上受限的地面线,暗示着地面的存在,但又没能超越自我而扩大。这意味着只是在与自己的生存相关时,才能够认识到自己所生活的直接现实(土壤)的重要性。通常可以在所有这些形状中,发现有意识的孤立或者封闭无意识的体验或本能能量流动的尝试。如图 6.55(a)所示,树根充分分化的情形,常常存在着爆发的危险。这位来访者充分注意到自己内心的无意识流动的力量,而巧妙地将其拦截,造成了内部的紧张状态。图 6.55(b~d)中,在分割线的下方只存在着很少的树根的指标,显示出较少的精神能量上的消耗,达到了相当好的控制。另一方面,这种人有把控自己的本能尤其是性冲动的欲望合理化的倾向。他们严格地控制自己同时也责难他人。例如左侧暗示树根的图 6.55(d),将责任归咎于矛盾的母亲和冷淡的妻子。图 6.55(b)是指在环境、严厉的教育、严格的宗教等背景下将责难普及。

下面的 9 个图表示的是有根和地平线的树干的根。从树干到根的过渡,是全开、半开还是全闭合,与过渡点的画法无关,来访者体验着自己所属基础的存在。来访者至少怀有自己直接地被环境所支持的安全感。与不画地平线的人相比,该来访者可以说对自己以外的现实更多关注,更有远见。

图 6.56（a～b）：画出了树根，有地平线，开放性的过渡

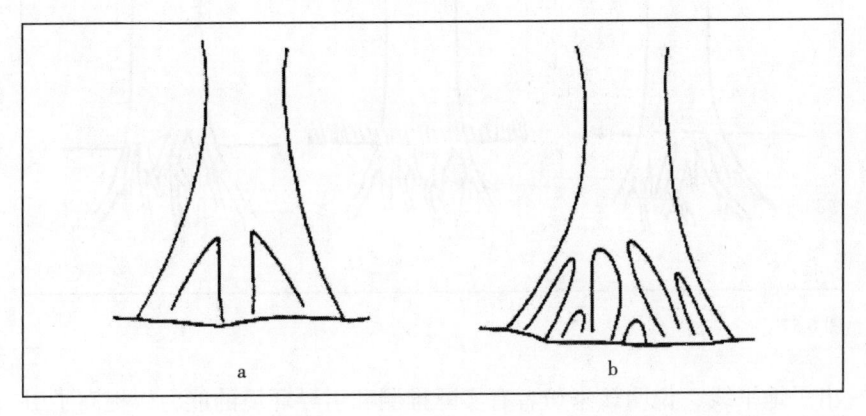

图 6.56

画出了根的情况下，这些图是树根最肯定的画法。根的存在是对无意识或本能领域的认识。向树干开放性的过渡，表示在容易接近无意识的同时，本能的能量在上方自由地流动。并且，地平线的存在，是认识自身环境的标记。图 6.56（a）将树根省略简化，而图 6.56（b）却对树根的构造进行了细致的描画，这两个不同的图形表示来访者更关注本能的领域。此外，两者的差异还有可能是只描画树木整体的风格。在只画出了 2～3 根大的树枝的树中，即使"触及了自己的根本"，如果在根的构造表达中出现上图 6.56（b）这样的细致描写，也让人觉得不协调。

图 6.57（a～c）：画出了树根，有地平线，半闭合的过渡

图 6.50（a）和图 6.50（b）表示没有树根的、半闭合的树干和树根的过渡。有树根的图 6.57（a）和图 6.57（b）中，由于过滤装置在实际产生着作用（即由于正在关注自身的本能性质），半闭合的过渡所表示的过滤装置的效果就变得更加积极。图 6.57（c）与图 6.54 相似，都画出了示意半闭合效果的很多树根。但由于图 6.57（c）中画

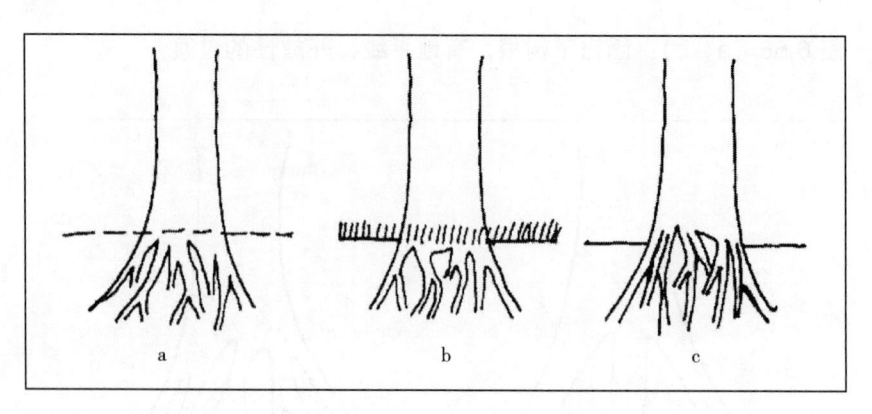

图 6.57

出了地平线，说明该来访者有实际推测和引导环境的能力，提高了引导冲动的潜在能力。因此这种形状是对树干和树根的过渡区域的肯定表现。

图 6.58（a～d）：画出了树根，地平线也存在，闭合的过渡

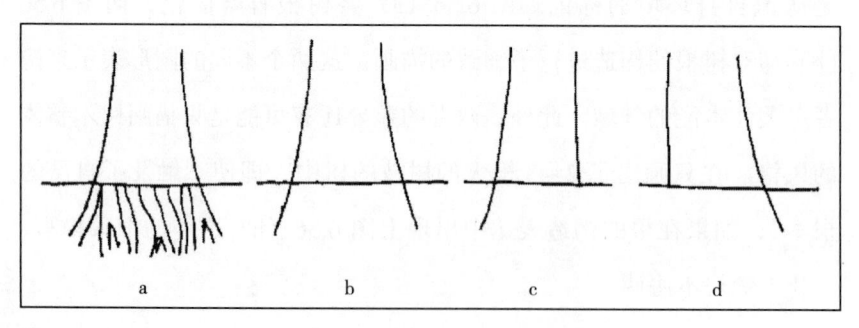

图 6.58

这些树干和树根之间的过渡虽与图 6.55（a～d）相似，但与之相比多出了地平线。画出这种画的人不像图 6.55（a～d）的来访者那样严格地控制自己，也不那么热衷于此，并且极少有假装殉教者的倾向。在"切断根的部分"中表现出来的内在纠葛虽然仍然存在［尤其是图 6.58（a）］，但在接受现实方面已经稍微缓和。

第三节 树 根

如前所述，树根部分表示本能和无意识的领域，因此过分详细地描画或过分强调树根部分，则表示无意识中存在问题，经常表示性冲动或对性的反应。如果根被详细描画，那么即使是健康正常人的作品，也可以理解成性本能和冲动的相互作用。将树根的构造画得十分发达的人，通常认识并接受自身的性冲动，或多或少地知道自己的本能。这种人还的的确确地"扎根于（有基础）"自己的过去、家族、文化等。尤其是与树干之间的过渡点至少有一部分是开放型的时候，表示直接地向无意识的经验靠近。但如果想要确定在无意识的力量和对其注意并理解之间，创造性地流动到何种程度，还必须看树木整体的面貌。

观察树根时必须考虑①画法；②根的形状；③笔画；④构造；⑤根端。特别强调有根的部分时，图 3.5 也许会有帮助。

图 6.59（a～d）：根的暗示

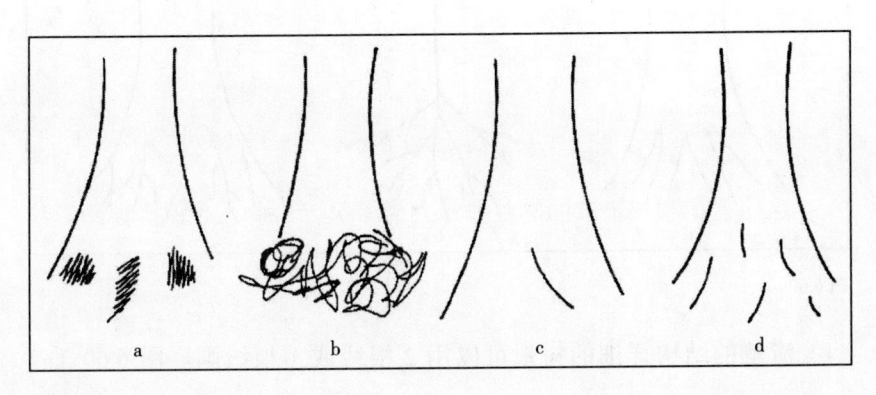

图 6.59

很明显，对于图 6.55（b～d）和图 6.58（b～d）那种简单的根不能进行详细讨论。对于根的状态，必须考虑是在特别强调左侧还是右侧等已述事实。图 6.59 中画出了几种仅是示意或略微表示的树根，这些介于简单的根和图 6.60 之后那些清楚画出的根之间。图 6.59（a）用阴影，图 6.59（b）用潦草的涂画暗示树根。这两种树根的形状，与用阴影和涂画填满的树冠一样，是羞耻度和"隐藏事情"的标志。有时在阴影或涂画部分的下面详细地画出树根，这就强烈地包含了"隐藏事情"的主题。与用潦草的涂画画出的树根相比，用阴影包住的树根冲动性较小，但是两者都表示本能领域的某种混乱。这可以看做是"自己虽然知道这种混乱的存在，但是不想让别人知道"。

图 6.59（c）和图 6.59（d）用极少的散开的线暗示树根。画这种树的人虽然接受本能的影响，但是对自身的冲动或性的兴趣的表现不十分积极，即"我知道那种本能的存在，但对它不想有任何了解"（在此的解释还必须考虑树木整体的描画方法。分散的、暗示的线如果是树木整体的特征，这种单纯性可能是健康正常的性发展）。

图 6.60（a～c）：清楚的结构详细的树根

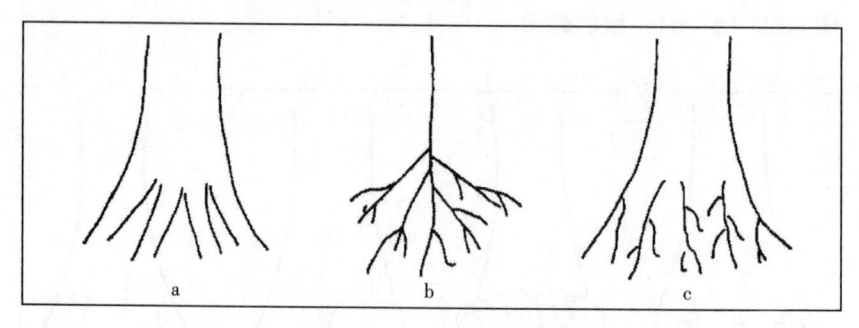

图 6.60

清楚的结构详细的树根可以用 2 根线或 1 根线画。图 6.60（a）那种 2 根线的树根，和图 6.60（b）那种抽象的、单线的树中所见的单线的树根，都可以认为是健康正常的。但图 6.60（c）那种将单线的树根作为具体的树根描画时，有可能是将本能人为地抽象化。例如该来访者虽然享受着性经验，但是性关系上非常冷淡，或用自己的意志制止或表示对性关系的反应。这是因为该领域从人格的残留部分"被分离出来"。即使从根到干的过渡在根本上打开的时候，不协调的根的画法，也表示难以将情绪领域及精神领域的性经验合并。这常常是人格与私生活之间的不同。例如文雅、有绅士风度、有专门职业，私生活却惊人地混乱的人会画出这种树根。

图 6.61（a～d）：树根的形状

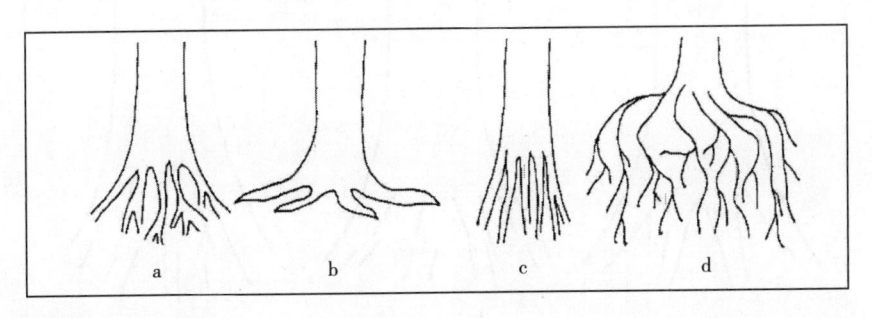

图 6.61

树根常常被画成"逐渐消失"，或比树的其他部分稍微含混，或画得很粗糙。虽然很难对树根的形状进行概括地分类，但可以归纳出如下 4 种可能性：①图 6.61（a）是健康正常均匀的根，不窄不宽，也不太深，没有太多的形状。②图 6.61（b）表示沿着地面的表面伸展，明显平坦的树根。这通常表示不安全感，伴随着想要维持自身平衡的巨大的努力。这种平坦的树根常见于有严重的创伤经历，或重症疾病之后的来访者的画中。笔者还经常从酒精中毒症愈后的来访者的画中找到这种树根。③图 6.61（c）是密集缠绕的树根。这是强调社会的本能或为了得到"适合的位置"所作的竞争。即该来访者认为必须挤进实际上还没有对自己开放的社会环境。如果该来访者已经达成了自己所期望的社会目标，则期望死守住现在的地位，还不习惯于自己所处的位置而感到不愉快。④图 6.61（d）是不匀称的、大而详细地描画的树根，它表示对性领域的强调或被填补到无意识领域过剩的精力。但对大部分精神科医生却例外，由于他们的工作就是处理无意识的问题，因此，即使来访者画出有这样详细树根的树木也不能这样解释。

图 6.62（a~c）：根的描写

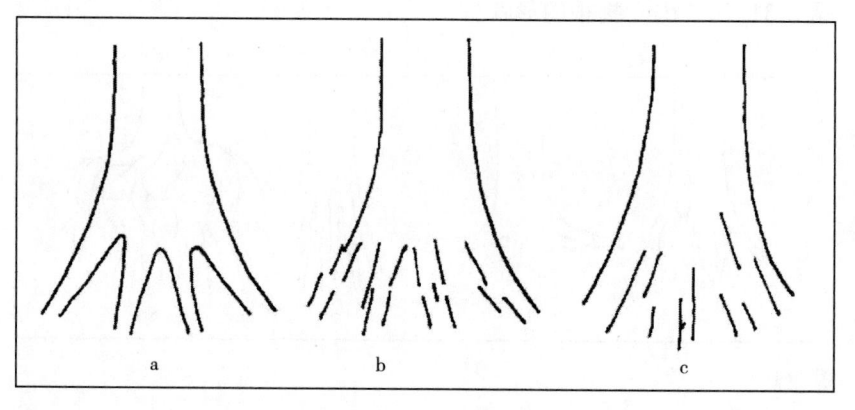

图 6.62

在描画树根时，所使用的笔画的形状有连续的［图 6.62（a）］，有细线紧靠的［图 6.62（b）］，有散乱分布的［图 6.62（c）］。这些所有的笔画被用在根的领域时，等同于健康正常，但最初的笔画暗示更有精力、更有自信的性行为；第 2 个笔画是犹豫保守；第 3 个笔画是有向人献媚的倾向，或对性持有两面性的倾向。

图 6.63（a~f）：单纯的根的构造

树根整体的构造与样式，是基本的性格特征的头绪。下图是没有分支或交叉，从外观看有明显差异的 6 种树根的形状。图 6.63（a）

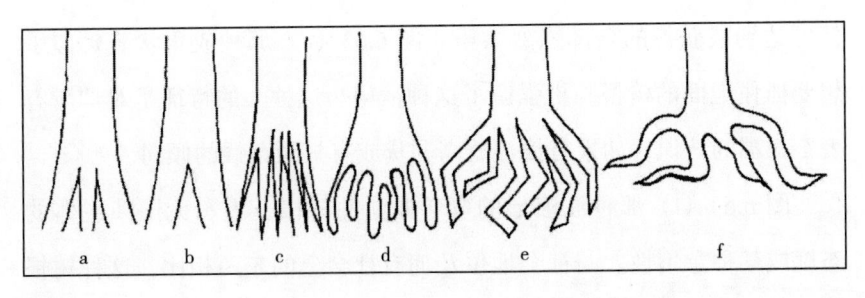

图 6.63

那种简单笔直的树根，只要没有树根深入大地那种明显的印象就没有特别的意义。有深入大地那种印象的树根，经常表示要在还没有完全接纳自己的环境中确立自己的尝试。

图 6.63（b）是简单地分成两股树根的构造。这表示本能的行为为二元式，要尝试在某种本能和其他本能之间取得平衡。将根的整体分为两部分的典型例子为实例39（图 6.35）。恐怕该来访者的问题在于要在非常谨慎地"求地位之争"和性冲动之间取得平衡。事实上，这个女性并不制止强烈的性冲动上升至情绪领域，同时也不是有意识地轻视，但她注意不阻碍性欲望占得优势。另一方面，该女性为了得到职业及社会地位，不能抑制或升华性冲动。在女性所画的树中，树根如果像这样分开成两大部分，还表示努力在性本能和母性本能之间找到平衡，但如果该来访者是年轻的未婚大学生，则精力的大部分被贡献于支持职业上的成功。

图 6.63（c）是被紧紧压缩的树根，根端呈尖形。这种形状暗示施虐倾向，但压缩表示对社会的野心。实例45（图 6.64）是这种形状树根的典型例子。这是在贫苦家庭中长大的、奋不顾身的、熟练的兽医所画的树。他似乎稍有施虐倾向，但大部分的这种倾向都在作为兽医的巧妙的外科手术中得到了升华。

图 6.63（d）那种弯曲如手指的树根，暗示想要保

图 6.64 实例45

持已达到或获得的全部强烈欲望。图 6.63（e）那种成角状蔓延似乎想要抓住地面的树根，更强调了这种欲望。这种人的特征是对"所有者"极端的认识，如果有钱会放高利贷或有只顾存钱的倾向。

图 6.63（f）那种波浪形的弯弯曲曲的树根，表示无干涉主体的态度或某种怠惰性。与社会地位及拥有社会上的东西相比，这种树根表示来访者更重视快乐原理。

图 6.65：简单、交叉的树根的构造

如图那种有几个大的树根，只有其中的一根从上或下与其他树根交叉，通常其问题在于使一种本能从属于其他本能。例如自我保护本能的一部分被母性本能所压抑。没有小的树根、大的树根完全缠绕在一起，表示个性的深层与事物之初的原型相连。这种性冲动没有边际、拐弯抹角、相互整合在一起。这种人本身不认为自己的本能反应及性行为有问题，尤其在来访者是男性的情况下，其配偶很难理解这种性行为。

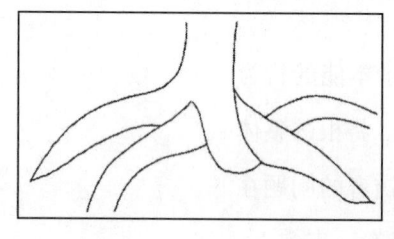

图 6.65

图 6.66（a~b）：呈树枝状不交叉的树根的构造

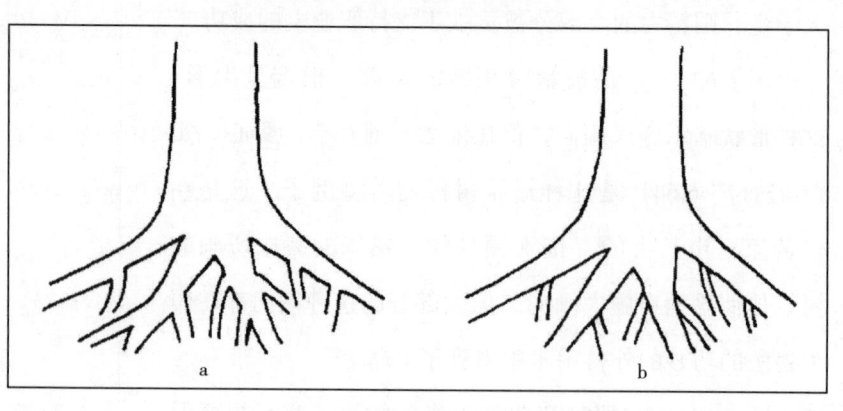

图 6.66

与树枝相同，从大根上长出小根的时候，在接合点上小根或如图 6.66（a）那样具有开放性，或如图 6.66（b）那样闭合。通常，复杂呈树枝状的树根，表示认识到了本能领域的复杂性和多样性。树根开始的地方呈开放性，是在无意识之中自由地进行能量交流的肯定标志。从大根上将小根隔离出来，是来访者已经认识到很多复杂的、无意识的流动，并且能够接受其中一部分，阻止一部分。例如虽然性冲动逐渐增强，但不鲁莽地付之于行为。

图 6.67（a~b）：呈树枝状交叉的树根的构造

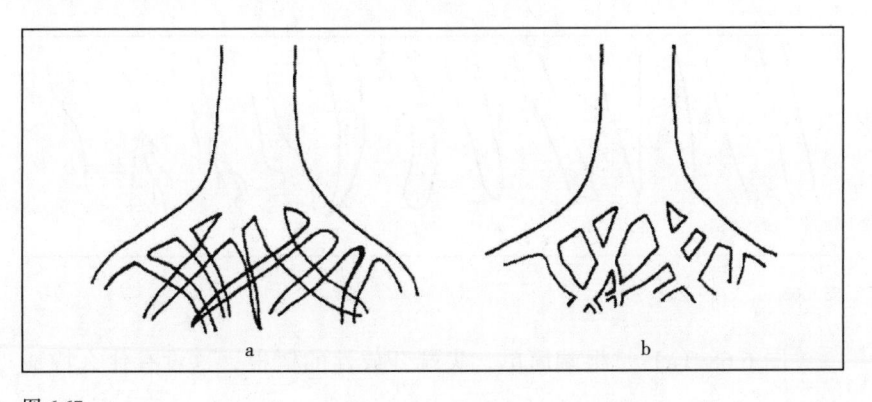

图 6.67

树根交叉时哪根在上哪根在下并不明显，如图 6.67（a）那样的交叉成树枝状的树根，与树冠内交叉的树枝部分相似。即暗示着混乱及无意识层或本能层的极度复杂的经历，或被歪曲的经验。对无意识经历的某种迷恋，是能量的无效异常的损耗。强调根的结构中特殊部分的情况，在图 3.4 中作出了更特殊的解释。在来访者画出如此复杂的树根的情况下，还必须注意解释线的性质。

图 6.67（b）那种根部呈树枝状立体地、复杂地交叉时，虽然可以推测出同样复杂的无意识，但表示在交叉线上的能量的流动却看不出混乱或阻止的意思。如果树的其他部分是肯定的，则是非常有创造

性的标记。对性的想象，以及暗示将性作为消遣是接近本能。这种形状的树根请参考实例 33（图 6.22）。

图 6.68（a~k）：根端

树根通常在地面中逐渐消失，即使在描画清晰的树根中，根端不明确的情况也很常见。但在树根端描画清晰、开放性的根端没有逐渐模糊的情况下，可以考虑到几种特性。其大部分与树枝端极为相似，但由于树根常常与地面有关，因此根端暗示的意义与树枝端不同。例如钩爪状的根端，就不能像钩爪的树枝那样进行强烈的否定解释。

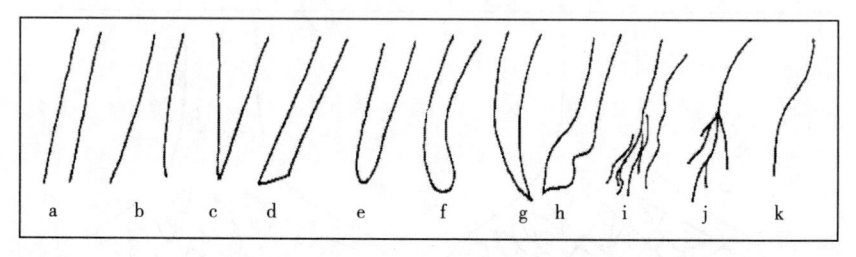

图 6.68

图 6.68（a）是根端简单、尖端开放性的树根，这没有什么特别的意义。当这种根如图 6.68（b）那样端口变宽时，表示正在"吸收"本能能量。如图 6.68（c）那种楔子形的树端，常见于来访者感觉自身所处环境有点不友善或怀有敌意，或认为为了得到安全的立足之所而必须融入环境时所绘的画中。图 6.68（d）的凿子形树端，犹如暗示"到此是我能到达的深度"，表示硬要使树根下沉，或半无意识地截断从最深层流出的能量。图 6.68（e）那种笔直尖端呈圆形的根端，对其位置所暗示的本能领域有舒服的满足感。图 6.68（f）那种根端犹如缠住不放的手指，暗示来访者的贪欲度以及对所有物的留恋。对此稍微夸张就变成图 6.68（g）那种爪形根端，这种形状有时表示更深的自弃式执着。图 6.68（h）的蹄形是很少见的形状，就笔者的经

验，这种形状与下列两种意思有关：第一种是用破坏性的没有见解的方法，完全按照自己本能行事的人；第二种是感觉自己与深层的无意识的力量神秘地结为一体的人。人们也许会认为这种情况与"恶魔的蹄迹"这种古老的象征有某种关联。

最后的 3 种根端［图 6.68（i~k）］都经常出现，最后的画作为例外，有肯定的意义。图 6.68（i）与心灵深处的结合很模糊，犹如没有可以明确区分的地方，树根逐渐消失。图 6.68（j）那种犹如细毛的树根是非常健康的标记，表示向"土"中细腻地延伸，吸收"无意识的养育"的侧面，表示体验本能所表现出的感受性。最后的图 6.68（k）是一笔画成的树根，可看做是模糊的树根的构造。这近似于蹄子或手指的形状，在树端如果不表现出歪曲的形状的话，则并不具有特别的意义。

第四节 地　面

关于地平线，在树干与树根之间的过渡领域的话题里已经作了一些阐述。由于地面本身有时被立体地表现，因此，地面是包含地平线，并且比地平线更大的主题。描画复杂的地面的方法有时扩大到风景，对此将在后面说明。

一般地面表示来访者生活的直接环境。用复杂的远近法描画地面的人，通常感觉自己在环境中有适当的位置，或自己的地位明确并有限度。这表示肯定的归属感，或对自己出身有限的兴趣。与在画中讨论的其他所有因素相同，大部分是根据画的详细程度及画中传达的色调和情感来解释。

接下来对画地面时的 5 个侧面①画法、②完成方法、③倾斜、④构图、⑤位置等进行图示和说明。

图 6.69（a～d）：地面的简单描写

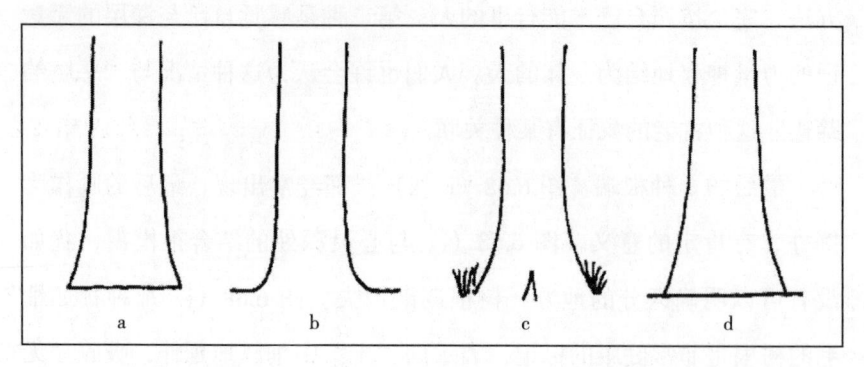

图 6.69

图 6.69（a～d）的 4 幅画是用单线表示地面的 3 种方法：图 6.69（a）用将树干与树根分开的线表示地面（实际上没有画出），图 6.69（b）和图 6.69（c）只是稍微表示了地面，图 6.69（d）则充分地描写了地面。这些描写当中，除图 6.69（c）以外都已阐述［图 6.69（a）在图 6.55（a～d）中，图 6.69（b）在图 6.49 中，以及图 6.69（d）都进行了很多描写，在此与图 6.51 相对应］。图 6.69（c）中模模糊糊地描画出了地面，这是人要隐藏的强烈本能冲动的标志。在此，草群作为"引诱物"，即描绘出该画的人为了不让性冲动引起他人的关注，而转移注意力的方法。表面上是模范丈夫或模范父亲，却巧妙地隐藏与自己秘书的不正当关系的人，会画出这种地面。另外，给人纯洁印象的青春期的女性，在轻率地失去处女膜之后，也会画出这种地面。实例 46（图 6.70）就是这种形状的典型例子。

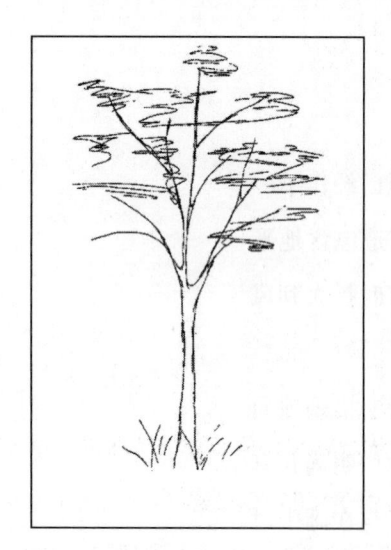

图 6.70 实例 46

图 6.71（a～d）：地面的完成方式

地面或地平线如图 6.71（a～d）那样用直的或弯曲的线描画。直

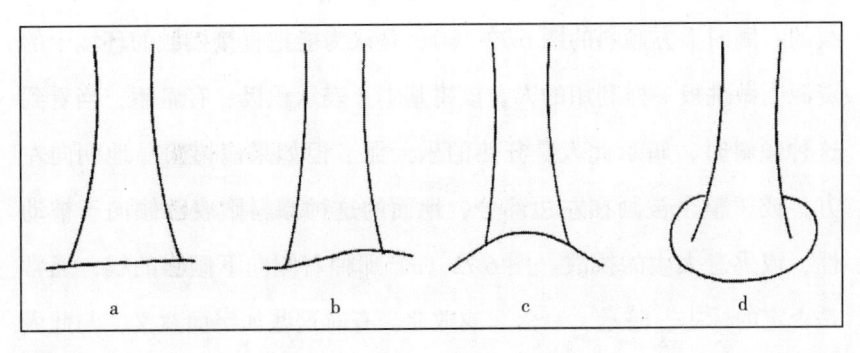

图 6.71

线常常表示周围的环境是简单的平地。图 6.71（b）那种不规则的曲线形状，表示相信地面是不断变化的，并怀有与此相伴的不安全感。图 6.71（c）那种弯曲的线呈山丘形状时，表示自满的感觉。此人感觉从高处"俯视"他人。但这种感觉并非过分显示自己优秀的才能或业绩，而是自欺欺人的态度和虚荣。图 6.71（d）那种在树的周围画弯曲的线，犹如小岛的地面，表示来自其他人的孤立感。这个人在环境中有自己的位置，但却处于孤立的地位，被巧妙地从其他人之中隔离出来。

图 6.72（a～c）：地面的倾斜

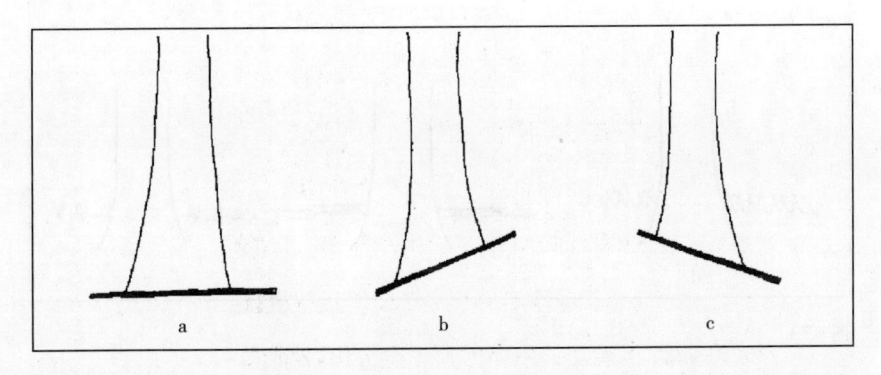

图 6.72

上图表示地面倾斜。笔直的地平线是普通的，没有特别的意义。

线的右侧向上方倾斜的图 6.72（b），是认为能把直接接触的环境中的资源当做跳板一样利用的人。该树基本上表示积极、有希望，当看到这种倾斜时，暗示此人是狂热的乐天派。但如果该树明显地朝向左方，或树整个被画在左边部分，地面的这种倾斜则表示倾向于被动性，或逃避人生的挑战。图 6.72（c）那种右侧向下倾斜的线，通常是否定的标志，暗示"衰落"或败北。有时这些如字面意义，与此人在环境状况的崩溃有关。但作为极少数的肯定表现，表示努力逃出压抑的状况，攀登左侧上方区域的想象领域。

地面给人以水平的印象，但有时用连续的一根线，或一连串水平的笔画，或垂直的笔画表示，有时则用立体的、即复杂的方法表现。图 6.73（a~f）和图 6.74（a~c）构成地面的各种方法。

图 6.73（a~f）：平面的（简单构成的）地面

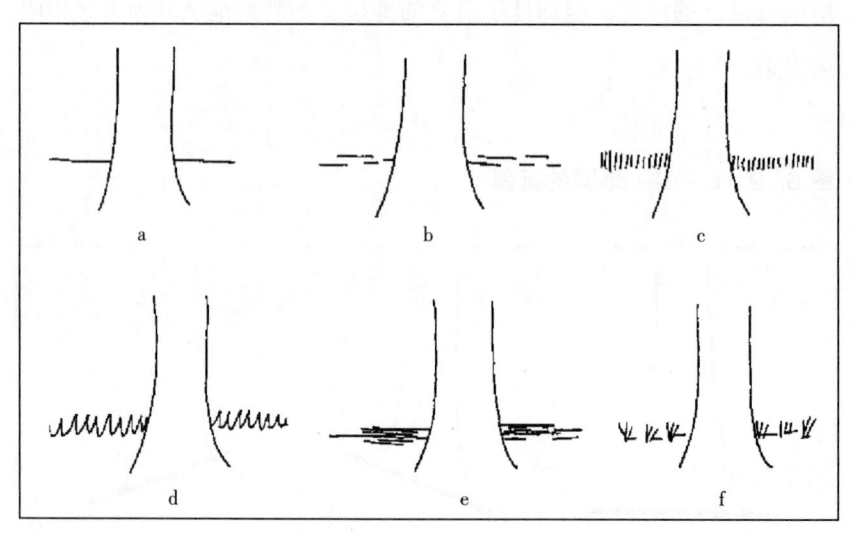

图 6.73

这些图基本上都用平面的形状表示地面。图 6.73（a）是地平线的最简形状（根据线是否横穿过树干），由一根连续的线或两根线构成。这表示对切身环境的认识及与此相关的感情，但此人并不十分重视自身的环境。这些简单的线很少完全笔直地处在树干两侧，但实例33（图6.22）那种情况下，来访者对外界关系的处理方法就稍微强硬。图6.73（b）那种虚线，当虚线距离近时则感到来自环境的支持，这种支持并非威胁的而是积极的，能看出该来访者想要稍微改变环境。画出细小垂直的笔画或小草的图6.73（c）表示为了自身的发展能直接利用身边的环境。用快速的或潦草的笔画画出的图6.73（d）和图6.73（e），除去图6.74（a～c）中所述的立体效果，基本上分别与图6.73（c）和图6.73（b）意思相同。特别是图6.73（e）是描写地面时经常使用的，常常用表示纵深效果的水平的笔画来画不规则的线。这种笔画非常乱，强调浓重的潦草，只要不是表现对自己现在环境的抗议，通常就都是肯定的。用成群的草表示地面的图6.73（f），有对直接环境的认识的肯定意义，也有将其归属于"诱惑物"做出稍有否定的意义。此人作为转移对自己的注意力的方法，或将自己融入环境，或以对环境感兴趣为借口。这与图6.69中那种想要用"诱惑物"来隐藏强烈的性冲动有所不同，在此想要隐藏的是更含糊、更易遭到非难的事情。如果这些线不仅是草群还有花的话，"诱惑物"的意义就更加地被强调。关于此点的详细内容请参考"特殊标记"的有关章节。

图6.74（a～c）：立体的（结构复杂的）地面

这3种是给人远近感和立体感的结构复杂的地面。在所有这些当中，来访者想要突出自己的观点，强调自己的位置。如前所述，将地面进行立体表现，是表示感觉自己在自身的环境中有明确的位置。图6.74（a）那种地面，表示在环境中能够找到自己的位置。主要用垂直的笔画构成的立体效果［图6.74（b）］，表示来访者有能够为了野心

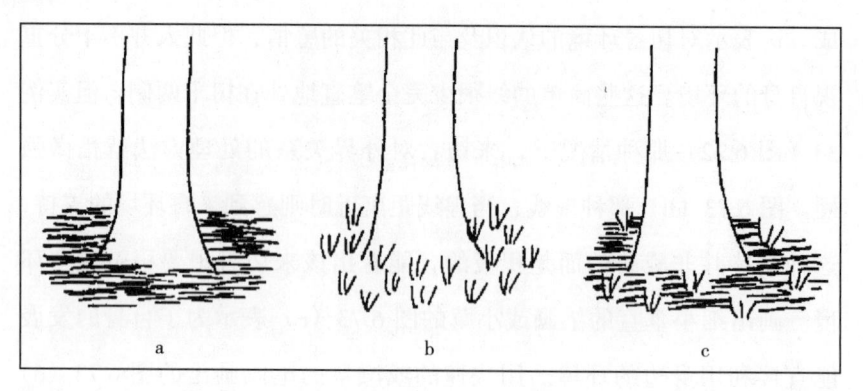

图 6.74

而积极地利用自己的特殊位置的信心。图 6.74（c）那种由垂直线和水平线组合而成的复杂的地面结构，表示具有两面性的感情。此人有时认为明确的任务及适当的场所有益，有时则认为是妨碍。此人认为认识自己所处位置的安全性是必要的，但同时期望克服明确任务感所伴随的限制。

与树木画的很多其他因素相同，地面的画法很少采用图式化和很少严密对应，因此多讲述几个实例是有帮助的。实例 32（图 6.20）和实例 27（图 6.14）中可见连续的地平线。后者的线是平稳的山丘，虽不像表示傲慢那么明显，但这种形状给人以立体的印象，暗示看者的观察点在树木的下方。由潦草的线形成的水平地面可见于实例 39（图 6.35），垂直的潦草的地面如实例 25（图 6.12）。在此还要列举 3 个新的实例：实例 47（图 6.75）、实例 48（图 6.76）、实例 49（图 6.77）。3 个例子虽都表示立体的描写，但却互不相同。

实例 47（图 6.75）是"要进入经过很长时间才能毕业的严格的科学领域的研究生院"还是"停滞于过兼职打字员或自由职业者那种非常自由安逸的生活"，

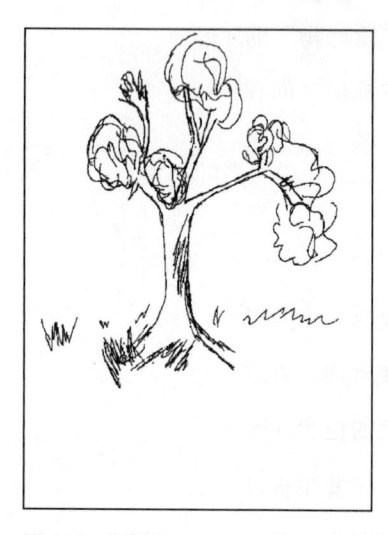

图 6.75 实例 47

这两个问题之间犹豫不决的年轻女性所画的树木画。她在智力和责任感上虽然没有问题，但她画出了与图 6.74（c）相同的地面，这表示出了典型的两面性。即在有明确的社会任务并期望履行的同时，期望安逸的生活，从限制、压迫自己的学业中解放出来的两面性。结果，她最后决定了选择正规的研究生学习的道路。

实例 48（图 6.76）的地面与图 6.73（f）大体相同。但通过舒展的树根的结构和花草这一明显的"诱惑物"的标记强调了立体的性质。这幅画是由一位有职业并有两个孩子、现在离婚的母亲所画。但画这幅画时她还和丈夫生活在一起。她了解现实、能力优秀，在有效利用自身环境的同时，努力与孩子们有意义地共同度过很多时间，细致地养育孩子，同时也妥当地进行着自己的工作。她对绘画时的生活状态的两面性，即虽然实际上与丈夫共同生活，并非自己一个人，但心中却感觉孤独的这种两面性，表现在横穿过水平线的草群中。她感觉自己处于被束缚的状态，她虽然表面上不承认，但靠近树干的花草已明确地表示出了她在性方面的不满。

实例 49（图 6.77）是一位在画此画不久之前离家，去数百英里以外的地方就职的、未婚的年轻女性所画的。树干两侧的潦草线条，和左侧树根的强烈阴影，都表示立体的地面。潦草的线基本上与图 6.73（e）相同，表示来访者认为能够直接有效地利用自身的环境。在这个事例中，她处在寻找公寓那种简单的事情，以及想要转移自己的一部分的教师工作"直到习惯新环境为止"的生活状况下。图画反映她在这种

图 6.76　实例 48

图 6.77　实例 49

寻求帮助方面过分依赖朋友。垂直的线是稍微立体的地面，明显地表示她正在努力与环境保持协调。但从绘画的其他情况分析可以明确的是，这种适应并非在没有利己想法的情况下所达成，或寻求他人的帮助并非因为胆小。

图 6.78（a～c）：地面的位置

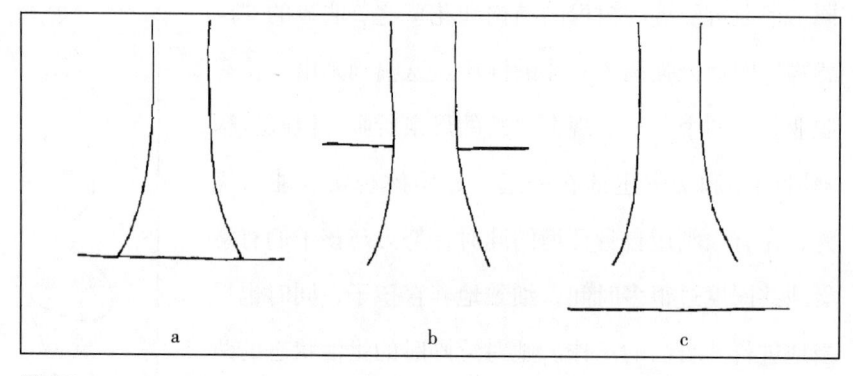

图 6.78

地面或地平线通常是图 6.78（a）的那种位置，多多少少描画在树干的根部。画树根时，没有从树根结构开始的地方极端地往上或往下画。图 6.78（b）那种明显地将地面画于树干的根部往上的情况，强调与直接环境之间的情绪的相互作用。这种将地面画在上方的情况，常常表示感觉自己不可触及的野心，或至少在近期之内无法实现的野心。此画中能看出其与现实的隔绝，但这不是因为逃避，而是因为虽然想参加自身的环境，但无法实行。

图 6.78（c）那种地面明显在树干根部之下，画出这种画的人是所谓的"徘徊于空中"的人。这种形状与地面完全没有暗示的画的意义不同。该来访者虽然承认围绕自己的现实世界的重要性，但在接触现实世界的过程中却没有取得成功。这样，这种人为"不上不下"的心情而烦恼，认为明显失去了来自自身环境的必要支持。

在精神病患者，特别是表示精神分裂症症状的患者的画中，文献，尤其是德国或法国的文献对地面的垂直的位置，即地平线触及很多。关于这个问题一般都认可雷恩特（Rennert）的研究。根据他的研究，在妄想型精神分裂症患者的发病过程中，首先地平线的位置与垂直方向错开（伴随着远近感的减少），地面及地平线完全消失，最后风景画画得像地图一样。雷恩特认为，地面的消失常见于精神病出现的数月之前，而作为表示改善的标志地面再次出现，可以看做是患者在心情舒畅时治疗有进展的标志。他将这种现象归因于病态人格的病理动力，即"围绕患者的世界秩序和形状已经消失，住在那个世界中的患者已经失去了自己的位置，失去了自我的患者或多或少地被紧紧关闭于平坦的地球"（雷恩特，1996）。一直致力于研究精神病患者的图画的欧洲精神病学者纳夫拉蒂尔（Navratil，1969），也赞成脱开地平线的通常位置。费希尔（Fischer，1971）也基本认可这种观点，并且将其扩大，认为这是当来访者到达"我"与外界的区别消失时的恍惚状态时的、"连续线"上的一个阶段。

有趣的是，雷恩特在 1969 年时改变了他的见解，他跟随了精神分裂症患者的表现通常要倒退到儿童时期表现的这种流行观点，并且重新解释了初期的见解（雷恩特，1996）。

笔者也反对"地面失去了垂直上的正确位置，是表示精神分裂症的病症"的雷恩特的强烈主张，因为笔者从不能称为精神病的人，以及不能称之为病前状态的人的画中也找到了这种地面。如果举一个具体的例子，由于结核病而卧床数月的年轻男性在画地平线时，垂直的正确位置明显地倾斜。在没有被确诊为结核病之前，他一直喜欢并从事着各种体育运动，由于疾病不能继续这些活动，对此怀有强烈的不满。笔者非常了解这个事例中的患者，在由于结核病住院的过程中及住院前后都没有看出任何精神分裂症的痕迹。

PART

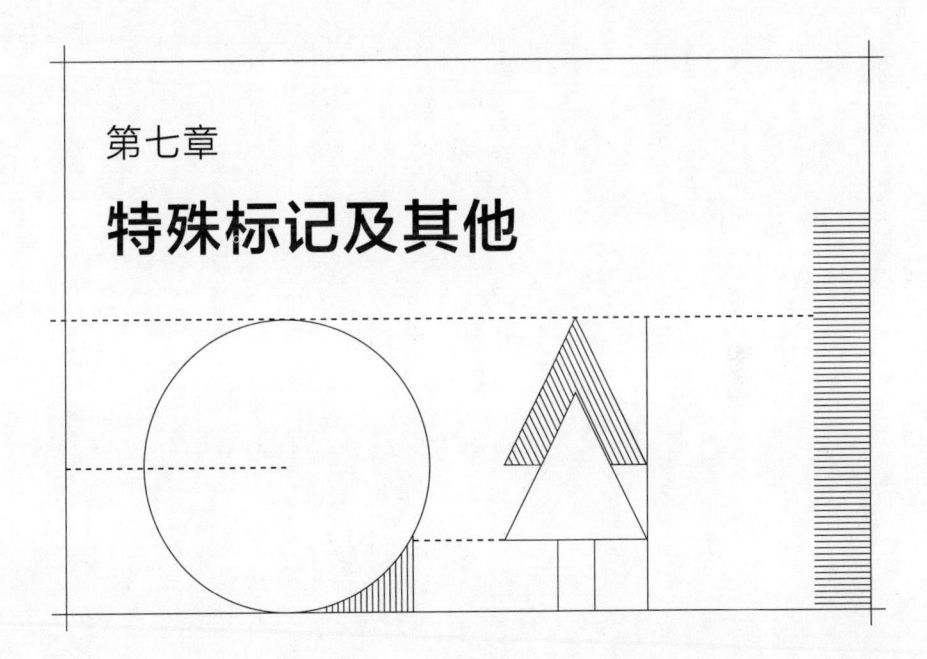

第七章
特殊标记及其他

第一节 阴 影

> 培养尚未完成的愿望,抓住尚难以侵占的影子。

正如巴克(1966)指出的,绘画中阴影技巧的使用,根据绘画方法的不同会成为健康的标记或病理的标记。根据他的观点,阴影在达到立体效果时,如果相似于作为熟练画家的现实的绘画技巧,用阴影表示与树木相对的光的作用,这种阴影可被看做是"健康"的;与之相反,阴影过黑或者过分被强调,或使用阴影的地方不正确,就是病理的标记。

被用于树的各种部分的阴影,一般有3种意思:第一种作为盾牌的机能,即来访者对于其不满意或不能抵抗的外界影响,表现的自我防御的方法;第二种是来访者用以掩藏感到耻辱的、或者特殊的、或者能够引起痛苦回忆的特别事件等;第三种是被隐藏起来的攻击性的象征。根据阴影的使用方法及阴影位置的不同,通常能明确是这3种基本意思的哪一种。

为了表现与树相对的光和影的作用,有的来访者会画出柔和、有连贯性阴影的树木画,有的来访者则画出只有某一部分有阴影、或过分强调阴影、或不符合光和影实际关系的树木画。巴克认为应该明确地加以区别,笔者赞同这种观点。同时笔者也认为,与阴影技巧相关的象征性,有助于使原树木画中表现出的个性侧面更加明了。因为即使是健康的成年人也会认为保护自己不受某种影响,或隐藏自己心灵的某一侧面,或怀有敌意是必要的。因此"肯定的阴影"与"否定的阴影"的差异,与其说是种类上的,不如说是程度上的。

有时很难区别树皮的描写与阴影技巧的使用。事实上,至少在树干的阴影上,两者具有同样的意义。就树皮本身,笔者将在"特殊标记"中进行阐述,就树干整体上使用的阴影的形状,笔者将在对树皮的描写中进行讲述。这里将列举树的某一部分的阴影,比如树干的左侧,一根树枝,或树冠的特殊部分等。

从绘画的技巧来看,"恰当的"阴影的使用方法是,照在树上的光学物理现象的立体表现。因此连贯的阴影暗示太阳的位置。太阳光如果来自右侧,左侧的阴影则表示抵抗来自女性区域的影响,太阳意味着力量和潜在心理的光辉,因此也表现对右侧区域的包容性。

如果完全没有阴影,意味着太阳从正面照射树木。说明这是没有计划地、坦诚地描画自己的反映。没有阴影的树是很多抽象树画的典型,虽然坦率,同时也是单纯化的自我表现。

另外,在表现立体的光学效果时虽然使用非常多的阴影,但如果阴影无连贯性、左右散乱,则可以推测来访者非常混乱。当然,还必须考虑树两侧阴影的使用程度。如果树的大部分阴影在左侧,右侧只有某个特殊部分有阴影,那么与其说阴影的标志含糊混乱,不如说它表示了在那个领域存在某种必要防卫的纠葛和紧张。

树木画中的阴影可根据①用法、②分配样式、③有阴影的部分进行考察。

图 7.1（a～o）：阴影的用法

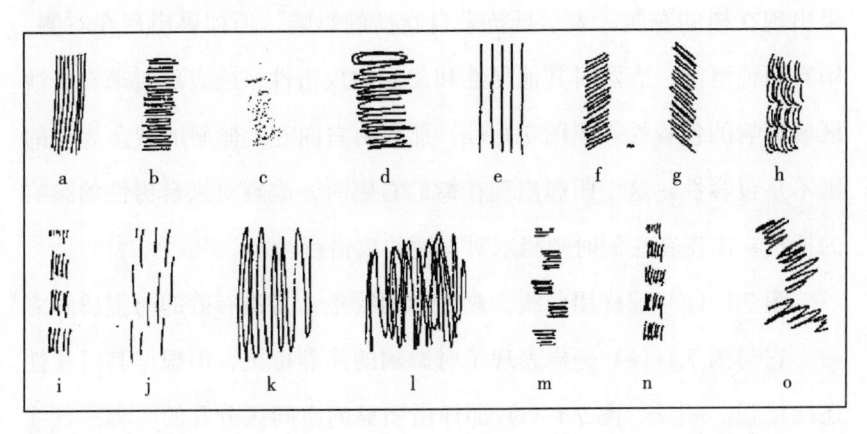

图 7.1

这些图是为表示阴影而使用的各种笔画。这其中大多数笔画表现的是作为盾牌保护机能，既有有效防卫，也有抵抗外界影响无效的努力；其中还有暗示攻击性的笔画，及掩藏某部分阴影的笔画。发黑、均匀、呈块状的平行线阴影［图 7.1（a）］，表现的是在问题部分完全不让能量交流，形成明确的盾牌的方法。图 7.1（b）这样横向平行虽然也表现形成了密实的障碍防卫，但由于某种影响能够贯穿水平构成的盾牌，所以说这种情况表示虽有所限制但仍有能量交流的余地。

图 7.1（c）那样薄而均匀的阴影（多用柔和的铅笔线条涂描而成），其问题是由于画者个性过度敏感，感情细腻，通常采取的无效防卫。另一方面，连续移动铅笔、画水平线使其在某一侧呈圈的图 7.1（d），却是表现敌意的阴影。这种情况通常是保卫易受伤的情感需求，与有攻击性的敌意情感交替出现。处于极端防卫姿态的是如图 7.1（e）那样，用许多纵向平行线表示，整体巩固对影响及贯通各层面的抵抗。这虽是有效的盾牌表现方式，但与图 7.1（a）的不同之处在于，来访者的防卫系统不如其他人那样明显。

图 7.1（f）及图 7.1（g）那样阴影的线条斜向平行时，必须看它

的方向在树枝和树干的哪一侧。如图 7.1（f），方向由左向右上的如果出现在树的左侧，表示抵抗来自女性的影响。但如果出现在右侧，则有两种可能：表示对其他男性和父亲的攻击性，或表现对来自男性区域影响的包容性。但图 7.1（g）那样由右向左上倾斜的线条表现的则不是包容性。这个阴影出现在树的右侧时，表现对来自男性的影响的抵抗，出现在左侧时则暗示对女性的攻击行为。

图 7.1（h）那样用曲线去画阴影的线条，是最有效的防卫盾牌之一。它与图 7.1（e）一样表现了对影响的强烈抵抗，但根据其可塑性还能增强。相反，图 7.1（i）那样由明显的空间区分开的一套平行线组成的盾牌，其防卫机能"尽是漏洞"，不能从反复的痛苦经验中保护自己，感觉自己容易受伤。这种事例中通常存在"致命弱点"。图 7.1（j）那样不连续的平行线也表示"致命弱点"，画出有很多缺口的阴影的人们，很少能令别人清楚明白。在这些不连续的线中，只要来访者的易受伤这个特点不被故意侵犯，其防卫系统一般是能有效工作的。

以纵向笔画连续移动铅笔，图 7.1（k）那样的阴影的某种集合在两端成环，这种阴影无论出现在树冠、树干还是树根，大部分表示"罩"而非盾牌。这种形状的描写通常出现在限定部分，多用于掩藏令人感到羞耻或痛苦的、不能公开的特殊经历。图 7.1（l）那样交叉纠结的纵向线条出现在独立部分，尤其是树冠里时，也用于掩藏某些痛苦经验。但作为树干整体的长阴影使用时难以贯穿，可看出它是抗压能力非常强的有效盾牌。

图 7.1（m）那样暗横线的集合，可以看出来访者怀有明显的不安全感。他们的防卫机能对其他人来说很明显，但同时大部分是无效的。这种形状的用法就好比不用灰浆而堆积起来的瓦（每一块只要稍微错开一点距离，就会立即全部坏掉）。图 7.1（n）那样纵向笔画

的集合也表示来访者怀有不安全感、自我保卫，但这种防卫要比图 7.1（m）更有效。

最后，图 7.1（o）那样的阴影一般出现在树冠，树根周围也常常出现。这大部分是隐藏、躲藏的表现，与易受伤的恐惧与含糊的弱点相比，更倾向于与羞耻相关。

图 7.2（a～c）：阴影的范围

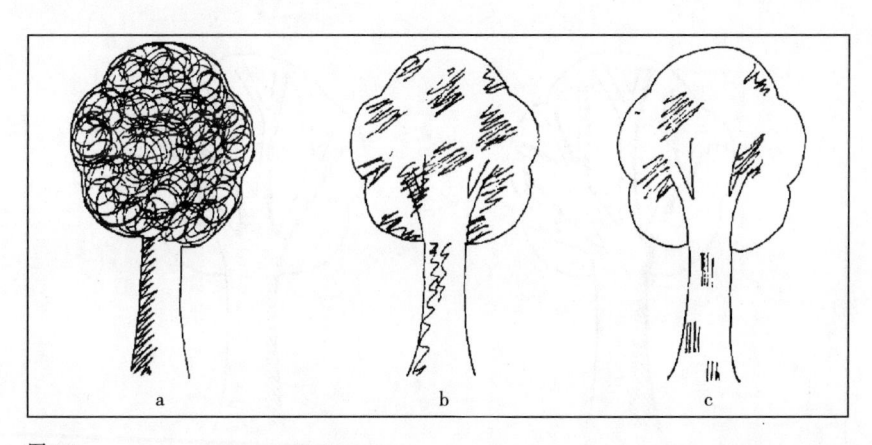

图 7.2

树上画出的阴影范围一般分为 3 种程度。图 7.2（a）那样非常细致地描画出的树的整体阴影，可推测出来访者是有意识地统管着他的防卫系统。可见，来访者对自身易受伤处、作为"罩"使用阴影的地方有充分的认识，有想要隐藏自身的欲望，并有已经制定出保护自己的计划等复杂的反应。要表现树冠部分的阴影非常浓密的时候，来访者使用了多种笔画，就此已在前面进行过阐述。

图 7.2（b）的阴影虽然交织在一起，但范围跨度比较广，表明来访者对于易受伤处进行着非常广泛、没有意识的防卫。来访者经常对自己的过于敏感感到羞耻或愤怒，但又不能明确表现出这些情感。画出这种阴影的人容易表现出稍有敌意的防卫及攻击行为（不是与生俱

来带有攻击性的人，怀有模糊的无力感，这是表现作为整体描画的线条性质）。

图 7.2（c）那样在特定领域出现分散的阴影，表示能引起羞耻感的特殊事情，或感觉必须抵抗的特殊影响。这些是根据来访者对自身的认识程度而作出的有意无意的抵抗。

图 7.3（a～b）：阴影方向的一贯性

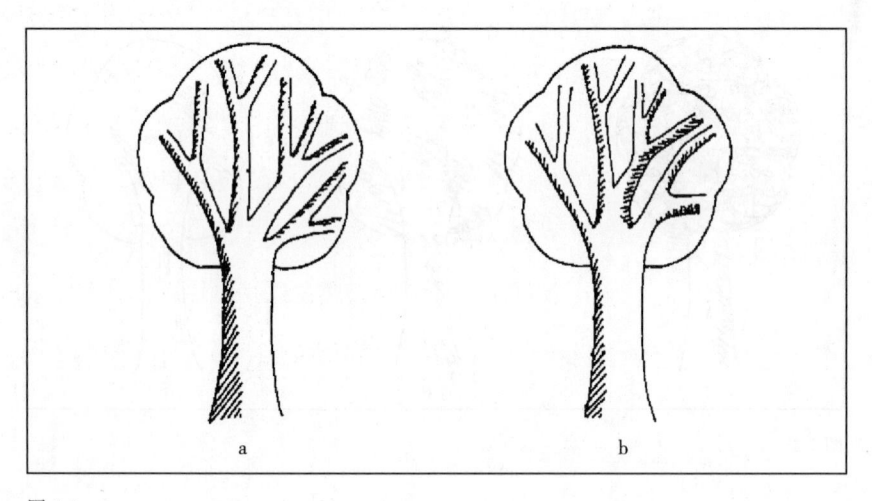

图 7.3

图 7.3（a）那样阴影始终被放在树的一侧时，明确地表现了来访者对与阴影相对的、光线的方向的喜爱，以及对"阴影一侧"的有意识的抵抗。根据树的画法与阴影的用法也有所不同，但这是"通常的"表现。即便如此，即使是比较健康的人画出的单侧阴影，通常也与想要抵抗来自该侧象征的经验或人的影响要求有关。这种抵抗往往是在父母任何一方的支持下形成的有意识的态度。有时可以看到树干的单侧（例如右侧）有非常浓重的阴影，同时没有阴影的树冠向右伸展的树木画。这种情况下，来访者通常表现出对父亲的影响的激烈的抵抗，但这种抵抗或向成熟典型的男性方向发展，不会在精神水准上

妨碍接受那些理性的、实际的影响。

　　像图 7.3（b）那样在树的两侧有不连续的阴影，暗示着某种程度上的混乱。

　　同一领域的两侧，特别是树干两侧的阴影可认为是非常明显的混乱。与枯树有关的实例 50（图 7.4）是用没有一贯性的阴影表示的，这在某种程度上表现了情绪的两面性。实例 50 中方向上没有连续性，在树整体上用不规则的样式描画了阴影。在某一领域左侧有阴影，其他领域右侧有阴影，如果这些阴影不是过渡明显就没有特别大的意义。有时我们会在来访者的作品中看到很小心画出的连续的阴影，却有 1~2 个孤立的领域欠缺连续性，则表明没有连续性的阴影部分存在问题。阴影欠缺连续性的典型例子是实例 36（图 6.28），树木的整体阴影在右侧，只有树冠上方靠近中间部分的一根小树枝的阴影在左侧。

图 7.4　实例 50

图 7.5（a~b）：树冠的单侧阴影

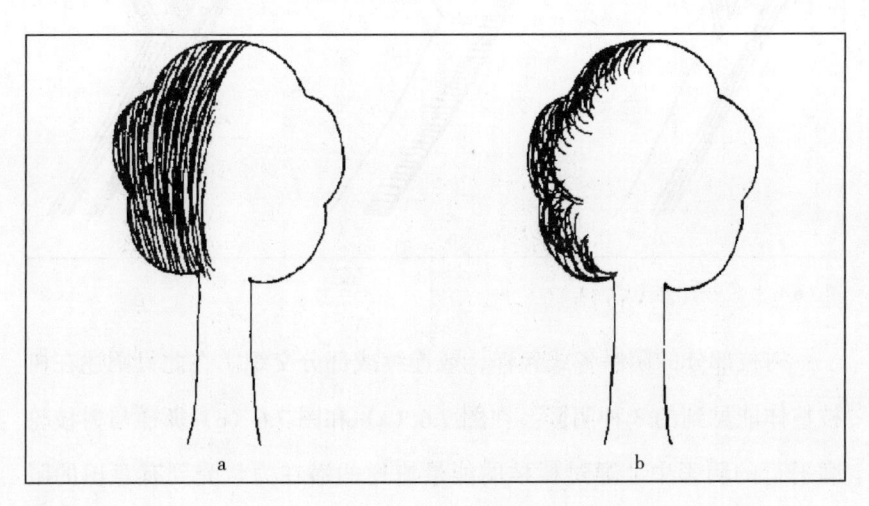

图 7.5

树冠单侧有明确阴影的情况举如下两个例子。图中阴影在左侧，与树冠部分的阴影在右侧的情况意义相同，但抵抗来自相反一侧的影响。像图 7.5（a）那样阴影几乎覆盖了树冠一半的情况，来访者有完全阻止受该区域影响的倾向。来访者虽然已经意识到这种抵抗，但否定"不期望的"影响的存在，因此来访者存在将尽力完全排斥在外的这种无意识的希望。这种形状和浓重的阴影出现在树冠单侧的时候，出现在左侧的情况居多，多是由于宗教的影响或出于对"魔术的"乃至对非理性力量的恐惧。范围稍小的树冠单侧的阴影，如图 7.5（b）那样并非树冠单侧的全部而只在轮廓附近的阴影，其问题是对该区域中的问题没有作适当的处理。该来访者对害怕的问题没有采取积极的防卫，而只是想要消极回避或受不安情绪的支配。

图 7.6（a～c）：树枝的阴影

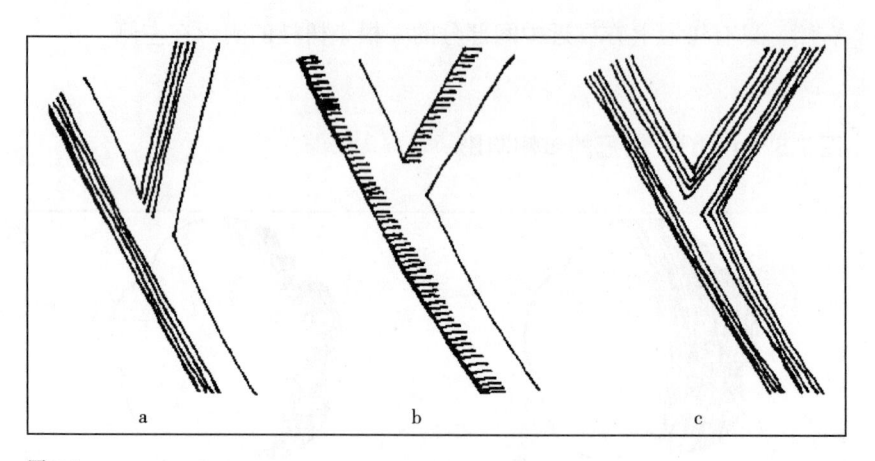

图 7.6

树枝部分的阴影各式各样，或连续或部分交织。在此只阐述在树枝整体能见到的 3 种阴影。在图 7.6（a）和图 7.6（c）那样与树枝轮廓平行的阴影中，通过树枝的能量流通的潜在力量受到有意识的限制。图 7.6（a）那样线条出现在树枝单侧时，表示防卫自己害怕的已知的影响的欲望。线条出现在树枝两侧时，由于该树枝象征着经历或努力的道路中产生了凄惨的结果而不能追溯，显示出这种含糊的情感对精力的限制。图 7.6（b）那样阴影的线条基本上垂直于树枝轮廓，这种情况下表明来访者明显地拒绝特定的人或经历。

图 7.7（a~h）：树干的阴影

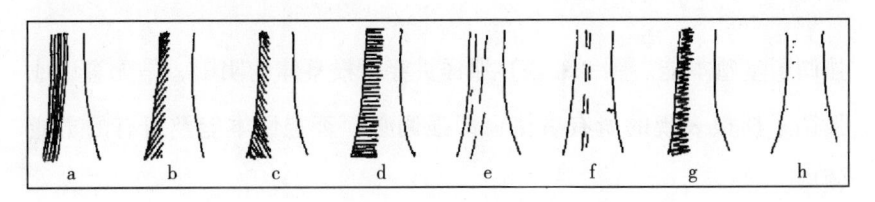

图 7.7

树木上最经常描画出阴影的部分就是树干。如果考虑到树干象征着情绪功能及幼儿少年时期的成长经历，就觉得是理所当然的了。因为针对情绪的防卫最易被感知，抵抗更多表现为针对父母的影响。树干阴影的各种方法用左侧阴影的例子表示如下，这些都暗示对母亲及女性的抵抗。当然阴影也会出现在右侧，这种情况除了表示对父亲及男性的抵抗外，同时还表示与幼儿少年时期有关的爱情经验的自我防卫。这里表示的树干的各种阴影的方法，请参考图 7.1（a~o）的阴影的用法。

图 7.8（a~c）：树根的阴影

与树枝的阴影不同，树根部分的阴影往往大部分都是无意识的表现，与其说是限制能量的流动，莫如说实际上是强调树根。如图 7.8（b）描画的阴影单性状表示抵抗，如果是女性画的，可认为是对妊娠的恐惧，如果是男性画的，可认为是对父亲的抗拒。与此相反，图 7.8（a）中所见的平行线，这些阴影在强调树根，在无意识的情况下

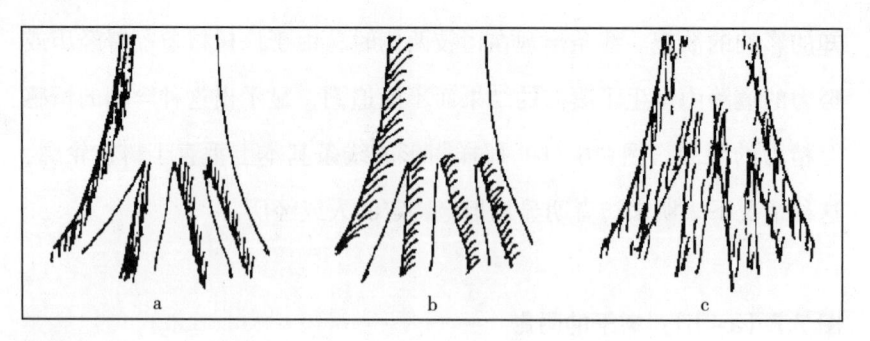

图 7.8

强调了生殖本能。图 7.8（c）那样贯穿树根整体的阴影，是无意识地强调了树根表现的所有事情，即强调必须否定性本能及所有的本能领域。

图 7.9（a~b）：地面的线条阴影

图 7.9

如前所述，经常有人用完全的阴影或一部分潦草的形状描画地面。但有时也会出现先画出明显的地面线，在此基础之上再画阴影，同时还能看到本来的线条。图 7.9（a）中所见的地面先是用纵向阴影的线条覆盖，图 7.9（b）被水平线条覆盖。这些阴影的附加是羞耻度的标志，图 7.9（a）的程度比图 7.9（b）略低。图 7.9（a）表示对分娩这一被认为是禁忌的主题怀有兴趣，在年轻的或不成熟的来访者的画中最常见。图 7.9（b）那样把地面线用水平的阴影掩藏起来的来访者，他们将树根象征的所有东西视为"禁忌领域"，通常觉得必须否定本能领域。

另外，与绘画测试相关的笔者的所有解释假说与其他研究者有不同见解。笔者想强调的观点是，大多数研究者几乎没有例外，都主张阴影是不安的标志，但这是没有根据的。汉德勒（Handler）和雷尔（Reyher，1964）认为，在给予压力时，大部分来访者都不会使用阴影。他们在1965年的论文中得出结论，（与同一来访者的平常的绘画相比）在实验的压力下使用大量阴影的来访者，是"处理压力"倾向强的人，而非"回避压力"的人。汉德勒他们使用的是人物画，因此可能与树木画的阴影有所不同。不管怎样，在笔者接触到的树木画中，表面不安的人，画作中与其用阴影、树皮等形状作为"保护伞"，更易用接近于细线、虚线、碎线等线条来创作。

第二节　特殊标记

所谓的"特殊标记"出现在树的大部分领域。其中包括：①花蕾与花，②叶，③果实，④树皮，⑤树冠下生出的别枝，⑥地面上画出别的根，⑦各种伤痕、折断的或切断的树枝、节孔，⑧类似于人类身体的一部分或其他事物的偶发绘画，⑨文字、数字以及其他的符号等的偶发绘画，⑩树丛或阴影中生出的星星或十字等。

花、果实、树皮、节孔、折断的树枝等特殊的标记，作为对树木画有目的的表现，有时被详细描画；而身体的一部分、文字、十字等，多是在描画树丛或阴影时无意中画出的。这些偶发的标记最常见于树冠，在画潦草的线条，或如实例48（图6.76）在用快速移动铅笔所产生的线条描画树丛时经常出现。这其中有很多例子，经常能在非常简单的树中找出偶发的标记。典型的例子是实例10（图4.20），只用 3 根连续的线画出的抽象树，在两个基线中看到的阴茎。另外有时会如实例 50（图 7.4）那样出现有目的的标记与偶发的特殊标记。在此露出小动物的节孔是有目的画出的标记。并且兔子、花、蝴蝶（本章后面讲述）是"附加标记"。但很多偶发的常见标记也常见于树冠的阴影，或快速潦草画出的树丛，最多出现的显著的标记是"钳子"形。

树中看到的特殊标记，从两个理由来看特别重要：第一，标记（尤其是伤痕、折枝、节孔、十字、星星）的性质、数量、位置，是来访者生活史中有特殊意义的事件或发展的正确线索；第二，标记无论是有目的地被画在树中，还是画法的偶然结果，都可以看做是来访者无意识的欲望或先入之见或基本态度的投射。当然，某种特殊的标记要比其他标记有更大的意义，例如花蕾、树叶、果实、树皮，能使我们不用树木画就能清楚明白来访者的态度，大的伤痕或"标记的"主题可以使来访者隐藏压抑的经历更易被看清。这些标记无论出现在极微妙的场合，还是作为有描写目的而出现的场合，都应被充分分析考虑。特殊标记表示生活史中的事件，也能更好地作出正确的性质解释。总之，这些标记如果适当，至少能成为对来访者提出有成效的问题并寻求解决方案的基础。

一、花蕾和花

图 7.10（a～d）：花蕾和花

像在与树枝末端有关的叙述中所说的那样，如图 7.10（a）那样树枝末端的花蕾，表示肯定的期待这种含糊的态度。花蕾开了之后会变成花或叶，因此这种期待感有未知的性质。如图 7.10（b）那样花蕾被画在树枝的旁边也表现同样的态度，此时花蕾在树枝端的形状没有被固定，因此必须另外分析树枝端。旁边有花蕾的树枝，如图那

第七章 特殊标记及其他

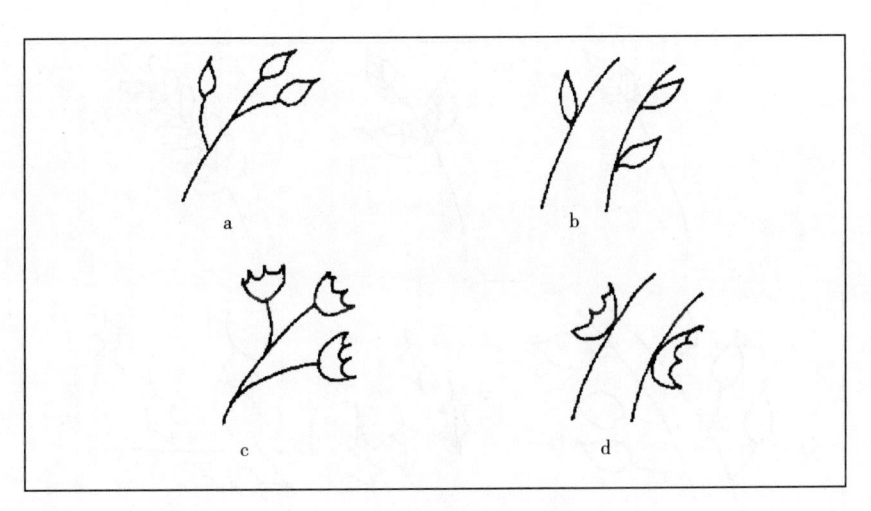

图 7.10

样距离很宽的两根树枝的情况，尤其暗示更生（回春），表示高兴地着手计划新事情。

　　树上生花的比较稀少（在笔者的资料中开花的树出现的频率较少，但这有可能是地理上的因素）。花和花蕾一样表示期待年轻的态度，但它暗示的态度较花蕾更明显。如图 7.10（c）所示，是表示喜悦的自然表现。与此相对，花直接被画在大树枝上［图 7.10（d）］是稍有疑问的标记，这种形状常常表示认为是"装饰"，或夸耀自己的欲望。

二、树叶

图 7.11（a～f）：树叶

　　一般画出树叶时，树冠表面的领域增加，与更广阔的环境接触的可能性也就增加了。树叶多表现好奇心或对细微探求的兴趣。另一方面，尤其是画在树枝端的树叶，是出入能量的缓冲地带并具有过滤功能，因此表示保护装置。

　　图 7.11（a）那样画在单根树枝一端的一枚树叶，缓和了树枝末

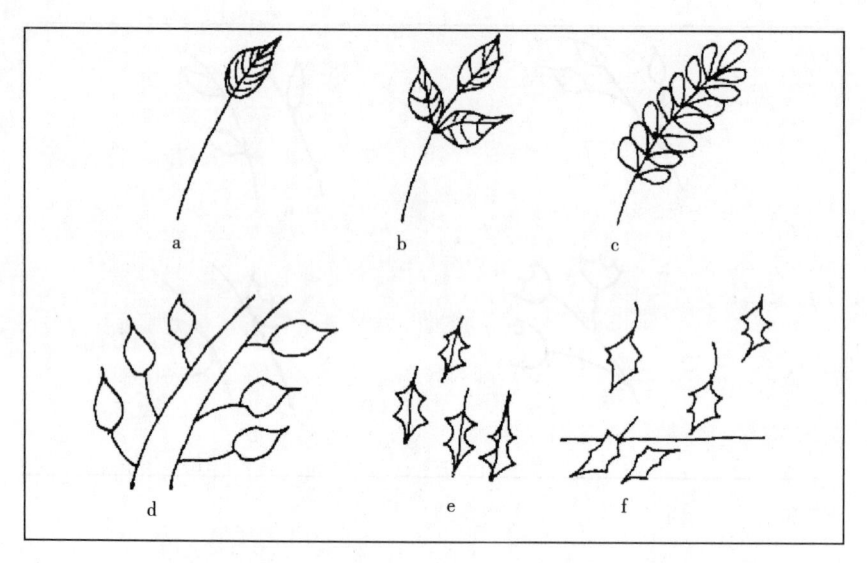

图 7.11

端由于开放而被插刺的可能性，对来访者在广阔的环境中舒展有帮助。如图 7.11（b）那样，树叶无论是在一根树枝还是两根树枝上，都表现极强的好奇心。图 7.11（c）那样沿着树枝非常小心地画出的小树叶，传达点缀的千篇一律的感情，通常与模仿的思考有关。这是学习的反应优先于想象力和好奇心，强调保护自己的意义。

图 7.11（d）那样在明显分开距离很大的树枝上一枚一枚描画很多树叶时，树叶通常被看做是诱饵。有时画了树叶的树枝有问题，这有助于将观察树叶的人的注意力从有问题的部分移开。实例 51（图 7.12）是基本的、抽象的树木画，在两个大的树枝上大大分开的树叶是该来访者表现树木时的基本因素。这是世界闻名的青年女陶艺家画的树木画，她具有丰富的想象力。这幅画中非常大的树叶，常常被理解成果实的形状，即大的树叶表示为现实的业绩和创造的才能。这种基本的、抽象的树，在笔者的资料中常见的是构

图 7.12　实例 51

造非常简单、有过大叶子的树木，根据巴克和科赫的观点，是低智能的标志。但实例51（图7.12）的作者是有优秀才能的人，同时拿她的画去问没有接受过树木画解释训练的一些人，询问他们认为这幅画出自什么样的人之手，得到的回答是一致的，他们都认为画这幅画的人是成熟、充满自信并有丰富想象力的成年人。

关于与图7.11（a~f）有关的树木画的叶子还有两个问题。一是图7.11（e）那样不在树枝上而是散乱在树冠内的叶子。这种形状常见于有闭合轮廓的树冠、抽象的落叶树上，根据被画出叶子的领域，叶子表现特殊的想法与情绪，与在抽象的果树上画不在树枝上的果实一样，这种树叶虽然丰富了树冠，但与果实表现孩子或创造性的计划不同，树叶表现了思想或复杂的反应。从树上不断落下的树叶，或已经落在地面上的树叶〔图7.11（f）〕，表现树叶很容易抖落，传递丧失或气馁的情绪。所有的叶子都落了，一片叶子都不剩的树，给人明显的丧失或悲哀的感觉。但是树冠内残留少量树叶，其他树叶即将掉落或已经掉落的时候，大部分是表示精神的、情绪的恢复能力。根据情况可判断，该来访者稍显浅薄，对已经完成或消失、或没有让其发展的事情，立即毅然舍弃，全部忘光。

关于叶子，在这里将简单阐述一下实例52（图7.13）。这是一幅由虽然有严重的心理问题，但却非常有艺术才能的年轻的女大学生所画的树木画。她在画这幅画的一年以前，由于失恋陷入了严重的忧郁状态。她曾一度企图自杀，但由于热衷于美术研究而摆脱了最坏的情况。画面上"抑郁地"画出的树，中间折断的树枝上长着健康的树叶，这可以看做是能够期待愈后的标记。由于这个女孩子陷入了严重的忧郁状态，找不到将来的方向，所以她母亲来请求帮助。尽管还有感情上的伤痛以及对安全感的强烈希求等很多的标记，但这些叶子象征着她对自己具有充分的、创造性的潜在才能有着基本的自信，以及

图 7.13　实例 52　　　　　　　　　　　　图 7.14　实例 53

她对生活的新兴趣。

　　另外，实例 53（图 7.14）是没有树枝的很多小的树叶，这与上述的在树冠内没有树枝的、独立的叶子不同。实例 53 中没有树冠的轮廓，在树干上细心描画的、小的千篇一律的叶子，与看似枯木的树枝的构造之间存在着明显的不均衡。如果不再对此画中的细微部分进行观察解释，就不能作出正确的分析，因此将在后面对此画进行更详细的说明。

三、果实

图 7.15（a～g）：果实

　　在前面的章节中论述树木形状的时候，就树冠内的果实已经进行了非常详细的阐述。果实，尤其是女性来访者画出的果实，与孩子及对孩子的态度有关。果实的出现在广义上与"创造的结果"或成就感有关。一般来讲树冠内出现的果实是肯定的标记，但也不尽然，例如看似腐烂的果实就不是肯定的标记。

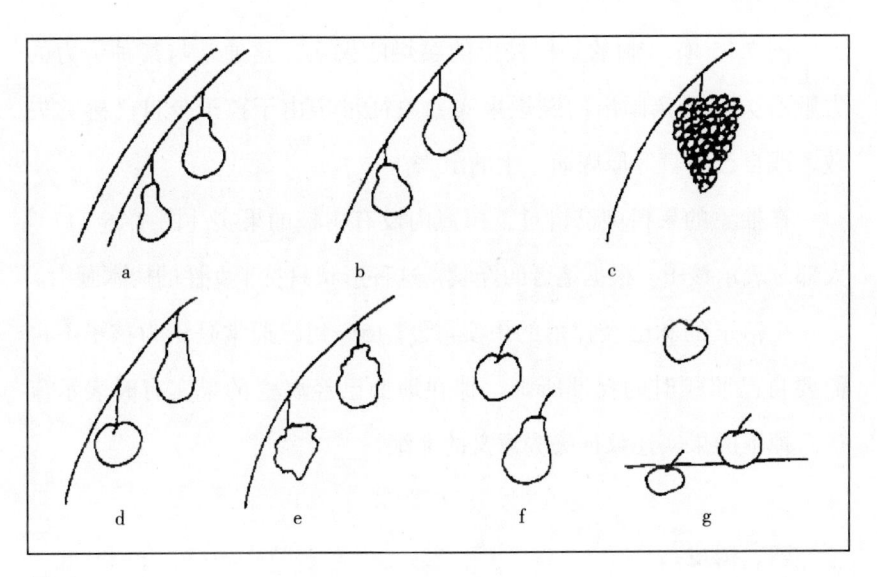

图 7.15

图 7.15（a）和图 7.15（b）分别表示二枝或单枝上成熟的果实。这两种都是比较中性的、肯定的标记，必须根据其所在位置进行解释。图 7.15（b）的单枝如果是在二枝上画出的第三枝，则象征着经过长期努力之后的成功。有时只在单枝的树上画出果实，就失去了这种特殊的意义。图 7.15（c），那样垂挂在树枝上的浆果串（草莓等小果实），与其他果实的意义稍有不同。浆果与装饰花或圣诞树的装饰品相似，表示期待快乐，或有过分夸大自身小成就的倾向。这常常伴随着对于骄傲、自我炫耀相关的称赞和欲望。如果这种浆果与树枝的大小相比过重，则可以看做是因实际才能与自己看法之间的不均衡而烦恼。

图 7.15（d）那样统一树枝上有两个不同形状的果实，其意义有两种可能：来访者有一个男孩和一个女孩，或作为职业与小孩相处时，两种形状的果实可能仅表示男孩和女孩；但如果面试时得知来访者并非上述情况，那么，不一致的果实可以看做是来访者对自己的业绩不满或自己的目标不准确的标记。

图 7.15（e）画的是树枝上的腐烂的果实。这通常与某种努力的失败有关。母亲画出的腐烂果实，象征母亲由于孩子令自己感觉失败，或自己不育等原因而产生的沮丧。

在抽象的果树中已讲过，树冠内没有树枝的果实［图 7.15（f）］大部分表示孩子。根据笔者的经验，这种形状只见于女性的树木画中。

正落下的和已经掉落的果实[图 7.15(g)]，通常是认为孩子不再需要自己照顾时的女性所画。掉在地面已经腐烂的果实有时表示流产。掉下的果实还象征失去意义的业绩。

四、树皮

下图的树干（有时是树枝）显示了不同的树皮。对于阴影处的大量说明（特别是阴影的用法），可以直接应用于树皮的描绘。阴影是无声的防卫机制，是盾牌、抵抗，或者是"隐蔽"的象征。作画者非常谨慎认真地描绘出的树皮，反而揭示出防卫的心理机制。阴影大多数显示出无意识的抵抗，树皮显示出想要自我保护的意识，其中大多数是情绪领域（树干的树皮）的自我，有时也是精神领域（树冠里树枝的树皮）的自我。

图 7.16（a～c）：竖线的树皮

像图 7.16 那样长长的竖线描绘出的 3 个树皮模型，只有图 7.16（b）具有可塑性，同时可以抵挡两侧的攻击，所以是有效的防卫装备。画出像图 7.16（a）那样长竖线构成平行线的人，虽然打算尝试着统一地引导自己的能量，但同时也会通过对他人的侵入来保护自己，由于防卫过于强硬，或不间断的精神压力而无法持久。像图 7.16（c）那样一根接一根的细线，防卫装备中存在很多弱点。在这种描绘方法的基础上，如果连树干的轮廓都断断续续的话，笔者可以准确地判断出描绘此图的人是很容易受伤的人。

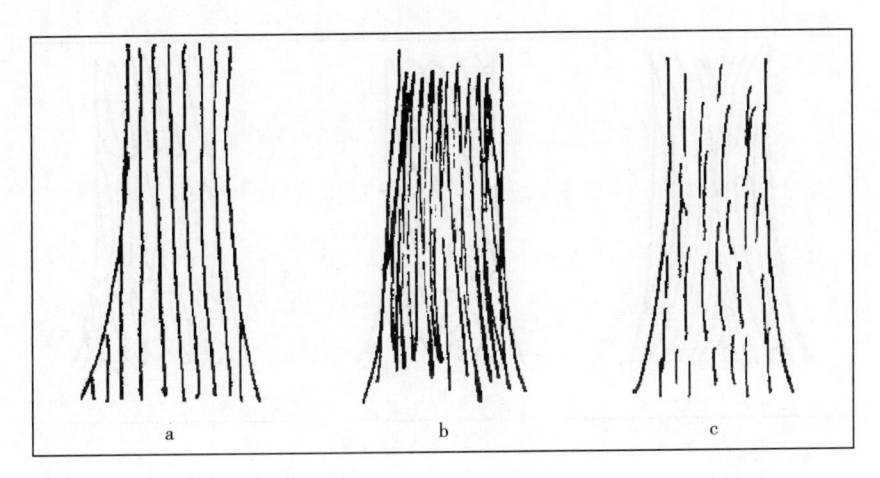

图 7.16

图 7.17（a～c）：纵向的虚线描绘的树皮

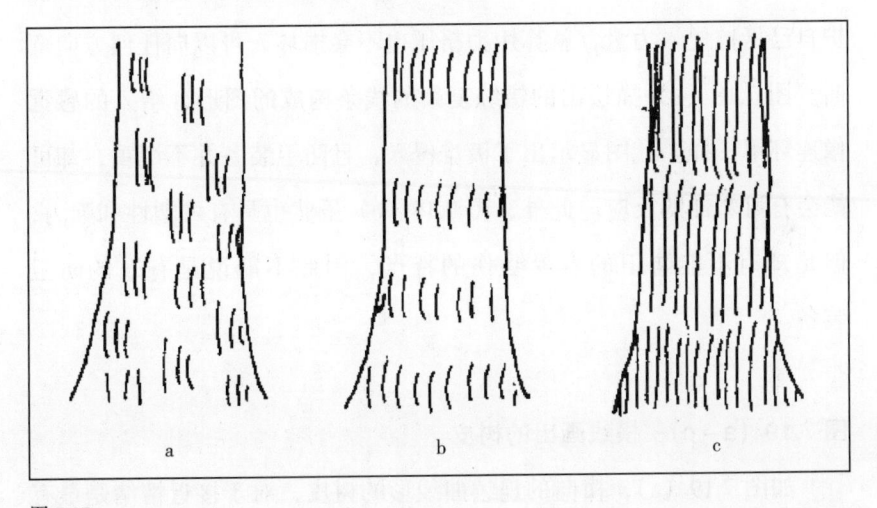

图 7.17

图 7.17（a～c）3 个图形都不是有效的防卫装备，都显示了容易受伤的特点，仿佛"阿喀琉斯之踵"。然而只有图 7.17（c）显示出了特定的容易受伤的领域。图 7.17（a）和图 7.17（b）是清楚自己容易漏出弱点而努力想要建立防卫装备的人常常描绘的图形。

图 7.18（a～c）：纵向曲线描绘的树皮

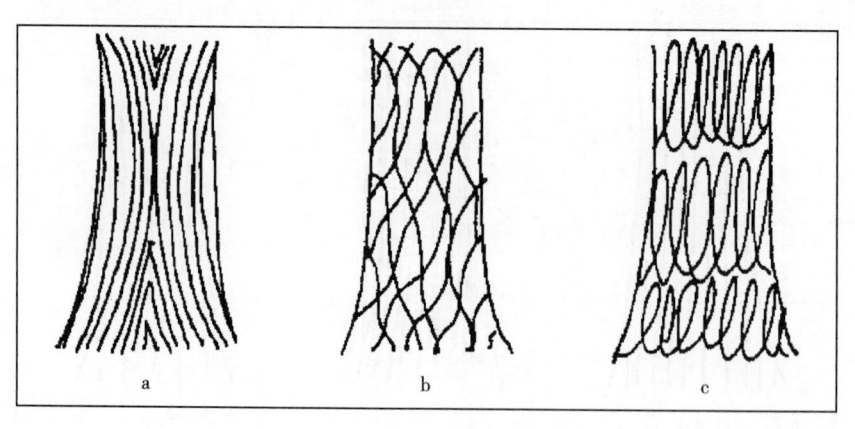

图 7.18

图 7.18（a）是由像镜子中映出的曲线一样的竖线画成的树皮。此图显示了具有极强可塑性的树干，防卫装备虽然沉重，但是可以保护自己抵抗侵入力量，就算用力挤压也不会损坏，可以向任何方向弯曲。图 7.18（b）描绘出的错综复杂的线条构成的图形，给人的感觉像连环甲一样。此图显示出了极难侵入，且防卫装备并不沉重，却可能会有可塑性的反应。此外，图 7.18（c）虽然也具有可塑性和弹力，但是却有不能防卫的容易受伤的特点，因此不能说是有效的防卫装备。

图 7.19（a～c）：横线画出的树皮

如图 7.19（a），横向的连续曲线形的树皮，对于接近情绪是最有效的防卫装备之一，与纵向的连续曲线一样都是难以侵入的，但是比之更具有可塑性。这种形状大多被看做是树干，无论树干的长短，通常来访者由于感情的相互作用而出现自闭的情况很常见。图 7.19（b）就是所谓的透明树干。这个作为防卫装备并没有什么效果，就算是为了防止情绪上的接近而有意识地努力想要自我封闭，来访者也会非常

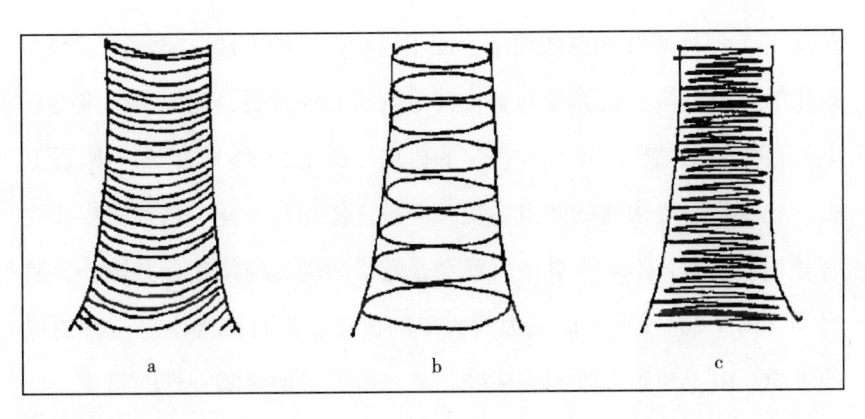

图 7.19

清楚自己的反应。如果像图 7.19（c）那样让铅笔连续移动画出压缩型的环状的话，画出的树皮像压缩的发条，显示出了丰富的内在的张力和潜在的情绪力量。这种树皮对外界影响的防御并不十分有效，即便看上去是自我防卫的样子，但事实上确实无法自我防卫。

图 7.20（a～f）：其他树皮的描绘

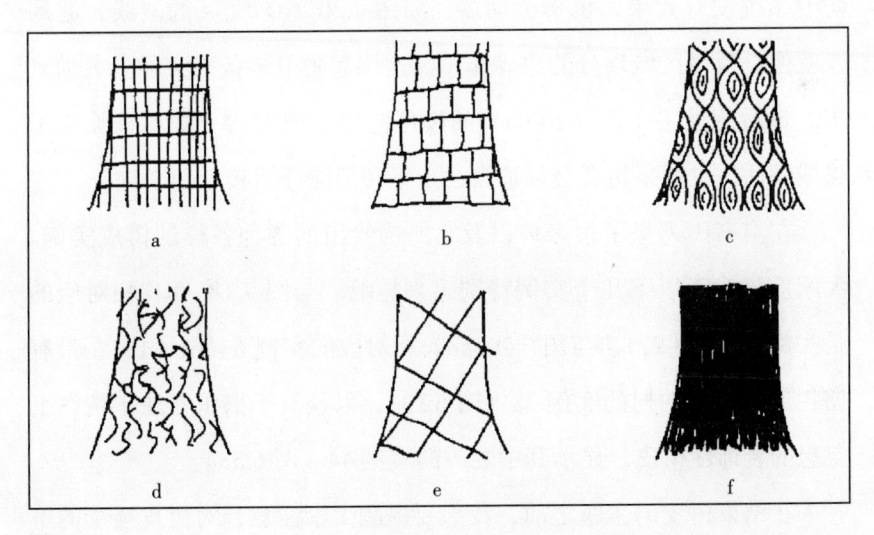

图 7.20

除此之外还有很多描绘树皮的方法，以下列出其中的几种。像图

7.20（a）那样竖线和横线相结合使用描绘树皮的方法，显示出了用心强化的防卫系统；就算受到来自其他人的心理侵犯，此人也会维持基本的自我防卫结构。像瓦片一样的树皮［图7.20（b）］，第一眼看上去，好像是用心构成的防卫系统。但是，像瓦片一样，这种树皮彼此容易相互脱离，不知不觉中，就会暴露于激动的情绪中，并被外界捕捉到。图7.20（c）可以成为箭头形的树皮。在自然界中，这种树皮的表面，由于树干上堆积着树叶，从而留下了像鱼鳞一样的痕迹。这种树皮，从心理学的角度来讲，可以看做是当事人从儿童时期就开始以殉教者（牺牲的人）的态度为基核，经历强迫性质的痛苦经历，而避免情绪介入的表征。另一方面，由于这种防卫装备主要被用于装饰，为了避免从外部而来的心理冲突，因此时常有执着于理想化的情绪倾向。这种类型的防卫装备在现实中不是很有效果。

如图7.20（d），由不规则的曲线构成几乎没有任何形状的树皮，显示出了想努力建立心理上的自我防卫，但是没有诚意，而且就算是防卫系统没有效果，也不会动摇。如图7.20（e）交叉的斜线，起到了就像是情绪区域划分的边界作用。这比起防卫装备来实际上更加有害。最后阐述一下图7.20（f）的黑色树皮。如果树干确实被涂满了黑线的话，说明来访者会强迫自己拒绝和消除任何接近和影响。

在本书中列举了很多树以及它所描绘出的各种各样的树皮实例。大家应该对于以下几个实例特别感兴趣吧。与图7.18（b）相对应的是实例3（图3.27），与图7.20（d）相对应的实例6（图4.13），带有栅栏形状树皮的树的实例38（图6.33），以及对于揭示专注于情绪上空想的装饰性树皮，显示其中之一的实例44（图6.53）。

在结束树皮的主题之前，我想要提醒大家注意，对树皮描绘的解释，是根据来访者的行为信息的不同而不同的。没有特别的效果，或者画出装饰性树皮的时候，与其说是避免情绪的接近而形成的正当防卫和自我防卫装备，倒不如说是显示了后天学习来的"人不得不防备情绪上的侵入"的态度。

五、错位的树枝和树根

图 7.21（a～b）：树冠下面画了一根树枝

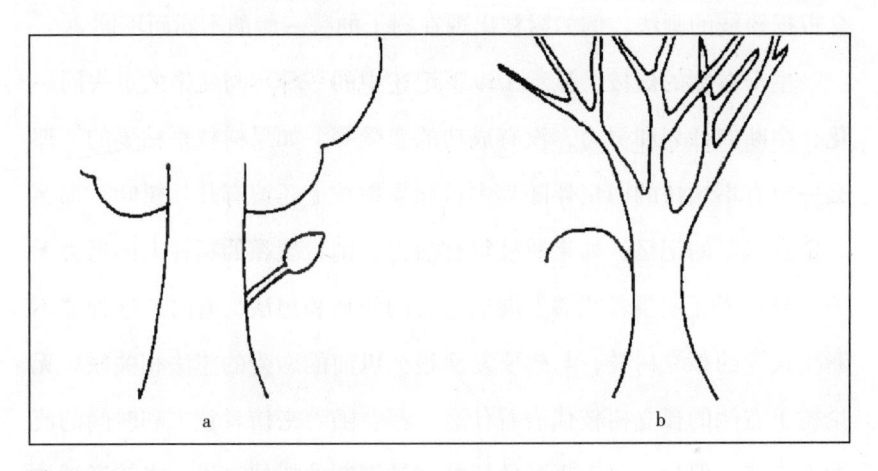

图 7.21

这里揭示了在树冠的主要部分下画出一根树枝的两种方法。但是，像这样在树的一侧画出孤立树枝的方法有多种，例如折断的或用锯切断的树枝，有少量花蕾或者树叶的半枯萎的树枝，生机勃勃的树枝，甚至有或者没有小树枝的单线树枝，与树干或者树冠其他部分虚连的树枝，等等。

实例 54（图 7.22）是在树冠右下方画出尚未枯萎的树枝的适当例子。这根树枝与树冠如此接近，以至于可以看成是树冠的一部分。这幅图的左侧画有树叶，虽然没有显示出实际的树枝，但是我们可以知道树冠的下面也是很茂盛的。关

图 7.22 实例 54

于没有附着在主干上的树枝的例子，可以参照实例 34（图 6.24）。这种飘浮在树冠下方的双线树枝和单线树枝，是不太多见的耐人寻味的例子。实例 24（图 6.6）可以看做是折断的树枝中常见的画法。一般来说，树冠下方画出的树枝显示出过去发生的事情和计划。事情的性质，来访者对这些事情的态度，这些过去的要素与现在的关联程度，会根据树枝的画法，例如树枝出现在树干的哪一侧的不同而不同。

主干右侧的树枝，显示了以下记述中的一种：与父亲的过去同一化，中断的计划和努力，没有成功的恋爱等。如果树枝是枯萎的，那么一定有不愉快的回忆伴随其中；如果树枝上还留有几片树叶，那么一定是深刻的记忆；如果树枝很有活力，则与现在的精神上的努力无关，显示了还期望着能够发展的过去的计划和想法，有时，这种"不断生长"的孤立树枝，与想要复活很久以前的恋爱的想法相关联。无论树干右侧的孤立树枝代表着什么，都会随着来访者意志和时间的流逝而告终。但是，对于折断的树枝和被锯断的树枝来说，来访者则认为还没有结束（请参考接下来的用锯子锯断的树枝的相关说明）。但是主干左侧则通常反映出违反被试意志的中断的某种事物：有可能是被中断的恋爱，妊娠，计划。孤立的大树枝没有枯萎，通常被认为是违背自己的意志强制终止的感觉，这种经验成为了深刻的记忆和持续空想的根源。如果是自我意识很强的来访者，左侧的"没有枯萎"的孤立的大树枝则显示，它所象征的丧失是被作为虽然困难却是有用的学习经验来认识的。当这枝大树枝枯萎时，这将被当作否定性的非本意的丧失而被记忆下来。这样的场合，经常显示出从中断经验中直接或间接地向母亲的发难。如果是左侧被锯断的树枝，则不仅仅显示出对母亲的发难，也可以推测有同性恋经验等特殊内容。

图 7.23（a～b）：画在地面上的一条根

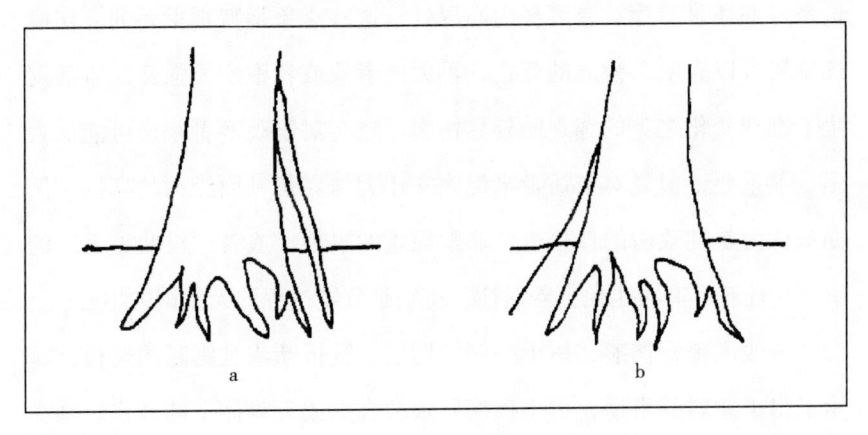

图 7.23

像图 7.23（a）那样，对于树干右侧的地平线上的一条根的解释，依据画图人的性别而不同。如果是男性，就暗示了与父亲存在着强烈的性的同一化，对于父亲的强悍和性活动的印象，决定关于这一点的自己的看法；如果是女性，则表现为通常只在年幼的时候被父亲或者男性兄弟的性魅力所吸引。在树干左侧的孤立的一条根，一般来说对男女大致有着相同意义，但是在是两条线的根还是一条线的根的解释上会有不同。两条线的根，起着树干左侧的支柱作用，固执于在本能上与母亲的同一化的初期阶段，作为情绪生活的支柱，现在仍然存在对母亲的依赖关系。如果这条从树干到地面的根是由一条线画出的，那么它的意义将大不相同。它表明，由于本能上存在着与母亲强烈的同一化，于是出现了作为成人的性反应问题，并且产生了拒绝母亲的欲望。

六、伤痕，节孔，折断的树枝

伤痕，节孔，折断的树枝，因为这些在有目的的特殊迹象中是最重要的，因此在说明其他各种各样的伤害树木的迹象之前，先作一些简单的说明。所有这些迹象都表明来访者存在着明显的问题，所以无论是咨询还是治疗，要解释内心深处，这些迹象是特别重要的。伤痕迹象还可以表明，爱人的死亡，重大的事故或者重病，强暴，生活发生了剧烈变化之类的客观的外界伤害；还有对于观察者来说可能认为不是很重要，但是对来访者来说确实作为外界伤害而经历的事情，例如被认为是性攻击的性接近，非常尴尬的事情，或者"没脸见人"的事情；还有，有时也象征着对性，特别是分娩过程的无意识的担心。

一般说来，伤痕，树干一侧的切痕，被折断或被锯断的树枝，显示了出乎意料的事情，由于疾病导致的丧失或者身体上的外伤。画在树枝上的节孔，通常与生育或者性经验自身相关。例如，象征着对妊娠的担心，或者性骚扰，性攻击，强暴的实际经历。在画中出现节孔的比率，女性多于男性（根据笔者的资料，是9:1）。而在这些女性中，这些节孔总是跟这样或那样的性攻击相关。这些实际的强暴或未遂的强暴，对于这些性经历，主观上都类似于"强暴导致了身心的伤害"。男性的画里，节孔通常与同性恋的攻击无关，但如果是很明显地画在树干左边的话，还是要考虑这种可能性。大多数的情况下，成年男性画出的节孔，显示他遇到了受过外伤的异性。在这里通常包含着对阉割的恐惧或者阳痿的经历。如果是多个男性的话，节孔代表着第一次性经历时的阳痿，几年后问题解决了，但偶尔也还是会对此产生无意识的恐惧。

在转移到画有伤痕和节孔的树之前，我想说明一下，对于在儿童、青年的画中出现的节孔，与在成年人的画中出现的节孔的解释稍有不同。

儿童画中的节孔，也有可能代表着对生产的关心，甚至是性攻击的经历。但是，无论男女，画节孔都有着特别的意义。儿童画出的节孔通常表明，他们自发地认为树里面有动物，于是把节孔当成了小动物的家（请参考图 6.39，6 岁的小女孩把一个大节孔当成了鸟巢，一个隐蔽的家）。儿童通常会强调树干，所以节孔可以看成是丰富情感领域的方法。事实上，儿童会把树皮上的洞当成进入树干的通道，而节孔则是儿童进入自己内心世界的一扇心灵之门，图 6.38 显示了一个 3 岁儿童在树干根部画了一道门，节孔代表了窗户。

对于青年来访者，节孔可以是直接适应性的象征，但是与成年人的画的含义还是略有差别。从笔者手中的少女（14—17 岁）的资料来看，画出节孔的有 61% 之多。大多数情况下表现为，从月经开始持续到对分娩的担心。另一方面，如果节孔被涂黑，在图中显得很显眼时，则与单纯的空想和担心比起来，还有可能代表着实际的性交。这种为了强调而将节孔涂黑的画法，请参考实例 30（图 6.18）和实例 34（图 6.24）。

如上所述，成年女子画出的节孔，通常代表着性攻击；而她们表现实际的性交时会强调地画出节孔，但是她们极少是强暴的牺牲者。这些少女的经历纵然是自然发生的，但是却被第一次的性经历所伤害，通常是比较天真的尝试而导致的伤害。笔者关于这一年龄群的画的资料，都是最近的，没有对这些来访者进行长期的研究。因此，如果这些少女没有被强暴，或不再被暴力攻击，那么经过一定时间之后，她们的画中的节孔也许会出现消失的倾向。如果伤痕太过明显，与树的其他部分的画法不同，强调伤痕的时候，则象征着最近的心灵创伤。这种情况下，树干的位置与伤痕产生的时期并不对应。

图 7.24（a～g）：伤痕与切掉尖的树枝

图 7.24（a）是遭受雷击留下的伤痕，图 7.24（b）的断枝是雷击或者强风造成的。这两种情况都是对树的"自然损伤"，通常代表着来自不能避免的痛苦的事情，或者来自环境的巨大的否定性的冲击。

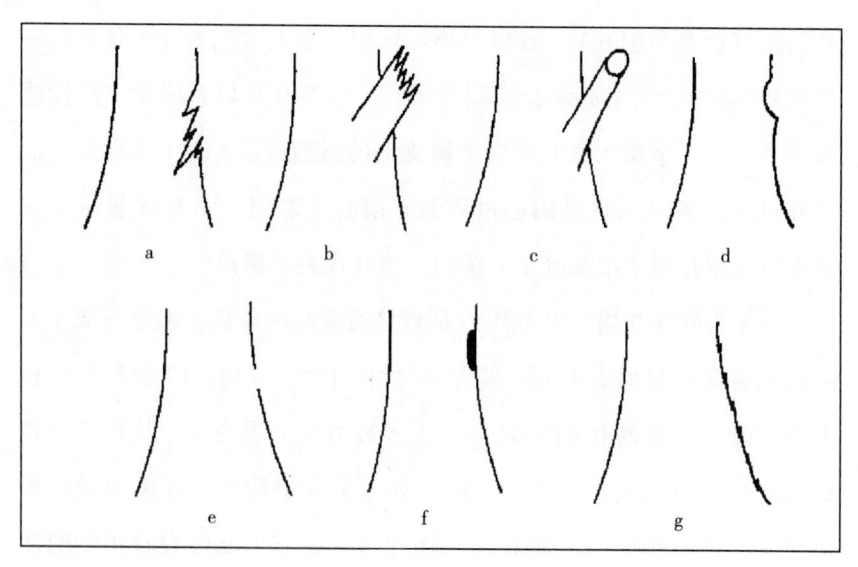

图 7.24

树干上的雷击产生的伤痕，代表着与心爱的人（特别是恋人）的死别，有时也有可能代表着事故导致的重伤。树的右下方，折断的树枝虽然消失了，但是对于来访者来说仍然象征着一些重要的事。如果折断的树枝是小树枝，并且没有连着特别大的树枝时，则代表着丧子。孩子出生后失去的，树枝通常会出现在右侧；如果是树冠左下方的小枝的话，则表示流产或人工流产。树冠高处的断枝则象征着由于生活环境困难而导致的突然停止的计划。图 7.24（c）被锯断的树枝，象征着丧失或者未完的计划，而且这时此人在非难他人。如果这根被切断尖端的树枝出现在树冠上方的话，则不仅仅是追求的计划未果，还明显地表现出没有得到预期的报酬而导致的仇恨。折断的树枝或者锯断的树枝数量很多时，此人认为自己是无辜的受害者，自怜和表演的倾向成为基本态度的特征。

如图 7.24（d），树干一侧的洞，形状非常特殊，通常与自然损伤无关。这个稍微有点外伤的经验，代表着伴随性交的性游戏。就算没有实际上的性交，与继父、伯父或兄长之间有性的关系，对于近亲通奸的气氛有着强烈的负罪感，这在某些年轻的女性身上看到过。又如，类似与感到性魅力的人相遇之后才发现他的恋人是自己的好朋友，也可能意味着从某一时刻开始感觉到的性感丧失。

图7.24（e），树干上的许多裂口可能有很多含义，其中一部分已经在讲到树干轮廓时阐述过。在树干左侧出现的裂口，是情绪上容易受伤的标志；如果是在右侧，那么他的弱点和父亲相关，或其他的男性或者以前的恋人所带来的特殊的情绪上的痛苦。这种情况有时也有可能标志着近亲的去世，但是只适用于在画此图的人幼年时近亲去世的情况。图7.24（f）通常不是客观的外伤，而是显示了因为想象中建立的人际关系在现实中并没有实现导致的困惑以及情绪上的痛苦的经历。

如图7.24（g）那样树干的右侧有很多细小的线条伤痕，这表示对情绪领域的入侵。这或许是朋友关系、天真烂漫的爱情关系，乃至年幼时的性事。总之，这表示该来访者与各种各样的很多人有较深关系的倾向。

图7.25（a~i）：节孔

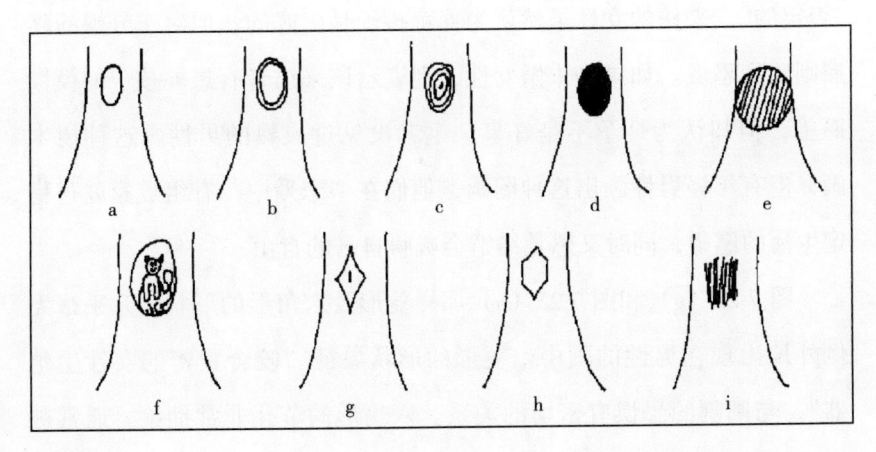

图7.25

对于节孔的性的象征，已经进行了相当详细的叙述。在此想阐述的是，与树干的幅度相比的节孔的大小，在区别对性经验本身及分娩的兴趣上所产生的作用。如图7.25（a~d）那样稍小的节孔，与图7.25（g）和图7.25（h）那样形状的节孔相同，象征女性生殖器；而图7.25（e）和图7.25（f）那样非常大的节孔（黑和白）则表示子宫。图7.25（a）与图7.25（b）那样比较简单的节孔，通常表示性的攻击或最初的性经验；图7.25（c）那样双重轮廓则强调的是更大的打击，将很多圆圈画在节孔当中，表示那样的伤痕"在不断愈合"，那个经历通常是比较久远的过去。与此相反，图7.25（d）那样完全被涂黑了的节孔，则暗示对那里包含的经历的强烈的羞耻感，以及那个伤痕是新的。令来访者惭愧的过去经历，用与树干上的其他标记混合的有阴影的节孔形状来表示；但没有任何装饰的空白的树干上出现的明显被涂黑了的节孔，则是典型的最近的经历。

如图7.25（e）那样横跨树干整体的节孔，大部分表示对分娩的关心，在笔者所持有的男性来访者的资料中从来没有见到过。如图7.25（f）那样有小动物的大节孔，表示着对养育孩子的某种两面性，即如果动物可被看做是"肯定的"，那么节孔本身则可被看做是稍稍"否定的"。来访的女性虽然认为养育孩子是美好的，但对于分娩的疼痛则感到恐惧。如果是未婚女性，则表示该来访者有想要孩子的模糊愿望，但却认为怀孕不是好事。笔者没见过成熟的男性画这种树木画，但有年轻男性画出这种图画，他们在"恋爱中"有组成家庭过稳定生活的愿望，同时又感觉结婚会威胁自己的自由。

图7.25（g）和图7.25（h）那样菱形及六角形的形状，几乎毫无例外地出现在男性的画中。菱形的形状象征"咬合紧密的女性生殖器"，与阉割的恐惧有密切的关系。六角形的节孔非常抽象，通常被看做是"旧的伤痕"。

图 7.25（i）是介于树干的阴影和被明确画出的节孔之间的东西。由于这并非现实中的树的损伤，因此很多是表示想象出来的经历，但通常伴随主观上的痛苦。举这个例子是因为在另外很多情况下，没有阴影的标记、只在树干中央画出的节孔，与明确画出的节孔一样具有性的意思。

实例 45（图 6.64）和实例 27（图 6.14）是树干端作为表示"困惑"的伤痕，实例 53（图 7.14）是有"咬合"伤痕标记的树干的例子。有阴影的节孔可见于实例 21（图 6.2）、实例 25（图 6.12）和实例 27 等 3 位女性的树木画。实例 21 中还有洋伞形的树冠，明显地强调着害羞的主题。实例 27 中的一根有阴影的树枝，长在第二个节孔的右侧，这非常有意思。因为该来访者虽然认为自己被性利用了，但并不认为自己被强奸。小树枝的阴影暗示，她虽然想抹去那件事的记忆，但却更加增强了认为允许被利用的责任在于自己的这种主观感情。有阴影的树枝有可能表示人工流产。

实例 50（图 7.4）是高校的女教师所画的树木画，可以看到有动物的节孔。在此用非常大的洞明显地表示了子宫的主题。

男性的树木画中，可以见到将明显的节孔作为"枯树"讲述的实例 5（图 4.7），另外在实例 22（图 6.3）中也被认可。后者是一位大学教授主动画的树木画，笔者不了解他的个人生活的详细情况。但他的幼年时期多半是在收容所中度过，战争的外伤经历得到了披露，这种情况下的大伤痕，肯定就不是性的伤痕。

七、偶然画出的标记

表示特殊标记的下列图，除圣诞树的装饰以外，几乎全都是偶然画出的，而非有意所为。偶然产生的标记与注意找出的事物的种类几乎是无止境的。在此列举树木画中常见的几种形状，以人类身体的一部分、人类的生殖器官、文字、数字、抽象的符号、十字等小的对象进行分类。对这些偶然的特殊标记的解释必须谨慎进行，因为这有可能是来自来访者的某种反馈。但为了能够有效地利用这些标记，使之成为了解来访者内心的线索，最好不告诉来访者提问和理解是在画的基础上进行的。这是因为，那样标记即使被画得非常明白，如果来访者知道它们是由于画的方法偶然产生的，他们也会否定那些标记所持有的某些意思。如果来访者没有注意到那个问题是来自偶然画出的图画，有时就会立即承认测试者的提问是适当的。

作为客观的批判，有人会问，偶然画出的东西能对人的内心提供可信的情报吗？先不说研究者在尝试建立与这些标记的意义有关的充分理论，仅在笔者的经验中，与基于理论、从理论出发、能够容易被接受的其他因素相同，作为了解来访者的根据，可以说这些始终都具有可信赖性。

图 7.26（a~f）：人类身体的一部分

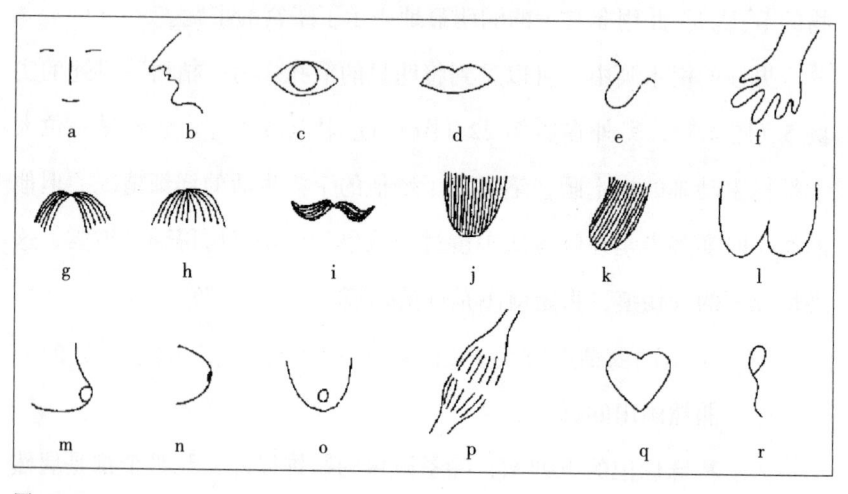

图 7.26

接下来要阐述的，是那些作为偶然的特殊标记常常出现的人类身体的一部分。如图 7.26（a）那样画出朝向正面的脸，表示这是绘画人自己在镜子中的映像，可看出绘画人稍微有点自恋，至少可以看出他有点过分地专注于自我。图 7.26（b）那样的侧脸，有两种不同的意思。例如描绘的方向如果是从外侧的树丛向里画的，这个侧脸表示认可自己内面的"他人"这种表示稍稍有点妄想的情感，具有想要讨好其他人或特定的人并且得到认可的强烈愿望。如果侧脸是从树朝向外的情况的话，则表示的是对"其他人"的态度。（请参照"图式"的有关章节）如果回头看下方、严厉的好像在指责的侧脸，暗示的是对钱财的蔑视；朝向右侧中央的微笑的侧脸，暗示着对画纸上与该领域有关的具体活动或者正面的情感的承认。

图 7.26（c）那样的眼睛，尤其是被画在树冠中比较高的地方，常常象征启示。如果在树冠的下方的话，那么和来访者注重的得意计划有关。眼睛主题的基本含义是"看掩藏起来的关系"。这种含义是否现实，则要看眼睛的位置以及绘画人的实际才能。图 7.26（d）那样的嘴的意思有很多的可能性。巧妙地画出嘴的实际唇形的图画，常常表示保留下来的幼儿时期对性的好奇心记忆。虽然画得不那么详细，但部分张开的嘴，通常表示对异性及同性的嘴唇的性幻想。但是嘴被画在树冠的左侧上方的时候，张开的嘴象征对雄辩才能、演戏以及音乐的兴趣。图 7.26（e）那样的舌头是对自己或他人的嘲笑。包含对自己嘲笑的时候，舌头被画在树冠内的十字架或星星的正上方，表示对正处于某种人生危机的自己表示某种蔑视。图 7.26（f）那样的手与 3 种不同的情况有关：如果手靠近用其他标记暗示问题的部分，表示来访者感觉其他人在干涉自己，或者妨碍自己处理生活的方法（这尤其容易出现在初次和治疗者或咨询者接触时）；手在树的中央、朝向树冠和树干的过渡点的下方的时候，就像手指似的树干一样，是抓住稳固的支撑、尝试紧紧抓住的意思；手从树中向外伸出，

是寻求帮助解决烦恼的标记。

男性的树木画中出现图 7.26（g）至图 7.26（k）那样各种各样的胡须，表示对男性的虚荣心或男性风度的关心。在女性的树木画中，这些标记通常包含着幼年时期与留胡须的"男性"的同一化，至少暗示胡须可能引起异性情感。

图 7.26（l）表示臀部的标记，特别是被画得清晰，或者反复被描画的时候，是极为重要的特殊标记。如果画出此画的是男性，则与想象的或现实的同性恋经历有关；如果是女性则暗示母亲，以及对母亲的性的指责与厌恶。但有时这种标记也表示期望被暴力征服的女性的欲望。这种情况下的标记通常出现在树干的右侧。在女性的树木画中，这种标记最常见于树冠下方左侧的部分，有时甚至会出现在左侧地平线上。

图 7.26（m）那样下垂的乳房，通常出现在男性的树木画中，暗示对女性乳房形状的部分厌恶，或对自己年幼时期的亲昵依存之举的否定。乳房作为引起性感的对象，有趣的是，这种标记常常出现在仅对符合标准的胸部的女性感兴趣的男性树木画中。有一位男性将这种形状作为树干的节孔画了出来，据说和他有很晚断奶的经历有关。画出这种类型的乳房的女性，通常对自己的身材不满意，不论她的乳房是否下垂，因为某种理由，她认为自己的乳房很难看，就采取了这种否定的评价。图 7.26（n）那样从侧面看到的乳房，及图 7.26（o）那样普通下垂的乳房（这有时还被画成为一个简单的圆形内部有一个点，表示乱涂出来的乳房形状），仅仅表示对女性身体的上半身感兴趣。这些标记几乎常常出现在男性的画中。

图 7.26（p）表示动脉和静脉的交流点。这在解剖学上是人类身体的自然现象，但在树木画中却不是好的标记。这通常是一根向下的树枝与一根向上的树枝的交会点，由于两根树枝末端的相互缠绕而产

生的。这有可能是暗示将要爆发的状况，很多情况下这两方的树枝也是没有得到解决的问题的标记。

图7.26（q）那样心的形状，是偶然画出的这种特殊标记的一个例外。心作为偶然画出的形状出现在树冠内，或者常常被有意识地画在树干上。有意图地画出的树干，是青春的表现或嘲笑及怀疑的标记。心作为树干中的偶然标记出现时，通常指示是对自己宽宏大量并具有热心肠的人。表现在人际关系的问题上有"坦率地表达感情"的倾向，在处理人和人之间的关系时更多的是简单而直接的接近。

这类标记群最后的图7.26（r）画的是男性的精子。这通常表示被耗费掉的能量，对于"白白浪费了自己"有某种后悔的情感。另一方面，这种标记出现在树冠上方时，意味着来访者确信自己正在作重要的"有创造性的"思考；如果女性画出这种画，则暗示对思考的接受性。有趣的是，精子的标记与对妊娠的期望和恐惧没有关系。

作为这些特殊标记的形状，还是举个实例说明更有帮助。根据实例的不同，有的特殊标记非常容易被识别，有的则必须谨慎地观察非常细微的点才能找到合适的解释。实例26（图6.13）中用纸上的区域6中，有一张由内向外看的小丑的侧脸。这大概是表示绘画的女性对努力工作的父亲的态度。这个父亲是必须工作的"蹩脚诗人"，在实际的工作中没有什么特别的成就。非常爱自己父亲的这个女儿，很明显地觉得父亲可怜，但多少有些轻视他追名逐利的努力。

实例44（图6.53）中的区域8a中能看到一张张开的嘴。另外实例48（图6.76）中能看到作为树冠的大横枝画出的、向上伸出的手。根据区域8a中画出的张开的嘴，可以判断该来访者大概想要寻求帮助，想要从神秘的经历中找到安慰。实例39（图6.35）是可以看到人的臀部的典型例子。这表示在区域5a中，与她对母亲的性冲动的憎恨与羞耻有直接的关系。

在实例 3（图 3.27）的树冠中可以看到数个乳房的形状。该男性在只有女性的家庭里成长起来，怀有明显的"后宫"幻想，并且有时想要将这种幻想实现。区域中可以看到最典型的乳房，该区域表示希望。

动脉与静脉交流点的例子可见于实例 29（图 6.17）的区域 4 中。该来访者对母亲和患有精神分裂症的姐姐具有两面的感情。树枝之间能量交流的特殊情况，与对母亲的否定的感情有关，表示害怕变成姐姐那样的恐惧，和对这种感情的有意识的否定，以及变得不能从中摆脱出来了。

两个非常清晰的镜子的形状，可见于实例 24（图 6.6）中树的右侧。因酒精中毒症而离婚的男性画出的这幅画，表示出了明显的做无用功的努力，或自己没有任何长处，以及能量流逝。另外实例 44（图 6.53）中，精子的形状可见于树冠的下方轮廓的区域 4 中。这里表现的是她对记忆和情绪的高度包容性。

图 7.27（a～j）：生殖器

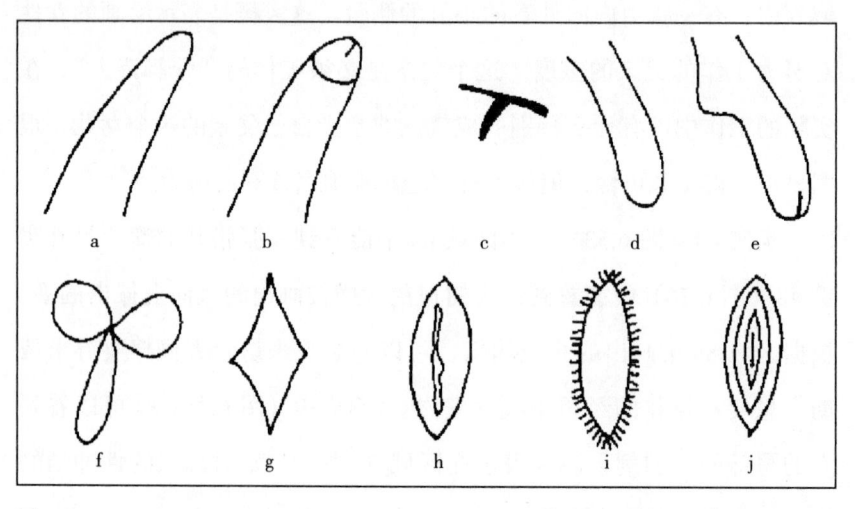

图 7.27

生殖器的一般意义非常明显，但根据在树中出现的地方以及实际的形状而有所区别。画出图 7.27（a）和图 7.27（b）那样勃起的阴茎的，无论是男性还是女性，都表示对新的性经验的空想或欲求，在男性的画中有时还象征对自己性能力的主张；而在女性的树木画中阴茎的出现，则不能确认为与对阴茎的羡慕有关。图 7.27（c~f）是没有勃起的阴茎的例子。这如果是出自男性之手，表示阳痿或对阳痿的恐惧；如果出自女性之手，则表示对性伴侣的性行为的不愉快经验。如果男性将阴茎画在树的某一侧，则有表示主观上的"指责"的意思：画在左侧时表示对母亲或冷感的妻子的指责，画在右侧时则表示指责父亲或指责父亲不好的样板。图 7.27（c）不太像实际上的阴茎，这是在一张将所有东西简单化的、抽象的树木画中找到的。该来访者由于常年患病而阳痿，这种病在今天被分类为风湿性关节炎的一种，当时被认为是一种传染性疾病。他把自己的阳痿归因于妻子，并指责他的妻子。

图 7.27（f）可以解释为阴茎的形状，也可以解释为剪刀。如果表示剪刀，与来访者"想要剪下"的树枝部分有关，通常区别于阴茎。

图 7.27（g~j）描画的是女性生殖器。简单的菱形形状，作为女性生殖器的暗示常见于缭乱的图画之中。图 7.27（g~j）都表示阴道的入口，图 7.27（i）描画的也是外阴部。图 7.27（h）与图 7.27（j）的不同之处仅在于前者表示的是处女。这些女性生殖器如果出现在男性的画中，表示对女性生殖器的青年时期的兴趣，或对窥视的迷恋。如果出现在女性的画中，其意义更为复杂。这个暗示如果出现在树冠中，表示充分意识到了被强奸，已经不会再作为树的节孔出现。这还与想要被强奸的受虐狂有关。但描画外阴部时，其意义与节孔相比，性的意义更少。因为对分娩的全过程的肯定或期待，除否定的恐惧之

外，表示了对分娩模糊的兴趣。这些标记几乎没有例外，只见于女性来访者的画中。这种象征的典型的例子可见于实例34（图6.24），女性生殖器突出于树的整体，地面整个画在树干的周围。这幅画是月经开始不久，最近才对性有所觉悟——自己已经能生宝宝了——并已经陷入了这种期待与惶恐的青年期的女性所画。

图7.28（a～f）：作为偶发描画的动物形状

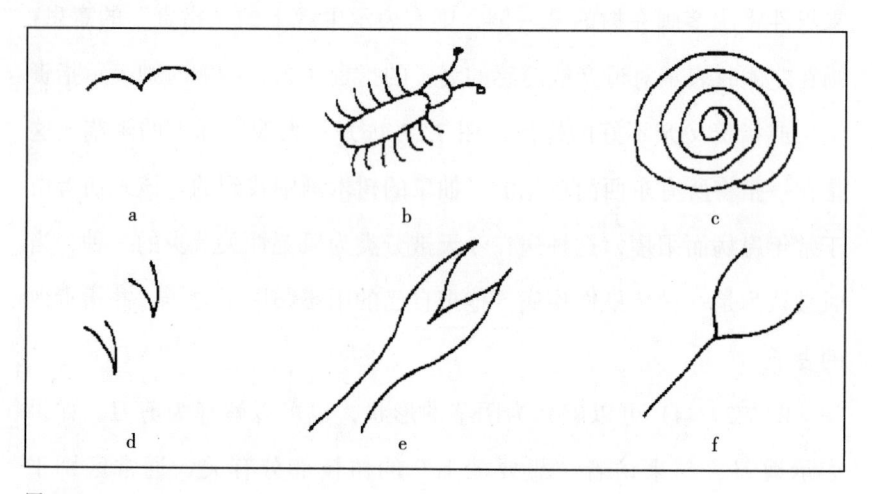

图7.28

图7.28（a）那样图式化了的在空中飞翔的小鸟，是极为常见的偶然标记。此种图形出现在树冠中的时候，暗示一刹那的想法。出现在十分发达的树冠中的鸟的形状，表示丰富的精神内容；而不十分发达的树冠中的鸟，则表示想要从想法的模式中逃避出来的空想。图7.28（b）那样类似于虫子的形状，常常是失败即树的干枯部分的标志，这暗示失败的努力或人际关系中稍带自虐的停滞。图7.28（c）那样蜗牛的形状象征某一领域的心理萎缩，有时与保护新想法或计划有关。有时这种形状上有花纹，像凤尾草或僧侣所持的拐杖——前者的情况是希望的标记，后者是权威的象征。

图 7.28（d）和 7.28（e）那样钩爪或钳子的形状，有明显的攻击性意义，但如果这些形状不是出现在树端而是出现在树冠内部，则表示自己受到的攻击。钳子还有剪子，表示想要从树上剪下某一特殊部分的欲望。图 7.28（f）画的是爬行动物的舌头，这种形状出现在树冠内时，象征敏感的"触角"或非智力的探求；出现在树冠的边缘时，表示攻击或没有充分的防守，和想要吓唬其他人的欲望。

图 7.29（a~k）：作为偶发标记的各种事物

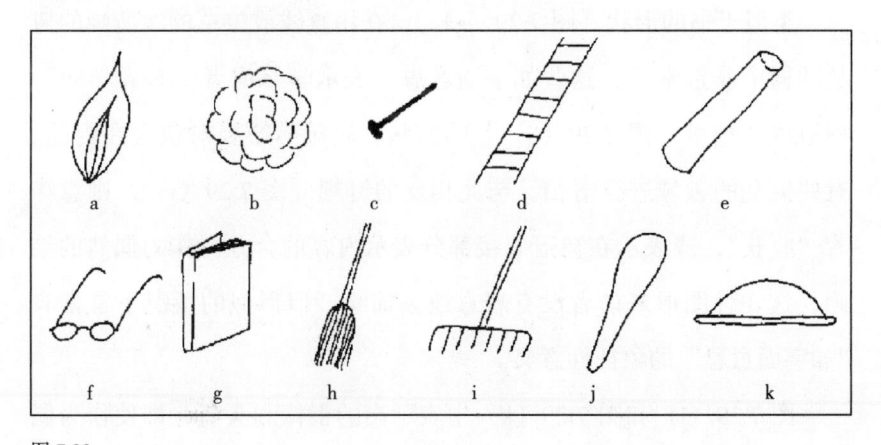

图 7.29

图 7.29（a）那样的火焰，表示希望、入迷、"燃起的想法"。在快速画出的树丛中常常出现的化妆粉扑儿 [图 7.29（b）]，是积极的想象标记，多与表现流畅的想法有关。很像钉子的记号 [图 7.29（c）]，虽非大的伤痕或心灵外伤的标志那么严重，但可以看出焦躁或"受伤的地方"，也表示特殊的否定经历（这是在树冠内的树枝及树干中都很常见的、偶然的标记之一）。实例 45（图 6.64）中，在树干的左侧画出了两个非常像钉子的形状。

梯子的形状 [图 7.29（d）] 作为偶然的标记出现在树冠内的时候，是野心的标志。这种形状有时出现在与树的伸展方向不同的树冠的一部分中。这表示秘密的野心，以及暗示本来在进行着必要的努力，但是期望用不同的方法"取得成功"。

与图7.29（e）相似的形状，可以认为是卷轴或望远镜。这种图案如果出现在树冠右侧的高处时，表示期望得到学位等具体的业绩；而出现在树冠左侧高处时，则容易象征"眺望远处"或"展望未来"。眼镜［图7.29（f）］的出现概率比预期要多，有时表示来访者因实际能力而烦恼。但更通常的情况是，眼镜象征把焦点指向特定领域的困难程度，或者是为了明确已察觉的事物必须使用外部方法的象征。

类似于书的形状［图7.29（g）］，在用直线或潦草的线所画的树丛的树中非常常见，这些如字面意思，表示学习或者"卖弄学问"。树冠内的扫帚［图7.29（h）］的形状，暗示有必要对包含在内的、有些混乱的领域进行清扫。与此相反的钉耙［图7.29（i）］则意味着"收获"，或表示在树冠邻接部分表示内容的合并。作为偶然的绘画，这3种图形来访者没有着意地去描绘，但形似的情况下常常有"如字面意思"的象征性意义。

图7.29（j）和图7.29（k）中表示出的棍棒和头盔，即使作为偶然画出的形状，也已被描画得非常明白了。棍棒是明显的攻击性标记，头盔则是防卫的标记。但在此想要强调的是，这些标记仅仅是找出该形状所在的特定领域的攻击或防卫，有很多与作为整体的树的色调中表现出来的基本态度形成对比。

图7.30（a～f）：圣诞树的装饰

关于圣诞树一般的意义在前面的"树木的形状"中已经进行了阐述。在此想要对画在圣诞树上的装饰加以说明。图7.30（a～c），那样从树枝上垂下来的糖果、水果、装饰的球或星星，表示清高的行为。但这些与装饰用的花或人工树叶等相同，在送礼物时多少起到想

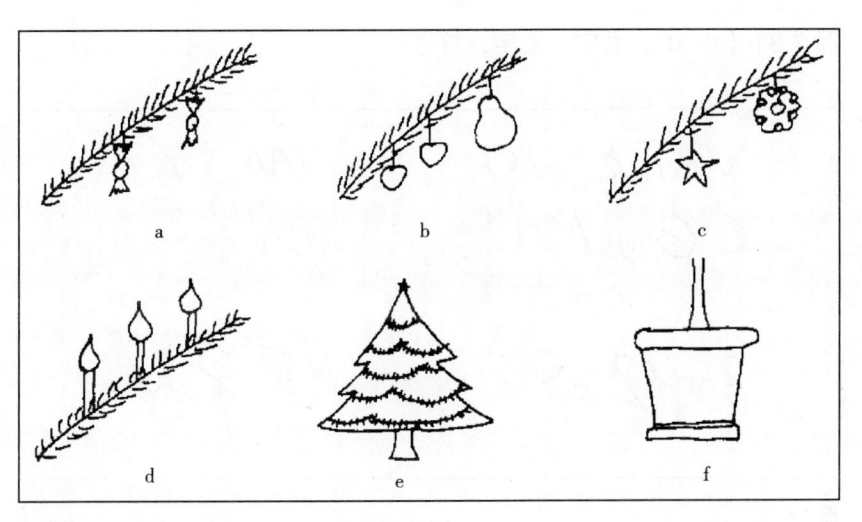

图 7.30

要引起接收人的注意或认可的目的,故而暗示是"礼物"。圣诞树如图 7.30(d)那样主要用燃烧的蜡烛装饰的时候,表现对启示的祈求。但这容易产生被动的倾向,多与传统的宗教实践或教义的信念体系有关。花环包住整个树[图 7.30(e)],表示通过自制充满圣诞树所表达缓和愉快的情绪。通常在正确地很真诚地描画树的整体的时候,在成年人的圣诞树画中会出现这种装饰。我们看了稍有强迫倾向的人们画的这样的画,他们的朋友和家人不断地对他们说"你应该放得更轻松",因此他们一直在为了快乐而勉强地努力。其中的两个人笑着说这种有益的忠告会使我进退两难,之后画出了匀称的冷杉树,开始热情地谈自己的野心。这些当然是特殊的例子,选择圣诞树的主题,与其说是自主的选择,莫如说是明显的社会压力的表现。总之,作为装饰主题的花环,表现某种程度上的自制。

图 7.30(f)那样在圣诞树的根部画出详细的容器,暗示想要抑制性能力和无意识的力量的人的努力。有时树的根部用礼品包装纸含糊地表现。这些与自然的树根周围的花和草丛相似,可以作为"诱惑物"来解释。

图 7.31（a~d）：文字、数字、符号

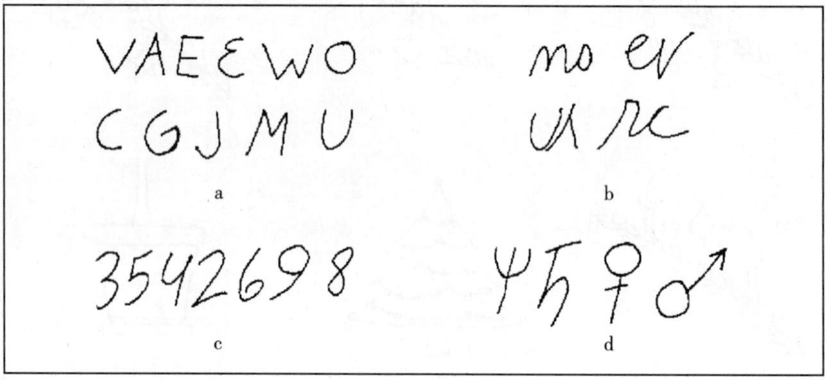

图 7.31

青年人有时会把名字词首的大写字母或者男或女的符号雕刻在树上，在树上画出文字或符号，这些常常是偶发的标记。很多情况下这些标记都常常被当作是很有兴趣的"主要的线索"，但是事实上却并非那么重要。虽然没有意图，在明确地画出这些的树木画中可以看到实例 26（图 6.13）及实例 2（图 3.6）。前者，在与竞争有关的画纸的部分区域 6 中的树冠的右侧中画出了一个"3"。该来访者正在以 3 来表示读优秀的学校，并且正在准备获得大学奖学金的竞争考试。在后者中的区域上能看到音符。他的孪生妹妹是音乐家，他从她作为音乐家的活动中获得了非常多的乐趣。

文字被组合出现时，时常出现重要人物的名字的首写字母。通常这没有什么重要的意义，但被隐藏起来的同一化常常很重要。例如有个女性在画树木画时，在树冠的空白处明确画出了名字首写大写字母"G.M."，开始她说想不出有这样名字的人，不久又补充说是自己好朋友的丈夫的名字缩写。这本来没有什么大的问题，但在其后的交谈中她自己又提起了这个话题。据她所说，虽然没有实际的行为，但她对这个好朋友的丈夫抱有性幻想，对此她怀有罪恶感，就不与那个好朋

友见面了。之后她注意到这种幻想已经直接关系到自己夫妻的问题，解决此事不仅是消除自己的罪恶感，还改善了自己夫妻的性关系。

数字有时也许表示重要的日期，但通常没有直接的意义。在此想阐述 6 和 9 结合的特别的数。实例 19（图 4.46）是个典型例子，其标记是装饰的主题。69 的数字的意思，通常让人联想到性的隐语，比如口交幻想的意思。这通常表示厌倦了夫妻之间习惯上的做法，是模糊表示对可以想象的性游戏的欲望的暗示。

图 7.32（a~g）：十字与星星

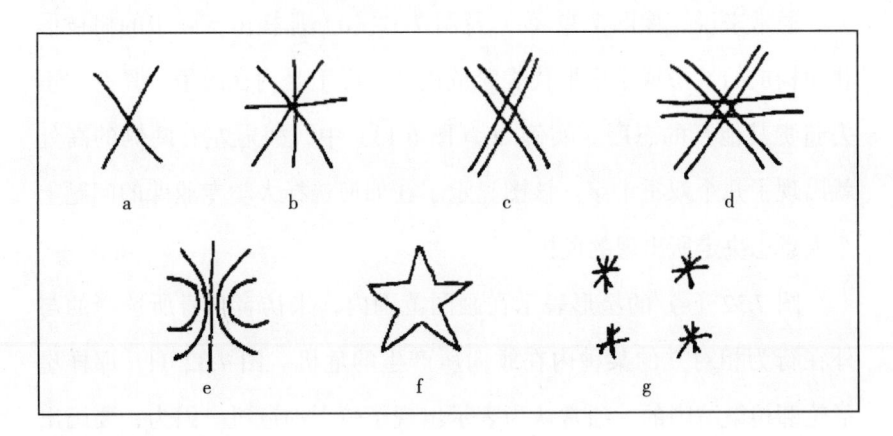

图 7.32

当多条树枝状短线偶然交叉形成×形或星形时，这样的记号就是重要的指标。树冠整体充满十字并没有特别的含义，但若出现为数不多的几个十字，则可以将之解释为"危险的场所"。这是由内部纠纷而产生的自发性的决意，代表着情绪的激变、人际关系的危机、环境的急剧变化。十字或星状的树冠部分及形状对明确事情状况的性质和重要性有一定帮助。

这些危机指标中经常出现的最简单的形式，是如图 7.32（a）所示的 2 条线交叉形成的×形。这一例在实例 32（图 6.20）的树冠右侧就出现了。例如树干中闭合的唯一树枝上，即成为"问题领域"的树枝的上方就是×形。大概问题正是来访者所期望的事态发展出现了挫折。孤立的×形不只是对受挫的计划感到纷乱，也是对没能如愿以偿的外在环境的谴责。由 3 条或 4 条线组成的十字形接近星形［图 7.32 (b)］，比较明确地暗示着某种谴责。如实例 39（图 6.35）中树冠右上方即可见这种代表危险的星形。该来访者为父母离异的女性，她原打算学医成为一名病理学者，本来她的大学学费应该由父亲来支付，但她的父亲没能如约支付足额的学费，所以她只能学习医疗技术，现在她在读研究生，生活已经独立。

通常来说，像图 7.32 (c) 及图 7.32 (d) 那样由实际中的树枝形状而构成的×形或十字形代表着危机，实际上是内在纷争，具有"不去谴责其他"的态度。实例 26（图 6.13）中，树冠左右两侧的高处就出现了几个双重十字。该图显示了在如何选择大学专业课的问题上个人意志决定所出现的危机。

图 7.32 (e) 的星形表示在画图范围内，来访者自身所选择的与外在行为相对立的某种内在倾向所产生的危机。图 7.32 (f) 那样星形轮廓稍微清晰的，通常认为表示出现了较大的危机。因为，要画出几个头部尖尖的星形，需要在有限的画图范围内多次来回交错铅笔才能办到。

树冠内分散着多个小的十字或星形［图 7.32 (g)］，通常不代表危机，而是显示了开朗的个性，说明来访者是一个善谈或机智的人。

图 7.33 (a~e)：复杂的危机标志

如前所述，某一特殊范围内的阴影是一种"隐藏"某种痛苦经验的方法。图 7.33 (a) 那样反复的潦草线条、图 7.33 (b) 那样平行的几笔以及图 7.33 (c) 那样两个方向的线条形成的阴影，通常表示来

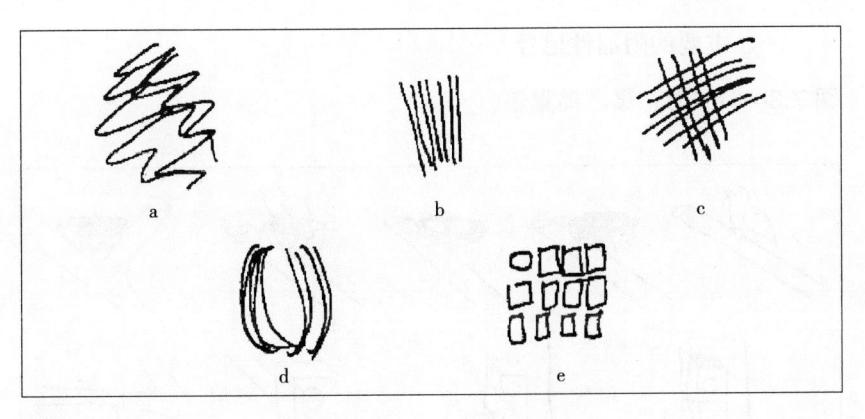

图 7.33

访者将某种痛苦经历视为危机。图 7.33（d）那样一部分形成鸡蛋形阴影的线条出现在树冠中的时候，代表着性的纷争。

那些线条不是性经历或性伤害本身，而是表示不得不看做是性关系的个人决定。图 7.33（e）那样小的四方形或是几何图形的聚集表示已经不再令自己烦恼的某一过去的危机，但仍传递出了与之相关的无意识的情感。

第三节　附加性记号

也有的来访者会在树形图中添加各种各样的附加事物。例如，他们会画一些构成风景画的太阳、云彩、草丛、花朵等自然物，偶尔也会在树或树边画一些小动物之类的，或者也会添加一些人造物，最常见的是鸟巢或栅栏。这些附加性的记号中，有的应该赋予否定性解释，也有的单纯就是绘画性地讲述其自身的故事。但是，只要风景全图没有都被画出来，而出现两处以上附加性的记号，不论其性质如何，如果出自成人来访者之手，就需要引起注意。下面将对经常出现的几种记号进行阐述。因关于对风景中的树及树的装饰物的解释超出了本书的写作目的，故暂且省略。

一、主要的附加性记号

图 7.34（a~i）：巢、鸟巢箱

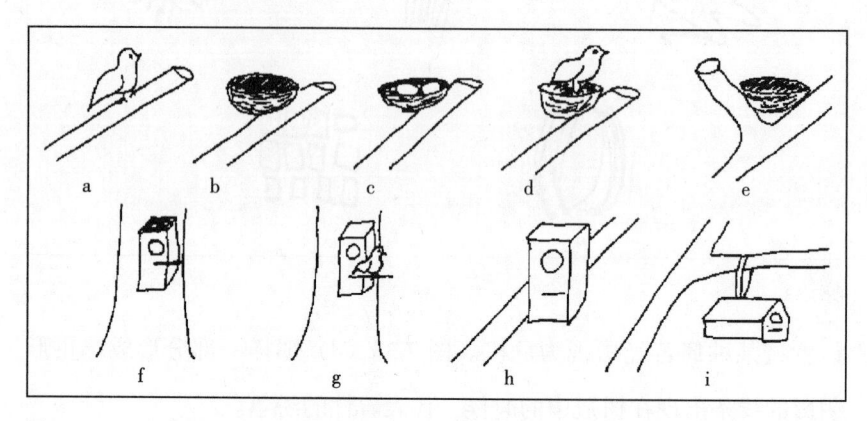

图 7.34

出现在树冠的用来作偶发性图解的鸟象征着什么样的想法？一般来说用心画出的小鸟是心情较好的记号。如图 7.34（a）所示的栖于枝头的小鸟就代表着一种具有强烈愿望的感觉，如感觉到会从树枝所象征的活动中出现肯定性事态。小鸟飞到了树冠处就表示能够接受各种想法。此外，远离树冠的小鸟则可认为是要向前推进某种确认的重要的想法。

图 7.34（b）所示的没有鸟蛋或小鸟的巢，代表对树枝所具备的能量感到失望。两个树枝之间的空巢［图 7.34（e）］代表这种感觉扩大到了整个树干。像图 7.34（c）那样鸟巢中画有鸟蛋，或图 7.34（d）那样巢中有小鸟的话，则代表对家人或后代寄予希望。

鸟巢箱是人造的东西，充满着人类的善意，所以具有与上述截然不同的含义。图 7.34（f）与图 7.34（g）那样建在树干处的鸟巢箱表示善意地想要在精神上支持他人。图 7.34（f）那样鸟巢箱附近没有小鸟的话，则表示感到自己对他人的支持遭到了拒绝。

图 7.34（h）那样建于一个树枝上的鸟巢箱表示强调树枝的重要

性，特别是把树枝看作为内在或外在的资源时尤为如此。图 7.34（i）那样鸟巢箱悬挂于某一大树枝下时，有着特殊的含义，即从内心希望帮助他人，但又因这种责任感而感觉到劳心费神。

图 7.35（a～f）：树中的小动物

图 7.35

　　图 7.35（a）及图 7.35（b）那样小动物沿着树干或树枝向上爬，代表外在的能量通道。动物爬树干（从性的领域或精神领域向树冠运送能量）的绘图容易被画成内部具有封闭的移动点的大树。同样，这一点也见于爬升某一特定树干的动物，但被阻止的转移至小动物的能量的性质则根据树枝的位置而有所不同。图 7.35（c）及图 7.35（d）那样用尾巴或手臂悬挂在树上的动物（通常为猴子）一般是自嘲的记号。图 7.35（e）画出了躲在树洞里的动物，与上述"否定性"的创伤相对，表示基本上感觉到了"肯定性"的状态。图 7.35（f）中动物的巢穴建在了树干中，与鸟巢箱一样，暗示着精神上的宽容，意味着来访者有着必须要保护"弱者"的心态。

图 7.36（a～c）：其他类型的悬挂物

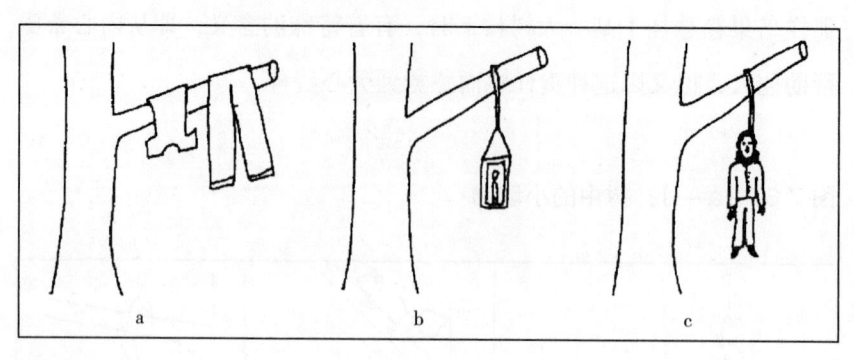

图 7.36

图 7.36（a）那样晾晒的衣服、图 7.36（b）那样悬挂的灯火经常容易被画在树的较低处的大的枯枝上。不论画哪样，绘图人总在试图赋予"无用"的枯枝以某种存在的意义。画灯火代表来访者存在着由"无用"的经验来实现自我理解的这样一种错觉。很明显，图 7.36（c）则提示是一种病态。

图 7.37（a～e）：栅栏、支柱、梯子

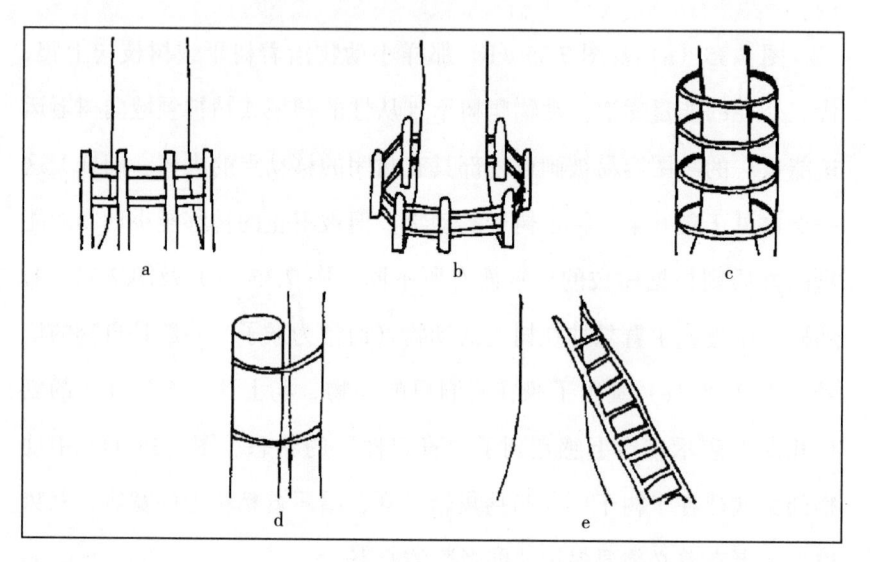

图 7.37

树根处的栅栏是性领域或精神领域向下的显著防御或接近困难的记号。图 7.37（a）那样画在树的正面的平面栅栏表示警惕来自正面的攻击。而图 7.37（b）那样树根四周立体的栅栏显然是"不要碰我"这样一种记号，来访者感到必须要从所有的方向都来保护自己。图 7.37（c）那样将栅栏一直画到了树干上方，代表从整个精神领域进行防范。一般栅栏是那些害怕接近的人才会画出来的，栅栏仅仅是用来防止接近的。通常情况下需要栅栏往往是因为缺乏有效的内在防御。

无论哪种支柱［图 7.37（d）］都是精神脆弱的记号，表示容易接受精神支持。图 7.37（e）那样画着搭在树干上的梯子的，表示不管是不是自己愿意这样，但都感到自己的情绪反应被他人所利用了。

图 7.38（a~d）：树影

图 7.38

即使是能详细正确地画出照在树上的光的人，也很少有画出整个树影的。影子象征着一种被暗处的另一个自己所困扰的感觉。图 7.38（a）那样在树右侧的地面上画着影子，说明意识到了自己的无意识阴影，能够将无意识阴影与自身有意识的反应相整合，因此是肯定的表现。从精神分析上看，图 7.38（b）是被人的个性阴暗面所"推动"，但有时也会出现不能被理解而作为问题残留下来，本质上没有被统合的情况。图 7.38（c）及图 7.38（d）将树影画在了地面下，表示虽漠然意识到了否定性阴影的自己，但又将之推回至无意识的领域，从而进行否定。图 7.38（d）也表示存在着被阴影原型所支配的现实的危机，来访者害怕自己的阴暗一面投射于他人或害怕被暗处的某人所追逐、所支配。

这些基本的含义因实际所画的树木画中树的位置及绘画的详细程度而异。一个男大学生所描绘的实例 55（图 7.39）中很明显在表示受母亲影响显著的位置画上了一棵小树，地面下右侧还画有树影；树干处有树洞，整个范围内都有复杂的防御系统，没有画树根。由这些因素的组合可知，来访者与其父亲的关系比较淡，精神上不易接近；而且，该图还反映出这位男生无视甚至否定自身的性冲动，正在被某种性的外在伤害所困扰。在这一案例中，尽管感觉到了却被否定的"阴影的自我"所代表的，与其说是由无意识的阴影的自我而感到悲观消极，不如说是代表着比较"健康正常"的男性的性冲动以及想要脱离母亲的要求。

图 7.39　实例 55

图 7.40（a ~ c）：太阳的位置

太阳是非常重要的附加性记号。一般说来，太阳意味着来访者在某一宽敞的环境中查明力量以及潜在的照明源所在地，并将注意力集中到那里。太阳很少出现在成人所画的画中，但只要没有被人性化，就没必要视其为"幼儿性的"表现。

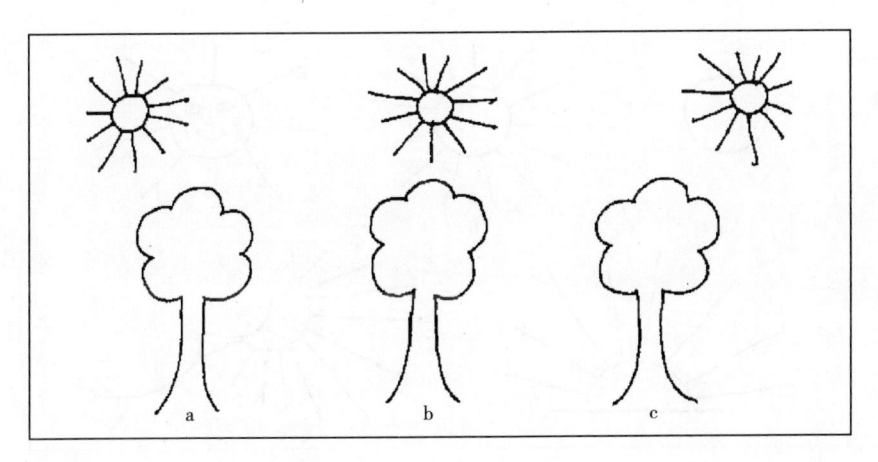

图 7.40

图 7.40（a）那样树左侧的太阳被视为母亲所培育的、并且得到社会或精神上的理解的、拥有两性所具有的力量的存在。与僧侣或牧师关系较密切的人们往往会画出这个位置的太阳。在非个人层次上，这个位置意味着神秘的启示乃至一定的宗教时间所导致的自我理解的追求。超越性的神灵或神灵信仰是通过图 7.40（b）那样画在树木正上方的太阳而表现出来的。这个位置也可以解释为有意识地要靠自身的努力来实现自我理解。图 7.40（c）那样太阳出现在树木右侧是最常被画出来的，具有几种含义：可以代表父亲、英雄、圣人；此外，比较常见的是，这样的图暗示着绘画者尊重理性的思考，或把"男性"世界与力量同等看待。

图 7.41（a～e）：特殊形状的太阳

图 7.41（a）仅用一个圆圈来代表太阳，但图 7.41（b）那样四周加上光线的比较常见，光线是用来强调力量的源泉的。图 7.41（c）那样人性化的太阳常见于儿童画［实例 42（图 6.40）］，若出现在成人所作的画中，除暗示该人稍带孩子气之外，这种人性化的太阳通常是反映出了某一特定人物，如英雄形象或带路人等。像图 7.41（d）

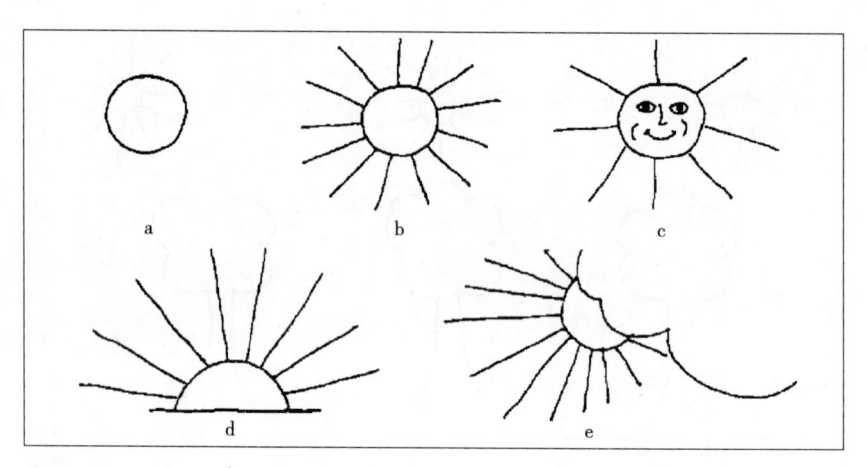

图 7.41

那样画太阳的，通常是指日出时的光，但应该进一步确认是日出还是日落。日出暗示着强烈期待的心理状态，而日落则与人生的某个阶段相关联，用来表现成就感或结束感，或表示一种漠然的疲惫感。图7.41（e）那样太阳的一部分被云层所覆盖则包含着中间性或不确定性。这代表着对失去自己信念的恐惧，或是感觉到英雄形象那魔术般的力量正一点点消失，或是感觉到自己本以为理解明白的事情却逐渐变得模糊起来。

二、出现在天空的其他事物

在白天的天空中画出的其他事物中，通常会出现云、雷或空气本身所代表的一种漠然的阴影。画在高处的云虽可以说是保护树木的自然的遮盖物，但距离树冠极近的云彩，特别是稍带黑色的时候，则代表对精神领域模模糊糊的威胁。很明显，雷代表着绘画者感受到了人所无法控制的力量的威胁。而雷落在树木的某处时，则可判断来自那一领域的威胁到底是什么。

树的周围那些不知道是代表什么的模糊记号，只要不是空气本身，就都有着特殊的含义。绘画人在试图通过与环境的正确关系来确立自己，但这是一种非常以自我为中心的方式。也就是好像绘画者希望能够将树确立为最重要的对象，所以用线在树的四周"围"了起来[实例39（图6.35）]。

很少有人会画夜晚的天空，如果画了，而且还画着星星，则可认为是与向远处眺望相关的。月亮所代表的含义较为复杂，但结合月亮所具有的母性的、神秘的、受孕的象征，可以根据月亮在纸面上的位置而给出适当的解释。

三、诱惑物

图 7.42（a~c）：诱惑物

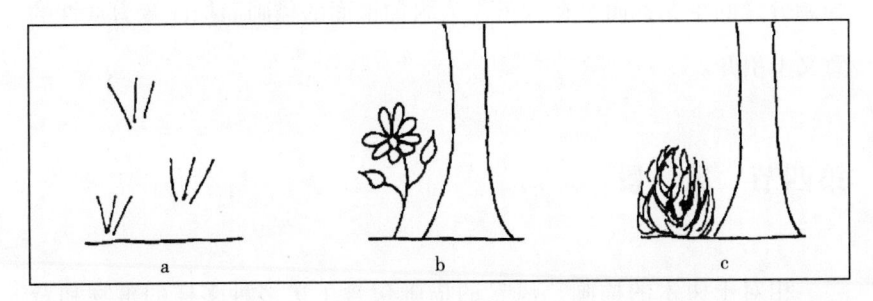

图 7.42

附加性记号中最常见的是树的底部附近所画出的草丛[图 7.42（a）]、花朵[图 7.42（b）]、灌木[图 7.42（c）]。这些植物若与树本身相离较远，则可认为它们属于风景；画在距离树较近的地方时，通常视之为"诱惑物"。所以解释的方法要根据它们与树的距离而定。这些东西看似与树没有任何联系，经验不足的解释者会认为这些是不重要的，但这些东西通常意味着从某个重要的东西上转移注意力，所以，这个"重要的东西"，作为解释者必须明白的东西尤为重要。通常"诱惑物"是画在根和树干下方的周围，有时树冠内的叶子和花也具有这样的作用。把观察树木画的人的注意力从性领域转移开,是非常明显的作为"诱惑物"的策略,但不能忘记树干下方是和否定的情绪联系在一起的。像图 7.42(b)一样,树干的下方附近仔细画上"漂亮的花"的人是承认自己性生活的复杂性,但绝对不会明确表现出"厌恶的"情绪。

作为诱惑物的草和花的差异,大部分是程度的差别,男性画花的很少,即使是画花也是为了加几笔画花周围的草吧。如图 7.42(c)的那样,在画树的时候,不仅把注意力引开,而且为了隐藏而把地面和根的周围都加以覆盖。树根附近的小动物也具有"把人的注意力转移"的意义,它和其他自然的事物一样被看做是"诱惑物"。希望读者再看一下实例 34(图 6.24)的树根周围的地面。这两朵花并不是强调分娩的主题,而是在这里作为附加地面的描画而把注意力从性的意义上引开。

第四节 风 景

相对于树木的描画,风景的描画包含了更多种多样的事物和背景。通常,画自然的风景包括了运动着的人和动物,或者是人造的东西,例如:汽车、火车、工厂、电线杆、房子等等。这些东西通通可以解释,但在本书中由于篇幅的原因,对那些意义笔者就不讨论了。

在树木画测试的研究者中,有的研究者期待来访者只画树,或者是画出一些特别形状的树,而不接受与此不同的画,有的研究者甚至特意要求来访者再画一次。但是笔者有以下两个原因不做这样的测试:第一个理由是,经常会有不喜欢当"被试"的人,要是让他画第二回,就会破坏咨询的和谐气氛;第二个理由是,就算最初画的树和主题完全不相符合,但最初的内容完全是来访者个人的自我表现。

画风景的时候,遵照概述的方法可以解释作为中心的树,也还存在一些不显眼的树，作为整体的风景当中的树它仍然具有自身的意义。一般的画风景的来访者，都过度强调整体环境的相互作用。他们发挥着自我精神的力量，但是由于他们太考虑环境的因素，离开了环境他们自身也会变得不明确。

作为画风景被挑选的背景有 3 种不同的事物是会被表现出来的，就是来访者熟知的日常环境、自己小时候结下的乡愁风景和自己渴望的生活风景。

在这里笔者想详细阐述一下从风景画中可以看出的几种可能性的形式。在分析实际的画例之前有一点要先说明：在作为中心的树附近画着一个湖，这棵树在湖中有倒影的话，有着和作为"影子"不同的意义。当然倒影的树有表现自己爱好的一面，但更重要的是表现了绘画者自身非常强调自己的客观性。通常这表现了事实，但也反映出这类人勇于挑战的复杂情结。

实例 56（图 7.43）是以山为背景，中央画了一棵树。这幅画很像春天的风景，但从明显的太阳和云的存在我们可以知道有隐藏的暗示，本质上给人肯定的幸福感。这幅画是实例 26（图 6.13）中详细说明的女性画的。最近她想搬到加利福尼亚去，这是反映了她对未来环境的憧憬。"山是可以攀登的"，这是她的要求，也表现了她很想挑战的心情。她把太阳画在纸的右边，树冠的左侧画着飞着的小鸟，这表示在合理的男性世界中得到了注意，但是自身也接受了这是不合理的观点。她画的树本质上是健康的，与她以前画的

图 7.43　实例 56

树木画相比，形状上有许多要素很明显。整体来看这幅画只画了一棵树，这对于我们的分析起不到什么作用，但画面却表现了充满活力的年轻的幸福感，并对以后发生任何事情都作好了心理准备的心情。

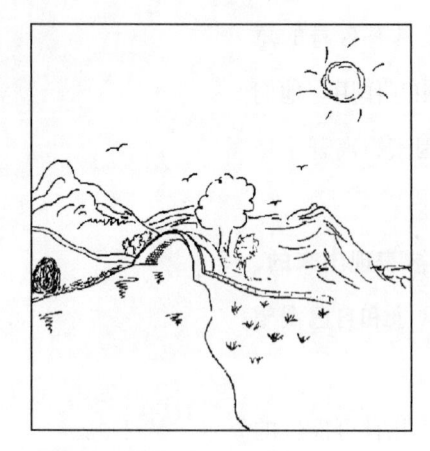

图 7.44　实例 57

图 7.45　实例 58

实例 57（图 7.44）是出生于爱尔兰，现在在美国居住的医生画的。他解释说这是爱尔兰的田园风景，表现了明显的思乡情结。这里把太阳和流动的河水作为力量的源头来描画，不论哪一个都是从纸的右边开始的。特别是在中央的树旁边画了一座桥，从此可以看出他认为河流虽然是普通的无意识却是创造的源头，可以从中获得能量。空中四处画着的图式化的小鸟，表现了他除了自己的研究领域外也接受着其他方面的知识。实际上他是个在接受所有知识的同时也能够集中精力进行自己的研究的文化人。中央的树画得比较小，可以解释为孤立的小树。被周围白色空间包围的小树表现的是"被广阔世界打败了"，不能说它明确环境，处于中央安全地位。从这幅画的构图可以看出，作画者考虑到自己的努力和整体的关系及意义，这棵小树表现了面对困难的工作的能力和集中自我的想法。

风景树木画的第 3 个实例：实例 58（图 7.45）是另一种问题。这是 19 岁的女大学生画的，她自己解释为"冬夜"。她一直居住在纽约市，向往田园生活。但是这幅画绘的是聚集在一起的小树，"聚集"中因为没有一棵树是可以区别出来的，表现了她感到没有作为个人的同一性。这幅画上没有一棵可以详细分析的树，笔者推测左边的满月表现了她和母亲的强烈同一性。但是路是通向路右边的树林，表示对"男性"的世界也正在想要接近。这可以认为是对住在一起却貌合神离的父母"能够让他们融洽"的一种努力。这个实例中风景看起来很凄凉很"疑惑"，因为没有一棵作为中心的树，所以这幅风景可以解释为否定的意义。与此相反，这幅画表示绘画人正在找寻自己，比起下面将要阐述的树木集中的"森林"还是积极的。想"远离城市"的空想，还包含"与集团同一化"（与周围融合），证明了她自己还是觉得这样的道路是存在的，对自己找寻的方向有着一些不明确的感情。

第五节　两棵以上的树

在纸上画两棵以上树的，虽然程度不同，但是大部分是经常有问题的。这些是①把第一棵树擦掉在它旁边画上第二棵树的；②画两棵以上的树的；③画的是森林但是可以区别为3种类型的。

图 7.46：把两棵树中的一棵擦掉

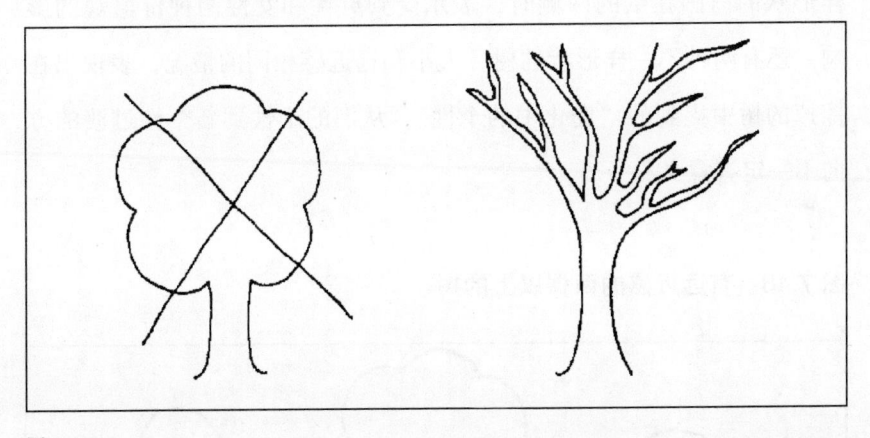

图 7.46

树木画的开始，把第一棵树擦掉画第二棵树的时候，最先画的树通常表现了画者"过去的个性"。根据笔者的经验，这种时候可以看出树型的变化。画者批判自己，重新制定出自己的方向。第二棵树就必须认真分析了。但是，即便最初的树没有画完，那个形状的部分也对弄清现在来访者正在进行中的个性的性质和方向极为有益。

图 7.47：加重的两棵同样的树

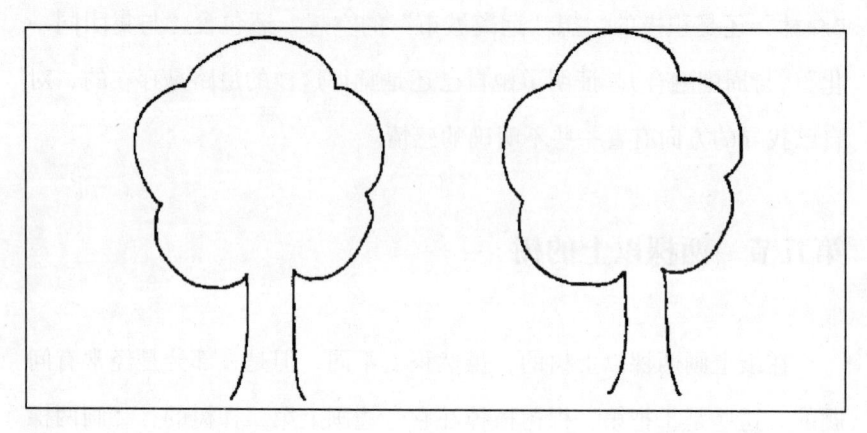

图 7.47

　　同样的地面上画两棵同样大小的树时，这个人一般都认为自己是"复杂的人"。而真正复杂个性的人，用这种形式来画自己的很少。同样形状的树画在纸的两侧时，表示受到男性和女性两种价值观的影响。还有两种不一样形状的树，大小和远近感相同的情况，表现出在擦掉的树中提到的"变化中的个性"，从旧的个性到新个性过渡的方向不一定有意义。

图 7.48：有远近感的两棵以上的树

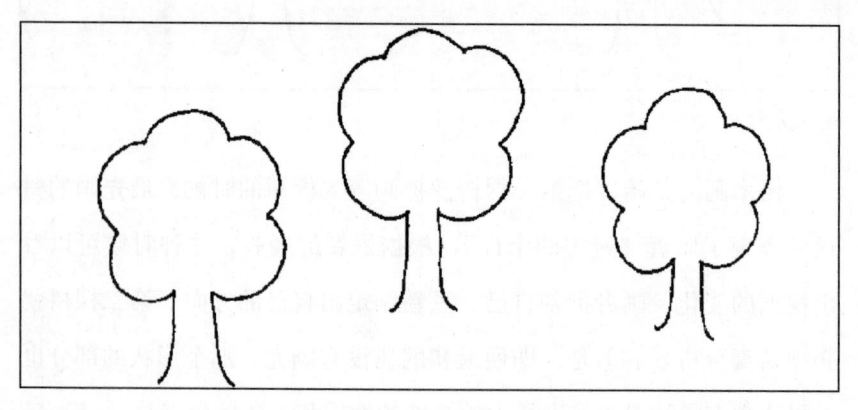

图 7.48

画有远近感的两棵以上的树的人，没有家庭成员，对小集团有强烈的同一化要求。通常画在前方的树最能表现绘画人对与集团疏远的恐惧和自己在集团中会引起什么混乱的担心。

图 7.49：行道树

在画行道树（通常是白杨树）的时候，就算画了两棵以上的树也很少具有否定的意义。在这里一排排的树是风景的属性，画者可能对社会的力量有着强烈的一体感。但是"道路"的存在可以看出这个人对某种东西持有目的。这种画通常用远近法来画，近景的树对于详细的分析会起到作用。两列行道树具有特殊的意义，通常，表示为了使自己引起注意而获得某些社会的力量，可以利用集团的力量。

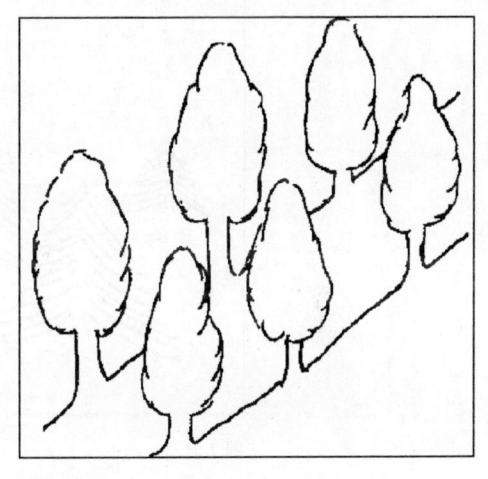

图 7.49

图 7.50：树冠重叠的好几棵树

图 7.50

这种形式和森林接近。画这样树的人没有自己的目的感，而对社会的、集团的力量有一体感。这个人表现的行动不仅能明确记述个性的特性，可能还能看出个性问题。但是这种行动和价值观大部分完全遵守集团的准则。

图 7.51 和图 7.52：分散的森林和密集的森林

图 7.51

图 7.52

小树组成的森林是感到在集团中完全一体化，自己"在群众中淹没"的人的典型图画。这个人因为对自己的价值不确信，所以即使口头都很少说社会的价值和工作的积极向上的一体感。图 7.51 的分散的森林和图 7.52 的密集的森林的唯一区别，在于图 7.52 的来访者在有被埋没在集团中的感觉的同时，还有窒息的感觉。

实例 59（图 7.53）是在纸上画了两棵以上树的例子。这个事例中画了远近树。这个来访者是有着显著的亲密的"排他"家族的 4 个孩子中最小的一个，是在非常严格的传统天主教教育影响下长大的年轻女孩。她结过婚，因为觉得丈夫"不曾为生活而努力工作"，在父母的强烈劝说下大约 1 年后离婚，再次回到娘家生活。她屡次说到想进修道院，还因想做护士对学习多少有点兴趣。她因为有强烈的家庭观念，所以把依赖娘家的情绪转移到个人生活很少的修女集团里去也是相当正常的事。但是从很好地覆盖着根部的草（表现女性性器官）看出性的两面性，笔者还是建议她选择护士的职业学习。"我是女人"这样的事实虽然让其抱有羞耻的心理，但是从根部和树冠的阴影看出她是期望再婚的。这样的树表示个人的意志没有办法得到实现，要是没有家人的帮助她也不可能再婚。总之，她对性的两面性是通过非宗教生活而且努力地工作才得以升华的。

图 7.53　实例 59

PART

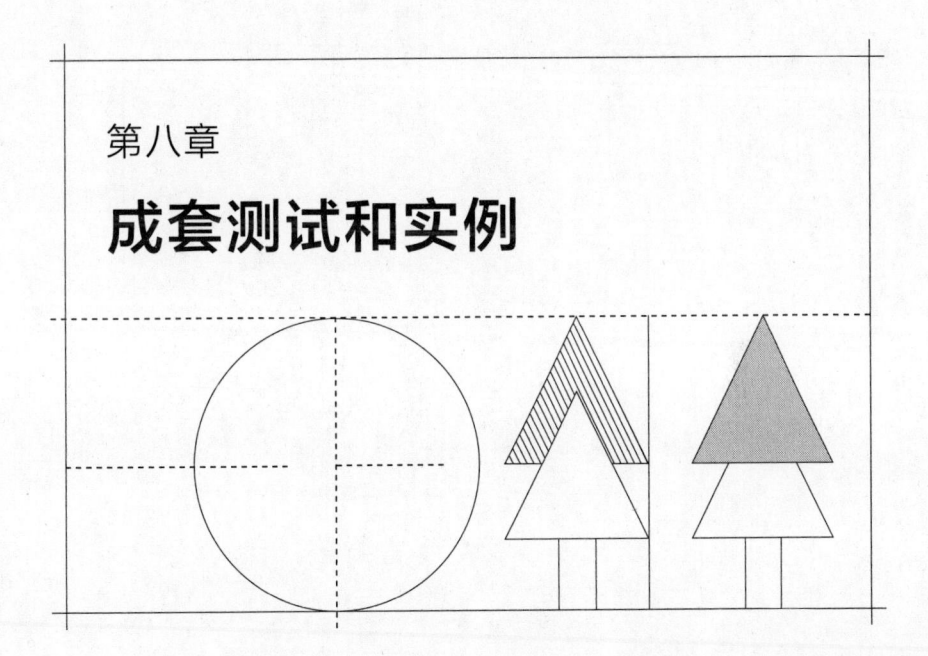

第八章

成套测试和实例

第八章 成套测试和实例

在这最后一章中，笔者将从临床实践的角度来介绍成套测试，包括具体说明成套测试的定义、优点、问题，成套测试的选择和组合方法、概括方法、有效利用的方法以及使用的条件、环境因素等方面。通过本章的学习，希望能帮助正在学习心理测试的人以及在今后的心理临床实践中计划要使用成套测试的人，更好地掌握成套测试的临床使用方法，以促使他们在使用时达到更理想的效果。

第一节 成套测试

一、成套测试的概念

心理测试中任何一种测试方法，都是为了从某个方面获得有关来访者的人格以及目前面临和存在的问题的资料。一般不单独使用某种测试方法，而是综合使用多种不同的测试。这些组合的测试就是所谓的成套测试。成套测试分为组合成套测试和使用成套测试。

关于成套测试的种类、组合的总数、模式，并没有特殊的规定。在日常的心理临床实践中，一般会根据诊断目的和来访者的状况使用几种不同的测试。但是，为了比较和研究，还是有一些比较成熟的成套测试组合。对于多个测试的使用，由于关于人格的概念理解、心理测试使用方法的不同，或者在时间、费用、实施的制约点等方面的差异，存在赞否两种观点。但是最近，至少在临床上，几乎所有的测试者都在使用成套测试进行诊断。

二、成套测试的优点

第一，不管何种测试都会由于在理论和构造上的不同，而有不同的长处和短处，并且每个测试有其明确的使用范围。通过多种测试的组合，可以使各种测试的优势互补。这对从多个方面去把握和综合理解来访者是非常必要的。

第二，在心理测试中所谓的符号刺激和反应往往并不一定是一对一的关系。尤其是投射法，在包含着多个可能的解释的情况下，如果测试 A 结果和测试 B 结果之间存在矛盾，那么对照和综合考察成套测试中的其他测试结果，就能够得出更加确切的解释。

第三，有时最初的诊断目的是比较简单和单纯的，但有的时候在这些貌似单纯的问题背后潜藏着预想之外的复杂和重大的原因。通过成套测试的使用，这些潜在问题得到发现的准确率就很高。比如，有一位学习成绩不理想的儿童来做智能测试，如果测试者认为这个儿童智能可能不是主要问题时，那么就可以试着使用文章完成法测试，或者描画测试的成套组合，就可能发现儿童成绩低下的原因是由于一些深刻的心理创伤。如果仅仅只实施一个智能测试，那就不能明白问题的本质，更谈不上提供准确和恰当的建议了。这样的成套测试，可以说是在临床中与每个来访者的复杂心理相对应的有效的使用方法。

以上的说明是一些在临床经验中总结出来的成套测试的优点。在美国的调查研究中，已经得出了成套测试的结果比单个的测试的信赖度要高的结论。另外，很多知名的专家都支持在临床诊断和治疗中使用成套测试。

三、成套测试存在的问题

当然，也有的专家对成套测试持反对意见。例如，他们认为，测试者只是有选择性地利用了测试数据，因此成套测试容易出现系统误差；也有些测试者图方便，或者重复使用测试数据，导致出现过早地决定自己的判断的倾向。这些问题主要反映的是，比成套测试本身所包含的缺点更严重的是，测试者自身容易陷入自己的主观态度。另一方面，就是太重视心理测试的客观性。有些专家对将有评价标准、信度和效度都比较高的结构良好的智能测试、问卷法和投射法测试进行任意组合并随意使用的做法持反对意见。关于这个问题，有一个根本观点就是测试到底是为了测试来访者，还是为了理解来访者。总之，在今后的课题中，非常有必要通过各种测试的相关关系的多角度验证，更多地去综合尝试使用各种已经成熟的心理测试，以及从多种解释理论体系来进一步综合研究成套测试灵活使用的有效性问题。另外，不同观点和立场的专家之间也应该更加相互理解和相互协作。成套测试的优劣之争不只是观点之辩，更主要的是应考虑如何有效使用成套测试。

四、成套测试的构成

如果认为把多种测试随意组合在一起，就能够出现自己期待的线索和结果的话，那是非常错误的。成套测试的周密的事前准备和随机应变的应用很重要。

成套测试由如下几个阶段构成：设定明确的测试目的；选择适当的测试；根据来访者的状况灵活实施成套测试；对所得到的资料和数据之间的关系进行详细分析；综合解释所得到的信息。

（一）设定测试的目的

在一些咨询所或医疗机构中（其中包括心理咨询师、主治医生、教师），在测试者和来访者交流，提供咨询和指导的过程中，感到需要更多的信息时，会使用成套测试。其使用的主要理由和目的如下：

（1）测定来访者的智能、性格；
　　（2）获得有关病态水平、症状的鉴别等精神病理的辅助资料；
　　（3）分析问题行为和不适应原因；
　　（4）提出治疗、处理和解决方法的计划和建议；
　　（5）评估治疗、处理和解决的效果；
　　（6）预测治疗的进程；
　　（7）获得精神鉴定的资料。

　　但是，上述这些目的都是成套测试的粗略目的，并不一定十分适当和准确。我们应该根据每个案例的个别情况，再具体地设定测试的目的。因此，应该综合考虑来访者的所有信息，并熟读案例记录。在这样周密的事前准备中，测试者产生的各种疑问和假设就是测试的目的，要注意把这些疑问和假设做成备忘录。

　　例如，测试目的是抑郁病态的程度鉴别。一方面，来访者的陈述中表现出很强的抑郁症状；另一方面，来访者以自我为中心，并极力想控制和操纵周围的事物。那么我们能够考虑的假设就应该是：①抑郁症状是伪装的，有可能是人格障碍；②感到不能实现理想时表现出的抑郁状态；③实际能力和自己的要求相比太低；④当感到不满时，来访者通过惩罚自己，或者惩罚别人来作为解决的手段。

　　当出现了这样的疑问和假设时，就可能会有好几个成套测试的组合方案出现在测试者的头脑中。其次，要尽量和委托人直接交流，这种交流在形式上可以是委托书。

（二）结果的整合

　　成套测试的最终阶段就是根据诊断目的，对从各个测试结果中获得的信息进行综合分析。如果信息一致的话，那么就比较容易归纳。但是，比如说出现了在 Y-G 性格测试（Yatabe-J. P. Guilford 性格测试）中表现出"非冲动"的倾向，而在罗夏墨迹测试中的结果却是"冲动"的；在 P-F 测试（Picture-Frustration Test，挫折情景测试）中显示的是"无罚倾向"，而韦克斯勒的智能测试中则表现语言性智能占优势，SCT（文章完成法）中关于"父亲"的内容也不一致而互相矛盾，等等，这就给测试者带来了苦恼。

对于这样不一致的测试结果怎样进行灵活的整合呢？首先，以测试结果为基础，从测试的理论和构造进行整理。如果这样考虑的话，不仅测试的两个智能部分不一样，而且即使同样使用和"冲动"性相关联的词汇，测试得到关于"冲动"的内容和层次也不一样。然后，通过心理动力结构，从来访者的生活史、环境、使用的语言、面谈时的印象、行为观察、相关者的证言等方面来考虑为什么会发生这些不同。我们不难观察到，来访者的"冲动"和"非冲动"的不同表现是否与"父亲"相关，并会出现在人格和行为特征里。

总之，对成套测试结果进行整合，并不一定是百分之百地符合逻辑整合过程和首尾一致的过程，需要面对来访者人格整体构造进行综合理解。

五、总结

想要将成套测试运用自如，需要用很多的时间进行研究和实践。但通过这些实践和研究，可以更清楚每个来访者的心理状态，并且还可能有意外的发现。同时，广泛的知识和丰富的经验累积还可以促进测试者自身的成长。

第二节 成套测试的实例

在这里笔者介绍 5 个成套测试的实例。使用的测试分别是：

- CMI 健康调查表［Cornell Medical Index-Health Questionnaire，是美国心理学家布罗德曼（K. Brodman）1949 年开发的测试，主要用于了解来访者身心两方面的具体症状］
- SDS 抑郁度量表［Self-rating Depression Scale，是 1965 年由美国心理学家容（W. W. K. Zung）开发的测试尺度，主要用于测试来访者的抑郁程度］
- 树木—人格测试（瑞士精神科医生科赫于 1952 年开发的投射法）
- 罗夏墨迹测试

测试的顺序是 CMI→SDS→树木—人格测试（前一次）→罗夏墨迹测试→树木—人格测试（后一次）

实例 1：A，女性，21 岁

表 8.1　A 的罗夏测试分类表

Card	R1T(sec)	RT(sec)	R No.	Pos.	L-Main	L-Add.	D-Main	D-Add.	C-Main	C-Add.	P/O	Form
I	8	94	1	1	W		FM	FC′	A		P	2
			2	1	W	S	FM		Mask			2
			3	1	W		FC		A		P	3
			4	1	W	S	M	FK	H	cloth		2
			5	1	W		F		Map			3
			6	1	W		F		At			3
II	10	104	1	1	W		F		A			3
			2	1	W		CF		food			3
			3	1	W		FC		cloth			3
			4	1	W		M	F	H			3
			5	1	W		CF		Hd	bl		3
			6	1	W		M	FC′	H		P	2
III	10	65	1	1	W		M	CF	H		P	2
			2	1	W		M	CF	H		P	2
			3	1	W	S	F		Aobj			3

第八章 成套测试和实例

续表

Card	R1T(sec)	RT(sec)	R No.	Pos.	L-Main	L-Add.	D-Main	D-Add.	C-Main	C-Add.	P/O	Form
Ⅳ	9	116	1	1	W		FM	FC	A			3
			2	1	W		M	FK	H			2
			3	1	D		FM	FK	A			2
			4	1	W		Fc		Aobj			2
Ⅴ	11	84	1	1	W		FM	FC'	A		P	2
			2	1	W		M	FK	Hd			3
			3	1	W		FM	CF,FK	A	Pl		3
Ⅵ	10	97	1	1	W		FM	FC,FK	A			2
			2	1	W		CF		Aobj			3
			3	1	W	S	FK	FC	Lds			3
			4	1	W		F		A			3
Ⅶ	9	79	1	1	D		FM		A			2
			2	1	D		F		Mask			3
			3	1	D		Fc		Food			2
			4	1	W	S	F		Obj			2
Ⅷ	12	96	1	1	W		CF		A	bl		3
			2	1	D		FM		A			2
			3	1	W		CF		Food			3
			4	1	W		FK		At			3
Ⅸ	9	89	1	1	D		M	FC,FK	H	cloth		3
			2	1	D		CF	mF	Fire			3
			3	1	W		F		Obj			3
			4	1	W	S	M	FC,FK	H			2
Ⅹ	9	84	1	1	W		FC	Csym	Lds	(H)		3
			2	1	W		M	CF	Lds			3
			3	1	W		FM	FK	A			3
			4	1	W		CF		At			3

表 8.2　A 的罗夏测试 Summary Scoring Table

R	42	W:D	34:7	M:FM	10:10
Rej(Rej/Fail)	0(0/0)	W%	82.9%	F%/ΣF%	19.5%/82.9%
TT	15'8"	Dd%	0%	(F+%)/(ΣF+%)	12.5%/47.1%
RT(Av.)	90.8"	S%	0%	R+%	39%
R1T(Av.)	9.7"	W:M	34:10	H%	23.8%
R1T(Av.N.C)	9.4"	E.B.	M:ΣC	10:10.75	A%	31%
R1T(Av.C.C)	10"		(FM+m):(Fc+c+C′)	10.5:3.5	At%	0%
Most Delated Card & Time	Ⅷ,12"		Ⅷ+Ⅸ+X/R	29.3%	P(%)	6(14.6%)
Most Disliked Card	Ⅱ		FC:CF+C	3:9	CR	11
Most Liked Card	X		(FC+CF+C):(Fc+c+C′)	12:3.5	DR	7
Σh/Σh(wt)			W-%	0	修正 BRS	12
			Δ%			
			RSS			

图 8.1　A 的树木—人格测试（前一次）

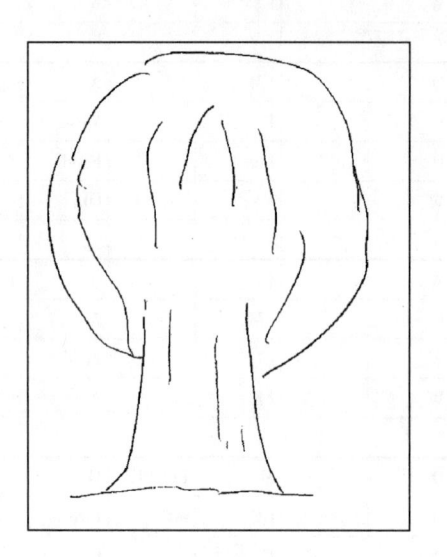

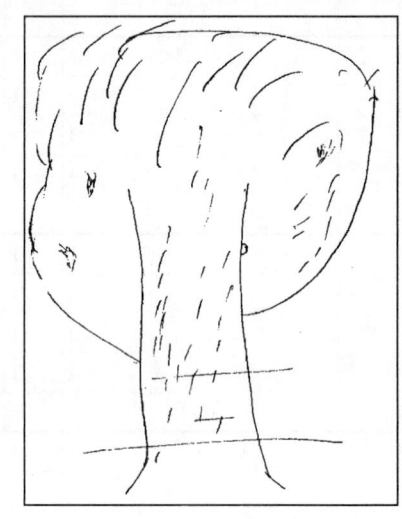

图 8.2　A 的树木—人格测试（后一次）

分析和解释

CMI 的领域判断为Ⅱ，身心健康的可能性高。虽然有些自觉症状的数值偏高，但是从测试整体来看的话，并不是十分明显。其中身体自觉症状中的"眼睛和耳朵""心脏血管系统"和"习惯"，以及精神自觉症状的"过敏"部分需要特别注意。呈现若干的疲劳状态可能是指特定的身体相对应的问题（比如说近视等）。

SDS 的数值是 28，考察抑郁倾向，属于平常者范畴中偏低的水平。

罗夏墨迹测试的总反应数是 42，从这个数字我们可以认为 A 的知性产生率偏高，以及对测试有积极配合的态度。纯粹形态反应和一次形态反应相比，一次形态反应的形态水准表现得高一些。这个事实表明 A 具有把形态很好地配合其他因素而完成处理事务的能力。每个图版的初次反应时间维持在 8～12 秒之间，对内容的变化反应也表现得比较稳定和专心致志。对图版的整体反应占所有反应的 80% 以上，表明 A 拥有整体、抽象地分析问题，综合地处理事务的倾向。可是，如果把整体的形态水准偏低，而反应总数偏多两个因素也一起考虑的话，我们可以说 A 在任何方面对自己的要求都比较高。在体验性方面，A 对内在刺激和外部刺激都作出大体相同程度的反应，而相对于外部刺激的反应，原始的运动反应表现出更高的数值。这意味着，一方面 A 具有理智性的判断能力，另一方面同时有采取大胆的行动，或者冲动性行动的倾向。

在罗夏墨迹测试前后进行的树木—人格测试，虽然没有什么大的变化，但是第二张显得更加粗略。我们从树木的大小，线条的描绘能够推测 A 的积极性和稳定性。另一方面，在树木内部的线条被描绘得很粗糙，从这一点可以说 A 同时兼有过敏性或者神经质的倾向。同时张开的树干和树冠部分直接联结在一起，显示了内面具有冲动性。特别从罗夏墨迹测试实施后再进行树木测试出的粗糙的绘画中，树干和树冠的不平衡和不协调，可以看出这个冲动性尤其在被试面临着高难度课题，或者在高度需要能量的场面中容易出现。

综合此次成套测试的结果，我们首先认为 A 表现的是健康的精神状态，能积极地参加各种活动，能够安定地处理和完成周围的事务。同时，也能看到希望从环境中得到很多信息的欲望。可是有时候，这样旺盛的能量会和行动直接联结。为此，可能会给对方留下杂乱粗略的印象。

实例 2：B，男性，22 岁

表 8.3　B 的罗夏测试分类表

Card	R1T(sec)	RT(sec)	R No.	Pos.	L-Main	L-Add.	D-Main	D-Add.	C-Main	C-Add.	P/O	Form
Ⅰ	8	23	1	1	D		M		H			2
Ⅱ	29	67	1	1	D		M		(H)			3
Ⅲ	12	40	1	1	D		M		H		P	2
Ⅳ	92	138	1	1	W		FC′		P1			3
Ⅴ	12	54	1	1	W		FM		(A)		P	2

续表

Ⅵ		12	36	1	1	W		F		Aobj		P	2
Ⅶ		12	105	1	1	D		F		Ad			2
				2	1	D		F		(Hd)			3
				3	1	D		FM		A			2
Ⅷ		10	89	1	1	D		FM		A		P	3
				2	1	Wc		FK		At			3
Ⅸ		25	134	1	1	D		F		Obj			3
				2	1	D		M		(H)			3
				3	1	D		CF		Obj			3
Ⅹ		19	84	1	1	D		M		(H)			3
				2	1	D		M	FC	(A)			3
				3	1	D		FM	FC	A			2

表 8.4　B 的罗夏测试 Summary Scoring Table

R	17	W:D	4:13	M:FM	6:4
Rej(Rej/Fail)	0(0/0)	W%	23.5%	F%/ΣF%	23.5%/94.1%
TT	12'50"	Dd%	0%	(F+%)/(ΣF+%)	50%/43.8%
RT(Av.)	77"	S%	0%	R+%	41.2%
R₁T(Av.)	23.1"	W:M	4:6	H%	35.3%
R₁T(Av.N.C)	27.2"	M:ΣC	6:1.5	A%	35.3%
R₁T(Av.C.C)	19"	E.B. (FM+m):(Fc+c+C′)	4:1	At%	0%
Most Delated Card & Time	Ⅳ,92"	Ⅷ+Ⅸ+Ⅹ/R	47.1%	P(%)	4(23.5%)
Most Disliked Card	Ⅴ	FC:CF+C	1:1	CR	6
Most Liked Card	Ⅹ	(FC+CF+C):(Fc+c+C′)	2:1	DR	6
Σh/Σh(wt)		W−%	0	修正 BRS	−5
		Δ%			
		RSS			

图 8.3　B 的树木—人格测试（前一次）

图 8.4　B 的树木—人格测试（后一次）

分析和解释

　　CMI 的领域判断为 Ⅱ，可以认为 B 的身心健康的可能性比较高。在自我症状中，相对于身体症状的自我感知偏低，而精神症状在"过敏""紧张"这两项上的数值稍高，据此 B 被划入了 Ⅱ 型。

　　SDS（抑郁度）值为 36，与正常者的平均值相符。

罗夏墨迹测试的总反应数为 17，低于普通成人常模。因此，统计指标的可信度就较低了。由于没有体现出反应领域及反应内容等方面的执着和偏重，一般认为反应数值低就很可能意味着 B 的活动性偏低（这个时候可否适当地考虑被试在接受测试时的态度问题）。在反应领域方面，对部分反应的比例高体现出对分割的、具体课题能够更好地配合的倾向。虽然对整体形态反应水准较低，但对有具体形态的图版反应水准很高。关于体验性方面，表现出很强的内倾性，比起对外部刺激的反应而言，行动的方针更多地服从内心的指示。然而，对图版Ⅷ、Ⅸ和Ⅹ的反应数占全体的 47%，也就是说对这三块色彩卡的反应形态降低了反应水准，如果再结合图版Ⅱ的初次反应延迟等情况来综合考虑的话，可以看出色彩等外部刺激的加入对 B 造成了很大的干扰，并产生混乱。对各图版的初次反应时间在 8~92 秒之间变化，有很大的幅度，表明 B 对课题性质的变化容易感到困惑。

在树木—人格测试中，两次测试的纸张都是横向绘画的。均只在画纸的左侧进行描绘，表明 B 更倾向于内心世界。线条的描绘很弱，并可以在好几处看到断断续续相连的线条。在树干上有线条，而且在树冠中把树枝、叶和果实画得密密麻麻的（第二幅）。这些特征体现出 B 的纤细和过敏性的倾向，也同时表明可能存在神经症方面的问题。

综合上述成套测试，现在的精神状态还是比较健康的。但是对来自环境的刺激很敏感，不能客观地对现象进行分析，并对这些容易产生心理负担。好的说法就是人很细致，严厉的说法大概就是有些神经质。相比较而言，对完成具体的、有既定方法和明确法则的任务的能力很高，但要解决模糊和不熟悉的任务的话就要花较多的时间。相对于课题的不同性质，其自信和不自信更容易暴露出来（或者说，被试对本身擅长的问题，可以解决得很好；若是不大擅长的方面会比较费力）。

实例3：C，女性，21岁

表8.5 C 的罗夏测试分类表

Card	R1T(sec)	RT(sec)	R No.	Pos.	L-Main	L-Add.	D-Main	D-Add.	C-Main	C-Add.	P/O	Form
I	11	84	1	1	W		FM		A		P	2
			2	1	W		M	F	Hd			2
			3	1	D		F		A			3
II	12	85	1	1	D		F		A			3
			2	1	D		F		A			3
			3	1	D		FC		A			2
III	12	79	1	1	Wc	S	F		Ad			2
			2	1	D		M		(H)			3
IV	25	167	1	1	W		FK		(H)			3
			2	1	di		F		Pl			3
			3	1	W		M		(H)	Obj		3
V	9	130	1	1	W		FM		A		P	2
			2	1	W		FM		A			2
VI	27	138	1	1	D		FC′		A			2
			2	1	W		F		Food			3
VII	5	118	1	1	W		M		H	Obj		2
			2	1	D		FM		A			2

续表

Card	R1T(sec)	RT(sec)	R No.	Pos.	L-Main	L-Add.	D-Main	D-Add.	C-Main	C-Add.	P/O	Form
			3	1	D		F		Hd			2
Ⅷ	10	121	1	1	D	S	FC		Obj			2
			2	1	D		M		H			3
			3	1	D		FM	FC	A			2
			4	1	D		F		Ad			3
Ⅸ	6	136	1	1	W		FC	FK	Travel			3
			2	1	D		F		A			2
			3	1	W		FM		A			3
Ⅹ	7	126	1	1	D		F		A			2
			2	1	W		FC		Hd			3
			3	1	W		FM		A			2
			4	1	D		FM		A			2

表 8.6 C 的罗夏测试 SummaryScoringTable

R	29	W:D	13:15	M:FM	5:8
Rej(Rej/Fail)	0(0/0)	W%	44.8%	F%/ΣF%	34.5%/100%
TT	19′44″	Dd%	3.4%	(F+%)/(ΣF+%)	40%/55.2%
RT(Av.)	118.4″	S%	0%	R+%	55.2%
R1T(Av.)	12.4″	W:M	13:5	H%	27.6%
R1T(Av.N.C)	15.4″	E.B. M:ΣC	5:2.25	A%	58.6%
R1T(Av.C.C)	9.4″	(FM+m):(Fc+c+C′)	8:1	At%	0%
Most Delated Card & Time	Ⅵ,27″	Ⅷ+Ⅸ+Ⅹ/R	37.9%	P(%)	2(6.9%)
Most Disliked Card	Ⅱ	FC:CF+C	4.5:0	CR	6
Most Liked Card	Ⅷ	(FC+CF+C):(Fc+c+C′)	4.5:1	DR	6
Σh/Σh(wt)		W-%	0	修正BRS	7
		Δ%			
		RSS			

图 8.5　C 的树木—人格测试（前一次）　　图 8.6　C 的树木—人格测试（后一次）

分析和解释

CMI 的领域判断为 Ⅱ 型，由于对精神症状的自我感知远高于对身体的自我感知，这一倾向使得 C 的结果非常靠近 Ⅲ 领域，而且其趋势更为明显。相对于身体症状而言，精神方面的表述更加显著。同时，身体自我症状中的"习惯"一项与精神症状的分值相近。综合以上情况，C 的身体虽然不存在器质性问题，但植物性神经系统的紧张状况更为明显。

SDS（抑郁度）的数值为 50，与神经症患者的抑郁度平均值基本相当。

罗夏墨迹测试的反应总数为 29，与年龄水平相当，体现出平均的智能水准，而且形态反应的水准很高。对 Ⅳ 和 Ⅵ 两个图版的初次反应时间呈现明显的迟缓，如果再结合对一次形态反应度高达 100% 的情况综合考虑的话，其表现出很强的将既定的模式套用到具体形式中的倾向。因此，也就可以解释为什么会对形态模糊的图版 Ⅳ 和图版 Ⅵ 发生反应延迟的情况了。在反应形态水准方面，相对于纯粹形态反应来说，一次形态反应的形态水准高，这意味着 C 具有把形态和其他因素整合的综合反应能力。

在树木—人格测试中，适度地使用了简略化表现手段。对纸张使用很适度，体现了行为举止平稳端庄，能受到社会和他人的良好评价。就细微部分的特征来看，根部和树冠的方向体现出闭合感（也可能是树枝被切断的痕迹），果实也一目了然。这些都体现出由于希望得到社会的承认而努力争取获得成功，因此自我可能有被环境压抑的感觉。据此推测，如果她想到向外界和他人表露出真实的自我，就可能容易感到紧张，甚至怕会被孤立。

综合上述成套测试的结果，C 有可能正背负着比较重的心理负担。在紧张的情况下可能容易感到腹部疼痛，睡眠质量不佳，手足发冷等植物性神经系统的敏感症状。基本而言，有预先决定事情，或者自己采取角色扮演的行为倾向，而且具有扮演某些角色的能力。与此同时，这样的行为特征也会给 C 自身带来一种安心的感觉。不过，以既定的模式解决问题的倾向性也较强，这也是导致紧张和焦虑的原因。

实例 4：D，男性，22 岁

表 8.7　D 的罗夏测试分类表

Card	R1T(sec)	RT(sec)	R No.	Pos.	L-Main	L-Add.	D-Main	D-Add.	C-Main	C-Add.	P/O	Form
I	8	42	1	1	W		FM	FK	A		P	2
			2	1	W		M		H	Cloth		2

续表

Card	R1T(sec)	RT(sec)	R No.	Pos.	L-Main	L-Add.	D-Main	D-Add.	C-Main	C-Add.	P/O	Form
II	22	97	1	1	W		FM	FC,FK	A		P	2
			2	2	Wc		M		(H)			2
			3	2	D		FM	FC	(A)			3
III	26	110	1	1	Wc		M		H		P	2
			2	1	D		FM	FC	A			2
			3	2	D		M		H			3
IV	16	115	1	2	D		M		H	Na		2
			2	1	W		M	FK	(H)			2
V	5	43	1	2	W		F		A		P	2
			2	1	W		FM		A			2
VI	19	102	1	1	D		Fm		Obj			3
			2	3	D		F		Obj			2
			3	3	D		Fm		Travel	Sail		3
VII	40	175	1	1	W		Fc		Art			2
			2	3	D		F		Obj	Map		3
			3	4	D		M		A			3
VIII	17	195	1	2	D		CF		Cloth			3
			2	1	D		CF		Travel			3
			3	1	D		FM		A		P	2
			4	3	D		FM		A			3

续表

Card	R1T(sec)	RT(sec)	R No.	Pos.	L-Main	L-Add.	D-Main	D-Add.	C-Main	C-Add.	P/O	Form
IX	36	175	1	3	D		M	FC	H			2
			2	2	d		M	FC	(H)			2
X	15	246	1	2	D		FM		A			3
			2	1	D		F		A			2
			3	1	D		FM		A	Pl		3
			4	1	W		FC		Lds			3
			5	2	D		M	CF	(H)			3

表 8.8　D 的罗夏测试 Summary Scoring Table

R	29	W:D	10:19	M:FM	10:9
Rej(Rej/Fail)	0(0/0)	W%	34.5%	F%/ΣF%	13.8%/93.1%
TT	21′40″	Dd%	0%	(F+%)/(ΣF+%)	75%/59.3%
RT(Av.)	130″	S%	0%	R+%	55.2%
R1T(Av.)	20.4″	W:M	10:10	H%	31%
R1T(Av.N.C)	17.6″	E.B.	M:ΣC	10:4	A%	41.4%
R1T(Av.C.C)	23.2″		(FM+m):(Fc+c+C′)	11:1	At%	0%
Most Delated Card & Time	VII,40″	VIII+IX+X/R	37.9%	P(%)	5(17.2%)
Most Disliked Card	IV	FC:CF+C	3:2.5	CR	7
Most Liked Card	VII	(FC+CF+C):(Fc+c+C′)	5.5:1	DR	7
Σh/Σh(wt)		W-%	0	修正 BRS	22
		Δ%			
		RSS			

图 8.7　D 的树木—人格测试（前一次）　　图 8.8　D 的树木—人格测试（后一次）

分析和解释

CMI 的领域判断为 I 型，神经症的可能倾向为 5%，可以认为这样的可能性基本上不存在。其中值得瞩目的是 D 对精神症状的认知值为 0，同时对身体症状的自我感知方面表现也是极少的。

SDS（抑郁量表）得分为 32，在一般成人中也属于较低的，在常态范围内。

罗夏墨迹测试的反应总数为 29，与年龄特征相当，形态水准也在普通成人范围之内。在反应领域方面，部分反应的比例偏高，表明 D 对部分的、具体的课题处理的能力较好。关于对各个图版的反应，图版 I 和图版 II 的初次反应时间存在差异，体现出对颜色的敏感性，这一特征在对图版 III 的反应时也表现了出来。初次反应时间较快的是第 I 和第 V 图版，据此可以说 D 对具体的课题和事物能够在较早的阶段敏锐地作出反应，而反过来对模糊、繁杂的课题则需要一段准备时间。这个倾向，再同时结合相对于一次形态反应而言，纯粹形态反应中的形态水准表现得更加良好，以及较强的体验型内向倾向这两个因素，可以预测 D 对复杂的外部刺激反应有可能会发生认知的混乱。这个被试具有优先结合自身经验和既成的应用模式，去适应课题的能力。

在树木—人格测试中，给人留下了尽管 D 对形态的描述比较粗略，但是却花了很多心思去描绘的印象，这个特征相应的解释是冲动性和不安的指标，尤其多层描绘的根部是一个突出的特征。根的象征解释一般说来是与性冲动和原始的冲动相关的。据此，也许表现出 D 倾向于从更本能的角度来解决问题的可能性。同时，树干向上端急剧收束，树枝的描绘亦多用重描和阴影。因此，也许 D 感受到社会的压力并觉得不安，对能否很好地在社会中展现自己的可能性感到焦虑。

综合这个成套测试的结果，我们可以认为 D 目前的精神状态还是较好的。在社会关系方面，表现出能从混杂的事物中找到自己的方向，对自己决定的计划和事物有很高的执行和问题解决能力。D 希望凸显自我，并要求自己的行为方针是建立在自己的内心想法的基础上。还有一点可能性是，一旦社会规范对 D 自身的行为产生制约而使其产生严重焦虑时，D 有可能产生攻击性的情感。

实例 5：E，女性，23 岁

表 8.9　E 的罗夏测试分类表

Card	R1T(sec)	RT(sec)	R No.	Pos.	L-Main	L-Add.	D-Main	D-Add.	C-Main	C-Add.	P/O	Form
I	4	79	1	1	W		M	F	(H)	Obj		2
			2	1	W	S	F		Mask			2
II	10	63	1	1	W		M	FC	H	Shoes	P	2
			2	1	W		CF		Food			3

续表

Card	R1T(sec)	RT(sec)	R No.	Pos.	L-Main	L-Add.	D-Main	D-Add.	C-Main	C-Add.	P/O	Form
Ⅲ	11	80	1	1	W		M	CF	H	Fire	P	2
			2	1	Wc	S	F		Obj			3
Ⅳ	4	42	1	1	W		F		A			3
			2	1	W		Fc		Aobj		P	3
Ⅴ	10	58	1	1	W		F		Music			2
			2	1	W		FM		A			3
Ⅵ	6	18	1	1	W		FC′		A		P	2
Ⅶ	7	40	1	1	W		F	Fc,Fm	(H)	Hair		2
										Stone		
Ⅷ	9	70	1	1	D		FM	CF	A	Na	P	2
			2	1	D		FC		Travel	Sail		2
Ⅸ	10	47	1	1	W		CF	mF	Lds	Fair		3

续表

Card	R1T(sec)	RT(sec)	R No.	Pos.	L-Main	L-Add.	D-Main	D-Add.	C-Main	C-Add.	P/O	Form
X	7	56	1	1	W		M	FC,CF	H	A,cloth		2

表 8.10 E 的罗夏测试 Summary Scoring Table

R	16		W:D	14:2	M:FM	4:2
Rej(Rej/Fail)	0(0/0)		W%	87.5%	F%/ΣF%	31.3%/87.5%
TT	9'13"		Dd%	0%	(F+%)/(ΣF+%)	60%/71.4%
RT(Av.)	55.3"		S%	0%	R+%	62.5%
R1T(Av.)	7.8"		W:M	14:4	H%	31.3%
R1T(Av.N.C)	6.2"	E.B.	M:ΣC	4:3.75	A%	25%
R1T(Av.C.C)	9.4"		(FM+m):(Fc+c+C')	2.5:2	At%	0%
Most Delated Card & Time	Ⅲ,11"		Ⅷ+Ⅸ+Ⅹ/R	25%	P(%)	5(31.3%)
Most Disliked Card	Ⅴ		FC:CF+C	1.5:3	CR	9
Most Liked Card	Ⅶ		(FC+CF+C):(Fc+c+C')	4.5:2	DR	7
Σh/Σh(wt)			W-%	0	修正BRS	8
			Δ%			
			RSS			

图 8.9 E 的树木—人格测试（前一次）

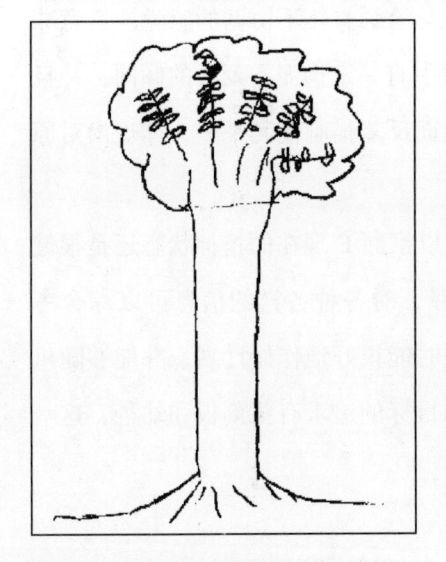

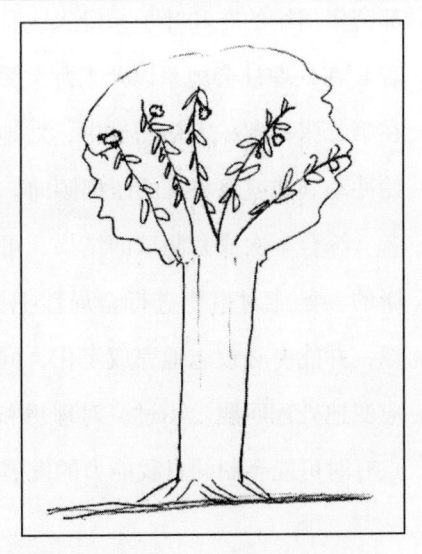

图 8.10 E 的树木—人格测试（后一次）

分析和解释

CMI 的领域判断为 I 型，有神经症倾向为 5%，可能性极低。在身体症状的自我感知方面表现得相当的低，而且精神症状的自我感知度为 0。据此可以认为，在被试 E 的自我意识中对精神方面的认可度没有对身体方面的认可度高。

SDS 值（抑郁度）为 28，较常模为低，可以认为没有抑郁的倾向。

罗夏墨迹测试的总反应数为 16，因此我们认为 E 的统计指标解释只限于作参考。在反应领域中整体性反应多达 87%，因此可以推测反应数少的原因可能是因为 E 执拗于整体反应。其中，对形态水准体现出很高水平，并且相对于纯粹形态反应而言，一次形态反应的水准更高些。同时，虽然图版 I 和图版 II 的初次反应时间之间呈现延迟现象，而就全部反应情况而言，所有的反应时间都在 4～11 秒之间。综合上述情况而言，E 表现出抽象地、全面地处理课题和事物的趋势，具有较高的统合能力；而且结合图版 VIII 的部分反应结果，我们可以认为 E 具有能够根据课题的难易程度来调整自己处理方式的柔软性。

在树木—人格测试中，单线条的树枝体现出未成熟性。在树冠内部密集描绘的花和叶子，给人一种与绘画整体不协调的感觉。这意味着 E 在处理社会关系以及人际关系中有一定拘泥、刻板的倾向。并且在第二张树木—人格测试中，对地面反复描画使其平整，体现出对原始冲动（如愤怒等）的压抑倾向。

综合本次成套测试的结果，可以推断 E 现在的精神状态还是很健康。她能对事物进行全局性把握，对各种各样的信息可以综合考虑，并能专心致志地完成工作，同时能很好地作好计划，并能够随机应变地处理问题。不过，对理想和目标的追求有些刻板和幼稚，这一点有时可能会制约自我能力的发展。

附 录

"大树鸟巢画"绘画亲子关系评估技术

田芷 张帆[*]

第一节 缘起

在当今,家庭中常常遇到这样的困扰,家长要改善亲子关系,苦于找不到合适的方式。"父母与孩子之间尬聊""父母不知如何给孩子心理营养",都揭示了亲子关系如同盲人摸象,只能看到局部。父母想了解孩子的心理需求,尝试和孩子好好交流,却发现一开口就"打"在孩子防卫的盔甲上。孩子的内心也很矛盾,虽然渴望得到父母的理解和支持,却不知道如何表达。

面对这些僵局,我们将如何解决呢?

有没有一种方法既能打开亲子关系的屏障,同时又能让父母和孩子领悟彼此在关系中真正在表达什么,双方内心的渴望和期待又是什么,亲子之间的和谐关系如何实现呢?

为此,笔者在吉沅洪教授、陶新华教授的带领下,经过了几年的探索和设计,成立了"大树鸟巢画"亲子关系评估技术研发小组,研

---

[*] 田芷,应用心理学硕士,上海学道翎先教育科技有限公司青少年学习动力高级教练;张帆,应用心理学硕士,上海学道翎先教育科技有限公司青少年学习动力高级教练。

发了"大树鸟巢画"亲子关系评估技术。它是将树木和鸟、鸟巢等元素结合的绘画表达形式，能帮助父母和孩子觉察、改善和促进亲子关系。

"大树鸟巢画"是在树木—人格投射测试理论基础上延伸发展出来的依托表达艺术疗法、融合叙事疗法为主的原创亲子关系评估技术，主要包含以下几部分元素：

（1）大树：象征着人格的发展。在家庭关系中，大树代表父母的人格状态，从中也能够看到父母对孩子的教养态度和家庭养育环境如何。

（2）鸟巢：代表着孩子心目中、现实中或者理想中的家的部分。

（3）鸟和鸟蛋：代表家庭中的人物以及对未来的某种期待。

（4）鸟巢和树的结合：可以呈现在家庭环境下父母和孩子是如何进行亲子互动的。

第二节 理论背景

一、树木人格投射测试理论

我们常说"生命如树"，自然界的树与人的成长很相似。树木画能反映自我较深层次的无意识感情，往往也可映射出人格特质。人格是影响个人成长和与人关系的一个重要因素。在"大树鸟巢画"中，大树由家长绘制，因此，树木的种类、大小、结构、整体状态都可以呈现出家长自身的人格特质和发展状态，以及家长对于孩子和整个家庭的承载力。除此以外，我们还要看看画作中大树与鸟、鸟巢的匹配程度、互动情况以及家庭在叙事故事中隐藏的内容线索。

每个人都是独一无二的，所以，每棵树呈现出来的样子也是形态各异、千差万别的。在这里，笔者着重讲解一下在"大树鸟巢画"中应重点关注的部分。

(一) 树冠

树冠部分描述着画者的精神和智力的发展、兴趣的范围、目标的性质及满足的对象等。"大树鸟巢画"的目标是通过绘画来探索亲子关系,因此,我们从树冠的部分着重要考察家长自身的发展状态是否足以支撑和滋养孩子的成长,以及家长与孩子的亲子互动情况。

如果家长画的树冠非常小,则有可能预示着这位家长在精神、智力、兴趣、目标等方面发展得不理想,精力不够、状态不佳,那么,咨询师就要重点关注他的自我能量是否能很好地滋养和支持孩子的成长;当孩子内心有很多需求和期待的时候,他是否能够及时觉察和满足;当孩子遇到挫折的时候,他是否能够包容和接纳孩子,给孩子及时补充心理能量。

如果家长画的树冠非常大,那么,咨询师可以推测这是一位自我发展比较好的家长,精力充沛、充满活力,要重点关注他是否恰当地在亲子关系中使用了自己的能量;他对孩子的方式是像容器一样包容和接纳的,还是有很多控制和要求的;孩子所绘制的鸟儿在这棵大树上是舒展自在的,还是拘谨退缩的;他所给予的资源(物质、精神)是否是孩子所需要的,还是只是为了满足自己的自恋?

树冠的形状可以看出家长的人格特质。

横向椭圆形的树冠可能象征着家长目前的压力比较大或者生活环境限制其发展。咨询师要关注家长是否会因为压力而影响情绪,在支撑、支持孩子的时候精力不够或者无意中把压力和焦虑转嫁到孩子身上。

纵向椭圆形的树冠和三角形的树冠一样,都表明这位家长很有战斗心、积极向上,有很强的自信和抱负心。咨询师要关注家长对孩子的影响是积极的还是消极的,是起榜样和激励的作用,还是会把自己的期待和意愿强加给孩子或是为孩子贴上负面标签。

四角形/方形的树冠预示着这位家长可能会固执己见、坚持原则、很难变通。那么，咨询师要关注家长在与孩子沟通的时候对孩子是否有足够的耐心倾听，是否尊重孩子的本心，是否有时候为了坚持某些刻板的、传统的教育理念，而忽视了孩子内心真实的需求。

蘑菇形的树冠表明家长可能自我保护意识比较强、内敛，不愿轻易向外界袒露自己的内心想法。他们往往有强烈的羞耻心，常常会找自己的缺点，他们需要更多的支持与称赞。对于这类家长，咨询师要多多欣赏、肯定他们，让他们在这里找到安全感，愿意一点点敞开心扉进行交流。咨询师要关注这类家长是否会对孩子过度保护或者在孩子身上找缺点，害怕孩子的缺点给他们带来羞耻感。

树冠的外围部分，形成了树与环境接触的地带，也就是树内在的东西与外面环境发生关联和交换的地带，是树的呼吸和新陈代谢的地带。因此，树冠的部分也表现家长对人际关系（家属、亲人、社会关系）的认识态度和与环境的整体关系构造。人们在树冠的描绘上是多种多样的，有的是用阴影来涂抹；有的是用一根根线条来描绘，线条还有不同的走向；有的树冠除了外圈形状，中间是没有任何表达的空白状态。咨询师可以根据这些线索来找到与家长沟通的入口。此外，根据树冠的开放度与闭合程度我们也可以推测家长的精神生活是否愿意展示给他人。

（二）树叶

树叶代表着树木的生机，也是一个人展现给外界看的部分，树叶、果实和花朵都是树冠的构成部分，相对于树干和树枝来说，它们不太稳定。一个人状态好的时候，画出的树往往枝繁叶茂、春暖花开、果实累累；一个人状态不好的时候，画出的树往往树叶稀少，甚至会有正在掉落的树叶、花朵和果实。

所以，咨询师在评估"大树鸟巢画"中的树叶时，往往要看看树叶的茂密程度。茂盛的树叶代表着生机勃勃、富有生命力，画这样树木的家长往往富有活力、积极性很高、能量很大。同时，树叶多也可能表示出家长有强烈的好奇心或对某些细微事物探求的兴趣。画作中树叶少或者没有树叶则代表生命的失落感，画这样树木的家长往往情绪低落、活力不够、自信心不足甚至有空虚感。通过对树叶的评估，咨询师可以看出家长是否有足够的生命能量去支持孩子的成长。

画在树枝末端的树叶，往往是生命能量出入的缓冲地带，有一定的过滤、隐藏或装饰功能。在树枝末端清晰描绘多片树叶的家长，可能表明他能充分利用感觉来感知环境并且有强烈的好奇心。整棵树都布满了小叶子的家长，他们很有可能善于从环境中吸取经验，当不愉快事情发生的时候，自身会有一个缓冲和调节。如果有非常仔细、甚至有强迫倾向地描绘树叶的家长，咨询师要重点关注其是否有追求完美的倾向，是否会给孩子造成强烈的紧张感和焦虑感。

当然，不是每棵树都会画出树叶，不画树叶没有任何问题。在实践中，画出真实树叶的家长并不是多数，大部分家长都会以用阴影或线条简单涂抹树冠的方式来代替树叶，但就算是模糊表达，咨询师也可以在关注整体树叶茂密程度的基础上具体情况具体分析。

（三）树枝

树枝一般象征着能量的流动，是树干向树冠输送能量的通道，也是环境中的能量流入大树的通道。因此，树枝象征着一个人实现目标的力量和能力，也反应一个人与环境、他人接触的方式和适应性。树枝还体现一个人的思维方式与创造性的自我表现方式。

在"大树鸟巢画"中，咨询师应重点考察树枝的舒展程度和茂密程度两个维度。假如我们把树枝比作人身体中的血管，那么，树枝的舒展程度就好比血液在里面是否可以自由流向比较宽广的地方；树枝的疏密程度就好比血管的密集程度，主动脉下面可能还有许多毛细血管，四通八达。

一棵大树，如果树枝非常舒展的话，表明这位家长自身能量的输送是畅通的、能够自由地抵达身体的各个部位，可能表明他的心理状态也是非常舒展的、自由的、松弛的、灵动的、能量充足的。如果树枝都紧缩在一起，甚至有中断或阻隔的地方，表明这位家长自身的状态也可能是拘谨的、刻板的、情绪有些紧张或压抑的。通过树枝的形态，咨询师可以推测出孩子所处的家庭环境是松弛还是紧张，是开放还是闭塞。

画作中，如果树枝是非常密集的，也可能预示着家长有很多目标、计划和想法，思路脉络清晰，有许多特殊才能想要发展。在家庭教育中，家长的这部分特点是起指导性作用还是给孩子更多的压力，是需要咨询师关注的。如果树枝是非常稀疏的，可能预示着家长没有太多战斗力、目标和计划，自身想要发展的方向也不多。在家庭教育中，咨询师可以多关注家长在孩子发展方面是如何引导的。

当然，画作中树枝的形状、粗细、走向都是千差万别的，甚至树枝末端的样子都透露着很多不同的信息，树枝在"大树鸟巢画"中的表达往往可以呈现出鸟巢是如何摆放在树枝上的。我们会看到，有的鸟巢放上去的时候，树枝是可以牢牢地托着它的；有的树枝很纤细，是不足以托住鸟巢的；有的树枝很短，而鸟巢很大，它不足以让鸟巢很稳固地放在上面。

笔者在这里只做一个大概的分类，以上内容不是绝对的。并且，有很多人在画树的时候为了追求简单快捷，是不画树枝的，这也是正常现象，只是在解释的时候少了一些可参考的信息而已。

（四）树干

树干代表了有意识的情感反应、情绪和生命成长历程。它与情绪机能有明确的内在相关性。树干还可以看作是生命能量流通的主要渠道。

在"大树鸟巢画"中，树干象征着家长自我生命力量的强弱。当家长画的树干比较粗壮，代表家长自身的生命力量是旺盛的、强壮的，这样的树的能量，可以让孩子感到安全、稳固、可依靠。反之，如果树干过细，代表着家长生命能量的衰竭倾向或者自身在成长中没有获得心理营养的滋养。对于生活在这样家庭的孩子来说，他们非但无法依靠到家长，反过来还可能需要满足家长的缺失。

如果树干的用色比较柔和，代表家长的情绪情感不是非常激烈或浓烈。反之，如果树干用色比较凝重或者冲突，代表家长的情绪情感的反应比较厚重或激烈。

树干如果很笔直，像电线杆一样，有可能表明家长在自己的社会人际关系中，待人处事偏逻辑、理性，不懂得如何表达情感，显得比较生硬。画这样树干的家长，孩子可能是没办法从家长那里获得情感回应和情感支持的。对于这样的孩子，咨询师要重点关注在亲子关系中，孩子可能也会回避情绪情感的表达，可能也不擅长亲子关系的连接。反之，如果树干是有弧度的，代表家长情绪是比较乐观的、快乐的、积极的，生活在这样家庭的孩子，可能更能够和家长产生情感流动。

（五）树根

树根表达本能和无意识的领域。树根扎根于自己的过去、家族、文化，在土壤中汲取养分并将养分输送到树的各个部分。因此，树根与家长自己早年的生长环境有关。

在"大树鸟巢画"中，家长如果详细描绘出树根的话，咨询师可以去关注和探讨家长过去成长的经历、家族文化等，同时，从树根的形态可以看出这棵树扎根、抓地的方式是否稳固，从中可见家长自身的人格根源和稳定性等对孩子的影响。如果家长画的树冠非常茂盛、树干很粗壮，而看不到树根的部分，咨询师可以引发他去思考这棵树的营养是从哪里来的，引导他去觉察根部对这棵树生长的影响，也可以跟他去探讨这棵树扎根、抓地的稳固程度，从中可以看到他自身人格的根源状态。

（六）地面

地面表示绘画者生活的直接环境，用复杂的远近法描画地面的人，通常感觉自己在环境中有适当的位置或自己的地位明确并有限度。

如果家长的绘画中，地面是立体的、丰富的、有多个元素组成的，比如有花、有草、有动物，代表家长对环境是积极看待的，其生活的环境是有滋养性的。如果家长绘画中，地面是平面的、结构简单的，代表家长不是很注重自身的环境，可能他会忽略或没有特别能为孩子提供的外部环境资源。

如果家长的绘画中地面是笔直的、普通的地平线，则此项没有特别的意义。

如果地面是倾斜的，线的右侧向上方倾斜，代表他是积极的、有希望的，他有足够的能量和精力关注孩子；如果线的右侧向下倾斜，代表他的精力能量在耗竭。这时，在家庭中我们要特别关注家长是如何平衡好自身精力的消耗与对孩子投入精力的消耗之间的关系。

二、埃里克森人格发展理论

"大树鸟巢画"的使用对象是针对家庭中的一名6~18岁儿童、青少年与他的母亲或者父亲组成的亲子共创的绘画表达艺术体验。"大树鸟巢画"关注和探寻儿童、青少年在家庭中成长的心理轨迹，成长中的发展危机以及父母在亲子互动中是否有意识地觉察到孩子的心理需求和期待，是否足够拥有面对处理孩子成长中各种问题的准备状态。美国著名心理学家埃里克森把人一生的心理发展分为八个阶段，本文介绍与大树鸟巢画应用相关的前五个阶段。

表 1　埃里克森心理发展八阶段截选（前五）

年龄阶段	发展危机	挑战任务	重要事件	品质	危机描述
0岁~1.5岁	信任VS怀疑	我能相信他人吗？	喂食	希望	与抚养者互动体验到初步的爱与信任，获得安全感。
1.5~3岁	自主VS羞怯	我能独立行动吗？	如厕	意志	身体机能获得发展，开始出现符合社会要求的自主性行为；如果受到过多的限制或过于严厉的惩罚，会羞愧和怀疑。
3岁~6岁	主动VS内疚	我能成功的执行自己的计划吗？	独立	目的	儿童对周围世界更加主动和好奇，更具自信和责任感；发展不顺利，则会出现退缩行为或过于主动，引起内疚感。
6岁~12岁	勤奋VS自卑	和别人相比我有能力吗？	入学	能力	开始学习处理学习知识和为人处世的能力；不顺利则自卑，缺乏基本能力。
12岁~18岁	同一性VS角色混乱	我是谁？	同伴关系	忠诚	在职业、性别角色方面获得同一性，方向明确；反之容易丧失目标，失去信心。

在这五个阶段中，每个阶段都有相对应的发展任务，如果发展任务能得到恰当的解决，孩子就能平稳地度过这个阶段，身心健康地进入下一个阶段。如上表所示，孩子在每个阶段的成长都会面临成长危机，也就是说孩子在各个阶段的成长都可能会向积极方向发展，也有向消极方向发展的可能。尤其是孩子到了6岁以后，进入学龄阶段，不再像幼儿时期总是围绕着父母身边转，有了自己的小天地、小秘密，有了烦恼，也有自己的朋友、伙伴，和父母相处的时间也开始明显变少了，加上父母把注意力更多集中于盯着孩子的学业，经常会无意识地给孩子贴上负面标签，亲子关系的冲突变多了，紧密度也不如从前了。

等孩子到了12岁进入青春期阶段，孩子的身体、生理趋向成熟，独立意志更加突显，亲子之间的关系变得既想从和父母的依赖关系中挣脱出来，同时又处在心智尚不成熟状态，内心需要父母的支持、陪伴和引导，亲子关系处在敏感、矛盾、混乱甚至"战争"中。父母不知道孩子内心需要什么，孩子不知道该怎么表达才能被父母真正听见、看见！

"大树鸟巢画"融合表达艺术疗法和叙事疗法，打开亲子关系的连接通道，将亲子关系中无法用言语表达的真实需求、期待、渴望表达出来，让孩子和父母彼此了解、彼此感受、彼此用心来对话，探索更为适合于自己的亲子互动方式和环境。

三、温尼科特客体关系理论

英国著名心理学家、客体关系创始人温尼科特（D. W. Winnicott. 1896—1971）在其理论中强调环境在自体（self）形成中的作用，他认为当环境够好时会促进婴儿的成熟过程。婴儿依赖于环境（比如母亲）的供养，而环境要适应婴儿需要的变化。

在母婴关系的早期发展阶段，好的母亲能充分提供婴儿所需要的一切，她不仅认识到婴儿的本能需要，而且了解他的创造性，尊重他的边界，依据儿童需要的变化进行适应和改变。相反的，不够好的母亲不能提供婴儿成长所需的必要的环境，婴儿不是感到被抱持，而是体验到冲突。婴儿真正人格的核心——自发性和创造性暂停发展了，只是适应性地顺从有缺陷的环境，因此他的人格发展将围绕一个空壳进行。不够好的母亲没有给婴儿提供一个自我可在其中自由发展的心理空间，而是呈现给他一个必须立即妥协和适应的世界，使其过早地关心外部世界，被迫关注、处理外部世界的要求，从而在内心产生了冲突，限制和阻碍了内在心理的发展。（《客体关系理论转向：温妮科特研究》第 52 页）

"大树鸟巢画"中的鸟巢与客体关系有关。所谓客体关系，是指存在一个人内在精神中的人际关系形态的模式。这一理论主张人类行为的动力源自寻求客体，关注外部客体（父母和孩子世界中的其他重要的人）对于建立内部心理的影响。"大树鸟巢画"就是帮助家长探索家庭环境是否适合孩子，是否能提供给予孩子足够包容的心理空间，家长是否尊重孩子的边界，了解孩子内在的需求和创造性，家长提供给孩子的环境（资源）是否是过度保护、过度控制的或者过度匮乏、缺乏滋养的。

通过孩子绘画的鸟巢，就可以将孩子潜意识中对家庭环境的感知一目了然地呈现出来。从鸟巢的颜色、装饰物、空间大小、舒适度、安全度、牢固程度等，咨询师可以大致推测出这是一个怎样的家庭环境，这样的家庭环境对孩子的成长是否合适、恰到好处；孩子在这样的环境中是松弛的、自由的、快乐的，还是拘谨的、窒息的、混乱的、想要逃离的。

四、表达艺术疗法

在实践中，当咨询师尝试用语言与孩子沟通的时候，他们往往是有防御机制的，他们为了不让父母失望或者出于对自我的一种保护，可能会压抑、否认自己内在真实的感受和期待。在家庭中，孩子与父母的互动交流其实也有自我防卫的心理。但当咨询师邀请孩子与父母一起画画的时候，就可以打破这种防御，通过画作帮助他们把潜意识的部分呈现出来。

为什么"大树鸟巢画"会如此神奇呢？因为"大树鸟巢画"采用了表达艺术疗法和叙事疗法相结合的形式。下面，笔者就来谈一谈什么是表达艺术疗法。

1. 什么是表达艺术疗法？

表达艺术疗法是一种使用非口语的艺术语言形式，在咨询师的帮助下，来访者利用艺术媒介、创作过程以及由此产生的艺术品来探索他们内在的感受、想法和期待，调和情感冲突，培养自我意识，帮助个人获得成长、觉察和转变，连结内在心灵与外在真实以及生活经验的方式。

1999年，日本心理学家山中康裕指出：用"艺术"这个词汇会使人们的注意力着重于对美的追求，他建议将"艺术治疗"改为"表达艺术治疗"。表达是从内到外的过程，不是胡乱勉强的表达，是自发的艺术呈现。通常来说，人们内心当中的精神活动向外显示出来，需要某些相应的刺激因素和必要的能量，而这些能量是在当事人和咨询师的相互关系中形成的。这种安全的、受保护的关系会让当事人产生新的能量，会表达出深层次的潜意识。表达艺术强调的是当下的体验，将一些不能用言语描述的内心真实的情绪和感受，用一种外显的形式表达出来，成为可视化的东西。当这些内在情感可视化时，疗愈就产生了。

2. 表达艺术疗法的特点

"大树鸟巢画"满足表达艺术疗法的三要素：表达、游戏、创造性。

1）表达

表达是艺术治疗的前提。亲子之间之所以会出现沟通障碍，主要是因为当事人内在有很多情绪拥堵、矛盾冲突没有及时地表达出来，对方的需求和期待没有被及时看见，误解没有被及时消除……因此，当事人无法控制自己的外在行为、思想和念头。这种时候，表达就变得非常重要。

"大树鸟巢画"就是借用绘画材料，将当事人内心的状态用艺术的形式呈现出来，通过创作者和咨询师之间的交流，以画作为媒介，基于想象展开对话，对深层的内在世界有更多的理解，将无意识的内容表现出来，变为能够辨识、理解、领悟的内容。

2）游戏

游戏是儿童的天性，孩子就是在游戏中成长的。游戏是自由的活动,游戏者是不被强制的,否则游戏就失去了它的魅力。游戏一定是未确定的活动,我们不决定游戏怎么开始,也不事先预料它的结果。在游戏中,我们能够自由玩耍,能够释放天性,克服创作的阻碍,将内心世界的意象传达出来。

"大树鸟巢画"本身就具有游戏的特点,孩子和大人一起来共同绘画、共同手工创作,虽然有一定的主题和简单的规则,但整个创作过程中,他们都是完全自由的状态。放在他们面前的是两张白纸,他们事先并不知道自己会创作出怎样的作品,大家都带着好奇心投入到绘画游戏中。在这个空间中,我们给予创作者很大的自由度,不强制、不评判、不指责,使他们感到被允许、被接纳、被包容,让他们找寻那种孩童纯真的、遵从自己本心的、自由自在的状态,将他们内在最真实的、尘封已久的生命能量释放出来。他们的心灵得到抚慰、鼓励,产生愉悦和满足,新的能量被点燃,生命状态开始复苏,形成新的内在世界。

3)创造性

创造性是人们内在生命的源动力,一个鲜活的、灵动的生命,是离不开创造力的。有时候,人们为了适应社会,会压抑自己,把自己束缚在各种条条框框里,时间长了,就会失去创造性,生命就变得没有活力。

"大树鸟巢画"能将人们和自己完整而具有疗愈功能的"内在创造者"相连接。来参加"大树鸟巢画"活动的家庭往往面临一些令人棘手的问题,但当他们通达自己的内在创造性精神的时候,结果都是令人振奋的!投入艺术能帮助他们连接生命的正向能量,这些能量也正是创造性表达的组成要素。

所以,表达艺术治疗能开启另一种沟通管道,透过创作得以以具象的形式表达个人深层的情绪及思想,并让治疗历程多了隐喻性的保护,更能导引出创作者压抑或忽略的创伤,同时又可减少紧张、愤怒、挫折、冲突与焦虑等各种情绪压力。

五、叙事疗法

"大树鸟巢画"不仅运用表达艺术疗法的形式,还融合了叙事疗法,或者说"大树鸟巢画"的体验方式,本身就是通过绘画与故事的形式来探索亲子关系的状态。叙事心理治疗的创始人和代表人物澳大利亚临床心理学家麦克·怀特及新西兰的大卫·爱普斯顿。他们在 1980 年代就提出了叙事疗法理论。这是被广泛关注的后现代心理治疗方式,它摆脱了传统上将人看作问题的治疗观念,透过"故事叙说""问题外化""由薄到厚"等方法,使人变得更自主、更有动力。透过叙事心理治疗,不仅可以让当事人的心理得以成长,同时还可以让咨询师对自我的角色有重新的统合与反思。叙事疗法是当下应用比较广泛的现代心理治疗技术,具有操作性强、效果显著等特点,有较高的推广价值。

叙事疗法的基本观点:

(1)"人≠问题":叙事的观点提倡对人的尊重,将问题和人分开,问题是问题,人是人。谈话的方向即是支持来访者在问题和自我之间建立合适的关系。

(2)"每个人都是自己问题的专家":从后现代主义的视角出发,叙事治疗相信,每个人都是面对自己问题的专家。我们每个人,不管遇到怎样的困难,如:有的人成长于单亲家庭,有的人遭受家庭暴力,有的人身体不好,有的人从小自卑……人的成长不是一件容易的事,要面对那么多的问题。但我们仍然能够走到今天,这表明一定是有一些资源在支撑我们。这些资源本来就蕴藏在我们自己的生活之中,将这些积极资源调用起来,我们就更有可能找到不一样的生命故事,之前的问题也就融化了。

（3）"寻找生命的力量"：这是叙事流派的主轴。很多时候，我们认为自己就是问题，认为自己是没有力量的。叙事治疗就是帮当事人把问题和人剥离开，将问题"外化"，解构主流文化对人们的影响。叙事治疗认为每个人都是自己生命的主人，虽然很多问题还没有找到答案，但是慢慢地去走、去看，我们一定会找到属于生命的力量。

"大树鸟巢画"提供了一个可以进行创作故事的主题绘画场景。当孩子和家长完成了作品的绘制时，咨询师邀请、鼓励家长和孩子共同面对作品，运用拟人化手法，用旁观者的身份和角度向对方描述自己的画作故事。听故事的一方作为倾听者，尽可能带着好奇、欣赏和觉察的态度，不插嘴、不评判、不否认、不指责地聆听对方的故事。讲故事的一方开放自己的思维和创造力，充分表达（通常会发现孩子的故事会更为丰富、灵动、充满生气，而家长的故事多会以成人化思维用一两句话简短概括）。然后，创作双方各自为自己的故事命名。完成后，咨询师请双方相互就画作和故事进行提问，引导家长用叙事精神，外化的对话方式，把"迫切想要知道孩子的画是什么意思"的想法先暂时放在旁边，愿意相信"孩子的话和想法可以先被听到和了解"，再去对孩子的想法感兴趣并和孩子对话，让孩子觉得他此刻的想法是重要的、有价值的。咨询师引导家长看到和相信孩子的想法在他的这个年龄层是宝贵的，激发家长在"大树鸟巢画"中发现孩子的闪光点且过程中始终对孩子保持兴趣，而非告诉孩子怎么做才是对的。实践证明，当孩子被允许表达、被看到、被听到后，他更加愿意和家长一起交流、探索，亲子关系也会更亲近。

在"大树鸟巢画"中，把家庭问题通过大树、鸟、鸟巢的互动方式外化出来，通过拟人化的对话，咨询师可以发现家庭存在的困境、探索家庭成长资源。"大树鸟巢画"的创作可以打开很多创造性的思维，帮助家长通过代入树的拟人化的对话方式调整新的认知和角度，改变过去对孩子的标签化认知。这个环节中孩子愿意更多地表达，家长也愿意用这种问话的方式引导孩子思考。

"大树鸟巢画"的画面和故事互动实际上是在家长与孩子之间建立一种新的亲子连接方式，以协助家长与孩子沟通互动、提问，帮助家长和孩子共同进入一种新的思考方式，重新定义问题，启动新的对话空间。

例1："这只蛋，当它出来的时候最想看到谁，最想说什么？"

解构：放下原来对事物的了解去听。

"如果它会说话的话，它会说什么？""哪些东西对你的影响力是最大的？"

哲学观：咨询师在听"大树鸟巢画"故事的时候可以放下专家的、结论性的标准，以更多元化的视角去看、去倾听。咨询师可以用好奇的方式提问，通过提问的方式将人和问题分开，让家长和孩子有所觉察。咨询师作为辅导者的示范性提问，能让家长学会对孩子问问题的方式，教会他们对问题有新的看待和思考。

例2：左图中，我们看到画面中鸟巢很大很重，一端快要坠落了。

如果家长这样问孩子："鸟巢放在这里会掉下去的，你知道吗？"孩子会觉得是"我不好，我画得不对"，他可能会马上说："我画错了！"然后立刻就要去修改画面。

如果咨询师教会家长改用叙事的方式来提问："咦，如果这些小鸟住在这个鸟巢里，它们发现鸟巢一边高一边低，它们在里面是什么感受呢？你还发现了什么吗？小鸟们在这个鸟巢里面会说些什么呢?"

通过这样拟人化的方式就可以启发孩子去思考,发现问题,而不会把问题和自己这个人绑定在一起,也不会轻易否定自己。

下面是一些通常可能会用在"大树鸟巢画"故事里面的拟人化的问话,供大家参考:

(1)如果小鸟会和大鸟说话,它可能会说一些什么?

(2)它最想让大鸟知道的是什么?

(3)这只小鸟觉得它最期待的窝是什么样的?

(4)如果这个窝可以重新放到树上的话,它最想放的是哪个位置?

(5)如果小鸟不想吃这棵树上的果实,那它怎么填饱肚子呢?它希望有其他鸟来帮它吗?

(6)这里面你最喜欢的是哪一只鸟?

(7)你觉得哪只鸟蛋会最先破壳而出,当它破壳而出的时候,它最想做的事情是什么?

(8)它现在虽然呆在这个地方,它有没有想飞出去呢?它最想飞到哪里去?

(9)如果下雨的时候,鸟巢会是怎么样?有没有人能帮到它?

(10)如果一阵大风吹过来的时候,你觉得鸟巢会发生什么样的变化?

(11)当鸟巢掉到地上的时候,你打算做些什么来帮助它呢?

(12)这只小鸟会飞去哪里?如果它会说话的话,它会说什么?

(13)它会与哪只鸟成为朋友?它最喜欢哪只鸟?最不喜欢哪只?

(14)如果小鸟飞到太阳公公那里去,太阳公公可以帮助它,那太阳公公怎么帮他?

(15)如果让你重新改写这个故事的话,你会怎么写?

第三节　大树鸟巢画的操作步骤

一、环境要求

1. 干净、整洁、通透、私密、安全、开放的空间。

2. 材料尽可能放在家长和孩子伸手方便拿取的地方。

3. 最好是长方形桌子，家长跟孩子坐在桌子的同一边。

4. 带领者的位置坐在家长和孩子的斜对面，便于观察作画过程。

二、参与人员

一位家长和一位孩子（1大1小）；小团体（人数不超过4组家庭）

三、材料准备（每个家庭一套）

1. 纸张：A3和B4大小的绘画纸（各一张），颜色相同、材质一致。

2. 画笔：9种颜色的彩笔一套（可以是蜡笔、水彩笔、彩色铅笔中任选一种），2B铅笔（2支/家庭）。

3. 其他：橡皮、剪刀、胶水（或双面胶）各一份。

注：9种颜色包括：红色、橙色、黄色、绿色、蓝色、紫色、棕色、灰色、黑色。

这是根据树木、鸟、鸟巢等常用色彩来选择的，对绘画颜色的规定是为了以后可以做量化评估。

四、具体步骤

1. 先做一个简单的相互自我介绍（家长介绍孩子，孩子介绍家长）。

2. 任务：家长画大树，孩子画鸟巢和鸟。任务关键为画中提到的三种元素（大树、鸟巢、鸟）必须要有，其他元素可以自由添加。

3. 任务分配后，家长和孩子开始自己选纸张大小，每人一张。

4. 开始作画：孩子先画，家长等1分钟后再开始画（孩子和家长的作画时间不限制，《1分钟观察表》附后）。

5. 孩子画完后就可以剪下元素，等家长画完后把画交给孩子，由孩子自行粘贴元素（家长不参与粘贴）。

6. 孩子讲故事，带领者记录或录音；家长讲故事，带领者记录或录音（孩子和家长讲故事的顺序可以由家庭自由选择）。

7. 家长和孩子分别在问卷上为整幅画面评分。

8. 讨论环节。

9. 分享体会。

【1分钟观察表】　　　　　　　　　　　有=1/无=0

大树鸟巢画1分钟家长量表	有	无
1.有无把身体转向孩子所在方位？		
2.有无离开位置或转移到其他事物上？		
3.有无关注孩子的画面？		
4.有无帮孩子递送工具？		
5.有无帮孩子指导绘画？		
6.有无与孩子语言交流？		
7.有无关注带领人(看/问)		
8.有无看计时器？		
9.有无超过1分钟开始绘画？		
10.有无不到1分钟开始绘画？		
11.有无根据观察孩子鸟巢画调整大树的粗细、高低、形态？		

所谓"1分钟观察时间"，就是让孩子先画，家长等1分钟后再开始画。这是一个特别的、有意义的设置。

在这 1 分钟时间内，带领者会默默地观察和记录家长和孩子的互动情况（尤其是家长的），从中可以看出家长的教养态度和家长对孩子的关注方式是控制型的，还是替代型的，是放任型的，还是支持型的。

在这 1 分钟内，有的家长没事干，会盯着孩子的画，问东问西、指指点点的，孩子就会把画遮盖起来，说："你做你自己的事情，不要看我的！"（控制型）

有的孩子不知道如何画小鸟和鸟巢，犹豫不决，然后求助于家长，家长会主动指导孩子如何画。（替代型）

有的家长在 1 分钟内觉得很无聊，会掏出手机打电话，或者离开座位去忙自己的事情。（放任型）

有的家长会在这 1 分钟时间内默默地观察孩子画的小鸟和鸟巢，然后在心里构思自己的大树要怎么画，要画多大才能够匹配孩子画的小鸟和鸟巢，树枝如何安排才能给孩子的鸟巢留出足够的位置和支持点等等。（支持型）

在这 1 分钟内，我们还可以看出家长的某些人格特质，比如：有的家长是典型的"乖孩子"，平时比较遵守规则，规定是 1 分钟，他们就真的会看看表，掐准 1 分钟时间到了，再开始画，或者他们会问问带领者："时间到了吗？我可以开始画了吗？"

有的家长是"急性子"，1 分钟时间还没到，就等不及了，直接开画。有时候孩子反而会提醒家长："1 分钟时间还没到呢！"

因此，通过这短短 1 分钟时间的观察，我们已经初步掌握了家长与孩子的某些互动方式以及家长的人格特质，以便于开展后续的活动。

第四节　问卷量表

"大树鸟巢画"是一个亲子关系的评估工具，为了增加评估的信度和效度，笔者还设计了一套《问卷量表》，问卷分为三个部分：鸟巢、大树、鸟巢/鸟和大树的结合。

本量表由 25 个问题组成，每个问题下面有一个划分为 1~5 的五个刻度的标尺，请逐条在您认为适当的位置上打√。（请注意每个标尺上只能打一个√）
例如：鸟巢的牢固程度怎么样？
（非常不牢固）1 2 3 4 5（非常牢固）
1：表示鸟巢非常不牢固；5：表示鸟巢非常牢固；在 1-5 间：越靠近 1 表明鸟巢越不牢固，越靠近 5 表明鸟巢越牢固。

一、鸟巢
1. 鸟巢的牢固程度怎么样？
（非常不牢固）1 2 3 4 5（非常牢固）
2. 鸟巢的舒适程度怎么样？
（非常不舒服）1 2 3 4 5（非常舒服）
3. 鸟巢的安全程度怎么样？
（非常不安全）1 2 3 4 5（非常安全）
4. 鸟巢的封闭程度怎么样？
（非常不封闭）1 2 3 4 5（非常封闭）
5. 鸟巢的空间大小怎么样？
（非常小）1 2 3 4 5（非常大）
6. 鸟巢装饰的丰富程度怎么样？
（非常不丰富）1 2 3 4 5（非常丰富）
7. 鸟巢用色的温暖度怎么样？
（非常不温暖）1 2 3 4 5（非常温暖）
8. 鸟巢中是否有鸟蛋？
（没有鸟蛋）1 2 3 4 5（有很多鸟蛋）

二、大树

9. 大树的树冠大小怎么样？
（非常小）1 2 3 4 5（非常大）

10. 大树的树叶茂密程度怎么样？
（非常稀疏）1 2 3 4 5（非常茂密）

11. 大树的树枝舒展程度怎么样？
（非常紧缩）1 2 3 4 5（非常伸展）

12. 大树的树枝疏密程度怎么样？
（非常稀疏）1 2 3 4 5（非常密集）

13. 大树的树干粗细程度怎么样？
（非常细）1 2 3 4 5（非常粗）

14. 大树的树干笔直程度怎么样？
（非常弯曲）1 2 3 4 5（非常笔直）

15. 大树的树干根部封闭程度怎么样？
（非常开放）1 2 3 4 5（非常封闭）

16. 大树的树根结构复杂程度怎么样？
（非常简单）1 2 3 4 5（非常复杂）

17. 地面的复杂程度怎么样？
（非常简单/平面）1 2 3 4 5（非常复杂/立体）

18. 地面的倾斜程度怎么样？
（非常平直）1 2 3 4 5（非常倾斜）

三、鸟巢、鸟和大树的结合

19. 鸟巢和大树的大小匹配程度怎么样？
（非常不匹配）1 2 3 4 5（非常匹配）

20. 鸟巢在大树上的稳定程度怎么样？
（非常不稳定）1 2 3 4 5（非常稳定）

21. 大树对鸟巢的支撑程度怎么样？
（没有支撑）1 2 3 4 5（支撑强有力）

22. 大树提供的养分是否能滋养到小鸟？
（没有滋养）1 2 3 4 5（非常滋养）

23. 小鸟与大树、鸟巢之间的生活关联度高不高？

（低关联）1 2 3 4 5（高关联）

24. 鸟儿在树上的心情如何？

（非常不好）1 2 3 4 5（非常好）

25. 鸟儿们的互动程度高不高？

（没有互动）1 2 3 4 5（互动程度非常高）

　　该量表的应用目前处于初阶段，正在尝试运用当中。

　　在初步实践中笔者发现，在"大树鸟巢画"活动中运用该问卷量表后对家庭亲子关系的评估有了很多辅助的作用，使咨询师能更加多维度、多视角地了解家长和孩子对彼此的感受，从中我们能看到画面和评分之间的差异。

　　对于同一个画面和问题，家长和孩子的感受可能会有所不同。如果把家长和孩子的评分进行比较，差异分值超过2分的题目，我们可以此为线索引导他们展开讨论，发现差异中隐含的、未知的、对于亲子关系有价值的内容。

　　比如：妈妈画了一棵苹果树，树上长满了苹果。问卷第25题，大树提供的养分是否能滋养到小鸟？家长打了5分，而孩子打了2分。我们就可以问问孩子："你觉得小鸟是从哪里获得养分的呀？从树上获得的养分对它来说够不够多呀？"孩子回答："苹果树上的果子太硬了，小鸟吃不了，它会飞到草地上去捉虫子吃。"从中我们就可以讨论家长给到孩子的"养分"，是不是孩子内心真正需要的，日常生活中，也许家长以为他们为孩子提供了足够多的资源，孩子还不知足，但其实，有可能很多都是满足家长的期待和需求，而不是孩子真实的需求。

　　另外，我们还可以通过问卷和画作的比较，看参与者在绘画和评分时候的总体状态有什么不同。

有的人画画的时候状态很好，很享受这个过程，画面呈现的内容看上去也很不错，但是，他在评分的时候，每道题的分值都不是很高，评分情况和画面呈现出来的匹配度是有差异的。我们就可以重点关注一下他内心真实的感受，看看他心目中、理想化的期待是什么样的？如何才能缩小理想与现实的差距？

有的人画面呈现出来的状态不是很好，但评分却很高，我们也要多加关注。比如：有的画面呈现出来的鸟巢在树上的样子并不是很稳固，但在问卷中，他们对于鸟巢稳固程度评分很高，我们就可以多关注一下他内心是怎么想的，对家庭环境的真实感受是怎样的，从而引发他们有很多深层次的探索和思考。在填写问卷的时候，不排除孩子为了讨好或迎合家长而习惯性地隐藏自己真实想法的可能性。

案例：上图是一个 14 岁女孩和她的妈妈共同创作的。女孩画了她自己坐在树上小心翼翼地捧着鸟巢和蛋的样子。在问卷第 1 题关于鸟巢牢固程度的评分，妈妈评分是 2 分（不牢固），女儿的评分是 4 分（很牢固）；在问卷第 2 题关于鸟巢舒适程度的评分，妈妈评分是 1 分（非常不舒服），女儿评分是 4 分（很舒服）；在问卷第 5 题中

关于鸟巢的空间大小的评分，妈妈评分是 1 分（非常小），女儿评分是 3 分（适中）。

父母给画打分：

本量表由 25 个问题组成，每个问题下面有一个划分为 1-5 个刻度的标尺，请逐条在您认为适当的位置上打√。（请注意每个标尺上只能打一个√）例如：鸟巢的牢固程度怎么样？
非常不牢固 1 2 3 4 5 非常牢固
1：表示鸟巢非常不牢固；5：表示鸟巢非常牢固；在 1-5 间：越靠近 1 表明鸟巢越不牢固，越靠近 5 表明鸟巢越牢固；

一、鸟巢：
1. 鸟巢的牢固程度怎么样？
   （非常不牢固）1 ②3 4 5　（非常牢固）
2. 鸟巢的舒适程度怎么样？
   （非常不舒服）① 2 3 4 5　（非常舒服）
3. 鸟巢的安全程度怎么样？
   （非常不安全）1 2 ③ 4 5（非常安全）
4. 鸟巢的封闭程度怎么样？
   （非常不封闭）① 2 3 4 5　（非常封闭）
5. 鸟巢的空间大小怎么样？
   （非常小）① 2 3 4 5　（非常大）
6. 鸟巢装饰的丰富程度怎么样？
   （非常不丰富）1 ② 3 4 5　（非常丰富）
7. 鸟巢用色的温暖度怎么样？
   （非常不温暖）1 ② 3 4 5　（非常温暖）
8. 鸟巢中是否有鸟蛋？
   （没有鸟蛋）　1 2 3 ④ 5　（有很多鸟蛋）

孩子给画打分：

本量表由 25 个问题组成，每个问题下面有一个划分为 1-5 个刻度的标尺，请逐条在您认为适当的位置上打√。（请注意每个标尺上只能打一个√）例如：鸟巢的牢固程度怎么样？
非常不牢固 1 2 3 4 5 非常牢固
1：表示鸟巢非常不牢固；5：表示鸟巢非常牢固；在 1-5 间：越靠近 1 表明鸟巢越不牢固，越靠近 5 表明鸟巢越牢固；

一、鸟巢：
1. 鸟巢的牢固程度怎么样？
   （非常不牢固）1 2 3 ④ 5　（非常牢固）
2. 鸟巢的舒适程度怎么样？
   （非常不舒服）1 2 3 ④ 5　（非常舒服）
3. 鸟巢的安全程度怎么样？
   （非常不安全）1 2 ③ 4 5（非常安全）
4. 鸟巢的封闭程度怎么样？
   （非常不封闭）1 ② 3 4 5　（非常封闭）
5. 鸟巢的空间大小怎么样？
   （非常小）1 2 ③ 4 5　（非常大）
6. 鸟巢装饰的丰富程度怎么样？
   （非常不丰富）1 ② 3 4 5　（非常丰富）
7. 鸟巢用色的温暖度怎么样？
   （非常不温暖）1 2 ③ 4 5　（非常温暖）
8. 鸟巢中是否有鸟蛋？
   （没有鸟蛋）　1 2 3 ④ 5　（有很多鸟蛋）

于是，带领者引导妈妈与女儿就鸟巢部分发表各自不同的观点。

妈妈说："这个鸟巢在女孩手上，而她又坐在树上，我很担心她会掉下来，所以我觉得鸟巢很不牢固。鸟巢太小了，所以我也觉得不舒服。"

女孩说："这个鸟巢既然可以被人拿起来，就不是普通的鸟巢，如果不牢固早就散了嘛，当然是牢固的了！我觉得鸟巢很舒服的。"

其实，从这幅画作和母女的对话中可以看出，女孩潜意识中对家充满担心或不信任，她宁愿自己来呵护这些蛋。当她自己有能力、有权利来照顾自己，可以独立掌控自己生活的时候，她是很心安的，即使空间小也是觉得很舒服的。而妈妈潜意识中觉得孩子没有完全长大，不能把"蛋"交给她自己去保护和看管，不然就容易出问题。这其中映射出青春期孩子即将走向独立，想要摆脱家庭的束缚，而父母内心有很多担忧，不敢完全放手的矛盾心理。

通过问卷量表和画作的对比，咨询师就可以筛选出这些差异性，并针对性地深入讨论，如此更多的潜意识内容随之浮现出来。

第五节 案例

案例一：家庭大树鸟巢画

案例背景

这是一名7岁男孩和自己的爸爸妈妈一起参加"大树鸟巢画"活动。

活动目标

家长希望通过"大树鸟巢画"可以帮助他们梳理目前亲子关系的"卡点"，了解孩子对家长的期待、需求以及家庭共同成长的方向。

大树鸟巢画过程

第一部分：孩子与父亲合作

1. 1分钟观察时间

在这1分钟里面爸爸的目光始终没有离开孩子，但是爸爸的眉头也始终紧皱着，当孩子开始找笔的时候，爸爸总忍不住插手帮他，1分钟超过的时候，爸爸看向带领者，似乎期待一个可以开始的指令，在1分30秒的时候爸爸开始拿笔画树。

2. 画作呈现

3. 编故事

爸爸的故事：《幸福的一天》（爸爸在开始讲故事的时候问儿子："有几只小鸟？"儿子回答："三只。"）

在一个阳光明媚的春天（儿子插问："阳光在哪儿呢？"），草坪上有一棵非常高大的苹果树，树上结满了苹果。（儿子重复："结满了苹果。"）小黄鹂鸟在苹果树上筑了一个鸟窝，里面有三只可爱的鸟宝宝（儿子：鸟小宝），它们正在等着妈妈找食物带回来，三个宝宝正在叽叽喳喳地叫着，等食物，它们饿坏了。这时，鸟妈妈正好抓了虫子往家里飞，准备去喂三个小宝宝。三个宝宝我想应该会很开心吧，吃一顿大餐。三只小鸟一只老大，然后是鸟弟弟，最小的是鸟妹妹，食物先给双胞胎，再给老大。这棵苹果树长了10多年了。

孩子的故事：《奥特曼大战怪兽后》

奥特曼大战怪兽后房子全都塌了碎了，就剩下这棵大树了，只有这棵树没有倒。草坪上有一棵树，树上有三只鸟。鸟妈妈飞回来捡了几个苹果喂给鸟宝宝。鸟妈妈把苹果弄碎了再喂给鸟宝宝。鸟宝宝不吃苹果的，但是我觉得鸟应该也是可以吃苹果的。我的画面上的小鸟看起来好像吃苹果的，因为它们的家就在苹果树上面。三只鸟是鸟哥哥、鸟弟弟、还有一个鸟弟弟。鸟妈妈出去上班了，让鸟哥哥在家里照顾它们。它们饿了，鸟妈妈中午会赶回来做饭给它们吃。它们每天都吃苹果，如果它们不喜欢吃苹果，鸟妈妈可以去地里抓虫子给它们。它们中间的哥哥不会说不喜欢吃苹果，两只小鸟会告诉妈妈不喜欢吃苹果。鸟哥哥吃苹果，它觉得给我吃什么我就吃什么。可以把爸爸变小，变成六岁，再放到这里变成一只鸟，鸟妈妈给它吃什么它就吃什么，因为我爸爸啥都吃。

下面是带领者与孩子的对话：（D代表带领者，H代表孩子）

D：在你心目中爸爸脾气是不是很好？（回应前一段话）

H：NO，一般。

D：如果你是小鸟，你会是哪个？

H：我不喜欢吃饭，所以我不怎么吃这些。

D：那你靠什么长大？

H：我靠树叶。

D：树叶里面有什么好吃的地方吗？

H：就算吃树叶，树叶上又不是没有虫子，直接捡一片树叶往里面塞，然后找到虫子之后把树叶拿出来，虫子不要拿出来就行了。

D：那它们是怎么飞上去找树叶的呢？

H：从树干上走到这边来。（指着画面）

D：你说它在这个地方的话会不会掉下去？

H：不会，树干粗嘛，而且还有人走独木桥呢。

D：三只小鸟里哪一只小鸟最能够去找树叶上的虫子呢？

H：当然是最大的。如果鸟妈妈拿苹果过来它也可以吃，如果是虫子它也可以吃，没有虫子它也可以找树叶上的虫子吃。

D：那么如果它找到虫子，把虫子吃了，其他两只小鸟怎么办呢？

H：这只吃苹果，虫子给当中的这只吃。

4.画作及绘画过程解析

画面中的大树：象征着人格的发展。在家庭关系中，大树代表父母的人格状态，从中也能够看到父母对孩子的教养态度和家庭养育环境是如何的。

孩子和爸爸一起作画时相对有规则感，完成过程相对而言比较专注且能自由表达。爸爸画的是苹果树，苹果树一方面象征着果实的孕育，具有母性、女性力量，有温暖和关注；另一方面苹果树也是目标树，象征着爸爸对孩子怀着很多的期待和要求，树冠的形态有压扁，可能爸爸本身有来自外部的压力，树干细高映射出爸爸在支持孩子的过程中可能对孩子有高期待和高要求。爸爸从内心来说非常爱孩子，他也在用自己的方式在付出，愿意支持孩子，同时爸爸对孩子的情绪情感也是很饱满和丰富的。但是爸爸可能在支持孩子的过程中，更多的是考虑想要给孩子最好的或者是最正确的，而忽略了孩子发展的特点，没有给予孩子足够的成长空间和尝试的机会。爸爸的这棵树的树根是须状根部，代表爸爸在教养孩子过程中常常会有无力感，需要掌握更多的策略和方法才能更有力地支持孩子的成长。

　　画面中的鸟代表着孩子心目中、现实中或者理想中的家的部分，是孩子对生存空间和环境的感知。鸟和鸟蛋：代表家庭中的人物，以及对未来的某种期待。鸟巢和树的结合：可以呈现出家庭中父母和孩子是如何进行亲子互动的。

　　孩子的故事《奥特曼大战怪兽后》中，奥特曼大战怪兽后房子全都塌了碎了，就剩下这棵大树了，只有这棵树没有倒。隐喻孩子内心感受到家庭中曾经有的冲突与不和谐，内心非常担心和害怕家庭破碎（房子的隐喻），以至于潜意识中对爸爸的需要和渴望、被支持的内在需求很强烈。同时可能在实际生活中爸爸容易否认和批评孩子，因此，孩子潜意识是想要爸爸支持的，对爸爸是有依恋的，但他在意识层面又害怕来自爸爸的不认可，无法真正的稳定和亲近。因此，亲子关系处于一种矛盾的、时近时远的状态中，孩子会通过不断试探爸爸的底线来了解爸爸对自己的情感和爸爸对自己认可与否。这个年龄阶段的孩子为了能在有冲突和情绪不稳定的家庭里生活，会渐渐锻炼出敏锐的嗅觉和警觉性，一旦这样的警觉性和敏锐度被启动，孩子的关注点就会放在想要掌握和主导整个家庭的运转上，孩子在家庭的序位中会不自觉地想要凌驾在父母之上，会发展出一套自己的生存法则。由于孩子的年龄还小，对环境和外部世界的认知能力还有很大的成长空间，因此，家长需要对孩子在很多方面的认知给予澄清、引导和调整。

5. 父子之间的关系成长

1）爸爸多倾听孩子的表达，允许孩子表达自己的想法。

2）在沟通关系良好的前提下，帮助孩子建立规则。注意每一个规则都是和孩子共同约定，需要共同遵守和承担责任。在制订规则时，还需要考虑孩子的实际能力，现阶段需要降低对孩子要求和标准，观察孩子实际可以做到的，实行小步进步法。当孩子做到一点时，及时肯定、欣赏、鼓励。

3）爸爸需要学习亲子沟通策略及方法，学习辨识孩子心理需求的技能。

4）积极承担爸爸的责任，帮助孩子分清界限，建立家庭中的边界。

第二部分：孩子与母亲合作

1. 1分钟观察时间

在这1分钟的开始阶段，妈妈的目光一边看向孩子，一边寻找自己需要的笔。与此同时孩子向妈妈撒娇，要求妈妈为自己找，妈妈一边提醒孩子自己找一边帮着孩子找到画材。1分钟超过一点儿，妈妈自己主动开始画树。

2. 画作呈现

3. 编故事

妈妈的故事：《期待》

一棵老树，在秋天要进入冬天的树，树龄有100年的梧桐树，生长在公园里的。快过冬了，鸟妈妈在筑巢，它希望小鸟快点成长，可以早点飞翔，可以顺利地熬过冬天。鸟巢里有三只鸟宝宝。

孩子的故事：《陪孩子玩的老槐树》

有一棵老槐树，在它的最高枝上有一只鸟窝，鸟窝里有三只鸟。鸟妈妈回来了，好了。鸟妈妈回来了陪孩子玩，忘了给鸟妈妈加上嘴巴了。

4. 画作及绘画过程解析

画面中的大树：象征着人格的发展。在家庭关系中，大树代表父母的人格状态，从中也能够看到父母对孩子的教养态度和家庭养育环境是如何的。

孩子和妈妈一起作画时相对没有规则感，孩子会过分操心和关注妈妈的反应，甚至会替代妈妈做决定。在妈妈面前明显不安定和想要表现。妈妈画的大树的颜色是用铅笔涂描的黑色（这与下一小节妈妈与爸爸一起创作时画鸟巢和鸟蛋时的用色是很不同的）。妈妈画的这棵树是深秋进入冬天的树，树叶有飘落，这象征着在母子关系中妈妈传递的能量有低落的状态的。同时，妈妈画的树的形态虽是有支持性的树枝伸向右上方，并且树枝上有几片树叶，然而进入冬天的树上本身没有更多的资源可以提供给孩子，鸟妈妈很费力地从下往上飞到鸟巢哺育幼鸟。这隐喻妈妈在内心是很强烈地想要支持孩子，而且拥有能给予孩子支撑的方法，但是由于妈妈自身的生命力量消耗很大，树看上去是若隐若现的。树比孩子画的鸟巢和鸟显得浅淡，也隐喻了孩子和妈妈互动时不断的会刺激妈妈的回应。

画面中的鸟代表着孩子心目中、现实中或者理想中的家的部分，以及孩子对生存空间和环境的感知。鸟和鸟蛋：代表家庭中的人物，以及对未来的某种期待。鸟巢和树的结合：可以呈现出家庭环境中父母和孩子是如何进行亲子互动的。

孩子和妈妈之间的连接关系是非常紧密的，以至于孩子会用不同的行为方式来引起妈妈的关注从而确认妈妈的情绪和心情。孩子在和妈妈共同绘画时，他的语言、动作和想法明显要多于和爸爸互动时。当孩子看到妈妈画的树时，第一句话就是为何树上没有颜色，如果早知道妈妈的树不涂颜色，自己的鸟巢也就不涂颜色了。孩子在这个过程中不断地分神和操心其他事情。当孩子在贴鸟巢时不断喃喃自语，找不到可以放置的位置，迟迟不能安心地摆放好，担心从高处掉落，担心会被其他树枝碰到，担心树枝太细，在贴鸟妈妈的时候又担心太晒、太低，总之有很多的担心……这象征着孩子在和妈妈的关系中有很多的担心和不安，无法安全地把自己放在孩子的角色里。孩子内心始终担心妈妈会离开自己，因此孩子的能量无法适当地展现，故而有时候会用妈妈不能接受的方式来表达和寻求刺激反馈。

5. 母子之间的关系成长

1）妈妈关爱自己，照顾好自己的状态，才能更好地陪伴、支持孩子；妈妈需要积极地寻找支持来帮助自己走出负面的认知和情绪。
2）妈妈释放自己的积极力量，相信自己有能力陪伴孩子更好的成长；相信孩子的潜能，倾听孩子的想法，接受孩子强烈的成长动力。
3）在沟通关系良好的前提下，帮助孩子建立规则。注意每一个规则都是和孩子共同约定，需要共同遵守和承担责任。在制订规则时，还需要考虑孩子的实际能力，现阶段需要降低对孩子要求和标准，观察孩子实际可以做到的，实行小步进步法。当孩子做到一点时，及时肯定、欣赏、鼓励。
4）适当的让爸爸更多参与到母子间的亲子教养中，帮助孩子分清界限，建立家庭中的边界。

第三部分：爸爸和妈妈的合作（爸爸画树，妈妈画鸟和鸟巢）

1. 画作呈现

2. 过程中带领者和爸爸妈妈的问答对话

带领者：这是一棵什么样的树？

爸爸：这是一棵高大挺拔、四季常青的松树。

带领者问：妈妈看到爸爸画的这棵树时一直在笑。当时看到这棵树是怎么想的？

妈妈：挺可爱的，想到是一棵松树。

带领者：爸爸画的两棵树，和儿子一起画的树与和妈妈在一起画的树是不同的，怎么会想到和妈妈一起的时候画松树？

爸爸：脑子里第一想到的就是松树，松树高大挺拔、四季常青，很有生命力，很茂密，有很多一根根的松针。

带领者：妈妈画的鸟和鸟蛋放在树的这个位置，鸟和鸟蛋有什么关联?

妈妈：树上没有地方放了，鸟妈妈要准备护巢，要孵蛋。

带领者：哪颗蛋更快孵出小鸟。

妈妈：中间的，差不多时间孵出时间。

带领者：听到妈妈的话，爸爸有什么感受和启发？

爸爸：妈妈挺会照顾的，挺安全的，其实我觉得顶上更安全。

妈妈：圣诞树的顶上才可以放。

3. 画作及绘画过程解析

爸爸画的是一棵可爱的松树，树象征着潜意识中的自我状态和能量，同时在两人关系中也有着支持、支撑、稳固的功能。这棵树型带圆弧的三角形，树枝向上竖立着，树冠非常高大，树的根部连接和扎根地面的土壤，树顶天立地地撑满了整个画面。反映了爸爸内心对于自我有较高的期待，就像一棵非常有生命力的茂盛的松树一样屹立在那里。然而树冠的庞大会让整棵树显得沉重，树的下半部分几乎没有树枝的支撑，显得能量下沉。

妈妈画的是一个完整的鸟巢和两只鸟蛋以及一只鸟妈妈。画面中鸟巢的表达隐喻和映射了妈妈潜意识中对家庭环境、家庭关系的感知和心理需求。妈妈在放置鸟巢时明显感觉到没有树枝可以支撑，只能放置在松树的底部，同时这个位置没有树枝支撑，孤零零地悬在那里，一个本该在树枝上的鸟巢被安置在这里，透着想要获得助力而不得的无可奈何和无力、无助感。同时，妈妈画的鸟巢里面是还没有孵化的鸟蛋，也意味着在妈妈的内心对家庭成员在当前的心理成长不足够的潜意识表达，鸟妈妈又要捕食，又要孵化鸟蛋，又要担心鸟蛋被人拿走，鸟妈妈是疲倦和辛苦的，映射了妈妈对家庭当下状态的担心、不安，以及感受到的压力。

4. 父母之间的关系成长：

1）共同成长：双方在关系中需要增强自我觉察，同时关注关系中对方的需求，及时调整互动方式。

2）彼此需要相信对方，作为拥有男性力量的爸爸，需要在和妈妈的关系中提供有效的支撑力量。就像松树的松针是有刺和攻击性的，使用不当时，对于女性不但不能起到保护作用，反而会有不自觉地刺伤或误伤。因此爸爸需要通过沟通学习，快速提升自己双赢沟通技能。

3）妈妈在关系中需要更关爱自己，满足自己，一致性地表达自己的需求，让爸爸可以更清晰地了解和理解，并且双方达成共识。

案例二：母女大树鸟巢画

案例背景

这是一名 11 岁女孩和她的妈妈创作的大树鸟巢画。本案例采用网络线上视频形式，由两名带领者同时在线上观察、支持母女共同创作大树鸟巢画。

活动目标

体验大树鸟巢画，帮助双方觉察和改善亲子关系。

大树鸟巢画活动过程

1. 1 分钟观察时间

在交代完规则后，咨询师让孩子先画，家长等 1 分钟后再画。在这个 1 分钟内，带领者可以观察到诸多关于家长的细节，从中可以看出家长与孩子平日的互动方式是怎样的。

1分钟时间观察表   有=1/无=0

大树鸟巢画1分钟家长量表	有/无	备注
1.有无把身体转向孩子所在方位？	1	
2.有无离开位置或转移到其他事物上？	0	
3.有无关注孩子的画面？	1	看了一眼女儿的画作，之后就专注于构思自己的画作
4.有无帮孩子递送工具？	1	帮孩子递橡皮、纸巾
5.有无帮孩子指导绘画？	1	提醒女儿只画一个鸟巢，不用画树
6.有无与孩子语言交流？	1	M：这是树还是鸟巢？你只画一个鸟巢。 C：鸟巢在哪儿？ M：你在纸上画一个鸟巢。 C：那我怎么把树画上去。 M：你不用画树。 C：但是我想鸟总得有个地方吧？
7.有无关注带领人（看、问）	0	
8.有无看计时器？	0	
9.有无超过1分钟开始绘画？	0	
10.有无不到1分钟开始绘画？	0	
11.有无根据观察孩子鸟巢画调整大树的粗细、高低、形态？	1	

注：M：妈妈；C：女儿

2.孩子和家长的互动过程观察表

互动过程观察表

观察内容	具体内容	孩子	家长
1.语言	自言自语	声音很轻，听不大清楚，但感觉很开心。	画完后，看着自己画作说："挺好的！"
	交流对话	（交流很多，此处省略）	（交流很多，此处省略）
	语气语调	欢快的、哼着小曲儿	平和、稳重

续表

观察内容	具体内容	孩子	家长
2.动作	（自己的）肢体动作	偷笑、反复用橡皮擦拭	
	（相互的）肢体动作	妈妈找绿色，女儿递给妈妈	帮女儿递纸巾、橡皮，默默把胶水放旁边，粘贴前帮女儿收拾桌面
	面部表情	笑容灿烂、边画边偷笑、认真	温和、严肃、专注
3.情绪情感	情绪情感状态	欢快的、喜悦的、享受其中的	平稳的、不急不躁的

创作过程观察表

观察内容		孩子	家长
挑选纸张	主动/被动	开课前已经挑选好小纸放面前	开课前已经挑选好大纸放面前
	大/小		
挑选绘画耗材	果断/犹豫	果断	果断
1分钟时间	家长眼神		看了一眼女儿的画作，之后就专注于构思自己的画作
	语言/非语言		非语言
	有无支持性肢体动作		主动递橡皮、纸巾
	有无控制性肢体动作		无
	有无忽略性肢体动作		无
	有无放任性肢体动作		无
作画速度	快/慢	适中	适中
作画顺序	先/后	（看不清楚）	（看不清楚）

续表

观察内容		孩子	家长
如何用纸	横/竖	竖	竖
	大/小	大	大
剪裁方式	粗略/精细	精细	精细
粘贴方式	细致/随意	细致	
桌面使用	清洁/脏乱	清洁	清洁
	空间大/小	适中	适中
整理画材	主动整理/不整理	不整理	整理剪下来的碎纸屑
故事讲述	互动/孤立	互动	互动
	离散/整合	整合	整合
	与作品内主题关联性	关联性强、想象力丰富	关联性强、故事性强
启发与收获		1.鸟巢有飞行功能,鸟担心他们的飞行功能都丧失了;2.意外:妈妈以为鸟巢的翅膀是支撑着的枝干;3.妈妈说鸟妈妈太胖了,这个点很有意思。	1.女儿说鸟巢两边是翅膀,妈妈以为是枝干,妈妈说:如果真能这样也挺好的,挺自由的;2.女儿说:这个鸟巢找到了一棵好树;3.一开始女儿先画,妈妈看见女儿画了很大的鸟巢,妈妈想着要给她留个位置,树也画得相对大一点、粗一点,女儿讲的故事让妈妈发现,其实不必在乎这棵树大不大,这个鸟巢是可以飞的,它飞到哪儿都行;4.看到鸟妈妈在最倾斜的位置,总觉得自己有些责任,后来发现是可以飞的,所以妈妈不必太担责任。

3. 画作呈现

4. 编故事
妈妈的故事:《大鸟巢》

  这里有一棵很大的树，树上有一个很大的鸟巢。鸟巢里面有鸟爸爸和鸟妈妈，还有四只小鸟，它们很开心。但是，有的时候太吵了，小鸟们蹦蹦跳跳的，然后，叽叽喳喳的在这里。鸟妈妈就说："不要吵了，每个人都有得吃，不要吵，你们要是再吵的话，巢就不稳了，就会掉下去的。"可是鸟爸爸说："看我手上有两只虫子，鸟妈妈手上也有两只，刚刚好够你们吃的，所以不用吵。"可是鸟宝宝说："那我先吃哪一个呢？我吃谁的呢？"它们就在那里吵来吵去的，鸟妈妈就着急了，说："先吃我这边的！"鸟爸爸说："先吃我这边的。"正在这样的时候呢，这个鸟巢慢慢地歪了下来，因为太大了，好重。鸟妈妈想："糟糕了，是不是我太胖了呀？要是飞上来一些，不在鸟巢里面，是不是不会掉下来？怎么办呢？"鸟爸爸说："没关系的，它不会掉下来的，因为这个鸟巢下面有个这么大的一个枝干，它是很大的，是不会掉下去的啦。虽然看上去是歪歪的，但实际上是不会掉下来的。"现在鸟妈妈也安静了，开始吃东西了。好了，我的故事讲完了。

孩子的故事：《一个神奇的鸟巢》

　　鸟巢最神奇的呢，就是它两边有一对翅膀，每天它们都换一个地方飞呀飞，每天它们都换一个地方住。于是呢，小鸟们的飞行功能都快丧失了，因为它们坐在鸟巢里，只要它们操控，鸟巢就飞来飞去，飞来飞去。鸟巢可以飞到它们最想要的河上面，可以飞到它们最想要的树上面，飞到鸟巢上面做家。也就是说它们一天换一个地方住，一天换一个地方住。有一天它们选了一棵好树，它们飞呀飞呀飞上来了，结果发现呢，巢太大了，这个装不下了，没办法只好斜着，就这么摆着吧，反正不会掉。于是它们就开始分虫吃，两只母的跟随妈妈手上的吃，两只公的呢跟随着爸爸手上的吃。它们非常的开心！当然，它们肯定都不会飞，那么虫子是从哪里来的呢？树上的虫子看到这个神奇的玩意儿就爬上了它们的翅膀，它们直接跨过来就可以拿到了。

5. 画作及绘画过程解析

　　画面中的大树：象征着人格的发展。在家庭关系中，大树代表父母的人格状态，从中也能够看到父母对孩子的教养态度和家庭养育环境是如何的。

　　妈妈画的树干很高，笔直、挺拔，树干的颜色既有绿色，又有棕色。树枝较为纤细，大大的鸟巢需要用树干来帮助支撑。树根呈倒漏斗状、稳定地支撑着地面，让整棵树保持着自身的平衡。树冠呈开放型，树叶间有空隙，有透气感和呼吸感。

鸟巢非常大，宽敞、舒适、温暖，从一般人的角度来看，鸟巢倾斜在那里可能很危险，但从孩子的角度来说，鸟巢是有翅膀的，可以自由飞翔的。可见有时孩子的角度和父母的角度是不一样的，孩子是充满想象力和创造力的。

鸟巢两边有新生的树叶，鸟巢上的鸟爸爸和鸟妈妈手中都有虫子，小鸟的状态是快乐、享受、倍受呵护的。小鸟在鸟爸爸和鸟妈妈这里都可以得到满足。鸟巢中一共有六只鸟，其中小鸟有四只，用四种不同的颜色来表达，在孩子心中每只小鸟都很重要。它们分别是什么呢？可以和孩子讨论一下。

鸟爸爸翅膀的颜色和云的颜色是一致的，云盖住了一部分树叶。原本云和鸟巢是连在一起的，在妈妈的建议下，孩子剪下了云。云对于孩子来说也很重要，可以与孩子讨论一下云和树之间的关系。可能妈妈认为孩子在有能力的事情上可以放手，孩子还没有熟练掌握的时候，妈妈想要插手帮助孩子更快、更好地完成。在过程中妈妈对于孩子的绘画剪贴指导也折射出妈妈对于孩子的成长有想要替代的冲动。

孩子的故事中描述到一些特别的地方："鸟巢是有翅膀的，鸟儿的飞行功能都快要丧失了，它们坐在鸟巢里，只要它们操控，就可以飞来飞去。""树上的虫子看到这个神奇的玩意儿就爬上了它们的翅膀，它们直接跨过来就可以拿到了。"一方面可以看到孩子丰富的想象力，另一方面也可以从孩子描述鸟翅膀的飞翔功能快要丧失，而翅膀安装在鸟巢上以及虫子自己爬上来让小鸟可以拿到，折射出孩子可能在成长中有部分能力被抑制或替代。孩子在和妈妈的亲子互动中可能会存在既想要依赖又想要独立、自由之间的冲突倾向，这是值得去思考和探索的。

妈妈画的树,在树干描绘上有很多用色细节。大树鸟巢画的树干代表有意识的情感反应、情绪和生命成长历程和生命能量状态。妈妈在画树干时用了三种颜色。树叶是浅绿色,树枝是深绿色,树干是深绿色和深褐色相交。越往树冠处颜色越绿,和树枝的颜色一致,绿色是生命力的象征,可以看到当下妈妈的生命能量流通正在发生变化,朝着更有生命动能和力量的方向发展。

6. 母女亲子之间的关系成长

孩子在潜意识中担心家庭给她提供的资源太多,关注太多,可能会导致她自己失去独立发展的能力。建议妈妈放下过度的担心,安下心来去觉察孩子,比如:当孩子遇到不熟悉的事物时,妈妈尽量慢一点,不要急于先去指导或帮助孩子,而是陪伴孩子去体验对她来说不熟悉的部分,让孩子有更多尝试。妈妈可以进一步放松心态,调整自我,相信孩子,耐心等待孩子羽翼丰满,顺应她的天性发展,孩子自然会拥有精彩的未来。除此以外,在家庭中妈妈还可以和爸爸一起讨论如何分工合作,可以分别给予孩子哪些方面的成长支持。

案例三:母子大树鸟巢画

案例背景

这是一名9岁男孩和他的妈妈共同创作的大树鸟巢画。

活动目标

体验大树鸟巢画,帮助觉察和改善亲子关系。

大树鸟巢画活动过程

1. 1分钟观察时间

在这1分钟里,妈妈始终微笑着,看着孩子做准备工作。等孩子开始画时,妈妈看了一下手机,1分钟到时,妈妈开始主动画树。

2. 画作呈现

3. 编故事

妈妈的故事:《百年苹果树和一只凤凰》

在一片宽阔的草原上,只长了一棵枝繁叶茂的苹果树,此时这个苹果树年龄已经很大了,都 100 岁了。然后在这 100 年当中都没有人欣赏我的果实和花。终于有一天,一只火凤凰带着它的巢飞过来了,这个大树太开心了,终于有人会吃我的果实了,会欣赏我的花了。

孩子的故事:《在苹果树的凤凰》

从前有个凤凰,它一直用脚抓着一个木头,然后一直想做巢,但是没有找到一个很好的树。但结果它找了一棵很多很多的苹果树,然后在那里做了巢。它本来想吃一个苹果，但是那个苹果结果掉下去了，然后它也闻闻三个花，但是那三个花也掉下去了。然后它找了一个不会掉下去的苹果和花，吃苹果，闻花。

补充信息：巢是木头做的，但是凤凰身上带着火，之所以不会被烧到，是因为木头一根抗火木。（带领者问：这根抗火木是本来就在树上的还是带过来的？）自己带过来的，从其他地方带过来的。它是凤凰，它有魔法连在上面。它是凤凰，是幻想的动物，只有一个，如果木头不好了，它会又飞出去换木头过来，它不在时会有防护罩。

凤凰的名字：百色凤凰。

4. 画作及绘画过程解析

画面中的鸟代表着孩子心目中、现实中或者理想中的家的部分，以及孩子对生存空间和环境的感知。鸟和鸟蛋：代表家庭中的人物以及孩子对未来的某种期待。鸟巢和树的结合：可以呈现出家庭环境中父母和孩子是如何进行亲子互动的。

在孩子的画中只有一只巨大的长着五彩翅膀、身上闪着火光的火凤凰，独自站在一根木桩做的鸟巢上。与孩子的交流中咨询师了解到，凤凰独自享有苹果树，并且不允许其他鸟靠近。可见，孩子在内心和妈妈的情感连接很深。同时在孩子内心可能只有妈妈这棵苹果树，他把这棵树保护起来，通过自己的力量来吃到苹果和闻到花，并且他也依靠自己的神秘力量来找巢、筑巢、换巢。孩子在亲子评估中表现出的主导地位和自由度极高，同时也可观察到孩子的规则意识较为浅薄。孩子在完成亲子作品时，会更多地影响和指导妈妈的选择。

画面中的大树：象征着人格的发展。在家庭关系中，大树代表父母的人格状态，从中也能够看到父母对孩子的教养态度和家庭养育环境是如何的。

在这幅画中，呈现的是一棵长得繁茂的能开花结果的苹果树，树冠非常大，上面满是盛开的花朵和红红的果实。单独看树冠是非常的丰富、茂盛和有营养的，是可以提供给鸟足够的食物和养分的，而且触手可及。树干画得比较纤细，在绘画用色上比较浅淡，若隐若现，似有似无。在草地上掉落了三朵花和一只苹果，靠近树冠底部的位置还悬挂着几个苹果，看上去摇摇欲坠。

值得关注的是，大树的树枝在画面中没有描绘，大树树冠的繁茂和树干的纤弱，形成了鲜明对比。可妈妈在描绘这棵树的时候侧重于树冠，且树冠的形状像伞型，无意识中表达了妈妈想要保护孩子的内心映射。对树干的表达是有疏忽，可能说明妈妈在对于孩子的情感支持和孩子内心心理需求的关注方面尚有待探索。画面中鲜少有对树枝的描绘，这隐含着如何有力地成为孩子的支撑，是妈妈需要面对和思考的！

妈妈在大树鸟巢画的创作过程中表现出跟随的状态，妈妈和孩子的座位距离偏远，让咨询师能感受到妈妈尽可能的想给孩子自由和空间。然而这个年龄阶段的孩子依然需要妈妈从旁恰当地给予引导和指引，才能更加健康有序地茁壮成长。

5. 母子亲子之间关系成长

1）妈妈应更多地从孩子的内心需求上了解和理解孩子，更为恰当地倾听孩子，同时注意设置亲子关系的边界。
2）提升孩子的自我认知、自我负责和抗挫能力。
3）妈妈关注自我的内在成长，为孩子的成长提供心灵容器，学会赋予自我内在力量。

结语

"大树鸟巢画"从研发到现在已经有四年多的时间了。2019 年 8

月，笔者在"第七届表达艺术疗法国际学术交流研讨会"上首次公开发表关于"大树鸟巢画"的初步研究成果。2019年12月笔者在《江苏教育》第96期刊发表了《大树鸟巢画促进亲子关系和谐发展》的文章。2020年，笔者在原有基础上进一步开发了《大树鸟巢画亲子互动过程观察表》《大树鸟巢画亲子创作过程观察表》《亲子关系成长建议表》《1分钟观察表》，并将其广泛应用于实践活动中。2021年，笔者将原先设计的《问卷量表》不断修改完善，并将其应用于咨询和家庭服务中。

在这四年间，"大树鸟巢画"亲子关系评估技术的每一个步骤的设计、打磨、完善和应用都离不开吉沅洪教授和陶新华教授专业的指导和建议，衷心感谢他们辛勤的付出，让这个技术越来越完善、精进、实用和专业。

在"大树鸟巢画"技术的实践中，笔者侧重了解亲子共创过程而非结果，很多来参加过大树鸟巢画的孩子和家长都表示从来没有过这么有趣的体验，它不仅仅是绘画，更是亲子关系的一种亲近和彼此了解，"大树鸟巢画"打破过去孩子对父母刻板的观点，和父母开放地交流；而且，透过游戏容许孩子得以抒发原本不敢向父母表达的想法、需求、感受，缓解了亲子间的紧张关系。

未来，笔者将继续保持初心，深入研究"大树鸟巢画"亲子关系评估技术，不仅仅将其应用于家庭亲子关系的评估中，而且更多使用在亲子关系的修复和疗愈上，让它的应用范围更加广泛。笔者会进一步做家庭纵向跟踪，优化量表，让"大树鸟巢画"的功能最大化，帮助更多的家庭亲子关系持续成长和变化，让家庭更加和谐、美满、幸福！

吉老师有句话深深地打动着笔者："在我心里有一个很重要的信念，就是我坚定地认为，这些所谓的技术，其目的都是为了更好地造福与帮助那些受苦的人（来访者）。只要他们觉得通过树木—人格这个技术和助人者建立了良好信任关系，感觉他们被看到了并获得了力量，我就觉得很幸福了。所以树木—人格测试彻头彻尾地属于来访者。"

从吉老师温暖而质朴的话语中，笔者获得更广博的视野、更强大的力量，笔者将把这个信念传承下去，帮助更多有需要的人、造福更多的家庭！

文化和神经症症状关系的日中比较研究
——从树木—人格测试的角度

吉沅洪

一、目的和方法

（一）前言

中国人重视以血缘关系为中心的人际关系，而日本人则被束缚于以所属集团为中心的人际关系（吉，1999）。中国和日本各自有着以不同民族文化为背景的维持人际关系的方式，以及其文化特有的不同心理适应状态。许多研究者已经在心理临床的治疗实践中发现：文化的不同会导致神经症症状不同。

日语中的"内"和"外"，"里"和"表"，是相互联动并影响着人际关系的。比如说，日本人在作自我介绍时，在介绍自己的姓名之前首先介绍自己的工作单位。也就是说，在对外介绍自己时，自己所属的单位具有非常大的社会集团构成和集团认知的作用。用"内"和"里"来称呼自己的单位，用"外"和"表"来称呼对方的集团。由于在日本文化中必须在"内"的范围中构成自己周围的人际关系，所以从"外"进入到"内"以后，一旦再要从"内"到"外"时，必须时刻注意到"内"部的一切反应。由此，日本的临床心理学家山中康裕（1978）曾经指出，视线恐惧症和内闭神经症是日本特有的神经症。这两种神经症和"里""表"的日本文化是密切相关的。也就是说，为了能适应在"内"和"里"的世界，只有时刻注意周围的动静，所以容易出现视线恐惧症和内闭神经症。

日本临床心理学家酒木保（1996）指出，青年期前期的"内闭神经症"也是在"内"中同时制造出"外"的结果。一旦"内"出现了，在这之前的"内"就变成了"外"，即"外"产生了多层构造。由于"内"对"外"十分警戒，时刻注意和警惕着"外"部的侵入，于是就出现了"内闭神经症"的症状。

另外，吉沅洪（2001）在自己的心理治疗实践中也发现，在日本的中国留学生中，和其他心理障碍相比，身心症的发病比例比较高，比如说胃溃疡、失眠、掉头发等症状出现得比较频繁。也就是说，由于文化的不同，在日中国留学生往往通过身体的不适来表现心理上的不适应和心理上出现的问题。

虽然文化和神经症的关系已经在临床的实践中大量体现出来，但是，目前还没有比较深入和系统的实证研究来支持这些结论。吉沅洪（2005）对关于神经症症状和文化的关联进行了一些调查，使用的心理测试量表是 CMI 健康调查表和 SDS 抑郁度量表。其调查结果表明，中国人比日本人的 CMI 健康调查表的身体健康的得分要高，而日本人比中国人的 SDS 抑郁度量表的得分要高。也就是说，中国人的神经症的特点表现在身心症的倾向，而日本人的神经症的特点表现在抑郁症的倾向。本研究将通过树木—人格测试的研究方法，对文化和神经症症状之间的关系进行实证研究。

（二）意义

在理论上，该研究能够对临床心理学的跨文化研究积累一定的实证研究资料；在实践上，通过揭示中日两国不同文化背景下独特的神经症症状的表现特点，帮助治疗者在今后的心理治疗实践中，针对不同的表现症状采用不同的治疗方法和技巧,从而改善治疗效果,有效地缩短治疗时间。

(三)方法

1. 关于树木—人格测试

瑞士在很久以前就开始在心理诊断中使用树木—人格测试。科赫于 1952 年对树木—人格测试进行了研究和总结。和科赫几乎同时,美国心理学家巴克开发了 HTP 测试（Home-Tree-Person Test）。巴克（1948）对树木画很重视,他说:"树木画其实是一幅自画像,相对于人物画,树木画更加容易联想,并且自我防卫很低,是一种很好的投射法。"

树木—人格测试于 1960 年被介绍到日本。在这以前,日本的投射法研究主要集中于罗夏墨迹测试。当表现学和笔迹学受到瞩目以后,树木—人格测试就开始在心理临床中使用了。1970 年以后在临床中得到了迅速的普及,其有效性也获得了认可。现在,几乎在所有的心理咨询和治疗机构中都得到了广泛的使用和研究。

2. 树木—人格测试在心理治疗中的作用

树木—人格测试是投射法的一种。投射法主要用于测试被试的人格特征、内面的潜在愿望、感情和情结。为了达到这个目的,笔者就需要设定一个被试不能从表面的形式上就简单回答的课题。因此,投射法的刺激材料需要具有多义性、不完全性和模糊等特征,让被试根据自己的判断、想象等能力来完成。于是投射法的反应中包含了被试的很多性格倾向、愿望和情结。

3. 调查的实施

该研究选取中国大学生被试 120 人（平均年龄 20.19 岁,SD=1.18,男性 56 名,女性 64 名）,日本大学生被试 132 人（平均年龄

19.02 岁，SD=1.24，男性 61 名，女性 71 名）；调查时间是 2003 年 10 月到 2004 年 4 月；统计处理软件是 SPSS 10.0。

关于树木—人格测试的指示，笔者统一使用了"请画一棵树"；材料是 A4 的画纸和 4B 的软芯铅笔。在本研究中笔者没有使用科赫的指示"请画一棵果树"。科赫在瑞士和欧洲其他地方使用树木—人格测试时，如果不说明是"果树"，被试很容易画成当地最普遍的松树等树种；而在日本和中国等地，日常生活中所谓的"树"，一般是指果树等树种。反过来说，如果在日本、中国等地仍然沿用科赫的"果树"的话，很容易让被试误解成一定要画果树的果实。另外，在调查中，笔者强调了以下几点："我们不是为了测试绘画技术的好坏"；"不是写生，请按照自己的想法画"；"请尽量认真地画"；"没有时间限制"；"请不要看旁边同学的绘画，也不要打搅别人绘画"。

二、树木—人格测试的调查结果和分析

（一）树木—人格测试的分析基准

由于树木—人格测试是非言语以及印象表现型的投射法，所以在分析判断时需要有一定的分析指标；青木健次（1986）在临床中实际运用认真指标，焦虑指标（紧张感、焦躁感、阴暗感），扭曲指标（形状的崩溃、迷乱、奇妙、不平均、不对称）和贫困指标。并同时指出作为被试的人格健康度，认真指标中详细分为神经质到神经症的诊断，扭曲指标中详细分为神经症到精神病的诊断，而贫困指标表示抑郁状态。

本研究的焦点是针对绘画特征和神经症的关联进行考察，因此笔者采用的是丹尼斯·迪·卡斯蒂利拉（Denise de Castilla，1994）开发的"树木—人格测试的指标和神经症状的关系"，也就是通过树冠、

茂盛度、树枝、树叶、树干、树基、树根、地面和附属物9个方面来构成外向、内向、焦虑、神经过敏、抑郁和攻击性6个指标分别进行统计处理。

(二) 树木—人格测试的调查结果

本调查由3名临床心理师负责整理和分析了树木—人格测试的结果。整理和分析的基准是树冠、茂盛度、树枝、树叶、树干、树基、树根、地面和附属物9个方面。使用了分散分析来分析中日的结果差异。

表1 树木—人格测试调查结果

		平均值	标准差	标准误	F	p
树冠	中国	1.567	0.827	0.076	5.582	0.0189*
	日本	1.804	0.770	0.067		
茂盛度	中国	1.400	1.088	0.099	11.168	0.0010**
	日本	1.846	1.029	0.090		
树枝	中国	1.600	0.999	0.091	2.232	0.1365
	日本	1.791	1.023	0.089		
树叶	中国	0.642	0.499	0.046	0.117	0.7331
	日本	0.661	0.406	0.035		
树干	中国	1.142	0.873	0.080	8.111	0.0048
	日本	1.446	0.825	0.072		
树基	中国	0.650	0.644	0.059	17.152	<0.0001**
	日本	0.351	0.498	0.043		
树根	中国	0.108	0.312	0.028	6.597	0.0108*
	日本	0.227	0.411	0.036		
地面	中国	0.808	0.725	0.066	0.092	0.7618
	日本	0.785	0.474	0.041		
附属物	中国	0.658	0.510	0.047	84.122	<0.0001**
	日本	0.158	0.346	0.030		

注：*p<0.05，**p<0.01

在树冠、树枝、树叶、树根、地面5个方面，没有得到明显的中日差异，而在茂盛度、树干、树基和附属物4个方面则存在着显著的中日差异。具体来说，在茂盛度和树干方面，日本大学生明显高于中国大学生；而在树基和附属物方面，中国大学生明显高于日本大学生。

让笔者更仔细地描述一下出现了明确中日差异的4个方面。在"茂盛度"这个方面，出现了显著的中日差异 $[F(1, 250)=11.168, p<0.01]$。日本大学生在"深色阴影""丰满的""大得夸张的"3个下位基准中，得分比中国大学生高。在"树干"这个方面，也出现了显著的中日差异 $[F(1, 250)=8.111, p<0.05]$。日本大学生在"竖线""粗大"2个下位基准中，得分比中国大学生高。在"树基"这个方面，出现了显著的中日差异 $[F(1, 250)=17.152, p<0.01]$。中国大学生在"深色阴影""被封闭的"2个下位基准中，得分比日本大学生高。在"附属物"的方面，也出现了显著的中日差异 $[F(1, 250)=84.122, p<0.01]$。尤其在"树冠部和树木周围的景物"的下位基准中，中国大学生得分比日本大学生高。

（三）调查结果的分析

1. 茂盛度

在"茂盛度"这个方面，出现了显著的中日差异。日本大学生在"深色阴影""丰满的""大得夸张的"3个下位基准中，得分比中国大学生高。人物1是一个典型的例子。

人物1：日本大学生，21岁，男性（图1）

如迪卡斯蒂利拉所指出的，"深色阴影"是内向、焦虑和抑郁的指标，"丰满的"是外向的指标，而

图1

"大得夸张的"是外向、焦虑和神经过敏的指标。也就是说，日本大学生相对于中国大学生来说，具有把树冠和树干涂黑的倾向。树木的茂盛度，尤其被涂黑的树木这个指标，在心理学临床上是极其具有意义的，这是一个测试抑郁度的重要指标。通过这个指标，说明日本大学生的抑郁度比中国大学生的抑郁度高。

2. 树干

在"树干"这个方面，也出现了显著的中日差异。日本大学生在"竖线""粗大"2个下位基准中，得分比中国大学生高。人物2是一个典型的例子。

人物2：日本大学生，21岁，女性（图2）

如迪卡斯蒂利拉所指出的，"竖线"是焦虑和攻击性的指标，一般被解释为"感受性、敏感性和观察力"，同时"粗大"是外向的指标。也就是说，日本大学生相对于中国大学生来说，具有在树干上画竖线的倾向。我们可以认为日本大学生比中国大学生拥有社交性、感受性较高的特征。

图2

3. 树基

在"树基"这个方面，出现了显著的中日差异[$F(1, 250)=17.152$, $p<0.01$]。中国大学生在"深色阴影""被封闭的"2个下位基准中，得分比日本大学生高。人物3是一个典型的例子。

人物3：中国大学生，20岁，男性（图3）

中国大学生具有画"被封闭"的树基的倾向，而日本大学生具有画"尖锐"的树基的倾向。树基是树干和树根的中间部分，布洛兰德（Blolander, 1977）指出"弯曲的树基，表示担心地面的变化而伴有的不

图3

安全感"。我们从人物3看到的"被封闭"的树基，表现的就是不安全感。

4. 附属物

在"附属物"的方面，也出现了显著的中日差异。尤其在"树冠部和树木周围的景物"的下位基准中，中国大学生得分比日本大学生高。人物4是一个典型的例子。

人物4：中国大学生，20岁，女性（图4）

图4

对树木附属物的临床解释有多种。其中一种解释为，通过描绘树木以外的东西来转移他人对树木本身的注意，这种解释也可以被理解成某种自我防卫；另一种解释是退行，比如，当被试被指示为"请画一棵树"时，被试不能够遵守这个指示，而画上了树以外的其他东西，这个结果可以被理解成被试有比较高的幼稚度。通过这个标准可以看出，中国大学生的自我防卫度相对于日本大学生来说要明显。

5. 总结

从本调查中我们可以看到，日本大学生具有把树冠涂黑，在树干上画竖线的倾向；而中国大学生具有画封闭的树基，除了树木以外还画上附属物的倾向。为什么会在树木—人格测试上看到这样显著的中日差异呢？

在前面笔者谈到，中国人重视以血缘关系为中心的人际关系，而日本人被束缚于以所属集团为中心的人际关系。中国人在人际交往中重视相互的"面子"，而日本人重视"内"和"外"的区别。

以"内"和"外"，"里"和"表"为代表的日本文化，使得日本人在人际关系中受到很大束缚。当"内"面的东西要表现在"外"面时，变得非常困难，需要很大的努力。由于"内"面的东西不能轻易表现在"外"面，而不断积累在"内"面的时候，其结果是容易产生抑郁症，或者抑郁状态。本调查的涂黑树冠和在树干上画竖线的结果，支持了吉沆洪（2005）的结论。也就是说，由于日本人的感受性很高，在人际关系上容易产生心理疲劳，当这种心理疲劳不能表现在"外"面得到消化和解决的时候，积累在"内"面从而诱发抑郁症。

中国人在人际关系中重视的是相互的"面子"。对对方面子的尊重在某种意义上也是对自己的尊重。只要对方存在，面子就一定存在。相互尊重对方的面子不受到任何伤害，不如说是一种默契。从本调查的结果得知，中国人具有画"被封闭"的树基的倾向，这个结果和中国的面子文化具有相关性。面子和面子的交往，意味着只看表面而不看内面，看被封闭的树基而不看树基的内部、根部。中国人通过画附属物，也就是树木以外的风景来转移他人对树木本身的注意，而隐藏面子下面的东西。同时也可以理解成具有较强的自我防卫。

综上所述，通过本研究的调查，笔者可以明确地指出中国人和日本人的神经症症状和以文化为背景的人际关系差异是紧密相关的。

三、结论和今后的研究课题

本研究通过树木—人格测试严密地讨论了文化的差异和神经症的构造之间的关系。其结果表明，中国大学生具有画封闭的树基，除了树木以外画上附属物的倾向；而日本大学生具有把树冠涂黑，在树干上画竖线的倾向。中国大学生的这个结果，表明希望以树木以外的东西来进行自我防卫，以封闭的树基来隐藏树基以下的内部。日本大学生的涂黑树冠和在树干上画竖线的倾向，表现了丰富的感受性和抑郁倾向。

作为结论，上面的调查结果和中日的文化是紧密相关的。日本是"内""外"文化，和抑郁的表现有着极其紧密的关系；中国是"面子"文化，和自我防卫有着密不可分的关系。这说明文化的不同，其症状的表现也会出现不同。

本调查结果根据欧洲的临床心理学家迪卡斯蒂利拉制作的基准来进行了整理和分析。而树木—人格测试本身是由科赫在1949年开发的。也就是说，树木—人格测试本身具有浓厚的文化色彩。作为今后的研究课题，应该应用在中国和日本制作的整理分析基准上。同时这也将是中国和日本临床心理学界的巨大课题。

木景疗法

吉沅洪

一、前言

古老的神话传说中，关于树木的神话有许多。由于树木的特性，它们可以在地球的任何一个角落生根发芽，甚至长成参天大树，是人类不可缺少的伙伴。有一种说法是如果把耳朵贴在白桦树干上静静地聆听，可以听到树木从大地吸取水分的声音。这种声音是从下往上、朝着蓝天而去的。笔者被树木这样旺盛的生命力所感动。

进入 20 世纪之后，有关树木的宗教学、图像学、神话学（民俗学）、心理学的研究都逐渐变得系统化。Emil Jucker 在 1928 年开始对树木的文化史、神话的历史进行深入的研究，之后他积极地把树木作为测试运用到了职业指导中去。在 Hermann Hiltbrunner 的《树木》（*Baume*）、Gaston Bachelard 的《天空和梦想》（*L'air et les sone*，1942）中的《空气中的树木》（*L'arbre aerien*）、《大气和休息的梦想》（*La terre et les receries du repos*，1948）中的《根》（*La racine*）这些优秀的研究的基础上，卡尔·科赫终于在 1949 年出版了《树木测试》（*Der Baumtest*）。在那之后，卡尔·科赫的著作于 1952 年被翻译成英文，科赫所著作品的第一版于 1970 年被翻译成日语《树木测试——树木画的人格诊断法》，由日本文化科学社出版。之后，1957 年的第三版也在 2010 年被翻译成日语《树木测试——作为心理评估辅助方法的树木画研究》，由诚信书房出版。

1961年，日本京都大学医学部精神医学教研组的学者们，以篠原大典、津田舜甫、小池清廉、国吉政一为代表的研究小组开始对树木—人格测试开展研究，并在1963年正式报告了他们的初步研究成果。

在这里我要特别介绍加藤清先生的木景治疗。加藤清先生在1970年开始把树木—人格测试运用到自己的精神科诊疗之中。这其中有一个故事。有一次加藤清先生让他的患者，一位同性恋的病人在诊疗中画了一棵树，这位患者在画完之后就开始滔滔不绝地说起他的生活史，当然这样的叙述除了具有宣泄的功能之外，同时也展示了运用树木—人格测试是一个通向患者内在的渠道，证明了树木不仅仅是一个"测试"的工具，也具有"治疗"的功效。

从此加藤清先生愈加积极地将树木画测试运用到他的诊疗之中，虽然树木画花不了那么多时间，但使得诊疗变得有层次、有深度，同时让患者也拥有治愈的感觉。加藤清先生就此命名此方法为"木景疗法"。

二、木景疗法的目的

当我们对来访者说"请画树"的时候，有很多人不仅仅画树木，还会画上河流、湖泊、人、动物、植物、云朵甚至雨。也就是说，不仅仅画了树木，还画了树木之外的风景。也可以说是风景画中出现了树木。万物之中有水火木金土之五行，有水、火、风、土四大元素，所以"木景"中有"风景"，"风景"中有"木景"，就像五行、四素相互影响一样。

在现代的心理治疗中，有"树木测试"，有"风景构成法"，有

"沙盘（箱庭）疗法"等，这些方法既是测试也是疗法。

加藤清先生的木景疗法的精髓就是，和树木画中表达出来的"气"和"能量"共鸣，并以此为媒介，治疗者和患者共同探讨和学习如何和万物的"气"深度相会（deep ecological encounter）。人类为什么会感动于树木和森罗万象的共振呢？加藤先生是这么叙述的："因为树木连接着天和地，树干的男性性和树冠的女性性合二为一，就好像人类自己的样子。树木深深扎根于大地，在春季开花，在秋季结果。在所有的文化中树木都被人所尊敬，也是因为树冠遮阴保护养育了人类。"

三、木景疗法的留意点

关于木景疗法的留意点，加藤清先生在他的著作中简单地概括如下：

1. 来访者绘画树木，对他来说是独一无二的行为，绘画出来的树木和来访者同为一体。树木表达着来访者和森罗万象的相会，也就是说"深度相会"加深了洞察、治疗和治愈的效果。这就是木景治疗的精髓。

2. 绘画出来的树木，不要仅仅把它作为树木—人格测试的分析对象，还要特别注意在眼前绘画出来的树木的"成长"和"变化"的可能性，并推进我们的治疗。

3. 在画纸上的树木是来访者独一无二的"图"，而其他部分是"底"。在什么都没有画的白纸的部分隐藏着树木之外的"人""自然""风景"。这样的一棵树木，可能是来访者熟悉的"背景"，但随着治疗的进行，也许"前景"就会出现在我们面前。

4. 当我们看到隐藏在白纸"底"中的东西成为"图"浮现在眼前

的时候，会深深体会到"底"是如何大力帮助树木的成长和变化的。有时候我们会看到浮现在眼前的房树人，让人惊奇不已。

5. 我们不仅仅要看到"图"，更要常常发挥想象力去看"底"。增加和来访者的共鸣，观察他们和万象的深度相会，这是木景疗法的重点之一。

6. 不要忘记，我们要精通树木—人格测试的系统解释知识。

四、木景疗法应该关注哪些地方

加藤清先生以树木—人格测试的解释为参考，关于木景疗法应该关注的地方总结了以下几点，1—9 点是我们首先需要注意的，10—15 点是我们需要考虑的。

1. 树木的整体形象（特别是形状水准的考察）
2. 树木的位置（上下左右）
3. 画笔的使用（笔压等等）
4. 情绪的稳定和人际关系的方式（树枝的情景，有无树叶）
5. 能量以及能量的使用方式
6. 幼稚与成熟，病态性退行与创造性退行
7. 焦虑的强弱，焦虑的来源
8. 丰富与贫瘠（定型、花草以及其他）
9. 依赖性与独立性
10. 表达原风景

比如说故乡庭园中的桦树，和朋友一起比赛爬过的松杨树，从远处可以看到的、作为自家标记的高高的杉树，在旅途中遇到的神圣的大树，等等。

11. 从阴阳五行来观察。

阳是"树干"、是男根，阴是"树冠"、是女阴。请注意树干进入树冠的情况，这可以作为我们理解成人患者对性的认识和态度的着眼点之一。

在五行之中，木是唯一的生物，和外面的四行，也就是火、土、金、水一起共存。木在天地之间，深深扎根于大地，从树干生出树枝、树叶，通过花朵和果实朝着天空伸展出去。也就是说，树木在天地之间，被天空牵引向上，同时又被大地吸引向下，在四行中间充满紧张感地活着。我们在看到一棵树的时候，要时时刻刻牢记着这一点。

12. 如果树木上缠绕着蔓藤，在大地上长满了杂草灌木，这大多表达着来访者的依赖性。

13. 如果树木被砍倒成了树桩，那意味着生活史的中断或者休息。如果树桩中又重新长出了新芽，那大多意味着生活的再生。

14. 周边—中心，过去—未来，这个世界—那个世界，太阳—月亮，山—海（湖），岩石—花朵，这些都是对比、可成对考量。

15. 在多数来访者的树木中都可以看到"焦虑""攻击性""acting out"。

五、木景疗法的实施方法

加藤清先生的木景疗法按照以下的方法进行。

1. 准备 A4 大小的白色纸张（纸张的大小大约是 A4 就可以），打印纸或画纸都行。如果没有条件，只要是白纸就可以。

2. 准备 4B 的软芯铅笔，一定要准备橡皮擦。因为有的来访者一边画一边擦，画了什么擦了什么，这都是重要的信息。

如果来访者希望上色，那就请他们用蜡笔。有些健康度比较高的来访者，我们从第一次就可以允许他们用蜡笔、粉彩、彩色铅笔等，但请注意要让他们坚持用蜡笔上色到最后一次咨询。

3. 施测的指导语是："请画树木画。画得好坏完全没有关系，请想怎么画就怎么画。"

如果来访者感觉不明白，有时可以换一种说法，比如说"请画结果实的树"。科赫的指导语是"请画一棵结果实的树"，但来访者画几棵树是一个重要的信息，而且不要限定一定要是结果实的树，这也许对来访者来说比较好画，并且没有画果实的话也能获得没有画果实的信息，这也很重要。

4. 如果是第二次诊疗，我们还在来访者面前放上白纸、铅笔和橡皮擦，给出指导语："请你再画树木画"或者"请和上次一样画树木画"。

5. 在来访者的问诊中，我们尽量抽出这样绘画的时间。

6. 我们在来访者完成了绘画之后，在确认充分得到了来访者的信息之后，把其中的一小份，对今后治疗和咨询的继续和进展有帮助的部分，以十分简洁的方式反馈给来访者。大多数的情况下，当我们把绘画中积极的一面以简洁的语言概括反馈给来访者，会留下余音让来访者在下次的治疗中还能拥有绘画的动机。也就是说我们把树木—人格绘画作为心理治疗的一环，而不是以测试为目的。当然我们要注意不要让来访者在这个过程中感觉到紧张。

再补充一点，很多初学者在熟练掌握这一治疗方法之前，常常把能量和力气花在如何反馈上，因而感到十分紧张和疲劳。这是木景疗法很微妙且重要的部分，需要临床上的训练才能处理。

7. 谨慎地坚持咨询态度，不轻易告诉来访者树木—人格测试的解释。因为轻易地告诉来访者解释的时候，咨询很有可能因为这样的轻率而结束。

8. 要充分把握来访者的"此时此刻",不要为了实施测试而测试,这是很重要的。

9. 根据测试的进展情况,在合适的时候让来访者跟自己的树木进行对话。这样做的话,可以让来访者更加深刻理解自己所画树木的意义。甚至可以尝试让来访者跟过去受到伤害的自己进行对话,以最大效果地促进治疗。

10. 在整个咨询的过程中,咨询师可以在合适的时候邀请来访者绘画树木。在心理临床中也曾意外地出现来访者自己要求绘画的情况。

六、木景画的解读方法

加藤清先生对木景画的解读方法如下,非常的简单清晰。

1. 树木的形状

请注意树木的大小、大地、根部、树枝、树冠、背景、附属物,以及它们之间的关联。

2. 树木的位置

通常画纸的下部和左侧意味着"过去",而上部和右侧意味着"未来"。但是科赫明确指出左侧是"内面世界",而右侧是"外面世界",这对我们理解木景画非常有帮助。

3. 运笔(笔压以及其他)

笔压的强度表示自信的程度。有的来访者喜欢在铅笔画的线条上用手指轻轻抚摸,使得线条变得模糊不清,我们把这个行为叫做 nymphomaniac,这种情绪有时是针对咨询师的,所以需要特别注意。

七、树木画的解释项目

加藤清先生告诉笔者从树木的形状、姿态中可以得到很多解释，但下面的10个项目是加藤清先生认为最重要的。我们可以在心理临床中好好借鉴。

1. 情绪的安定程度

着眼点：有无大地、有无根部、大地和根部的关系，如果没有根部的话，要注意树干底部的水平线。

如果没有大地，树木无法生根。同样，没有根部，树木无法平稳地站立。如果没有大地也没有根部，那就要注意树干的底部是否保持水平，因为这直接影响到树木是否会翻倒。如果这些都没有被画出来，那么这棵树就是极其不稳定的。而绘画这种树木的来访者的情绪大多是非常不稳定的。树木的稳定就象征着绘画者的情绪的稳定，这是容易被理解的。

2. 能量以及使用方法

着眼点：树干的粗细、树枝的形态。

树木通过树干从大地吸取养分和水分，并得以成长。如果树干没有一定的粗度的话，那么就不能够从大地吸取充分的能量。能量通过树枝被运送到树木的枝枝叶叶，如果树枝太细的话，那么这个运输就可能不会那么通畅。

因此树枝通常是由两条线画成的，如果是单线条的树枝的话，那就意味着能量的供给状态不良好。

3. 幼稚与成熟，病例退行和创造性退行

着眼点：有无大地、有无分枝、树干和树冠的关系。

如果来访者是5岁以上，那么通常都会画有大地。如果没有画大地，而是把画纸的边缘借用为大地的话，这也可以被理解成幼稚性的残留。

如果画有树冠，那就意味着其实是不用专门画出分枝的，分枝也可以被理解成退行的象征。但是如果跟周围的绘画相对应，这个分枝拥有产生新事物的兆头的时候，那我们可以理解成创造性退行。

我们还可以从树干和树冠的形状，看到某种程度的性成熟，因为树干是男根而树冠是女阴的象征。当男根被女阴接受，也就是说树干和树冠的衔接处画着合适的树枝的时候，就意味着性成熟。而性不成熟的情况，则是衔接处并没有画树枝，只是树干深深地插入树冠。

4. 焦虑的强弱，焦虑的由来

着眼点：树冠和树干的轮廓，树干和树枝的先端处。

轮廓用很粗的线条画，并且线条清晰，就意味着焦虑很少。反过来，如果轮廓是用很弱的线条，犹犹豫豫地画了好几条的话，就意味着焦虑且没有自信。并且如果根部用多重的线条描画的话，就意味着在人生的早期就拥有焦虑体验。

树干或者树冠的先端部分，如果出现了断线或者缺落，我们可以理解成对未来的焦虑。树枝的线段本来应该是封闭的，如果被画成是开放的话，那就意味着焦虑很强，或者意味着自己无法处理这样的焦虑。如果先端部分被处理得非常不自然的话，那甚至有可能是慢性精神分裂症的象征。

5. 丰富和贫瘠

着眼点：树木的种类、树枝、果实、附属的动物等等。

如果画的不是树木而是草木的话，这样的来访者是抑郁状态的可能性比较高。如果画中主要的树枝横躺着，缺乏生命力，甚至还左右对称地画着的话，那意味着拥有强迫性而且思维贫瘠。如果果实都朝着同一个方向，大小一样的话，也具有同样的解释。

如果树枝上画着小鸟，就会给树木带来生气。不过本来应该在天空中自由飞翔的小鸟，为什么一定要停在树枝上呢？虽然有点勉强，但这也许是来访者的愿望，多少让咨询师也感觉松了一口气。

除了小鸟，也有来访者画小狗小猫的。大多数情况下，树木是来访者自身，而这些动物就好像陪伴着他们一样。

6．依赖性和自立性

着眼点：在大地上画的东西、树干的方向、有无太阳。

在大地的部分画了草的话，大多意味着树木需要青草，也就是某种依赖性。画草的女性居多，而男性的话，画石头的居多。石头意味着妨碍，或是要超越的目标。有的时候，来访者还会画出支撑树木的木棒、支撑藤木的棚子等，我们可以理解为这是来访者有较强的依赖性的表现。

还有一些来访者会在右上角画上太阳，这意味着未来。

7．人际关系的能力

着眼点：有无树冠、树叶。

树木跟外界接触的部分，也就是树冠意味着人际关系。不仅仅是树枝，如果画有树冠的话，意味着人际关系的丰富性。同样树叶意味着人际关系的沟通能力。如果树叶是一片一片地画上去的话，意味着强迫倾向。

8．有无创伤以及其发生的时期

着眼点：画在树干上的树洞，以及它的位置。

在树干上画的树洞，大多意味着创伤。树干的根部意味着出生，将树冠的开始部分算作20岁的话，那我们可以大致推算出来访者受到创伤的年龄。提到创伤，大多数人都会认为是人生的消极部分，但我们不要忘记因为创伤而成长的来访者也有很多。

9. 防卫的强弱

着眼点：树干上画的多余的线条，针叶树。

有的线条，是来访者为了让树木看上去更加立体一些而画，但大多都是没有什么意义的线条，这些我们都可以理解成防卫。还有针叶树，树干和树枝的关系显得很隐蔽，这也是强烈的防卫。同时我们也可以认为这是对咨询师的不信任，或是对咨询的阻抗。

10. 和外压的关系

着眼点：树冠、树木的大小。

如果是差点被上面来的力量压扁了的树冠的话，意味着屈服于压力而勉强自己。有的树冠很大，无法完全在画纸上呈现，这大多意味着来访者自我同一性还没有稳定，或者梦想太大。有些年轻的女性，她们画的树木只有 3 厘米那么高，意味着她们无法处理和外压的关系，而压抑着自我。

从树木—人格测试来理解老年人心理

刘 妮[*]

一、前言

本研究是笔者 2010 年 8 月在日本某老年人一日看护服务中心（dayservice）对 10 名老年人（男 1 名，女 9 名，平均年龄 86.1 岁）进行的团体树木画测试。本研究收集的数据按照吉沅洪（2011）的《树木—人格投射测试》，从画纸的空间区分、树的类型、线条的性质和树的部分进行分析讨论。对 10 幅树木画中的 3 幅进行个案分析，其他 7 幅按患有阿尔茨海默病和未患病来分别进行讨论，目的是为了探讨老年人绘画的树木画特征，以及通过这些特征表现出来的心理状态。

小林敏子（2000）总结了 30—80 岁男性的树木画，认为随着年龄的自然增长，绘画的树木画的变化主要表现在如下几点：树冠部分的茂盛程度减少，树木缩小化，树干顶端部分的处理以及树枝树叶的描画精密度减少，简略化和象征性的表现增加，树干变长而树冠变小，朝下的树枝增多，地面线消失，树干顶端呈开放式，树枝的立体描画减少等。而 80 岁以上的树木画除了上述的变化外，也常见到用单线描画树干，不能很好地描画出树形，描画的树没有生机等。随着

---

[*]刘妮，临床心理学博士，日本临床心理士，大阪府立高中学校心理咨询师，知樱心理咨询室心理咨询师，日本龙谷大学非常勤教师。

年龄的增长，步入老年期会产生不可逆转的身体机能、生理机能和精神机能的低下；此外，身体变化、社会地位的变化、家庭内部的变化以及经济方面的变化是影响老年人心理变化的因素。通过小林敏子的总结，随着自然的年龄增长，树木画随之产生的变化可以看出，老年人表现出无力感、不安、与外界接触范围变窄而产生的孤独感等心理状态。

本研究调查的10位老年人中有8位被诊断患有阿尔茨海默病。阿尔茨海默病是病因不明的原发性退行性脑变性疾病，是因为脑神经细胞的死亡脱落导致的脑萎缩。临床表现为认知和记忆功能不断恶化，日常生活能力进行性减退，并伴有各种神经精神症状和行为障碍。小海宏之等（2002）以阿尔茨海默病老年人为对象进行树木画测试后总结了描画特征，他们指出：画纸的使用量、对树的识别程度以及有无阴影作为外在基准，是辨别阿尔茨海默病程度的重要因素；描画时使用画纸的程度与精神能量、意欲的表现程度以及积极性有关，对树的识别程度与知觉或是认知障碍有关，而阴影出现的程度是不安感或抑郁感的象征。

调查对象所在的一日看护服务中心是指，为了帮助可能需要看护的老年人能够在家中维持日常生活，借助一日看护服务中心提供的洗浴、就餐等方面的照顾及进行身体机能训练的地方。利用一日看护服务中心的老年人需要在当地的公共团体提出需要看护认定的申请，通过认定调查后由看护认定审查会判定需要看护的程度。程度分为需要援助1、2和需要看护1—5共7个阶段，具体认定区分条件如表1所示。

表 1 需要看护认定区分条件

区分	状态
需要援助1	饮食以及排泄基本上可以自理,虽不需要看护,但是有必要对生活的一部分进行援助。
需要援助2	因疾病或是受伤导致身心的状态不稳定,与需要看护的状态相同。
需要看护1	站立行走不稳定,排泄或是洗浴等生活的某方面需要必要的帮助。
需要看护2	需要看护1的状态加上日常生活的行动中的某方面看护,比如排泄或是饮食上需要看护。
需要看护3	日常生活的行动以及做家务、购物、利用交通工具等的行动,这两方面的能力明显降低。
	基本上需要给予全面看护。
需要看护4	比需要看护3的行动能力更加下降,如果没有看护,很难维持日常生活。
需要看护5	比需要看护4的行动能力更为衰退,没有看护,则根本无法进行日常生活,如不能自己进食。
	出现问题行为或是整体的理解能力低下等的情况。

接下来说明实施树木画时采用的指导语。1949年科赫在进行树木画测试时采用的是画"一棵结了果的树"的指导语,而1986年高桥雅春等把指导语改为画"一棵树"。对于没有采用科赫的指导语的原因,小海宏之等(2002)在研究中引用高桥雅春的理由这样阐述道:"①在采用投射测试的树木画时不指定特定的树,让被测试者尽量自由地描画为好,没有指定画果实而被测试者自发地绘画了果实,这是有其含意所在的。②日本与欧洲的风土文化不同,日语的'果树'或是'结了果的树'所包含的表象与欧洲人们所说的'Obstbaum (fruit tree)'所包含的表象不同。"笔者按照画"一棵树"的指导语

进行如下的说明:"现在请您画一棵树,这并不是看您绘画的好坏,所以请以放松的心情来画。但是请不要随便画,尽量仔细地画。再者这并不是写生,按您想象的来画就好。"在完成树木画之后,对受调查的每位老年人一一进行描画后的对话(PDD:Post Drawing Dialogue)。高桥依子(2011)这样写道:"只是看着画分析不足以更多、更深、更正确地解释描画的画所传达的内容,为了能够恰当地理解绘画者通过描画的画想要表达或是传达的内容,与其进行沟通是不可欠缺的。"在参考高桥依子(2011)的树木画描画完后的10项对话的基础上,结合老年人在团体活动中的现状及其精力状态,笔者就以下9项问题与老年人进行对话。

1. 这棵树是什么树(如果回答不知道,询问是常青树还是落叶树)?

2. 这棵树是栽在哪里的树?

3. 是什么样的季节(气候)?

4. 这棵树的树龄?

5. 这棵树让您想起谁?

6. 这棵树像男性还是像女性?

7. 是一棵单独栽植的树,还是森林中的某一棵树?

8. 这棵树是活着的,还是已经枯萎了?如果已经枯萎了的话,是什么时候的事?

9. 特殊标记的情况,询问画了或写下的内容。

本研究的3个个案结合老年人的病史,在服务中心的平时状态,描画后的对话,讨论受调查的老年人的树木画的特征及其表现的心理状态,以期能更好地理解老年人,并因人而异地寻找适当的心理援助方法。

二、个案内容

（一）个案 A

1. 个案概要

（1）年龄及性别：94 岁，女性

（2）病史：阿尔茨海默病，腰痛

（3）护理度：需要看护 2 等级

（4）平日的状态：和蔼可亲，没有显眼的举动。自己能做的事情都尽量自己做，不给工作人员添麻烦。可以自己行走。休闲时间或是喝茶时间总是看看四周的情况后再开始手头的事情或是吃点心。笔者在接送 A 时，她的女儿说有时在家里 A 的情绪波动很大，对女儿不满时会大声责备，但在看护中心从来没有看到 A 的这一面，对任何人都很和善。

2．树木画

（1）描画内容

树大致位于画纸的中央，树冠和树干、树干和树根间是分开的。一个手指肚宽（不到 1.5 厘米）的树干向上伸展，树干左右分别长有两个树干，每个树干上皆为锥形树冠。树的高度为 23.5 厘米，树的顶端接近画纸的边缘。整棵树是把铅笔放平涂抹而成，最后再画上轮廓。一眼望去很挺拔，但仔细观察线条及涂抹的情况，可以看出描画时用力不均匀，没有控制好力度。

（2）描画后的对话总结

这是一棵松树，不知道栽在哪里，常年生长，有 100 年的树龄。这棵树让 A 想起自己的丈夫，树看上去像男性。是长在森林里的，活着的一棵树。

（3）树木画分析

空间与树：树大致位于画纸的中央，是一棵尺寸偏大的树，可以说 A 的精神状态稳定。从树根、树干和树冠的均衡程度来看，A 描画的树干细长，过分强调了树干，这是精神迟滞的标志。

树的类型：树干和树枝是涂抹完成后再画上轮廓，树冠涂抹成锥形，整棵树缺乏可塑性。树干、树枝和树冠是分开的，为封闭型的构造。

笔画和线条的性质：树的笔画乍一看很浓，但实际上笔压很弱。构成树干、树枝的轮廓线条时淡时浓，整幅画的笔画没有一贯性。这表现出 A 精神能量的衰弱以及情绪的不稳定。

树的部分：树冠为分化的树冠，可以说 A 在与外界的接触上是积极的，但是有避免直率地把自己表露在外界的倾向。树干的宽度仅有一手指肚宽，表现出能量有所减退。A 的树木画的上方比下方笔画浓且线条有些杂,接近顶端部分的描画向左侧倾斜,有种要被折断的感觉,这表现出 A 晚年的经历要比之前的经历更深刻,而在近几年或许发生过让她难以平复的创伤。树干的根部与地面线相结合,表现出 A 稳定的自我。

(4) 讨论

这棵树的树龄有 100 年而且仍然存活着,说明树的生命力很强。94 岁高龄的 A 在服务中心的日常生活基本都能自理,但经常在去洗手间回来后忘记自己的座位,这是由于身体老龄化造成的脑功能衰退导致的。A 是一个合群的人,不愿作出与众人不同的举止,这点从对话中她说这棵树是栽植在森林里的回答里可以看出。A 为人和蔼可亲,在服务中心不愿给工作人员添麻烦,与其他的老人也保持良好的关系,这也是她精神状态稳定的表现。但是偶尔从她家人那里听来的情绪有波动的情况看,A 在家里在自己熟悉的人面前可以表达的负面情绪,在服务中心却不表露出来。这点也在她选择的树木类型和半封闭的树干上以及笔画和线条的性质上表现了出来。树木画描画的树象征着描画者本人或是与其有深刻影响的某人,笔者认为这幅画正是表现了 A 本身,而在对话中她说这棵树是男性,让她想起了丈夫,也就是说有可能在晚年的经历中丈夫对她的影响更大。A 被诊断为阿尔茨海默病,精神迟滞的状态也在树木画中表现出来。

(二) 个案 B

1. 个案概要

(1) 年龄及性别:83 岁,女性

(2) 病史:阿尔茨海默病,胃肠炎,变形性关节炎,颈椎分离症,正常压力脑积水(normal pressure hydrocephalus,NPH)

(3) 护理度:需要看护 2 等级

(4) 平日的状态：行动时需要拐杖，移动时身体难以保持平衡、需工作人员辅助，身体状况不佳时使用轮椅。能积极参加娱乐活动，喜欢唱歌。曾当过 30 年的小学教师，举止端庄，彬彬有礼。在看护中心和家中都尽量不给他人添麻烦。

2．树木画

（1）描画内容

树枝占据了画纸大部分的位置，树干位于画纸的右侧，而树枝位于画纸的左侧。树干下宽上窄，没有描画树根。上方的树枝溢出画纸，左侧以及右侧下方的树枝没有封闭，给人不完整的感觉。整体上给笔者一种空虚的印象。

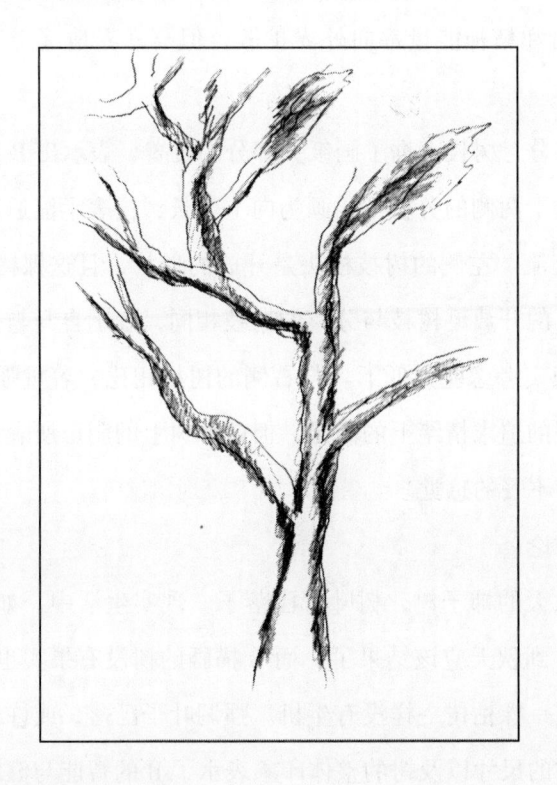

（2）描画后的对话总结

这是一棵柿子树，在家的附近。当下画中的季节是这棵树长在秋天,这棵树有 10 年的树龄。树让 B 想起自己的父亲,树看上去像男性。它长在田地里,叶子已经落了。

(3) 树木画分析

空间与树:尺寸过大且给人空虚印象的树被认为是智能障碍者容易描画的树,树冠部分的树枝比树干占据更大的空间,甚至给人树干难以支撑树枝的印象,这是情绪表达被理性所左右的表现。

树的类型:树冠的树枝之间什么都没有,空空的,从整体构造来看是开放型,表示与外界进行开放式的交流。

笔画和线条的性质:笔画清晰、笔压适中,线条的形状是弯度温和的曲线,树干的右侧轮廓是重叠的线条,可以说精神能量状态相对良好,情绪和精神能量都向外界扩散,但与外界情绪交流时会有不安感。

树的部分:树枝占据了画纸大部分的位置,表示出 B 自身与外界的关系。树干两侧的分枝都描画为向上生长,这表示能适当地与外界环境保持交流。左侧的树枝枝头是开放的形状,且这棵树没有树冠,这种情况下的开放型树枝与分离的树枝相同,表示自身与外界的界限暧昧,对现实考虑能力低下。与右侧的树枝相比,着重强调了左侧,表现了强烈的追求情绪上的满足,但就如树上的阴影所表示的,在这个过程中有不安的感觉。

(4) 讨论

这是秋天的柿子树,树叶都已落了。现实生活中,如果是 10 年的柿子树,到秋天应该结果了,而 B 描画的树没有果实也没有树叶,乍一看像是一棵枯树一样没有生机。强调叶子已落,或许表示了某种丧失感。树的尺寸以及树的整体印象表示了 B 的智能与健康人群相比在某些能力上有所衰弱,这或许是由于阿尔茨海默病导致认知能力、思维能力和注意力低下,机能呈衰弱的倾向。再者从尺寸来看,精神能量也有减弱的倾向。落叶树表示被环境控制，可能与 B 因疾病腿脚不便需要他人照料有关系，而落叶树表示的丧失感或许正是 B 感受到的身体机能衰弱。即便如此，B 在与外界的交流上还是积极的，这从树干的描画以及线条的画法上表现了出来，但是情绪上仍然有不安，B 的内心是纠结的。

（三）个案 C

1. 个案概要

（1）年龄及性别：92 岁，女性

（2）病史：阿尔茨海默病，视力障碍 2 级

（3）护理度：需要看护 2 等级

（4）平日的状态：在看护中心总是很客气的样子，面带微笑与其

他老人聊天，但是笔者感觉到她有种紧张感。在接送以及护理洗澡时总是对工作人员说："给你添麻烦了，抱歉。"娱乐活动涂画或是做文字游戏时像口头禅似的总说"我只上了小学，脑袋笨。"因为有视力障碍，即便戴上眼镜，用导盲棍走路也会走偏，需要工作人员辅助。

2. 树木画

（1）描画内容

树位于画纸的中央，普通尺寸的树。树干顶部是开放的，分枝上对称地用圆圈画出了花骨朵。从树干的描画上看，笔者感觉像是一棵枯树。从描画的手法以及对花骨朵的强调描绘上，笔者感到C在很用心地描画这棵树木画。绘画完后C对笔者说道："眼睛不好画得不好，对不起了。"

（2）描画后的对话总结

是一棵常青树，长在道边，车从那里通过，但是C没坐在车上。树龄大概3年左右，这棵树没有让C想起任何人，树看上去像女性。不是在森林里，是在道边上栽着的几棵，它们都活着，有花骨朵，是开花前，开淡粉色的红花，最下面是地面。

（3）树木画分析

空间与树：树位于画纸的中央，普通尺寸的高度，表示稳定的精神状态。从树木三部分的均衡来看，这棵树没有描画树根，着重描绘了树干和花骨朵，成年人过分强调树干被认为是精神迟滞的标志。

树的种类：树干的顶部没有封闭，树干的根部与地面线连接，而树枝的描画有些模糊，似乎是封闭的处理，所以这棵树算是半封闭型的构造。

笔画与线条的性质：笔画表现出了某种不确定性，树干和树枝的线条是用不连续的实线重叠描画而成，地面的线条是不规则的曲线描绘出来的，效果就像涂了淡淡的阴影似的，这表示缺乏自信和感到不安。

树的部分：树枝末梢描画的花骨朵表示一种期待的态度，可以认为是在出现问题的区域积攒能量，将来可能会开出花来的含意；但枝头花骨朵的分枝与树枝是分离的，且左侧的花骨朵朝下，笔者认为这表现了虽然有期待，但是这份期待未能达成。树干的轮廓是不连续的实线，表示情绪的不安；而代表树皮的部分也是使用相同的画法，表示自身与环境的关系不调和，对外界抱有防御的态度。

(4) 讨论

C 在描画树的时候很认真，从描画的手法上，笔者也能感觉到她很用心。但因为是视力障碍 2 级，C 在描画的过程中有困难，在笔画的描绘上有很多的不确定，这从整棵树有些杂乱的线条上就能看出来。笔者认为除了因为视力的原因对线条的描画有影响外，C 不稳定的情绪本身也是存在的，而这不安的情绪很可能是在与环境的不和谐的情况下产生的。位于道边的一棵树正是对社会力量一体感的表现，要求与其他树（即处于同一环境下的他人）保持一体感，这与在服务中心时 C 很客气的样子相吻合。

树枝根部与树干的接合点是闭合的，表现 C 的实际行为与本意的行为不一致，或许是 C 在环境中感到不和谐的地方。C 被诊断为阿尔茨海默病，或许是思维能力、注意力、执行能力及空间构成能力等能力的低下影响了 C 的行为能力。而树干上方的分离状态表示理性判断与情绪失衡，C 感受到的情绪无法通过理性正确地进行分析，这些正是阿尔茨海默病患者的临床表现。左边的树枝朝下也表示了没有自信心，自卑感的表现同时也体现在线条的描画上。C 的口头禅"我只上了小学，脑袋笨"以及"眼睛不好，画得不好，对不起了"的表达正体现了她没有自信的一面。

树的尺寸及位于画纸的位置表现出 C 精神的稳定，树枝的画法表现了精神能量的畅通，而树干根部的描画是为了保持稳定，控制自身的能量。所以即便是患有阿尔茨海默病，C 仍能通过自己的能力保持自身的稳定。

三、患有阿尔茨海默病和没有患病老人的树木画对比

（一）患有阿尔茨海默病老人的树木画特征

D. 85 岁女性的杉树画

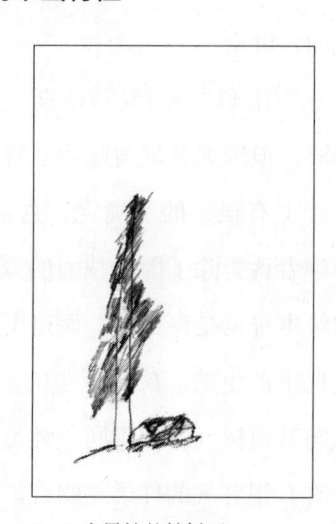

E. 83 岁男性的柏树画

F. 85 岁女性的树的种类不明的作品

G. 82 岁女性的落叶树画

D、E、F、G 是 82—85 岁的老人的作品，H 是 92 岁的老人的作品，这 5 位老人被确诊患有阿尔茨海默病。从树位于画纸的空间来看，D 的树木画位于画纸的上方，可以说是未扎根于现实，体现出不确实的状态；E 和 H 的树在画纸的左端表示是内向的，对外界是逃避的，这个位置也表示了迟滞；F 的树位于画纸的中间，树冠过大而树干短小，这样的树属于支配性树冠的树，表示情绪表达能力被压缩、被分析，被理性的思维所左右；G 的树占据整个画纸，是一棵大尺寸的树，或许表示在现在的环境下绘画者抱有的自尊心的程度。

H. 92 岁女性的树的种类不明的作品

这 5 幅树木画的类型属于缺乏塑造性的（D）、半封闭（E、H）和封闭的构造（F、G）。D、G、H 的树木画的笔画粗且浓，并在同一个地方反复出现，是情绪上的不安带来的攻击性自我防御的表现；而 F 的描画手法轻，绘画出来的效果淡，虽然是很茂盛的表达但却表现出无力的感觉。无规则的曲线（D、E）线条则表现了绘画者的某种不确切感觉，或是不善于控制自己。

虽然每棵树都是画在纸上，但都像是绘画者注入了他们各自的生命一般，表达着每个人不同的特征。D 的树干宽度不到 1 厘米，表示退行以及能量减退；E 的树干根部向外侧弯曲，并进而演化成地平线，相较于没有地面的树根或没有树根的形状而言，这样的描画表示出 E 稳定的精神状态，但是也显示出对无意识领域以及本能领域的惧怕；F 的树干是封闭型的，表示害怕情绪的自由表露而有抑制的倾向；而 G 的树左侧下方的树枝在朝上生长的途中向下伸展，这或许表示某种丧失感或失败感；H 的树冠的树枝都呈锯齿形状，且最上方的树枝与树冠及整棵树脱离，这表示与环境的关系是不协调的，在人际关系方面是带有攻击性的，且存在智力发展的问题；树根呈脚趾形状且涂画成阴影，表示与外界的接触是不安的。尤其要说的是 G 的树，地面上杂草丛生并描画在树干的根部周围，这被认为是"诱惑物"——意味着从某个重要的东西上转移注意力，笔者认为这个重要的东西应该就是树干的根部，树干的根部被杂草包围着且涂抹成了黑色。树干的根部被认为是表示与现实的接触情况，表示扎根家庭以及社会中的自我稳定程度以及无意识的欲求。

（二）未患阿尔茨海默病老人的树木画特征

I. 84 岁女性的松树画　　　　　　　　J. 80 岁女性的盛开的樱花树画

虽然指导语是画一棵树，但 I 描画了 7 棵树，可以理解为绘画者对笔者的要求是有抵触情绪的。松树是最高、最前面的那棵，因此这里着重对这棵树进行分析。

从空间来看 I 的树在画纸的下方，表示对自己有某种程度的不适应感，容易变得被动，但也在追求安全感；而 J 的树位于画纸的中央，可以说绘画者的精神状态是稳定的。从树的类型来看 I 是半封闭状，J 是封闭型构造，与外界的沟通没有开放。从整体的描画来看，两人的笔画和线条类似，都是不连续的线并画有阴影，表示不安的情绪。I 的树干的轮廓线是不连续的，表示树皮的部分也用不连续的线描画，这表示感觉到自身与环境的不协调，对外界有防御的态度；而 J 的描画笔画轻且淡，体现了她的无力感。两幅树木画的树冠和树干的分化都很清晰，I 的树冠呈三角形，表示在人际关系的处事上欠缺圆滑；J 的树冠并不是一个而是分化成多个领域，表示 J 避免直白地表露自己的想法，会根据情况十分谨慎地与现实接触。

四、综合讨论

正如开始部分小林敏子（2000）对随着年龄的增长树木画的变化进行的总结那样，本研究调查的 10 名老年人的树木画也呈现了树冠部分茂盛程度减少、树干顶端部分的处理以及树枝和树叶的描画精密度减少、树干顶端呈开放式等特征。通过 10 幅树木画来看，服务中心的老年人不论有没有罹患阿尔茨海默病，在树木画中大都表现了他们在人际关系中的与人的关系状态以及在与外界的交流中产生的情绪，这说明在服务中心的群体中，老年人在对人际关系上是敏感的，容易感到心理上的不安，同时也可以说明这是每个老年人在群体中都会面对的课题。对人关系中精神机能以及身体机能比较健康的老年人，情绪机能也相应稳定。身体机能的减退也在树木的描画中得到体现，这说明绘画者维持着对自我意象的认识能力。由于身体的衰弱，感到无力感或是丧失感，几乎是老年人共通的心理状态。青井利哉等（2003）的研究中发现，即便是随着阿尔茨海默病的恶化也不会导致情绪机能的低下，也就是说情绪状态不受阿尔茨海默病的直接影响，所以在对患有阿尔茨海默病的老年人进行心理援助时可以着重于调整情绪状态。

阿尔茨海默病患者的认知能力和性格各不相同，在本研究中的阿尔茨海默病老年人们在病情严重程度上都没有达到最严重的情况，虽然有的能力衰退了，但是其他的能力仍然发挥着作用，保持着日常生活中的平衡。因此不能全盘否认阿尔茨海默病老年人的能力，在进行心理援助时要走进他们的世界，用他们的语言进行交流，倾听老年人的诉说，用共情的立场、纯粹的心态去倾听并理解老年人，这样的心理援助可以让老年人感到安心并提高他们的自尊心。

参考文献

[1] 高桥雅春. 绘画测试入门——HTP 测试. 文教书院，1974.

[2] 高桥雅春，高桥依子. 树木画测试. 北大路书房，2010.

[3] 谷口幸一. 关于性格的发育研究——分析老年人的树木画以及其与知性·情绪的变数的关联—. 特集老年人的社会心理特性，1979：32-48.

[4] 吉沅洪. 树木—人格投射测试（修订版）. 重庆出版社，2011.

[5] 刘妮. 痴呆症老人的心理与身体的关联. 中国第四届表达性心理治疗国际学术研讨会论文集，2013：52-54.

[6] 青井利哉，水田敏郎，藤泽清. 关于老年人树木画测试的定量评价的基础研究. 仁爱大学研究纪要，2003（2）：97-106.

[7] 石崎淳一. 对痴呆性老年人的包括性心理援助. 心理临床学研究，2004，22（5）：465-475.

[8] 森悦朗，三谷洋子，山岛重. 以神经疾患患者为对象进行的日文版 Mini-Mental State 测试的有效性. 神经心理学，1985（1）：82-90.

[9] 小林敏子. 老年人看护及心理. 朱鹭书房，2000.

[10] 小海宏之，前田明子，等. 关于日文版 MMSE 的检验力和特异性. 花园大学社会福祉学部研究纪要，2010（18）：92-95.

[11] 小泽勋. 什么是认知症（阿尔茨海默症）. 株式会社岩波书店，2005.

[12] 永井辙，田中信夫，下川昭夫. 人生环节周期的临床心理学系列 3 中年期·老年期的临床心理学. 培风馆.

[13] http://kaigo.k-solution Tnfo/2008/03/_1_7.html.

[14] http://www.iryohoken.club/kaigokiso/yousien.html.

树木—人格测试问题特征指标在新生心理普查中的应用

何雯静[*]

一、前言

在学校心理评估中，心理评估是指依据用心理学方法和技术搜集得来的资料，对学生的心理特征与行为表现进行评鉴，以确定其性质和水平并进行分类诊断的过程（洪炜，2006）。心理评估可采用心理测验等标准化的方法，也可以采用非标准化的方法。根据测试实施方法的不同，主要分为三类：纸笔测试、操作测试和口头测试。在纸笔测试领域，已有大量的自陈式心理健康评估问卷和量表，取得了比较好的实际应用效果。但纸笔测试由于标准化的要求，对个体的评估方面难以兼顾全面，且很可能出现社会期许性反应（socially desirable responding，SDR），即受测者会倾向以社会认可的方式去反馈自我评价相关的问题，使自己或别人看起来更符合社会期望，往往体现为"装好"（faking good）倾向，使作答出现歪曲，从而降低评估的准确性。此外，顾安朋等人（2006）认为，纸笔测试中的问卷法源于西方，应适当考虑在中国人中的适用度，由于中国人不习惯于对陌生人、公众和外界袒露自己的心声，在回答涉及个人隐私或内心想法的问题时，可能会出现一定的掩饰，从而影响到测试的准确性。王昊（2014）通

---

[*]何雯静，苏州大学博士研究生。

过实验法研究被测人测试动机对心理测试的影响，提出受测动机对纸笔测试的结果有很大的影响。特别是在自陈式纸笔测试中，出于被试的受测动机，测试结果可能会受到"装好"或"装坏"动机的影响。因此，如果能将纸笔测试与其他测试方法有机地结合起来，有利于更为全面、深入地对学生进行心理评估。树木—人格测试作为操作测试的一种，通过投射测试的方式对学生的人格发展和成长经历进行深入评估，兼具操作便利与全面深入的特点；因其不同于自陈式问卷的特征，受测动机对测试结果的影响较小。白杨、孙红等人（2011）将树木—人格测试应用于医务人员人格测评中，认为树木—人格测试在医务人员人格测评中有较高的应用价值。蔡颖、汤永隆等人（2012）认为，投射测试中的树木意象具有良好的重测信度；在与其他测试的对比中，也体现出较好的校标效度。树木意象可以有效地反映个体的心理状态，敏锐地反映出个体与当前环境交互作用的变化情况，也可以有效地区分特殊群体与正常成年人群体。赵慧莉、孟凡（2014）对大学生树木—人格投射测试的信度、效度开展研究，通过考察大学生树木—人格投射测试的重测信度以及树木—人格投射测试与大五人格测试、艾森克人格问卷的会聚效度，针对这两个方面对应用于大学生的树木—人格投射测试信效度进行分析。万超、冉雪等人（2014）在对医学生的应用研究中，认为画树测验的重测相关和评分者相关较高，画树测验中相关指标与16PF、SDS、SAS测验对应指标存在相关性（$p<0.05$），能较好地投射出被试的抑郁和焦虑倾向。

在具体的树木—人格测试评估分析中，过往研究借鉴 Denise de Castilla（1994）的"树木—人格测试的指标和神经症状的关系"对绘画特征进行分析，该体系含9个方面共68个绘画特征，对神经症的程度进行详细的评估。在实际的批量心理健康普查应用中，该评估体系需进行多达68个子项的判断，虽然评估全面、详尽，但对操作性和主试的评估水平要求较高,且偏向于诊断性评估,在实际的心理健康普查应用中有一定难度。在 Shirley Ann Frazier（1994）的研究中,对儿童的创伤感受评估提取了 10 个典型特征,但该体系过于简化,仅适用于儿童受测者,难以全面地反映出问题的特征。上述评估指标均在西方文化背景下制定,对于本土文化背景下的树木—人格投射测试应用存在一定的局限性。有鉴于此,本研究拟采用大学生人格健康问卷（University Personality Inventory, UPI）、树木—人格投射测试及明尼苏达多项人格测验（Minnesota Multiphasic Personality Inventory, MMPI）考察某校大一新生心理健康情况,初步探索树木—人格投射测试问题特征指标在新生心理评估中的应用。

二、对象与方法

（一）对象

对贵州省贵阳市某高校学前教育系和社会工作系全体大一新生进行大学生人格健康问卷（UPI）测试,共测试 2240 人,回收 2240 份,样本平均年龄 19.51 岁,其中男 46 人（2.05%）,女 2194 人（97.95%）。根据 UPI 测试结果,以 UPI 总分≥25 分（心理健康总分阳性）为标准,筛查出样本 256 人进行树木—人格投射测试和明尼苏达多项人格测验（MMPI）,其中男 2 人（0.78%）,女 254 人（99.22%）。

（二）工具

1. 大学生人格健康问卷（University Personality Inventory, UPI）

1966 年,由日本大学心理咨询专家和精神科医生集体编制而成。1993 年,日本筑波大学松原达哉教授等人将 UPI 问卷传入中国,并由樊富珉等主持召开全国 UPI 应用课题研究，对 UPI 的相关条目、筛选标准、实施过程等进行了系统的修订。目前，UPI 已经成为高校心理咨询与大学生心理健康教育工作的有效测试工具之一。

2. 树木—人格投射测试

树木—人格测试由瑞士心理学家科赫（K. Koch）开发，能够对各种年龄和不善于用语言表达的来访者的智能和身心发展情况给予比较准确的诊断。本研究中指导语采用吉沅洪介绍的"请画一棵树"，材料为 A4 绘画纸和黑色中性笔。团体施测时强调"这不是绘画水平测试"，"没有时间限制"，"认真按照自己的想法画就可以了"。

3. 明尼苏达多项人格测验（Minnesota Multiphasic Personality Inventory，MMPI）

由美国明尼苏达大学 S. R. Hathaway 和 J. C. Mckinley 于 20 世纪 40 年代制定，是迄今应用极广、颇富权威的一种纸笔式人格测验。本研究采用中国科学院心理研究所修订的 MMPI 566 题中国版（宋维真，1985）。

（三）方法

结合 Denise de Castilla 评分体系和吉沅洪树木—人格投射测试分析综合获取问题特征指标，包括：空间比例、茂盛度、树冠、树干、树枝、树叶、树根、地面和附属物 9 个方面共 30 个绘画特征构成四项问题特征指标：自我感受、攻击性、抑郁倾向和压抑防御（详见表 1），出现该特征计 1 分，无此特征则不记分，最后累计得分。由 2 名经过树木—人格投射测试培训且具备国家心理咨询师资格的主试根据记分标准独立评分并考察评分信度，四项问题特征指标的斯皮尔曼相关系数分别为：0.907^{**}，0.830^{**}，0.785^{**}，0.720^{**}，均达到显著标准。树木—人格投射测试为团体施测，测试结束后休息 3 小时，进行明尼苏达多项人格测验566题测试。

表1 树木—人格投射测试问题特征表

问题特征		特例
空间比例	树木过小(不足纸张的1/4);树木过大(超出画纸边缘);树木位于画纸边缘且不超过1/2	
茂盛度	不具备基本的树形;无生机	
树冠	无明显的树冠或开放式树冠;多重树冠;严格对称	柳树、椰子树、梅树等特型树
树干	线条树干;树干细弱;砍断;涂黑;疤痕	
树枝	尖突型树枝;树枝交叉;折断;涂黑	
树叶	刺状叶;残叶	
树根	爪状根;透视根;树根呈水平状	
地面	铁丝网;虫洞;阴影	
附属物	落叶;坏掉的果实;害虫/害兽;缠绕物;多棵树或风景	

(四) 数据统计

将UPI、树木—人格投射测试评分与MMPI测试结果以SPSS 22.0进行分析处理。

三、结果

(一) UPI测试结果与树木—人格投射测试问题特征评分总分的比较

将UPI测试总分与树木—人格投射测试问题特征评分总分进行比较，两者存在显著相关，p=0.405** (见表2)。以UPI问卷第25题 (自杀意向) 为分界点，分别考查是否存在自杀意向与UPI总分和树木—人格投射测试问题特征评分总分的关系，两者均未发现显著相关

(见表3)。

表2　UPI测试总分与树木—人格投射测试问题特征评分总分比较

		UPI总分	画树评估总分
UPI总分	Pearson Correlation	1	0.405**
	Sig.(2-tailed)		0.000
	N	256	256
画树总分	Pearson Correlation	0.405**	1
	Sig.(2-tailed)	0.000	
	N	256	256

注：**$p<0.01$（2-tailed）

表3　自杀意向与两项总分比较

		Levene's Test for Equality of Variances		t-test for Equality of Means					
		F	Sig.	t	df	Sig.(2-tailed)	Mean Difference	Std. Error Difference	95% Confidence Interval of the Difference	
									Lower	Upper
UPI总分	Equal variances assumed	6.653	0.01	3.811	254	0.000	3.638	0.955	1.758	5.519
	Equal variances not assumed			3.047	36.016	0.004	3.638	1.194	1.217	6.060
画树总分	Equal variances assumed	1.273	0.26	2.084	254	0.038	0.32143	0.15420	0.01775	0.62510
	Equal variances not assumed			1.804	37.262	0.079	0.32143	0.17822	-0.03958	0.68244

（二）树木—人格投射测试问题特征指标与明尼苏达多项人格测验各分量表的相关

树木—人格投射测试问题特征指标与明尼苏达多项人格测验各分量表的相关分析显示：自我感受与精神衰弱、社会内向、外显性焦虑和焦虑呈正相关（$p_{自我感受与精神衰弱}=0.125^*$，$p_{自我感受与社会内向}=0.150^*$，$p_{自我感受与外显性焦虑}=0.144^*$，$p_{自我感受与焦虑}=0.131^*$），与自我力量呈负相关（$p_{自我感受与自我力量}=-0.157^*$），该项指标较好地反映出受试者个体的自我感受性和自我接纳程度，而社会内向、外显性焦虑和焦虑及自我力量的减弱会明显影响到个体对自身的感受；抑郁倾向与疑病、抑郁倾向与癔病显著相关（$p_{抑郁倾向与疑病}=0.184^{**}$，$p_{抑郁倾向与抑郁}=0.237^{**}$，$p_{抑郁倾向与癔病}=0.171^{**}$），与精神病性、精神衰弱呈正相关（$p_{抑郁倾向与精神病性}=0.123^*$，$p_{抑郁倾向与精神衰弱}=0.126^*$），这与抑郁状态或心境下个体的思维、行为缓慢、受压迫的特点相符；压抑防御与支配性呈负相关（$p_{压抑防御与支配性}=-0.126^*$），与自我力量和社会地位呈显著负相关（$p_{压抑防御与自我力量}=-0.176^{**}$，$p_{压抑防御与社会地位}=-0.175^{**}$），个体在承受重大压力时心理能量转向自我防御，在这一状态下，如受到更多的压力和打击，则可能转化为更为严重的问题（详见表4）。

四、讨论

（1）UPI测试与树木—人格投射测试问题特征评分存在一定一致性（$p=0.405^{**}$）。

问题特征评分可较好地探测反映受测者的心理健康情况，但以UPI问卷第25题（自杀意向）为分界点，分别考查是否存在自杀意向与UPI总分和树木—人格投射测试问题特征评分总分的关系，两者均未发现显著相关。自杀意向题作为UPI问卷的警报题，在本次研究中未体现出明显的效果。通过事后访谈发现，受测学生对于第25题表述"活着没意思"的理解与原初题目编制的含义略有不同，相当部分学生在该题选择"是"却并不伴生轻生的意愿或行为，其理解更接近于"无聊"和"没有目标，不知道要做什么"。随着当前语境文化

表 4　树木—人格投射测试问题特征指标与明尼苏达多项人格测验各分量表的相关

树木—人格测试问题特征	MMPI	疑病	抑郁	癔病	精神病性	妄想狂	精神衰弱	精神分裂	轻躁狂	社会内向	外显性焦虑	依赖性	支配性	社会责任感	控制力	焦虑	压抑	自我力量	偏见	社会地位
自我感受	Pearson Correlation	0.066	0.037	0.111	0.027	−0.028	0.125*	0.019	−0.036	0.150*	0.144*	0.114	−0.110	−0.052	0.008	0.131*	−0.022	−0.157*	0.028	−0.118
	Sig. (2-tailed)	0.290	0.559	0.077	0.664	0.655	0.045	0.759	0.562	0.016	0.021	0.069	0.078	0.409	0.903	0.036	0.731	0.012	0.656	0.059
	N	256	256	256	256	256	256	256	256	256	256	256	256	256	256	256	256	256	256	256
攻击性	Pearson Correlation	−0.072	0.010	−0.065	−0.004	0.028	−0.024	0.020	0.074	−0.041	0.020	−0.002	−0.023	0.005	0.033	0.052	−0.038	0.014	0.024	0.092
	Sig. (2-tailed)	0.254	0.868	0.300	0.953	0.651	0.699	0.747	0.236	0.512	0.755	0.979	0.711	0.939	0.599	0.403	0.547	0.825	0.697	0.143
	N	256	256	256	256	256	256	256	256	256	256	256	256	256	256	256	256	256	256	256
抑郁倾向	Pearson Correlation	0.184**	0.237**	0.171**	0.123*	0.115	0.126*	0.090	−0.032	0.095	0.026	0.014	0.005	−0.038	0.096	0.029	0.099	−0.077	0.057	−0.015
	Sig. (2-tailed)	0.003	0.000	0.006	0.049	0.067	0.045	0.149	0.609	0.129	0.674	0.821	0.935	0.549	0.126	0.640	0.114	0.217	0.362	0.806
	N	256	256	256	256	256	256	256	256	256	256	256	256	256	256	256	256	256	256	256
压抑防御	Pearson Correlation	−0.022	0.019	−0.008	−0.002	−0.005	−0.011	−0.012	−0.089	−0.082	0.016	0.001	−0.126*	−0.102	−0.055	0.010	−0.110	−0.176**	0.015	−0.175**
	Sig. (2-tailed)	0.731	0.765	0.898	0.973	0.931	0.858	0.844	0.154	0.191	0.804	0.991	0.045	0.104	0.381	0.873	0.080	0.005	0.814	0.005
	N	256	256	256	256	256	256	256	256	256	256	256	256	256	256	256	256	256	256	256

注：* $p<0.05$ （2-tailed）　　** $p<0.01$ （2-tailed）

的变迁，这一题项的表述应进行相应调整。

(2) 树木—人格投射测试问题特征指标与明尼苏达多项人格测验各分量表效应检验表明，问题特征指标的自我感受与精神衰弱、社会内向、外显性焦虑和焦虑呈正相关，与自我力量呈负相关，该项指标能较好地反映受试者个体对自我的感受性和自我接纳程度，焦虑和力量的减弱会明显影响到个体对自身的感受，而社会内向的个体在当前强调个人表现、鼓励外向的社会文化背景下，自我感受度可能会较弱。

特征指标中的抑郁倾向与疑病、抑郁和癔病显著相关，与精神病性、精神衰弱呈正相关，这与抑郁状态或心境下个体的思维、行为缓慢、受压迫的特点相符，树木—人格测试对受测者的抑郁倾向探测性较好，能敏感地探查到相关反应。值得注意的是，抑郁倾向指标与疑病分量表存在显著的正相关，这一方面与当前社会对抑郁的认识密切相关，但某种层面上也反映出对抑郁的不理解和恐惧心理。特征指标中压抑防御与支配性呈负相关，与自我力量和社会地位呈显著负相关，个体在承受重大压力时心理能量转向自我防御，在这一状态下，如受到更多的压力和打击，则可能转化为更为严重的问题。此外，压抑防御与社会地位的显著负相关反映出个体对自身所处社会地位的感受对个体的心理压抑防御状态有着紧密的关联，这可能与心理健康水平密切相关。而四项指标中的攻击性与明尼苏达多项人格测验各分量表无显著相关，一方面是明尼苏达多项人格测验中并无与攻击性对应的分量表；另一方面，攻击性包括攻击性认知、攻击性行为和攻击性情绪三个方面，树木—人格投射测试中更多地体现出攻击性情绪和攻击性认知方面，对于攻击性的行为无法探知。

(3) 树木—人格投射测试问题特征指标在新生心理评估中的应用。

囿于自陈式问卷容易受到测试动机和社会期望影响的固有缺陷，

树木—人格投射测试通过对受测者作品的分析，深入地探查受测者的心理健康和人格发展情况；而问题特征指标结合既往研究进行简化，有助于迅速分析受测者可能存在的心理行为问题倾向，具备一定的鉴别度，与心理评估相结合能更好地反映受测者的心理健康状况和人格特征。但对树木—人格投射测试的评估仍需开展更为广泛的研究，一方面，投射测试对操作者的经验和水平有相当的依赖性，操作者本身的资质和经验依然是投射测试施测的重要前提之一；另一方面，本次研究中的特征指标仅对入学新生进行测试，且受限于施测学校本身及学科特性（学前教育与社会工作专业），受测者中女性受测者比例很高而男性样本过少，后期研究中对树木—人格投射测试的应用与评估应在更为广泛的基础上展开。

参考文献

[1] 洪炜. 心理评估. 南开大学出版社，2006.

[2] 顾安朋，莫文能，赖元薇，等. 关于中国人拒答和不愿真实填答市场调查问卷问题的探讨. 市场研究，2006（7）：60-61.

[3] 王昊. 从心理实验看心理测试技术——被测人测试动机对心理测试的影响. 心理技术与应用，2014（12）：36-39.

[4] 白杨，孙红，刘琦，等. 树木—人格测验在医务人员人格测评中的应用. 中国心理健康心理学杂志，2011，19（11）：1334-1336.

[5] 蔡頠，汤永隆，吴嵩，陈真真. 投射测验体系中的树木意象. 心理科学进展，2012，20（5）：782-790.

[6] 赵慧莉，孟凡. 大学生树木—人格投射测试的信效度分析. 青海师范大学学报（哲学社会科学版），2014，36（5）：129-132.

[7] 万超，冉雪，施雯，等. 画树人格测验医学生应用的信效度检验. 中华行为医学与脑科学杂志，2014，23（10）：946-948.

[8] Denise de Castilla. Le test de l'arbre —Relation humaines et problemes actuels. France: Editions Masson, 1994.

[9] Shirley Ann Frazier. West. A validity study of the Tree drawing as a projective indicator of emotional trauma in children. Peabody College for Teachers of Van -

derbilt University, 1994.
[10] 吉沅洪. 树木—人格投射测试（修订版）. 重庆出版社, 2011.
[11] 宋维真. 中国人使用明尼苏达多项个性测验表的结果分析. 心理学报, 1985 (4): 346-355.

树木—人格测试及其变法在心理咨询过程中的运用
——以留学生为对象的心理咨询为例

汪 为[*]

一、前言

本章节介绍树木—人格测试在日本以及欧美产生的相关变法,与其他测试相结合施测的可能性。并且,具体以留学生为对象的心理咨询的一个过程为例,结合案例说明其在心理咨询中的活用方法、心理测评的作用。最后,简单介绍了树木—人格测试及其变法、心理测评组合,在司法领域、医疗临床以及学校临床领域的应用可能性。

不论是科赫于1948年(英译版产生于1952年)所提出的树木画测试(Baum Test,或英译为Tree Test),或是由巴克于同年(1948年)提出的 H-T-P 测试(House-Tree-Person Test),以树木为主题或主题之一的投射测试,开始渐渐受到临床及相关研究的瞩目。在20世纪50年代,树木—人格测试引入日本,并展开了相关研究与临床实践。无论是在欧美还是日本,基于各式各样的理论思考,产生了树木—人格测试的相关变法。本文将介绍在日本及欧美产生的树木—人格测试的相关变法,着重介绍基于欧美相关临床应用发展而来的"三

---

[*]汪为,博士,日本临床心理士,日本广岛森田心身内科诊所。

幅树法"，由于引用案例中涉及动力家庭画，因此也将在本文中做简单介绍。

二、树木—人格测试的变法的相关介绍

（一）在欧洲的发展变法

受到职业规划咨询师 Emil Jucker 的启发，考量出目前的树木—人格测试的心理学家科赫（1952），在探讨树木—人格测试的课题时提出，在被测者最初的绘画与被测者之间产生不一致时，或者在施测中感觉到难以鉴别时，可以将测试进行重复施测。科赫根据自身的临床经验发现，大多数情况下被测者在重复测试的第二个的绘画作品中，更好地表现了自己。对于这种现象，科赫解释道，大多数情况下施测者没有办法得知被测者在最初的绘画中，所呈现的人格属于什么层面。也就是说，有时候被测者人格的表层被激活了，有时候也可能激活了人格的深层次。因此在施测过程中，科赫发现大多数情况下，当要求被测者描画与第一幅树木不同的作品时，常常可以揭示出被测者更深层的人格层面，并且也能借此搜集到关于不同人格深度层面的信息。

其后在 20 世纪 60 年代间，对树木—人格投射测试进行了举足轻重的系统研究，提出"绘画特征集合（sign cluster）"这一重要概念的法国心理学家 Stora（1963a），提出树木测试四幅树法。准备四张 21cm×27cm 大小的白纸及 2B 铅笔（不允许使用橡皮擦及直尺），具体步骤如下：

a. 交给被测者第一幅画纸，并给予指导词："请画一棵树。请画松科以外的树，按照你所想的去描画这棵树。"

b. 在第一幅绘画结束后，将第一幅画收好，再次提供白纸，指导

词如下:"这次也请你画松科以外的树,请画与刚才的画不同的树,请按照你所想的去描画这棵树。"

c. 在第二幅绘画结束后,将第二幅画收好,再次提供白纸,指导词为:"这次请你画梦幻的树,也就是说想象中的树,在现实中不存在的树,请按照你所想的去描画这棵树。"

d. 在收集好第三幅画后,再次提供画纸:"这次不管画什么样的树都可以,请画一棵树。只是这回需要闭上眼睛作画。"这个时候很重要的是,需要确认被测者的眼睛是否完全闭起来,就算有一点睁开也不行。

Stora 对于这四幅画的解释,第一幅画表现了被测者与陌生的环境或陌生的他人的相互作用,而第二幅画则表现了周遭的环境或熟悉的他人之间的相互作用。然后,第三幅"梦幻的树"则揭示了被测者心中未被满足的欲求及倾向,闭眼画下的第四幅树则被认为表现了未被统合的过去的经验。

其他相关的变法,Bolander(1977)对此进行了简单的介绍,根据科赫(1957)及 Stora(1963)的报告,荷兰的 Hengelo 市职业心理学研究所同样主张三幅画,分别为(1)普通的树,(2)空想的树,(3)梦幻的树。另外,荷兰的心理学家 Ubbink 通过让被测者去讲述自己画下的树到目前为止的生活这种方法,被称为"讲述的树"的变法。另外,科赫(1957)的报告中也提到了"疯狂的树(crazy tree)",通过让觉醒状态下的被测者画"疯狂的树",其绘画作品可以表现的潜意识经验的深度,与催眠状态下的表达相同。

(二) 在日本发展的变法

在日本根据不同的理论思考也产生了各种各样不同的树木—人格测试变法。根据鹤田(2005)的分类,大致可区分为:①更改指导词进行施测，②修改指导词并且多次施测，③更改作画条件进行多次施测。为了更简洁地介绍这些方法，可以把这些变法从最基本的形式出发，区分为以下三种：重复施测、修改指导词和改变作画条件。基于这些变法形式的组合以及不同的临床实践的考虑，再进一步诞生了各种各样的不同实施方法。

首先，"重复施测"类的变法典型为一谷等（1985）提出的"两幅施测法"。基于科赫对于投射测试可能触及不同水平的人格面的"人格层次分析法（Method of layer analysis）"，结合 Hammer（1960）对于"破冰（ice breaker）"的观点，将第一幅画作为初次面谈的"破冰（ice breaker）"功能使用，而在"接纳—支持性"的氛围中测试者与被测者的关系深化的基础上，在面谈的最后再次请求被测者作画，而提倡树木—人格测试的"两幅实施法"。第一幅树木画的指导词为"请画树木画"，而第二幅树木画的指导词为"请再画一张不同的树的画"。结合案例，一谷等认为第一幅树木画反映了被测者在面对新的场面时的问题解决方式。当自我防卫的态度越强，以图式化的描画方式也更强；而达成动机越强，则更可能采用自我夸大的描画方式。而第二幅画由于两者关系的深化和安定，被测者的"真实的自我（real self）"更容易显现出来。

然后，"修改指导词"类的变法主要表现为对树木画主题的改变，例如后藤（1975）的樱花树法，以及结合"重复施测"的元素开展的"未来的树"法（河合，名岛，2008）。由于后藤的文献过于久远，已难以查证，因此这里简单介绍"未来的树"的操作方法。首先，第一幅树木画的指导词为"请画一棵会结果的树"，在被测者完成后提供第二张白纸，指导词为"请画第一棵树未来的样子"。在绘画后提问（PDI）中，首先会对比两棵树的差异、联系被测者的现实。其次，探讨树成长所必要的东西，再进一步与被测者现实进行联系，促进被测者去思考自己现实中成长所必要的东西。这种方法被认为可以帮助被测者明确自己的"未来像",确立当下的状况以探讨面对未来的自己时所需处理的课题。

最后,改变作画条件的代表是"画框法"在树木—人格测试中的运用。最初,中井(1970)受到河合隼雄的箱庭疗法的启发,在精神分裂症患者的绘画疗法中开发了"画框法"的技法。中井发现"画框"在临床上的作用具有两面性,一方面既具有对患者的"制约和拘束"的作用,另一方面也具有"保护自由表达"的作用。其后,中井(1974)开发出"两幅测试法",即将"不画框"结合"画框"的树木—人格测试所组成,并认为在画框的空间当中"内部的、隐藏的欲求与志向、攻击性、幻想、隐藏的事实"被表达出来,而不画框的空间当中则是"外部的、防御的、虚荣的、现实的"被表达。沼田等(2016)对精神障碍者使用"两幅测试法"探讨了树木画由于"画框"存在而带来质性变化,94%的被测者的绘画作品出现了变化,其中70%的作品的整体印象(综合形态质量)因"画框"有所改善,并且在发生变化的作品当中的40%既出现了适应性的变化也出现了不均衡的变化。对此,"画框"的存在被认为是对于自我的"压力"及"保护"这样的两种相反作用同时存在,也为治疗师呈现出了"框"与来访者的自我之间的动力关系。

森谷、森及大原(1984)在"画框法"的两幅测试法的基础上,增加了"圆框法",即以圆形替代方形边框,由施测者在被测者绘画前描画上去。森谷等引用河合(1982)对于"中空"构造的见解,可以从中观察到被测者对于"中心"的两面性的态度以及从圆框进行脱离的态度等,并结合树木—人格测试在 HTP 测试中最易受空间影响等特征,以此为依据开发出"圆框法"。其结果显示,在不画框的情况下,精神症状越重度的被测者,其树木的形态水准越加低下,甚至从树干部出现解体的情况多有发生。其次，施测顺序也受到了探讨，以"画框法"起始，中间为"无框法"，最后设定为"圆框法"的过程。被测者经历了"脱离框架"以及"添加框架"这样的过程，可以很好地测定"框"的充满两面性的临床作用。另一方面，还可以观察到去掉边框瓦解的树木，能否在圆框中再度恢复。

三、三幅树法及家庭动力画法的简介

Stora 的弟子 Castilla（1994）在四幅树法的基础上，削减了第四幅请被测者"闭上眼睛"画树的施测内容后，修正了部分树木绘画的指导词，形成了树木—人格测试的"三幅树法"，指导词依次如下：

① "请画一棵树，任何树都没关系。"

② "请再画一棵树，可以画与第一幅相同的树，也可以画不同的树。"

③ "请画一棵梦幻的树，即你认为最美的树，或者你希望在庭院中种植的树。"

关于"三幅树法"中三棵树的意义，Castilla（1994）认为第一幅树木画被认为表现了"社会职业的态度"或"社会性自我像"；第二幅树木画被认为表现了"内在自我像"；第三幅"梦幻的树"则被认为反映了被测者的意识水平或无意识水平中的空想（fantansy）、愿望、欲望，甚至表现了自我肯定欲求的投射。

关于动力家庭画，于 1970 年由 Burns 和 Kaufman 提出，其最大的特征在于相较于一般的家庭画，加入了"动态（kinetic）"的元素即家庭成员在"做什么（doing）"，因此被认为可以收集到更多关于家庭的信息，而且这些信息更加富有临床意义。本案例中采用日比（1997）的指导语："请描画你的家人包括你在做什么时的样子。请不要画漫画或者火柴的人,请画完整人。也就是说,不要忘记,描画在做着什么行为时大家的样子。也不要忘记描画你自己。"

四、使用三张树木画及动力家庭画组合实施的一个案例介绍

(一)来访者简介

A,21岁,在日留学生,在日本留学为期3年时间。笔者担任该校的心理咨询师,针对在校的留学生进行心理咨询。该学生以性格问题以及人际关系问题主动寻求心理咨询,具有较高的求助动机以及良好的内省能力。咨询在引入树木—人格测试之前,已经进行了两次心理咨询,并与来访者探讨了成长史以及来访者当下的人际关系上的困惑。

(二)成长史

A出生于北方城市,在家中为独生子女。从小学三年级起,A积极参加小学的足球训练,由于球技及身体素质优秀,在小学时便担任小学的足球队主力球员,并在学校里因足球队队员的身份受到了大家的青睐。升入中学后,更是因为刻苦训练,无论球技和身体素质都出类拔萃,破格担任校足球队的副队长。加之,A的文化成绩也非常优异,在学校里很受欢迎。在初中二年级因A的成绩有所下滑,据来访者自述仅仅从"非常优秀"下降成"比较优秀",A的母亲因此担心足球训练会影响A的学业,让A不再参加训练并从足球队退出。A在停止每天激烈的训练后,开始迅速发胖,加之不再参加足球队,在校园中的地位急剧下降,以至于所有人嘲笑并捉弄A,只有几名A从小玩到大的朋友仍在那个时候对他不离不弃。在此期间,恰逢A的家中购入了电脑,加之A在那时极度自卑,因此整天以网络游戏打发时

间、逃避现实。在初中升高中时，A 更是弃考以显示对母亲的不满。升入高中后，A 仍然以网络游戏度日，受到周围人的欺负也有变本加厉的倾向。高中毕业时，A 的父亲非常不满 A 的状态，言语相激之下 A 赌气决定出国留学，要向其父亲证明自己不是"废物"。以此开始了三年的留学生活，截止到 A 接受心理咨询之前，A 在三年间没回过一次家，即使回国也由于种种原因并没回家。

（三）三幅树画法的导入

在第三次咨询中，来访者希望在咨询中探讨"回家"的课题。咨询师考虑到来访者的语言能力较强，并且希望获得更多来自咨询师的反馈，以此为契机导入了树木—人格测试。

1. 第一幅画——急躁的树

来访者接到铅笔后，还不到 2 分钟的时间，非常迅速地完成了第一幅树木画。在绘画后的对话中，咨询师对这幅画进行询问时，来访者说明"仔细地画的话会画 20 分钟"，并补充道"这个画就表现了现在的心情、急躁的心情"。对于画面中的树木，这是一棵向右微微倾斜的树，不稳定。大多数线呈断续状，例如树干看上去似乎有圆形的树疤以及纹路的存在，但又并未充分被描写。类似地，树枝也呈现不完整的状态，四个分叉上第三个分枝被画成不完整的"管状"。这幅画最大的特征在于，根部与地面相分离，树冠也向右上倾斜，不禁让人好奇这棵树想向什么方向移动。

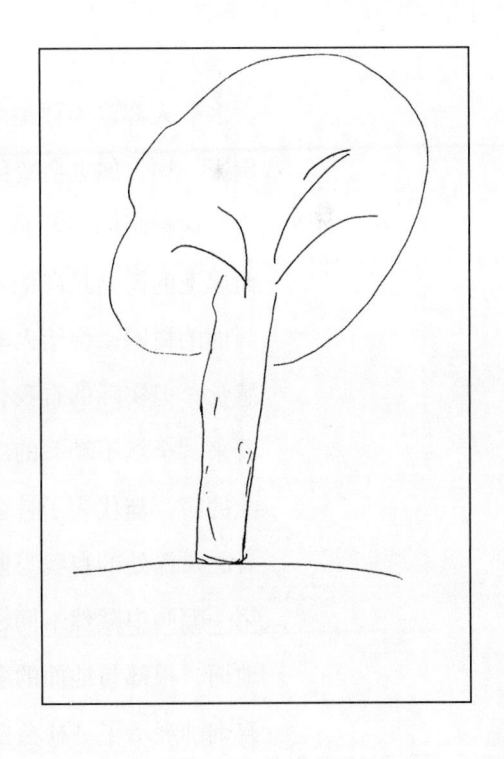

2. 第二幅画——倒影之树

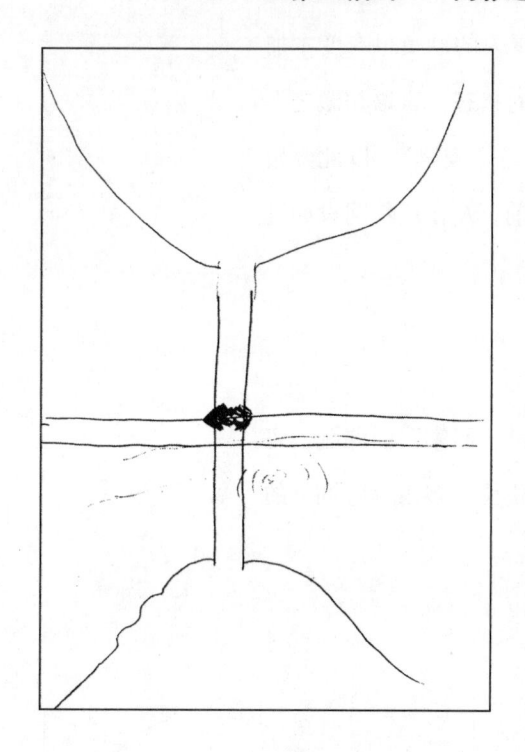

当咨询师继续询问第一幅画时，来访者对这幅画的说明停留在"急躁"上，并且咨询师很好奇如果来访者用 20 分钟绘画后的作品，于是请求来访者画第二幅树木画。指导语是"请画一棵与上一棵树不一样的树"。

在绘画后的对话中，咨询师很好奇，看上去似乎是两棵相互倒立的树，来访者向咨询师说明"这是一棵倒影之树"，下方的为水面，上面还有波纹。咨询师也不明白这棵树的含义，向来访者询问，来访者介绍道："真实的自己事实上是水中'有波纹'的自己，而岸上的这个一动不动的树，则是很多人看到的自己。"咨询师点头回馈道："也就是说，大多数人都以为你是一动不动的，但也许有一阵微风，就像这水里的倒影一样，你也会变化"。

这幅画的特征是，无论水岸还是水中的树都极大地超出了画面，而岸上的树则是向他人呈现的样子。可能在他人看来，这样一个超出画面的树冠，会给人非常自信、有较高的自我理想，甚至自我膨胀的感觉。但实际的自我，却是通过水面倒映出的不断晃动的树，与他人看来"全然不动"的岸上的树完全不同。从虚实而言，真实的树是岸上的树，却代表了社会性的部分，而作为倒影的水中之树，却是来访者心灵深处的自我写照。另外，这棵树最被强调的部分在于根部，与第一幅画中截然不同，这棵树无论是倒影还是岸上的树都深深扎根于地面，根部与地面的联结被强调出来。通过这幅画，来访者清晰地向咨询师展示了"社会性自我"与"内在自我"的主题的同时，也再次昭示了关于"根"的主题。

3. 第三幅画——山顶之树

因已经让来访者做了两次树木画，咨询师考虑再次让来访者画一棵"梦幻的树"，即形成三幅树的连续施测。对于该作品，来访者的说明最为丰富，这是两棵在山峰上的树。画面上灰色的为山上的云雾，以显示山峰之高。但两棵树所矗立的山峰仍不是最高的山峰，远处还有更高的山环绕作为背景。该画面的时间点上，来访者说并非冬日的寒冷也没有秋天的荒凉，而是在夏天的中午。

画面中小树处于大树的荫蔽之下，大树几乎触及到了太阳的高度。两棵树看上去像不同种类的树，小树是松柏类，而大树则是高大的乔木类。从分枝来看，小树的分枝非常分明。而大树尽管高大，却仅仅只有像手臂一样撑开的两条主干，类似于人形。可以看出小树的生长形态非常受大树的影响。

在绘画后的对话中，咨询师描述道："我看到这棵树就像人一样，好像护着这棵小树。"来访者回答说："他们同根生。"当咨询师再询问道："哦哦，同根生，但好像他们是不同的树。"来访者说明道："我旁边的那棵可能是我爸。"其后来访者表达了自己对父亲的敬仰之情，咨询师反馈道："是啊，这棵树都触及太阳了。"

4. 来自家庭动力画的补充及延展

在"三幅树法"之后的第二次咨询当中，来访者与咨询师继续谈

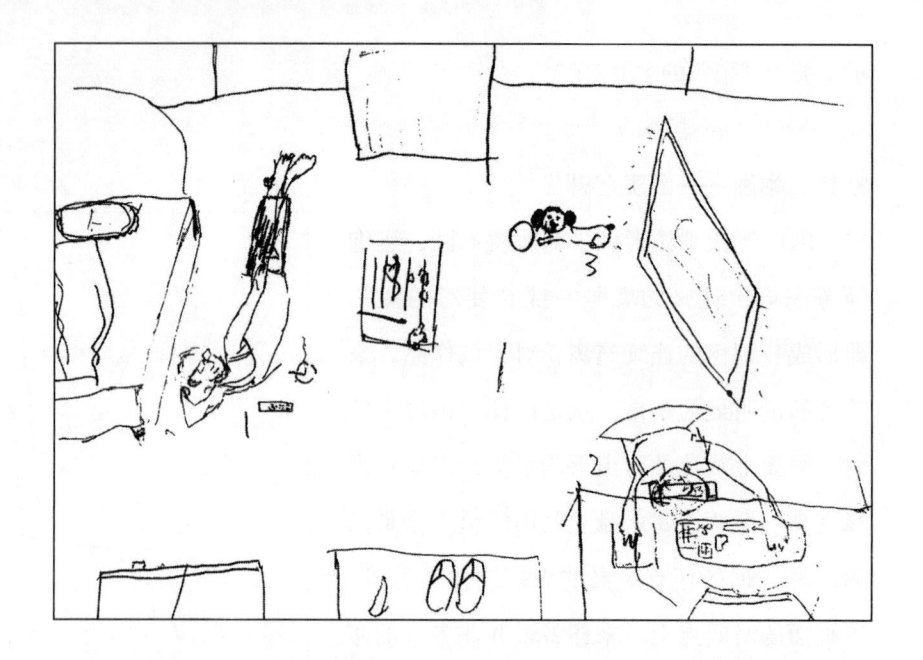

到了"回家"的课题，考虑到"梦幻的树"当中出现父亲的主题，咨询师提议来访者是否愿意尝试做一做家庭动力画，从而探寻三年以来"无法回家"的背景。

借由家庭动力画的绘画过程，咨询过程中很自然地谈起了来访者的家庭情况以及家庭关系的相关信息。画面为来访者自己的房间，左侧为床，床边躺着父亲，父亲常常在自己的房间中看电视，电视与父亲之间是父亲放在来访者房间里的茶几，电视旁是一只泰迪犬。而来访者则在画面右下侧，戴着耳机在打电脑游戏。

从来访者的绘画过程而言，来访者首先并没有从人物开始进行绘画，而是从床开始依次画下了父亲→自己→其他环境及摆设→狗，狗作为家庭成员的一部分在最后呈现。家庭成员的顺序为：父亲→自己（→狗）。绘画后谈话（PDD，post-drawing dialogue）从家中的狗开始，来访者说明画面中的这只狗事实上他并没有见过，是在他留学之后饲养的。在留学前家中饲养的几只大型犬都被送走后，家中才重新养了一只泰迪犬。

由于床是第一个出现在画面中的物品，对来访者具有很重要的意义。来访者自述在思考画什么场面时，首先想到的是自己的房间、自己的床，表示无论如何都想回到那张床上。咨询师进一步询问关于床的意义，来访者解释是一种无忧无虑、什么都不用操心，不像在日本随时都要为第二天的工作进行思考。

　　另外，来访者通过画这幅画，内心也有所触动，认为自己"已经三年没有回到自己的房间，不知道自己还能不能回到这个房间"的想法。究其原因在于，来访者看到画中的自己也感到非常痛心，非常后悔当时成日打电脑游戏。但另一方面，咨询师也向来访者确认了回到这个家，回到这个房间，回到自己房间床上的渴望。该画面也提示了来访者家庭关系的相关信息，例如，与父亲之间的关系，尽管同处一室，但并没有太多的交集；而母亲则没有出现在该空间中等。

　　其次，咨询过程中提到了来访者的房间在家中的位置，咨询师请来访者画出图示进行了说明。在一定程度上，可以将这部分咨询过程看作是"咨询师同来访者一起回到了三年前的家"这样的心理过程。

五、评价与讨论

（一）三幅树法及家庭动力画在该案例中的作用

　　在该案例当中，通过三幅树法为整个咨询过程带来了丰富并且重要的信息。首先，三幅画中对于"根"的不同诠释，从不稳定的根部到深扎于土地的根系，再到"同根生"这种象征意义非常深刻的绘画表达。再者，从三幅绘画作品中的深度而言，第一幅画可以认为是在一个新的环境，意即第一次使用纸笔测试的咨询环境下的反应。而第二幅画则表现了社会性自我像以及内在自我像构成的风景，巧妙地以倒影的关系将之对比起来。最后，"第三幅梦幻的树"更是很有可能体现了来访者在意识与潜意识水平之间徘徊的愿望或欲望，也可能反映了对父子关系的期待，以此启发了关于家庭绘画以及家庭格局的讨论。这些材料成为了理解来访者的"回家"问题的背景的有利线索。

通过家庭动力画对家庭的探索，澄清了来访者对于"回家"的需求的同时，也探讨了"回家"的阻碍等问题。对于咨询师而言，通过三幅树法以及动力家庭画中的信息，对于理解来访者的这些关于"回家"的矛盾的背景起到了至关重要的作用。对于来访者而言，来访者也自述通过画树和家庭画时内心有意想不到的"触动"。并且，家庭动力画中出现的"床"与树木—人格测试中的"根"的主题在该来访者的画中具有一定的"一贯性"，是理解来访者的心理动力以及家庭动力当中非常重要的线索。

（二）树木—人格测试及其变法的活用的可能性

藤川（2005）指出在司法临床领域，许多在司法领域工作的心理临床工作者通过树木—人格测试加深了对当事者以及青少年的理解，并且近年来，针对于司法临床领域的树木—人格测试的技法也被研究开发。例如，过去曾担任福冈家庭仲裁所调查员的桑原尚佐等（2003），通过实践研究对三幅树法进行修订，充分运用到对于青少年的理解当中。其指示词被修改如下：

①第一幅树："请画树。请不要画写生的树，而是画提起树后，在内心中浮现的东西。"

②第二幅树："请画与刚才所画下的树不同的树。"

③第三幅树："请画与目前为止的树都不同的'梦幻的树'，即是说，心中觉得'如果有这样的树就太好了'这种感觉的树。"

在学校教育领域，后藤（2005）介绍通过绘画法的连续施测，加深对儿童的理解并实现对教师进行援助的可能性。具体而言，后藤以

"风景画""学校画"及"树木—人格测试"的顺序进行施测,"风景画"结合了"风景构成法"及"房树人测试",为了最大程度降低绘画测试的突兀感受,仅仅提示学校周围环境中寻常见到的五个风景项目——"河流、山、道路、房屋、人";而"学校画"则以"学校动力画"的形式,"请画学校中,自己、老师以及朋友在做什么时的样子";"树木—人格测试"则使用最标准的"请画一棵会结果的树"。后藤(2003)指出,这三种测试无论任何一种都可以同时站在发展以及投射的角度上,去探讨儿童的人格以及心理适应的问题。并且,从人格测评的投射水平而言,以"学校画""风景画"及"树木—人格测试"的顺序逐步深入。

而在医疗领域,针对精神障碍者的治疗当中,森谷等(1984)及沼田等(2016)通过实证研究也说明了"画框法"在甄别精神障碍者以及治疗干预中的运用可能性。

总之,树木—人格测试变法在实践领域具有广泛的运用可能性,可根据临床实践的需要通过更改指示词对测试进行调整,抑或与其他测试结合以达到特定的施测目的。

参考文献

[1] 青木健次. バウムテストの安定性に関する検討. 心理測定ジャーナル, 1988, 24: 15-20.
[2] 後藤佳珠. 臨床場面に適用した"Baum Test"(1), 新しい技法"Baum-C","Baum-S"を加えて. 芸術療法, 1975 (6): 53-59.
[3] 後藤智子. 学校教育現場における子ども理解と教師への支援——描画法シリーズの導入の試み. //山中康裕, 皆藤章, 角野善広. バウムの心理臨床, 2005.
[4] 日比裕泰. 動的家族描画法. ナカニシヤ出版, 1997: 20-22.
[5] 桑原尚佐, 前田亨, & 重本淳一. 少年事件における心理アセスメント——「夢の木法」を中心として. 調研紀要, 2003 (77): 1-31.
[6] 藤川浩. 司法臨床におけるバウム技法の活用. 山中康裕, 皆藤章, & 角野善広. バウ

ムの心理臨床，2005.

[7] 河合可南子，名島潤慈．「未来の木」の特徴と意義．教育実践総合センター研究紀要，2009 (26)：167-176.

[8] 河合隼雄．中空構造日本の深層．中央公論社，1982.

[9] 森谷寛之．枠づけ効果に関する実験的研究．教育心理学研究，1983，31 (1)：53-58.

[10] 森谷寛之，森省二，大原貢．バウム・テストにおける枠づけ効果症例研究．心理臨床学研究，1984 (14)：73-81.

[11] 中井久夫．精神分裂病者の精神療法における描画の使用──とくに技法の開発によって作られた知見について．芸術療法，1970 (2)：77-89.

[12] 中井久夫．枠づけ法覚え書．芸術療法，1974 (5)：15-19.

[13] 沼田和恵，小林理絵，大館徳子．精神障害者のバウムテスト枠づけ二枚法からみた'枠'があることの意味．心理臨床学研究，2016，34 (1)：27-38.

[14] 鶴田英也．本研究の目的と位置づけ──バウムとの関わりの諸相．//山中康裕，皆藤章，角野善広．バウムの心理臨床，2005.

[15] Bolander K. Assessing personality through tree drawings. Basic Books，1977. 高橋依子，译．樹木画によるパーソナリティの理解．ナカニシヤ出版，1999.

[16] Buck J N. The use of the H-T-P in personality analysis. Journal of Clinical Psychology，1948 (4)：151-159.

[17] Burns R C. Kaufman S H. Actions, styles and symbols in Kinetic family Drawings (KFD): An interpretative manual. Brunner-Mazel. バアンズ R C. カウフマン，S H. 加藤孝正，伊倉日出一，久保義和，译．子どもの家族画診断．黎名書房，1975.

[18] Castilla D. Le test de l'arbre.: Relation humaines et problemes actuels. Paris: Masson., 1994. カスティーラ D，阿部惠一郎，译．バウムテスト活用マニュアル──精神症状と問題行動の評価．金剛出版，2003.

[19] Koch K. Der Baumtest: Der Baumzeichenversuch als psychodiagnostisches Hilfsmittel. 3rd enl. Ed. Bern: H. Huber, 1949.

[20] Koch K. The tree test: The tree drawing test as an aid in psychodiagnosis, 1952. バウム・テスト──樹木画による人格診断法．林勝造，国吉政一，一谷彊，译，日本文化科学社，1970.

[21] 一谷彊，津田浩一，山下真理子，& 村澤孝子．バウムテストの基礎的研究［Ⅰ］－いわゆる「2枚実施法」の検討．京都教育大学紀要．A，人文・社会，1985 (67)：17-30.

[22] Stora (Renée). Etude historique commen moyen d'investigation psychologique. Bull. Psychol. 17(2-7/225), 1963a: 266-307.

参考文献

吉沅洪. 中国人的家庭和血缘——以儒教精神为中心的人际关系. 临床心理学研究,京都文教大学心理临床中心学报创刊号,1999:117-121.

吉沅洪,酒木保. 以中日的语言看文化和神经症. 人类·文化·心理,京都文教大学人类学部研究报告,1999(2):69-81.

吉沅洪. 从罗夏墨迹测试看在日中国人的认知方式. 文化和心理,多文化间精神医学研究,2001(5):137-145.

酒木保. 内闭神经症的存在构造和治疗. 心理临床学研究,1996,14(2),121-132.

林胜造,国吉政一. 树木人格测试的人格诊断. 一谷疆译. 日本文化科学社,1970.

青木健次. 空间象征的基础研究——格鲁尔德的图式横轴和画纸空间的内部构造. Japanese Bulletin of Arts Therapy,1981(12):7-13.

一谷疆,林胜造,国吉政一. 树木人格测试的基础研究. 风间书房,1985.

山口康裕. 青年期前期的精神病理和治疗. 岩崎学术出版,1978.

上原麻子. 关于留学生的跨文化适应——语言学习和跨文化适应的理论和实践. 广岛大学教育学部学报,1988,111-124.

Abt L E. A theory of projective psychology. In: Abt L E, Bellak L. Projective psychology. Clinical approaches to the total personality. Knopf, 1952.

Abt L E. Projective psychology. Clinical approaches to the total personality. Knopf, 1952.

Allport G W, Vernon P E. Studies in expressive movement. Macmillan, 1933.

Anastasi A. Psychological testing. 3rd rev. Macmillan, 1968.

Anderson H H. Human behavior and personality growth. In: Anderson H H, Anderson G L. An introduction to projective techniques and other divices for understanding the dynamicsof human behavior. Prentice-Hall, 1951.

Baughman E E. A comparative analysis of Rorschach forms with altered stimulus characteristics. J

Proj Tech, 1954(18): 151-164.

Bender L. A visual-motor gestalt test and itsclinical use. Res Monogr 3, Amer Orthopsychiat Assoc, 1938.

Bolin B J, Schneps A and Thorne W E. Further examination of the tree-scar-trauma hypothesis. J Clin Psychol, 1956(12): 395-397.

Beck H S. A study of the validity of some hypotheses for the qualitative interpretation of the H-T-P for children of elementary school age: III. Horizontal placement. J Clin Psychol, 1953a(9): 161-164.

Buck J N. The H-T-P. J Clin Psychol, 1948a(4): 151-159.

Defayolle M. Test de l'arbre et intelligence. Bull Soc Fr Rorschach Méth Proj, 1964, (17-18): 35-44.

Diamond B L, Schmale H T. The Mosaic test. I. An evaluation of its clinical application. Amer J Ortherpsychiat, 1944(14): 237.

Freud S. Totem and taboo, 1913. //Brill A A. The basic writings of Sigmund Freud. Eng Trans Random House, 1938.

Galton F. Psychometric experiments. Brain, 1879(2): 149-162.

Hammer E F. Negro and white children's personality adjustment as revealed by a comparison of their drawings(H-T-P). J Clin Psychol, 1953a(9): 7-10.

Hammer E F. Advances in the House-Tree-Person technique: Variations and applications. Western Psychological Servies, 1969.

Handler L, Reyher J. The effect of stress on the Draw-A-Person test. J Consult Psychol, 1964(28): 259-264.

Harrower M R. The most unpleasant concept test. A graphic projective technique for diagnostic and therapeutic use. //Hammer E F. The clinical application of projective drawings. Springfield, III: C. C. Thomas, 1958.

Harsányi I, Donáth B. Pszichodiagnosztikai módszerek együttes alkalmazásának tanúlságai serdülöfiúk és lanyok vizsgalata alapjan. Magy Pszich Szemle, 1962(19): 468-479.

Hathaway R S, McKinley J C. MMPI manual. Psychological Corp, 1943.

Holtzman W H, Thorpe J S, Swartz J D and Herron E W. Inkblot perception and personality. University of Texas Press, 1961.

Jolles I. A study of the validity of some hypotheses for the qualitative interpretation of the H-T-P for children of elementary school age: I. Sexual identification. J Clin Psychol, 1952a(8): 113-118.

Kirschner J H, Marzolf S S. The H-T-P weeping willow and personality traits. Percept. Motor Skills,

1974, 38(1): 25-26.

Koch K. Der Baumtest. Der Baumzeichenversuch als psychodiagnostisches Hilfsmittel. H. Huber, 1949.

Kraepelin E. über die Beinflussung einfacher psychischer Vorgänge durch Arzneimittel: experimentelle Untersuchungen.Gustav Fischer Verlag, 1892.

Levine M, Galanter E. A note on the "tree and trauma" interpretation in the HTP. J Consult Psychol, 1953(17): 74-75.

Lundholem H. The affective tone of lines. Experimental researches, Psychol Rev, 1921(28): 43-60.

Lyons J. The scar on the H-T-P tree. J Clin Psychol, 1955(11): 267-270.

Mathieu M. Le test de l'arbre en psychopathologie. Lyon, Imprimerie BOSC Fréres, 1961.

Mattmüller-Frick F. Das baumzeichen als erziehungshilfe. Praxis Kinder-psychol. Kinderpsychiat, 1968, 17(4): 143-154.

Meyers H. Fröhiliche kinderkunst in der schule. Munich: Barth, 1953.

Morgan C D, Murray H A. A method for investigating fantasies: The thematic apperception test. Arch. Neur. Psychiat, 1953(34): 289-306.

Moritzen J. Untersuchungen mit dem Baumtest (Koch) bei zyklothymen und schizophrenen Kranken. Z Psychother Med Psychol, 1960(10): 52-63.

Murray H A. Explorations in personality. Oxford University Press, 1938.

Murstein B I. Handbook of projective techniques. Basic Books, 1965.

Mühle G. Entwicklungspychologie des zeichnerischen gestaltens. 2nd ed. Barth, 1967.

Navratil L. Schizophrenie und kunst. Deutscher taschenbuchverlag, 1964.

Payne J T. Comments on the analysis of chromatic drawings. //Buck J N. The H-T-P technique; a qualitative and quantitative scoring manual. J. Clin. Psychol Monogr Suppl, 1948(5): 119-120.

Piotrowski Z A. Hostility as a factor in the clinician's personality as it affects his interpretation of projective drawings (H-T-P). J Proj Tech, 1953(17): 210-216.

Precker J A. Painting and drawing in personality assessment. J Proj Tech, 1950(14): 262-286.

Rennert H. Eigengesetze des bildnerischen Ausdrucks bei Schizophrenie. Psychiat Neurol Med Psychol Leipzig, 1963(15): 282-288.

Rosenzweig S. The picture-association method and its application in a study of reactions to frustration. J Pers, 1945(14): 3-23.

Spencer V. The use of watercolors to increase chromatic H-T-P productivity. //Buck J N, Hammer

E F. Advances in the House-Tree-Person technique: Variations and applications. Western Psychological Services, 1969.

Stora R. L'arbre de Koch. L'Enfance, 1948(1): 327-344.

Suchenwirth R. Psychopathologische Ergebnisse mit dem Baumtest nach Koch. Confin Psychiat, 1965, 8(3-4): 147-164.

Szondi L. Módszertan esösztöntan. Sokszorositoot kézirat, 1943.

Van Lennep D J. Psychologie van projectieverschijnselen. Ned. Stichting voor Psychotechniek, 1948.

Waehner T S. Interpretations of spontaneous drawings and paintings. Genet Psychol Monogr, 1946 (33): 1-70.

Wartegg E. Gestaltung und charakter. Z Angew Psychol Supple, 1939: 84.

Whitmyre J W. The significance of artistic excellence in the judgment of adjustment inferred from human figure drawings. J Consult Psychol, 1953(17): 421-422.

Wolff W, Precker J A. Expressive movement and the methods of experimental depth psychology. // Anderson H H, Anderson G L. An introduction to projective techniques and other devices for understanding the dynamics of human behavior. Prentice-Hall, 1951.

Wolfson R. Graphology.//Andereson H H, Anderson G L. An introduction to projective techniques and other devices for understanding the dynamics of human behavior. Prentice-Hall, 1951.

Wundt W. Grundzüge der physiologischen psychologie. Engelman, 1908-1911, Vols. 1-3.